江苏省高等学校重点教材　2021-2-249

前沿制造技术

倪中华　李永哲　编著

东南大学出版社
SOUTHEAST UNIVERSITY PRESS
·南京·

图书在版编目(CIP)数据

前沿制造技术/ 倪中华,李永哲编著. —南京:
东南大学出版社,2023.12
ISBN 978 - 7 - 5766 - 1019 - 2

Ⅰ.①前… Ⅱ.①倪… ②李… Ⅲ.①机械制造工艺
Ⅳ.①TH16

中国国家版本馆 CIP 数据核字(2023)第 236663 号

责任编辑:夏莉莉　　责任校对:韩小亮　　封面设计:毕真　　责任印制:周荣虎

前沿制造技术
QIANYAN ZHIZAO JISHU

编　　著	倪中华　李永哲
出版发行	东南大学出版社
出 版 人	白云飞
社　　址	南京四牌楼 2 号　邮编:210096
网　　址	http://www.seupress.com
经　　销	全国各地新华书店
印　　刷	广东虎彩云印刷有限公司
开　　本	787 mm×1 092 mm　1/16
印　　张	20.25
字　　数	492 千字
版　　次	2023 年 12 月第 1 版
印　　次	2023 年 12 月第 1 次印刷
书　　号	ISBN 978 - 7 - 5766 - 1019 - 2
定　　价	68.00 元

本社图书若有印装质量问题,请直接与营销部调换。电话(传真):025 - 83791830

前　言

当前制造技术飞速发展，不断汲取计算机、信息、自动化、材料、生物、现代管理等学科的研究成果，在传统制造技术的基础上形成了先进制造技术的新体系和新内容。我国制造产业从以手工为主的传统制造向现代化、数字化与智能化方向转变，以车、铣、刨、磨、镗为代表的传统制造知识体系难以充分支撑机械制造本科生职业发展需求。与此同时，制造技术的发展导致制造概念的边界不断延拓，扩展了机械制造专业本科生的培养内容，这需要学生全面立体地掌握先进制造的概念与方法。

为主动应对新一轮制造技术革命与产业变革，支撑服务创新驱动发展，"中国制造2025"等一系列国家战略，2017年教育部积极推进"新工科"建设。智能制造是"新工科"建设的重要方向之一，目标是培养具有扎实的自然科学、人文社会科学和工程技术基础，掌握智能装备设计及应用、智能工艺规划、精密测控理论、生产系统运行与管理等专业知识，具有人文社会科学素养、社会责任感、工程职业道德及国际视野的高级创新型工程人才。

在这一背景下，本书秉承"以学生为中心、成果导向、持续改进"的新工科一流课程建设理念，构建了以"国家需求为牵引、工程能力培养为目标、职业道德修养培养为核心"的工程应用型新形态机械制造人才培养课程。在体系方面，本书从"设计—工艺—集成"的角度，系统地介绍了前沿制造技术的相关概念、基本内容和最新成果。在力求保持系统性和完整性的基础上，详实地讲解了部分典型前沿制造技术及其在实际工程中的应用案例。在内容编排方面，本书以制造过程面临的技术瓶颈为导向，介绍了制造中的关键科学问题与研究手段。通过实际案例，使学生掌握制造业整体的发展脉络，进而与其他机械制造专业课程的培养形成联动，激发学生的学习兴趣，不仅培养了学生解决实际复杂工程问题的能力，还实现了知识传授、价值塑造和能力培养的多元统一。

本书主要特色包括：

1. 教学内容编排结构清晰。围绕制造设计与评价方法、制造工艺与模式以及制造系统等方面编排教学内容，有助于学生对知识内容的理解与记忆。

2. 充分吸收新工科课程改革成果。本教材针对每项技术均系统地介绍了1个应用实例。通过"工程案例式"教学方法，帮助学生更好、更快地掌握和理解相关制造技术的概念和基本原理。

3. 教材内容与技术发展同步。本教材编写团队紧跟制造技术的最新发展趋势,所介绍的实际应用案例也多为编写团队的最新科研成果。

本书共包括七个章节,涵盖面向制造的先进设计方法、工程材料的先进检测技术、前沿制造工艺、极端制造技术、先进制造过程中的传感技术、前沿制造模式以及智能制造发展前沿等内容。可作为高等院校机械、车辆、工管、智能制造等与制造业相关专业的本、硕、博教材或参考用书,亦可用作材料、测控、航空航天等专业的辅修教材。同时,本书也适合对前沿制造技术较为关注的企业、智库与投资机构等的技术与管理人员。

倪中华构思了全书的结构和总体内容,李永哲、裴宪军、王青华、张泰瑞、王晓宇等参与了内容的撰写和审阅。本教材的案例由李永哲、裴宪军、王青华、张泰瑞、王晓宇、朱一凡、司伟、孙桂芳、严岩、田梦倩、朱建雄、吴泽、刘庭煜、李晓鹏(南京理工大学)、刘一搏(哈尔滨工业大学)、南京英尼格玛工业自动化技术有限公司等提供。

感谢东南大学对本书出版工作的支持,感谢东南大学出版社以及夏莉莉编辑为本书的出版所付出的辛苦和努力,感谢各位评审专家对本书的意见和建议。

前沿制造技术涉及的内容较为广泛,作者对各项技术前沿性的理解和认识存在局限性,书中难免存在错误,恳请读者批评指正。

倪中华

2023 年 10 月

目　录

第一章

面向制造的先进设计方法

1.1 概论

1.1.1 设计与制造

在广义上,人类的一切创造性活动和造物活动都可以称为设计,制造是把原材料变成适用产品的过程。设计和制造是人类创造物质文明的活动。随着人类文明的起源和发展,在自然、社会的科技发展水平的影响和社会需求的推动下,不同时期的设计和制造理念各不相同。

在石器时代,人们主要依靠采集和狩猎生活。为了提高采集和狩猎的效率,人们慢慢学会了制造工具,由此便与动物产生根本性的区别,成为真正的人。在石器时代,通过锤击、砸击和碰钻等方式制作不同用途的器具,如形如刀具的刮削器,形如斧头的砍砸器以及形如锥子的尖状器。对不同功能的石器进行分类制作是人类最原初的设计形态,当时的设计主要以实用为主。

进入新石器时代后,随着族群生活的稳定,农业和手工业开始快速发展,生活中需要的功能逐渐变多,所需要的器具种类也不断增长。随之而来的是需要更多的设计灵感和设计劳动,促使发明出新的器具。在这一时期,人类发明了磨制石器,会生火、会制作陶器。陶器的发明对人类设计有跨时代的意义,人类终于能通过任意捏泥巴实现不同形状器具的制作。自此,人类制作工具再也不用受天然物品外形的限制,可以充分发挥想象力和创造力,生产所需形貌和功能的物品。制作陶器对人类的意义远不止于此,由于生产资料的相对富足,这一时期的人类每天除了生活基本劳动以外,还剩余部分时间,可以制作一些精美的陶器供人欣赏,得到心理满足。因此,设计并制作一个物品,不仅需要考虑其功能价值,还要考虑其审美价值。

进入青铜时代后,人类通过冶炼工具开始发明并制作武器。在战争中,武器的性能对战局起到决定性的作用,使得在这一阶段,人类开始最大限度地追求器具的性能。设计和制作过程结合得更加紧密,之前的设计仅仅是外观、功能和流程设计,青铜时代的设计需要具体到制作过程工艺参数的设计,如温度、保温时间、空气湿度等。这一时期人类的设计在审美价值上也不断提升,并在衣物、壁画、生活用品上进行大量艺术创作。为了彰显不同阶级民众的区别,器物及饰品的装饰效果开始与社会地位密切相关,设计工匠不断创新,在一定程度上促进了设计不断突破固有形式,朝着精益求精的方向发展。

进入铁器时代后,铁器比铜器密度小、更坚韧、更锋利,且矿产资源更加丰富,上述优点使得劳作器具与劳动方式发生根本性变革,生产力得到大幅度提升。铁器的制作工艺与最终性能息息相关,因此要求炼铁、炼钢过程的工艺参数更加精细,各个环节工艺参数之间的关联更加紧密。以钢刀淬火为例,刀匠必须对刀胚的温度、冷却剂的特性以及时间的把控都做到极致。若淬火时间不够,则会导致刀锋不硬,容易卷刃;若淬火过头了,则会使得刀锋很脆,刀体韧性不足,在使用的过程中刃口容易崩裂。设计也从单一环节单个对象制作过程的设计,转向了多环节多参数的一体化设计。

进入蒸汽机时代后,随着蒸汽机的发明和人类对自然的认识更加充分,制造过程开始大量使用机器替代传统手工制作。为了给机器设置具体工作流程和参数,同时为了方便设计和制造机器,制造过程开始标准化,设计也逐渐向标准化方向发展。与此同时,蒸汽机时代零件制作效率的提高,使得人类开始制造由多零部件装配组合而成的复杂产品,零件和零件之间的关系开始变得重要,很多制造中的关键参数也都是这一时期提出的,例如公差、配合、位置精度、尺寸精度等。传统通过人工经验制造物品的方式逐渐被淘汰,设计真正成为一门系统性的科学,各种设计方法和工具得到人们的重视,设计科学开始快速发展。自此,设计与制造融为一体,设计成为制造的灵魂。

进入信息时代后,人们在制造过程中使用不同传感器和控制器,使得制造过程更加精准,使得实际制造的过程参数与设计时制定的参数趋于一致。此外,随着真空电子束焊接系统、五轴数控机床、金属3D打印机、内高压成形设备等高端制造装备的陆续研发,传统制造的限制被打破,设计开始脱离传统制造的束缚,更加关注满足人们对生产生活的需求。上述两点的综合作用结果,使得设计的重要性远远超过了制造的重要性。同时,信息时代的制造更加注重制造成本和时效性,开始关注从原材料、制造、服役到报废的整个产业链条。而相应的设计方法也逐渐发展起来,如全寿命周期设计、耐用消费品设计、产业生态圈等。

纵观人类发展历史,设计和制造的关系逐渐由制造主导设计,演化为设计融入制造,直至如今的设计主导制造,即面向制造的先进设计方法。面向制造的先进设计水平能够体现制造技术水平的高低,直接影响着一个国家的工业化进程。先进设计方法具有先进性、系统性、集成性等特征。首先,先进性指的是设计方法的目标是优化制造工艺,并与新技术结合,实现局部或系统的集成。其次,先进设计方法具有一定的系统性,指的是在生产过程中综合考虑能量流、物质流和信息流等的系统科学。当然,先进设计方法还有集成性特征,它将机械、电子、信息、材料和管理技术等融合为一体,在通盘考虑下,实现对制造过程的设计。未来的设计和制造更具有时代的特征,在人工智能、虚拟现实、数字孪生、人机共融等新兴技术的推动下,在精密、节能、洁净、高效工艺技术的需求牵引下,未来设计和制造的发展也必将发生颠覆性变革。

1.1.2 制造的关键要素

所谓制造,顾名思义就是将原材料转变为产品的活动,然而制造的内涵却不仅限于此。

美国麻省理工学院机械工程学院制造领域专家大卫·哈达特(David Hardt)教授认为制造是指：联合运用各种相关技术,生产出满足商业需求产品的过程。制造的构成要素主要包括：材料、制造单元、制造系统、供应链。由于制造的对象是原材料,因此材料是不可或缺的一个要素。这些材料包括原材料以及一些回收材料,后者则和"再制造"技术息息相关。制造第二个构成要素则是基本的制造单元。原材料/半成品进入加工单元后被处理成其需要的状态。然而,一般情况下一个加工单元不足以完成产品生产的所有流程,因此,往往需要一系列加工单元有机组成一个制造系统,系统中每个加工单元各司其职,完成最终产品所需的一系列加工流程。值得注意的是,整个制造系统并不是孤立的,它需要和不同的供应链相连接。制造系统需要从供应链上游获得原材料和半成品部件,然后通过加工和组装,将制造后的产品送到供应链下游。这些产品最终可能被送往下一个制造系统进行深入加工或者通过零售商流入市场。

此外,现代生活中制造的产品都是需要进行售卖的,这使得产品制造具有商业属性。从这一角度来看,制造需要满足四点核心的需求：

市场需求：包括产品需求以及生产周期、效率等时间需求；

成本需求：制造业需要维持生产成本可控,这也是从事制造业的企业保持正常运转及盈利的前提保障；

质量需求：制造业生产出的产品要确保能够良好实现其设计功能,令用户满意；

灵活性需求：制造业生产线不应该只能生产一成不变的单一产品,需要随时能够根据市场变化对产品做出灵活调整。

由此可见,产品制造过程中需时刻关注产品的一致性及风险资本。一方面,为保证制造产品可以完成其设计时指定的功能,要保证生产出来的不同产品品质具有一致性,尽量最小化产品个体之间的差别和变化。保证产品质量的一致性是合格制造流程的必要条件。另一方面,为保证产品的经济效益,需考虑产品的各种投资成本,包括固定资产(厂房和设备投入)、原材料和半成品、人力支出成本等。最终制造的产品需要满足市场和用户的需求。整个制造过程还要在随时变化的时间周期内保证成本的可维持性。

1.1.3　制造的基本原则

原则一词具有以下内涵：① 作为行为或系统基础的基本命题；② 事物的本源或基础；③ 解释或控制事物如何发生或工作的基本事实/原理。由此可见,原则反映或描述了事物的本质。制造遵循两个基本原则：第一是流动性原则,第二则是变化性/差异性原则。这两个原则在制造过程的不同阶段和不同层次贯彻制造过程始终。因此,在制造设计与控制过程需要重点关注这两方面。

首先,原材料在最基本的加工单元内"流动",经历各种工序,变成基本零件。这一过程中,各个零件之间会存在一定差异,这些差异可能由非标准的操作、设备变化、材料性能差异以及一些固有的随机性导致。此外,加工完成的原件还需要在工厂内各个加工单元之间"流动",经过各单元处理后出厂。这一过程中产品的差异主要是设备的可靠性、传输过程的差异及生产效率的变化导致。然后，出厂的产品还需要沿着供应链在宏观产业的上下游"流动"，直至最终流入市场，进入用户手中。这一过程需要考虑供需关系、原材料供给、物流等因素导致的变化影响。最后，整个制造业需要从宏观商业的角度考虑，涉及资本、专业知识在制造业和整个社会之间的"流动"。整个过程受到全球经济、科技发展变化的影响。由此可见"流动性"和"变化性"原则会贯彻制造过程的微观和宏观层面始终。

1.2 哈达特制造过程建模方法

为了更好地理解制造过程，并采用适当的设计方法，需要对制造过程进行统一描述。本节主要介绍麻省理工学院大卫·哈达特教授提出的制造过程控制的基本建模范式，并定义制造的模型。其中，控制一词指的是通过调整制造过程相关参数，使得制造的过程或结果与预期一致，包括零件尺寸、性能、寿命、价格、市场等方面的预期。基于该模型，本节后续内容描述了不同的制造过程控制模式。最后，根据所提出的模型，推理出了制造过程的控制分类。

1.2.1 模型定义

所有制造过程都有两类输出：
- 几何（产品的宏观形貌）
- 性质（产品材料的性能）

这两类输出完整定义了产品的性能及其必须满足的设计规范。

所有制造过程还涉及将具有初始性能的材料从初始几何形状转换为最终输出的产品。这种转换是通过应用（或去除）能量来实现的。整个过程需要将能量定向分配在材料的表面或体积上。这种"定向能量"的来源是实施制造过程的机器或设备。因此，我们可以首先将制造过程定义为设备与材料的相互作用。这种相互作用将材料转换为所需的几何形状和特性。图 1-1 给出了这种模型的关系。

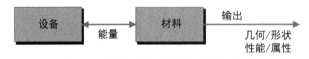

图 1-1 制造过程中设备和材料的关系

由于上述的所有转换都由设备驱动和控制，因此除了改变原材料本身，对制造过程的唯一控制是通过设备进行的。对制造过程的输入控制是通过控制设备调节输入材料的能量强度和分布来完成的。换言之，在制造过程中，唯一调控途径就是调节设备的输入。这引出了图 1-2 所示的过程模型。

为了定义制造过程中的内部变量以及输入和输出之间的关系，可以建立制造输出向量 Y 和过程参数 β 之间的

图 1-2 设备输入的制造过程控制模型

简单函数关系：

$$Y = \Phi(\boldsymbol{\beta}) \tag{1-1}$$

其中：Φ 是抽象化描述制造过程的转换函数；Y 是制造输出，一般可以由产品的参数定义；$\boldsymbol{\beta}$ 是制造过程参数。还可以将该模型进一步细化为：

$$Y = \Phi(\boldsymbol{\alpha}, \boldsymbol{u}) \tag{1-2}$$

其中：向量 $\boldsymbol{u}$ 代表设备输入参数的子集，相对制造过程的各种基本参数，这些参数在执行制造过程的时间范围内是可控的、确定的，一般来讲是可以直接调节的参数；向量 $\boldsymbol{\alpha}$ 中包含的参数又可以细分为两类：材料参数和设备参数。

图 1-3 显示了制造过程模型的基本输出因果关系。图中 Y 表示制造过程输出，$\boldsymbol{\alpha}$ 为制造过程参数向量，Φ 是制造过程转换函数。参数向量 $\boldsymbol{\alpha}$ 可以分解为扰动（$\Delta\boldsymbol{\alpha}$）和输入（$\boldsymbol{u}$）。 在

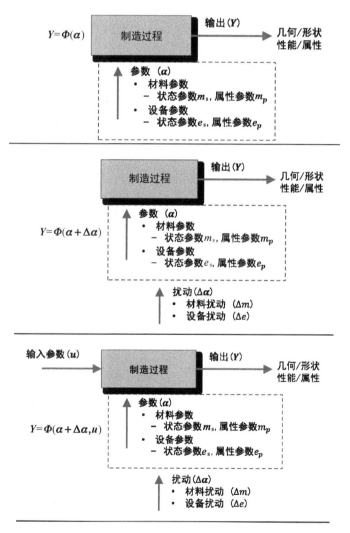

图 1-3　制造过程模型的输出因果关系

设备和材料参数中,我们都对热力学状态参数和设备/材料的本构特性参数感兴趣。例如,设备状态参数是共轭功率参数对,诸如:力-速度、压力-流速、温度-熵(或热流)、电压-电流等。材料状态参数可以是材料中类似的物理量。相比之下,设备属性决定了能量在何时以哪种方式应用。因此,设备的几何、机械/力学、热和电气特性决定了其本构特性。相对而言,材料的本构特性更为大众所熟知,如刚度、屈服强度、熔点、黏度等。

一般来说,在设备与材料进行能量交换的过程中,设备和材料的状态参数会发生变化,但是它们的本构特性往往保持相对稳定。然而,在材料上集中施加能量通常会导致材料本构特性发生显著变化。事实上,上述制造过程的输出可视为材料的最终机械状态和本构特性。

1.2.2 制造过程控制模式

制造过程有几种控制方法,这些方法包括离线的降低制造过程灵敏度和实时输出控制等。所有控制方法的目标都是最小化干扰(即 $\Delta\boldsymbol{\alpha}$)对输出 $\boldsymbol{Y}$ 的影响。这一基本目标用下面的一阶微分表达式来描述:

$$\Delta\boldsymbol{Y} = \frac{\partial\boldsymbol{Y}}{\partial\boldsymbol{\alpha}}\Delta\boldsymbol{\alpha} + \frac{\partial\boldsymbol{Y}}{\partial\boldsymbol{u}}\Delta\boldsymbol{u} \qquad (1-3)$$

其中:$\Delta\boldsymbol{Y}$ 表示输出变化;$\partial\boldsymbol{Y}/\partial\boldsymbol{\alpha}$ 表示过程的干扰灵敏度;$\Delta\boldsymbol{\alpha}$ 表示参数干扰;$\partial\boldsymbol{Y}/\partial\boldsymbol{u}$ 表示输出-输入灵敏度矩阵,也被称为"增益矩阵";$\Delta\boldsymbol{u}$ 表示设备输入变化。

为了使得输出量 $\boldsymbol{Y}$ 的基本变化最小,我们可以采取三种不同的制造过程控制模式。

● 对制造过程进行设计和适当操作,使其具有较低的干扰灵敏度(最小化 $\partial\boldsymbol{Y}/\partial\boldsymbol{\alpha}$),这是优化制造流程的目标。

● 设计或控制设备以最小化参数变化 $\Delta\boldsymbol{\alpha}$,这类方法是统计过程控制(Statistical Process Control,SPC)的目标。

● 通过在制造过程中对输入参数 $\Delta\boldsymbol{u}$ 进行适当控制,用以抵消 $\Delta\boldsymbol{\alpha}$ 的影响。这类方法的最典型应用是通过使用反馈控制在适当的频率范围内最小化 $\Delta\boldsymbol{Y}$。

1.2.3 灵敏度和参数优化

表征制造过程特性的一种方法是量化参数变化对输出的影响。这种广义灵敏度函数采用矩阵 $\partial\boldsymbol{Y}/\partial\boldsymbol{\alpha}$ 来描述。如果已知此类灵敏度函数,那么可以调整或优化制造过程,使得灵敏度函数最小化,该控制方法如图1-4所示。在这种控制方法中,目标是选择一个标称参数 $\boldsymbol{\alpha}_0$,使得输出 $\boldsymbol{Y}$ 对干扰 $\boldsymbol{\alpha}$ 的灵敏度

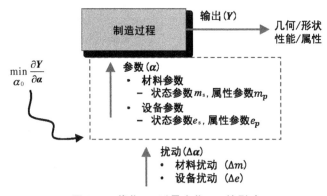

图1-4 优化 $\boldsymbol{\alpha}_0$ 以最小化 $\Delta\boldsymbol{\alpha}$ 的影响

$\partial Y/\partial \boldsymbol{\alpha}$ 在 $\boldsymbol{\alpha}_0$ 附近最小(注意,这类方法不存在固有的反馈回路,因此并不能对参数扰动 $\Delta \boldsymbol{\alpha}$ 进行直接补偿)。通常情况下,可以通过如下三种方法进行控制。

(1)统计过程控制

统计过程控制(SPC)实际上是一种制造过程诊断工具,它试图确定是否存在本质上非随机的过程干扰($\Delta\boldsymbol{\alpha}$)。这种方法首先对制造过程产生的数据信息进行随机采样,并进行统计分析。如果发现 $\Delta\boldsymbol{\alpha}$ 过大,那么应进一步排查制造流程及设备以减小这类干扰。该方法相当于检测和排除上述变化方程中的 $\Delta\boldsymbol{\alpha}$。值得注意的是 SPC 不提供排除这类干扰的具体办法,但是该方法避免了通过调节 $\partial \boldsymbol{u}$ 采取任何控制行动。

(2)利用反馈系统对状态变量进行控制

参数变化导致了制造过程输出发生变化,因此尝试减少这种变化有利于制造过程质量控制。减少不确定性的一种常见且非常有效的方法是直接测量设备或材料状态,并建立相应的反馈系统。这包括设备的力、速度、温度、压力或流量控制。该方法还可能涉及材料温度、压力或位移控制。该方法如图 1-5 所示:

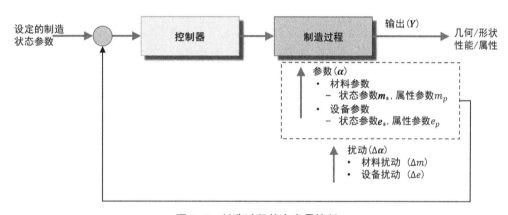

图 1-5　制造过程状态变量控制

设备状态和材料状态控制之间有一个重要的区别。前者的输入(设备输入)和受控变量(设备状态)之间有更紧密的耦合。但是当对材料状态进行控制时,设备及其所有静态和动态特性也同样被包括在控制回路中。同时控制回路还包括了通常不确定的设备和材料进行能量交互的"端口"。

在这类方法中,我们可以通过反馈控制系统的某些参数(例如材料状态参数的子集) $\boldsymbol{\alpha}_e$,以减少其变化或降低其随机扰动。因此,参数变化对输出的影响如下:

$$\Delta \boldsymbol{Y} = \frac{\partial \boldsymbol{Y}}{\partial \boldsymbol{\alpha}_e} \Delta \boldsymbol{\alpha}_e \tag{1-4}$$

可见,可以通过减少 $\Delta\boldsymbol{\alpha}_e$ 来控制输出量 $\boldsymbol{Y}$ 的变化。注意,这类控制中,制造过程的输出 $\boldsymbol{Y}$ 和对 $\boldsymbol{Y}$ 的干扰影响仍在控制回路之外。

(3)基于输出反馈的控制

除上述两种方法之外,确保制造产品能满足输出目标值并且使变差最小化的终极方法是利用负反馈直接对输出采取控制。如图 1-6 所示,只要即时对真实输出进行测量,该控制策略就可以自动涵盖对制造过程产生的所有影响。但是在工程实践中,这种方法很难实现,因为测量过程本身会使制造过程产生误差并且带来时间延迟。请注意,测量过程是一个单独的问题,实际上,这个问题可以在控制产品输出问题中占主导地位。

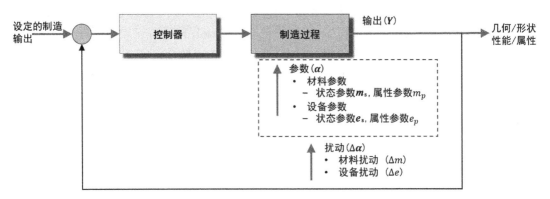

图 1-6　制造过程输出的直接反馈控制

1.2.4　制造过程分类

很明显,实施上述各种类型的控制策略都受限于制造过程的物理原理和设备的设计。具体细节在本章参考文献[1]中有详细讨论。下面简要介绍几个能够提供覆盖制造过程的通用性分类方法:

(1)制造过程控制的分类

制造过程控制的目标是确保输出产品的几何和属性与某些设计的目标值匹配。同时,制造过程还应该是一个快速响应的过程。在理想情况下,我们只需测量这些输出并调整适当的控制,但大多数制造过程需要将这些目标进一步分解为控制子问题。为了帮助定义这些子问题,首先需要对制造过程进行分类。分类的依据是要保证突出主要控制问题。

例如,机械加工和闭式模锻都可以保证输出的产品有明确的几何形状和性能,但决定这两种加工方式输出的因素却大不相同。机械加工过程易于实时控制,能够快速响应命令或目标变化,但生产率却相当低。相比而言,闭式模锻的几何输出几乎不可能在制造过程中改变,因为每次有新产品目标时都需要根据所需形状重新开发新的模具。然而,对于形状复杂的零件,锻造的生产率通常比机械加工快一个数量级。以生产商用飞机高性能起落架为例,如果采用等温锻造方式,可能需要几个小时制造一个产品,然而,一旦完成锻造,必须对零件进行机械加工以完善形状细节并提高尺寸精度,但这种加工可能需要 200 多小时!

从上述例子可以看出,这两种加工过程的整体控制框架非常不同:机械加工方式很容易控制并且可以快速响应设计变化,但生产速度很慢;而闭式模锻则在整个生产周期内对设计变化完全没有响应能力,但生产速度很快。这两种加工方式的差别有很多,它们之间唯一的相似之处是,每一种加工方法都在金属原材料上施加了机械能。不同之处有:机械加工通过去除材料引起形状变化,锻造是通过使固定质量的材料变形来实现的;机械加工使用了与零件无关的工具,将机械能施加于材料局部区域,工具通过沿指定轨迹移动来创建产品的设计形状,锻造使用基于特定零件设计的"成型模具",该模具在锻压机的单个单向冲程中创建零件,以整体分布的方式对材料施加机械能。

这个简单的例子至少提出了一种对制造过程进行控制分类的方法:从加工导致材料变形的基本物理机制开始,考虑材料是发生局部变化还是发生整体变化,然后,从材料转变过程涉及的施加能量域入手,对制造的物理过程进行分析、建模、测量和操作。

（2）制造过程分类

图 1-7 是对制造过程进行分类的基本的分级系统。

图 1-7 分类的最顶层是使材料变形或转换实际物理机制,具体方法包括:材料移除、材料添加、塑性变形、固化。

上述加工方法都可以改变工件材料以创建所需的形状。每种方法理论上都可以对各种类型的材料进行加工,并且可以使用不同的能源。此外,加工方法可以以局部串行方式移动,对工件材料施加能量,以创建部件形状轮廓;也可以通过并行方式将能量同时施加在工件的各个位置。很明显,所涉及的物理过程的细节将取决于被加工材料的类型和制造过程使用的能量源,这一区别如图 1-8 所示。

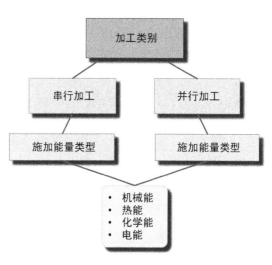

图 1-7　制造过程分类的层次结构

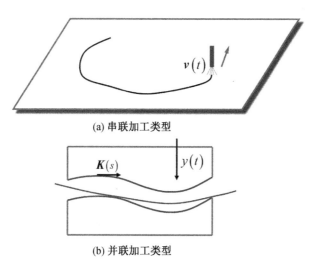

(a) 串联加工类型

(b) 并联加工类型

图 1-8　制造过程类型

（注意,对于串行过程,几何形状由时变的速度矢量决定,而对于并行过程,曲率分布 $K(s)$ 是决定几何形状的主要因素）

以切割金属为例：可以通过施加较大的局部剪切力来切割金属,使材料在刀具点处分离;也可以通过沿所需切割线移动集中热源来切割材料。这些热源可以是气割火焰、等离子电弧或激光束。集中剪切也用于从板材上切割大型零件,但不是在某一点或以串行方式进行,而是使用设计好轮廓的切割工具平行切割或冲压零件的所有部分。虽然所有这些过程都是明显的材料移除过程,但它们在分类层次结构上彼此存在着显著差异,这些差异将直接影响我们控制它们的能力。

最后,制造过程中主要使用的能量源对制造的速率和准确性有重大影响。一般来说,施加机械能和电能的过程很快,这两种能量形式受作用对象尺寸的影响较小,可以应用到较精确的区域。而施加热能和化学能的过程通常无法直接作用到对象内部。实际应用中,这两种能量往往持续较长的时间,呈现扩散性的特征。表1-1对常见的制造方法根据上述分类标准进行了分类。

表1-1　制造控制过程分类法

加工类别	材料移除							
控制方式	串行加工				并行加工			
能量源	机械能	热能	电能	化学能	机械能	热能	电能	化学能
	切割	激光切割	电火花加工	电化学加工	模具冲压		电火花加工	电化学加工
	研磨	火焰切割						光刻加工
	拉削	等离子体切割						化学铣切
	抛光							
	水射流							
加工类别	材料添加							
控制方式	串行加工				并行加工			
能量源	机械能	热能	电能	化学能	机械能	热能	电能	化学能
	冷喷涂打印	激光烧结	电子束焊接	喷涂	热等静压	烧结		扩散焊接
	超声焊接		电弧焊		惯性焊接			
	搅拌摩擦焊接		电阻焊					
加工类别	材料成形							
控制方式	串行加工				并行加工			
能量源	机械能	热能	电能	化学能	机械能	热能	电能	化学能
		等离子体溅射			铸造			低压化学气相沉积
		液滴制造技术			模压			电镀
加工类别	材料变形							
控制方式	串行加工				并行加工			
能量源	机械能	热能	电能	化学能	机械能	热能	电能	化学能
	弯曲成形	线加热成形			拉拔			磁致成形
	开模锻造				闭模锻造			
	轧制							

（3）串行和并行加工过程

表1-1的第二层次是根据串行/并行加工模式对制造过程进行分类。串行/并行模式对制造过程的控制至关重要,因为它对制造可控性和时序流程影响最大。串行过程是指加

工工具沿指定轨迹局部移动、按顺序进行更改工件几何形状和特性的过程。串行加工包括大多数机械加工、激光加工、焊接、轧制和许多装配过程。串行加工的控制问题通常包括设备位移或轨迹控制问题。此外,根据定义,大多数机器人加工过程是串行过程,尽管机器人加工业需要使用工具,但它通常不限定于某特定零件的加工。

并行加工通常可以对工件的一个很大范围的区域同时施加影响。这些工艺包括所有使用成形模具和一些增加材料的工艺,如粉末、喷涂或电镀等。常见的并行加工包括成形、锻造、铸造、模具成形、蚀刻、电化学加工或电火花加工。在大多数情况下,并行加工涉及的任何"轨迹"都是简单的单轴运动,对零件几何形状几乎没有影响。对于带有成形工具的零件,工件几何形状基本上完全由该工具/模具决定,并且在整个制造周期内很少可以更改。因此,这类过程通常在较长时间范围内不发生变化。

在某些情况下,调整并行制造的"边界条件"(如施加的全局作用力、温度和压力)可能会改变模具形状和最终零件形状之间的关系。虽然这些条件可以快速改变,但其影响在本质上仍然是全局的。

从控制角度来看,串行过程通常具有更好的可控性,因为局部变化对工件全局影响较小,并且时变加工过程可以对工件空间上的变化产生影响。由于所有操作都可以很容易地在局部加工区域内定位,因此可以简化测量,并且可以针对局部加工过程开发有效的模型,而不必太担心全局精度。在串行加工过程中,只需改变工具的轨迹和加工参数,即可大幅度改变产品的几何结构,并且串行加工除了在加工前需利用卡具固定零件之外,在加工过程中很少或不需要使用卡具。

传统的反馈控制方法不能很好地对并行加工过程进行建模。但有研究发现系统论方法针对一些特定的并行加工过程仍然适用。在大多数情况下,对于并行制造方法,过程控制唯一的手段本质上是统计过程控制。通常无法通过"主动调节"的方法对并行制造加以控制。由于与零件处理时间相比,并行制造产品的周期非常长,因此此类加工过程通常缺乏灵活性。

表 1-1 所列的大多数材料加工方法中,既有串行过程,也有并行过程。正如在每一个加工类别中所展示的那样,实现加工控制的能力与加工过程是串行还是并行直接相关。

最近发明的立体光刻工艺是说明如何利用工艺设计来改善控制特性的最好例子之一。该工艺属于表 1-1 中的材料成形/串行工艺/热能工艺。它实际上是更传统的聚合物成形工艺的串行制造版本。通过选择性地固化材料,消除了对模具的依赖。在制造过程中,零件的外壳成为模具。这使得加工过程不再需要固定的卡具,并将制造过程控制问题转化为主要的轨迹控制问题,因为局部聚合过程表现良好,可以以开环方式良好地进行制造。其他过程,如激光烧结和 3D 打印都是将并行制造过程转换为串行制造过程的例子。

1.2.5　小结

本节提出了一个简单的模型,以帮助从控制和设计角度理解通用的制造过程。制造过程可以看作是利用机器或设备使原材料达到指定的几何形状和性能。可通过"扰动公式"

来描述和分类实际情况下普遍制造过程的控制手段。该公式说明了三种主要制造过程的控制方法的各自作用：统计过程控制、过程优化控制和反馈控制。最后，利用制造过程分类法说明了不同制造方法的控制难易程度，该分类法根据控制的难易程度和生产速率对制造过程进行分类。

1.3　制造效率优化设计

1.3.1　效率优化设计内涵

提高生产效率的优化设计原则主要是研究、识别和发掘制造过程中零件和工艺的相似性，并且充分利用这种相似性为制造服务。其基本方法是把相同的问题归类成组，并寻求这一组别问题的最优解决方案，以期取得更高的经济效益。在制造领域，可以通过生产设计，把多品种、中小批量生产转变成较大批量生产，并且采用一整套技术措施，从而提高生产效率、降低成本并且改善产品质量，获得大批量生产的经济效益。

抽象地说，客观事物既存在差异的一面，也存在相似性的一面。对应于制造领域，需要制造的产品（如机械零件）也必然有其共性。

例如，德国亚琛工业大学机床工程实验室从仪表、发动机、机床、军工产品、重型机械等 20 余种不同产品中选取 45 000 种零件，对其复杂性概率分布进行统计，发现零件复杂性概率呈现卡方分布，如图 1-9 所示。按照复杂程度将零件分成 A、B、C 三类。

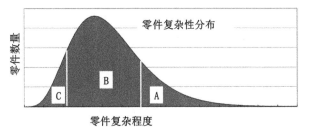

图 1-9　零件复杂性概率分布图

处于图 1-9 首尾两端的分别是 C 类零件和 A 类零件。其中 A 类被称为复杂件或特殊件，例如机床床身、机架、主轴箱等。此类零件结构复杂、单件价值高、再用性低，但是出现率也低，占零件种数的 5%～10%。C 类零件则多为标准件，如螺钉、螺母、垫圈等。C 类零件结构简单、单件价值低、再用性高，并且均已标准化生产，易于订购，占零件种数的 15%～20%。

B 类零件则被归为相似件，诸如各种轴、套、齿轮、法兰、盖板等零件。这类零件复杂程度、再用性和单件价值介于 A、C 之间，出现频率很高，约占零件种数的 70%。B 类零件是效率优化设计的重点关注对象。

此外，零件之间不仅具有相似性，零件种类与数量之间还具有相关性。例如，据统计，世界各国各类机床零件都具有如下特征：有通孔的回转体占比最大、数量最多，而有齿形但无孔或者有盲孔的回转体数量最少。同时统计数字表明，每类零件在同类产品中所占比例多少是遵循一定规律的。这种零件种类与其内在规律性被称为零件种类与预期数量的相关性。

同时亚琛工业大学课题组还统计了同类零件在取样前后三年尺寸情况以及同类零件在不同国家的尺寸情况。结果表明尽管产品品种和规格在不同时间和地域有所变化,但是其中同类零件的尺寸变化却很小。这一规律被称为零件尺寸的相对稳定性。既然零件尺寸变化不大,那么加工这些零件的机床规格和工艺装备也就具有相对稳定性。在制造工艺设计过程中充分利用相似零件的尺寸稳定性势必会提高制造生产效率。

机械零件上述特性说明在各种机械产品中,A、B、C 三类零件都有大致出现的频率范围,并且具有各自特征的每类零件(如通孔回转件等)的出现频率又有一定规律,同时零件尺寸也相对稳定。零件(如各种轴)在形状、结构和尺寸等方面的相似性必然导致制造工艺方法的相似性。充分利用这种相似性为通过合理设计来提高制造效率提供了可能。

1.3.2 相似性原则

在制造领域,相似性包含两层含义:第一层是从机械产品整体来讲,不同类型机械产品(如机床、农机、军工产品等)的零件中存在大量彼此相似的"相似件"(占比约 70%);第二层含义是对同类机械产品(例如各种机床、各种水泵)而言,其同种零件之间在形状、结构、尺寸等方面具有相似性。充分利用相似性的两层含义,可以在产品设计和工艺设计两个方面大幅提高制造效率。

1. 产品设计

传统设计方式效率低下的主要原因为设计的重复性和设计的多样性。设计的重复性一般指当新产品零件设计任务下达时,设计人员并不能充分利用曾经类似零件的设计方案而需要从头开始。零件设计的重复性使得设计人员将宝贵的时间和精力浪费在重复性劳动之中,以致出现恶性循环。这种每一种新产品都要重新进行一整套设计而不能充分利用已有设计方案的设计体系不仅不能满足快速开发新产品的要求,而且占用设计人员多、设计成本高、造成设计效率低下。零件设计的多样性指设计人员由于缺乏设计标准,在设计零件细节时经常带有随意性,不同设计人员或者同一设计人员在设计类似零件时缺乏一致性。这导致零件品种的非必要增加,给后续制造过程中工艺装备的采用、工艺规程的制定和加工带来麻烦,最终导致成本提高和效率低下。

为解决上述问题,就要充分利用相似零件的设计标准化,最大限度地建立零件的品种和规格的数据库。其中解决设计重复性的办法是检索,即通过一定检索手段,充分利用已经标准化的零件图样或者已有产品的设计,最大限度地减少设计的工作量,最终达到缩短设计周期、提高设计效率及设计质量的目的。

在面向制造的产品设计中提及的标准化是针对某个企业或生产线而言,并非国际标准(ISO)、国家标准(GB)等。标准化主要针对制造生产中的相似件。"零件标准化"实际上是对企业内部大量相似零件进行标准化。

制造生产标准化工作的一般流程如图 1-10 所示,核心是沿图中粗实线开展标准化流程。在产品、部件和零件三者中,首先应以零件标准化为基点。因为产品和部件均由零件组成,所以产品和部件的标准化应从零件标准化入手。而在专用件、相似件、标准件处理中应当实现相似件的标准化。这是因为标准件不需额外标准化,而专用件很难标准化并且由于再用性低且数量少没必要标准化。但相似件之间由于具有相似性,因此具备标准化的可能;并且由于再用性高且数量多,因此有必要实现标准化。

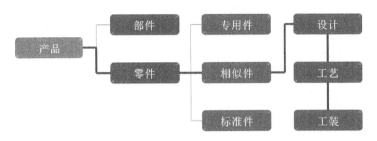

图 1-10　制造生产标准化流程简图

相似件的设计、工艺、工装三者应当从设计标准化入手,设计标准化可以使得后续工艺、工装标准化而提高制造效率。

相似零件标准化主要有三个内容,即零件名称标准化、零件结构标准化和零件整体标准化。而相似零件标准化程度则分为四个标准化等级:简单标准化、基本标准化、主要标准化和完全标准化。标准化程度根据以下四个标准化要素来确定:

(1) 功能要素:指零件中起一定功用的各种形状要素;

(2) 基本形状:指零件内部和外部的主要轮廓形状;

(3) 功能要素配置:指各个功能要素在零件基本形状上的配置部位;

(4) 主要尺寸:指零件的主要功能尺寸。

标准化内容、等级、要素之间的关系由图 1-11 给出。

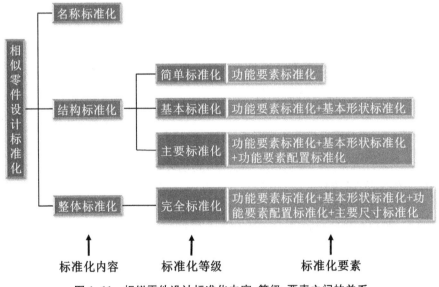

图 1-11　相似零件设计标准化内容、等级、要素之间的关系

标准化等级的实际意义在于,标准化等级不同,设计人员的设计内容是不同的,或者说设计自由度不同。例如在设计新产品零件甲时,经构思后检索发现与甲零件相似的乙零件是已经达到主要标准化的零件。也就是说,甲、乙两个零件的功能要素、基本形状和功能要素配置均一致且已经标准化,只是主要尺寸尚未统一。此时设计人员只要确定甲零件需要的主要尺寸即可。因此对甲零件的设计内容就是主要尺寸设计,而不需要对甲零件的功能要素、主要形状和功能要素配置进行设计,换句话说,此时设计人员只有一个设计自由度。倘若经检索发现乙零件是完全标准化的零件,那么对新产品中所需零件可以直接选用乙零件而完成设计任务。由此可见在充分利用零件相似性特点的情况下可以大大提高制造生产效率。

上述提到的相似零件检索的前提是对零件名称标准化。零件名称标准化有两个优点:一是使得划分零件组更容易进行,标准化零件名称可以使得结构相同、功能类似的零件具有相似的名称,易于检索;二是易于与计算机技术结合,使得利用计算机对相应信息的存储、检索、传递更加容易。综合而言,充分利用零件间的相似性,可以大幅提高产品制造设计阶段的生产效率。

2. 工艺设计

工艺设计是制造行业最根本的技术工作。工艺设计一般包括工艺规程编制、工艺装备设计和制造及机床设备改造三项工作,对制造效率、产品生产周期、产品质量和成本都有极大影响。

传统工艺规程编制的特点是规程的编制和使用与零件一一对应,工艺人员对每张零件图都要制定一套工艺流程。但是这种方法有两大缺点:① 同类零件工艺的多样性。主要体现为不同工艺人员的经验水平不同,对同一零件或者同类零件编制的工艺规程往往很不相同。这会给零件后续的制造、生产组织和管理带来很多麻烦。② 工艺规程的烦琐性。成千上万种零件都要人工编制工艺规程,而类似零件工艺规程制定往往有大量的重复工作,效率很低,并且很难满足当今社会产品更新快、品种不断增加的现状。

充分利用产品零件的相似性则可以大幅改善上述问题:工艺规程的编制及使用应当与一组零件对应,即一份工艺文件对应一组工艺相似的几种或者十几种甚至更多种零件,同时还可以用于与这组零件相似的未来新产品零件,以保证工艺规程的继承性。这便把工艺人员从重复性劳动中解放出来,并且由于该方法可以长期使用,避免了传统工艺规程"一次作废"的现状,因此可以进一步提高制造效率。

工艺设计可以根据零件组的复杂程度,选择以下两种设计方法:

(1)针对形状较简单的零件组,可以采用复合零件法编制工艺规程。在设计工艺过程中要对所用设备和工艺装备进行统一考虑,工艺过程和工序应同时制定,目的是使组内全部零件可以在同一设备(如机床或机床组)内加工完成。

(2)针对结构复杂的零件组则适合采用复合路线法进行工艺设计。该方法首先分析零件组内全部零件的工艺路线,从中选取工序较长、流程合理、代表性强的基础工艺路线,然后将其他零件的工序在合理的位置安插到基础工艺路线中,得到适用于加工整个零件组的成组工艺路线,并基于此编制成组工艺和工序规程。

此外,传统中小规模制造业机械加工车间机床多采用基于功能的机群式布置。例如车床组、铣床组、磨床组等。但是这种分配和布局方式往往不能充分利用零件之间的相似性从而导致效率低下。

根据相似性,可以通过设计,将相似零件所需工艺和设备归为生产单元。具体来说,就是将生产相似零件的一组机床/设备布置在一块生产面积内,组成一个封闭的生产系统,完成一个或几个零件组的全部加工任务。上述生产单元的特点是一组技术人员可以利用一组设备在一块生产面积内完成一组或几组零件的全部加工任务。比起传统机群布置,这种生产单元有如下优点:

(1)由于单元内的机床布置在一起,被加工零件不必按批进行工序间的长距离转移,可以大大减少在制时间和在制件数量,并且可以在制造空间内配置高效的传送装置;

(2)零件只在单元内流动,避免了机群布置产生的交叉往返流动;

(3)从毛坯到零件成品均在单元内完成,便于成本核算、计划管理和生产调度;

(4)零件质量只取决于单元内的技术人员,并且因为单元内的人员设备全部经由工序联系在一起,方便管理,有利于提高产品质量。

根据生产单元设计,有利于在单元内部形成小规模流水线作业。值得注意的是,基于相似性原则规划的生产单元内部流水线相比传统流水线作业更加灵活。在传统流水线上流动的是一种零件,而生产单元内部流水线上流动的则是一组或几组相似的零件。这种流水线允许在更换被加工零件时仅对设备、工艺进行调整,因此更加灵活。由于组内零件的相似性,这种微调耗时很小,在保证生产效率的前提下同时提高了生产效率。

1.3.3 案例:水泵制造流程设计

某水泵厂生产近30个品种规格的水泵,多数水泵年产量在300台左右,少数水泵年产量则只有10~30台。由于产品品种多、批量少,传统制造方法采用通用设备与通用工艺装备进行生产,导致生产效率低下。此外,在新产品设计时,不仅需要设计技术人员进行设计、制图、准备工艺文件、制造工艺装备、试制及投产,还需要生产车间技术工人协同,花费大量人力物力,极大提高了生产设计成本。

由此可见,传统制造流程设计方法生产效率低、经济效益差、管理混乱、生产准备工作周期长,不能适应产品更新换代日益频繁的现代化需求。可制造性优化设计则可以针对上述问题进行制造工艺的优化设计,尽可能针对产品工艺、产品结构与几何的相似性制定方案,提高生产效率。

以水泵厂生产为例,虽然不同品种规格的水泵整体差别较大,但是具体到组成水泵的零件与结构则有很大相似之处。例如不同种类水泵均由泵体、泵轴、叶轮等构件组成,并且不同型号水泵的泵体、泵轴、叶轮等相似程度均较高。因此可以将相似程度较高的各种泵轴合并成一个泵轴零件组,一起投料、加工。这是因为泵轴类零件各方面的相似性必然导致工艺过程、所用设备和工艺装备卡具也具有相似性。可以将小批量生产转化为大批量生产,大幅缩短不同零件加工的调整时间,有利于自动化作业,提高生产效率。

作为示例,图1-12给出了传统制造工艺加工流程和可制造性优化设计后的加工流程。经统计,不同水泵型号的泵轴需要经过车削、磨削、钻孔、切削、精磨等6道加工工艺,每道工艺平均用时4 min。

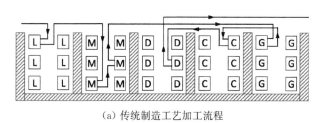

(a) 传统制造工艺加工流程

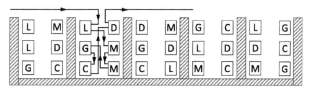

(b) 可制造性优化设计后的加工流程

L—车削;M—磨削;D—钻孔;C—切割;G—精磨。

图 1-12 两种不同的加工流程

如图1-12(a)所示,传统制造方法利用通用设备与通用工艺装备对泵轴构件进行加工,100个泵轴构件总用时约为$100 \times 6 \times 4 = 2\,400$(min)。但是如果将相似构件进行组合并进行制造工艺优化,将生产泵轴设备集中在一个生产单元,那么针对第一个泵轴构件,生产时间为$4 \times 6 = 24$(min)。而后续99个泵轴构件由于结构尺寸及加工工艺类似,制造过程中只需要对工艺装备和设备工艺参数进行微调,每个构件生产时间接近传统制造中一道工序的生产时间,因此剩余99个泵轴零件的生产时间约为$99 \times 4 = 396$(min)。总共生产时间约为$24 + 396 = 420$(min)。

这一时间远小于传统制造加工生产时间。类似地,可以根据各个组件生产加工特点组建泵体生产单元、叶轮生产单元等。

1.4 制造质量优化设计

1.4.1 质量优化设计内涵

相对于生产效率,产品的最终质量和稳定性更是制造设计中需要考虑的重点。在制造过程中,经常会出现制造流程设计不合理导致的产品几何尺寸不稳定,最终造成产品质量不合格或质量不一致的情况。因此,需要从优化设计制造工艺和定义制造过程的中间产品入手,进行可制造性工艺设计。下面,以焊接制造过程的变形情况为例进行说明。

焊接过程是一个局部快速的升温降温过程。由于焊接温度高,同时焊缝受周围结构约束过大,通常会在焊缝周围形成塑性区。塑性区的范围和分布决定了焊接结构的变形。随着热输入增高,塑性区的范围就会相应地增大。变形一般分为两种,纵向变形和横向变形。如果塑性区在厚度方向上的分布是均匀的,并且形心在中性轴上,焊接后受收缩力的影响,焊接结构在纵向长度和横向长度上都会缩短,如图 1-13(a)所示,塑性区越大,对应的收缩变形就越大。对于焊缝不在中间的结构,在焊接后,会发生平面内弯曲变形,如图 1-13(b)所示。如果塑性区在厚度方向的分布不是均匀的,塑性区的重心不在结构的中性轴上,焊接后受收缩力的影响,会产生平面外的变形,如横向方向会产生角变形,如果图 1-13(c)所示,在纵向方向则会产生拱形弯曲变形。

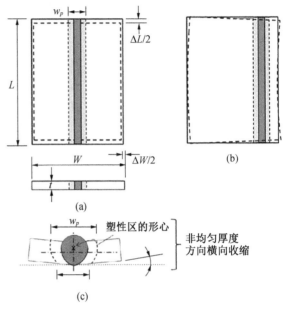

图 1-13 基本的焊接变形

1.4.2 刚度与对称原则

类似上面例子,除焊接工艺外,制造过程中各类加工方法也可能使得中间产品发生几何形变,给最终装配带来难度。这在很大程度上影响了最终产品的质量。为最大限度保证产品质量的稳定性、几何尺寸的精确性,在设计过程中应遵循下面原则:

- 结构及制造需保持对称性;
- 临时结构及模块化结构需保持稳定性;
- 多使用支撑面定位,可以有效地控制产品尺寸,提高质量。

例如:在船舶结构的关节盘的制造过程中,可实施两种制造设计方案,如图 1-14 所示。图 1-14(a)所示的制造方案中,首先将基板①和②进行对焊,保证①、②板的夹角为 28°。然后,由左到右顺次焊接两板的加强筋。该设计方案并不是一个合理的设计方案,原因如下:(1) 由于基板①、②较薄,刚性很低,因此在焊接过程中极易变形,并且中间产品(焊后的①、②板)很难保证形状的稳定性,两板间的夹角 28°很难维持,容易在储存和后续焊接加强筋时发生改变,这是因为中间产品没有遵循稳定性原则,同时也缺少支撑面定位,没有遵循有效支撑原则;(2) 在焊接加强筋时,采用从左到右的顺序,并未遵循对称原则,这导致焊接过程中产生的变形会发生积累,使得产品最终几何尺寸与设计尺寸偏离较大。

相比较而言,图 1-14(b)则是一种比较合理的设计方案。制造过程中首先对基板①和基板②分别焊接加强筋。加强筋的焊接顺序为从中间到两边,遵循对称原则。对称原则可以使不同焊接过程产生的焊接变形相互抵消,而不会导致焊接变形的积累。此外,当基板①、②焊接加强筋后,构件的刚度明显增强,在运输和后续加工过程均有助于保证几何形状的稳定性,满足设计稳定性原则。在焊接有加强筋的两基板时可选择②作为基准,用于保证结构形状的稳定性。

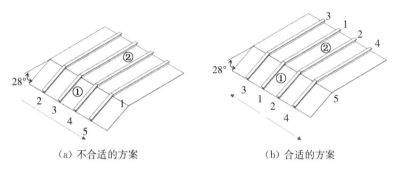

(a) 不合适的方案   (b) 合适的方案

图 1-14 两种关节盘制造设计方案对比

1.4.3 案例:焊接制造低变形设计

1. 稳定变形

稳定变形是焊接过程中比较常见的变形,如角变形、拱形变形,以及收缩变形等,如图1-13。稳定变形量可以通过收缩力及结构的中性轴位置来计算,在不引入其他塑性应变前,变形不会发生改变。如在轨道车辆车厢制造的时候,很多筋板需要焊接在平板上,很容易产生角变形。通过前面对于塑性区的阐述,我们大致了解了控制变形的方向。下面具体举几个例子来说明如何控制或者减少这些稳定变形。

(1) 焊接顺序的影响

图1-15所示的例子是控制平面外的纵向拱形弯曲变形。由于焊缝1和2与结构的中性轴有一定的距离,因此如果只焊接角焊缝1和2,那么T形结构由于力矩的作用势必会发生拱形变形。但是如果同时焊接角焊缝1,2,3,4,由于这四个焊缝与结构的中性轴对称,那么不会发生拱形变形。所以焊缝的设计和焊接,建议对称,对于对称的结构,焊缝最好可以同时焊接,以使焊后变形最小。

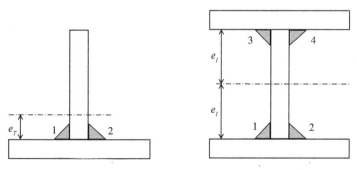

图 1-15 焊接顺序的影响:纵向拱形变形的控制

图 1-16 展示的例子是控制角变形。纵轴是角变形量,横轴是距离起弧边缘的距离量。如果焊接方向是从一边到另一边,如图 1-16(a)所示,那么角变形量随着焊接距离增大而增大,这主要是因为高热输入,增大了塑性区的面积,相应地增大了角变形。而如果采用图 1-16(b)所示的焊接顺序,中间一段先焊,再分别焊两边,那么得到的角变形量最小。这是因为先前焊接的部分稳定了结构,让立板与底板的位置相对固定,遵循了稳定性原则,所以最终变形很小。

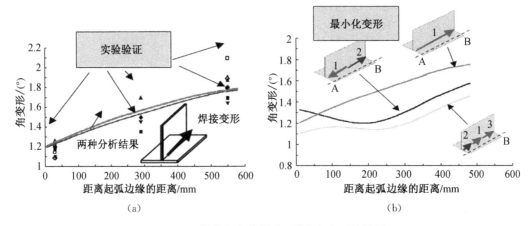

（a）　　　　　　　　　　　（b）

图 1-16　焊接顺序的影响：横向角变形的控制

（2）夹具的影响

图 1-17 展示的例子是夹具对角变形的影响。左边的图是焊接时不用夹具,焊接后测量三点的角变形高度,分别是 5.8 mm,7.5 mm 和 8.3 mm。右边的图是用夹具,夹具的最佳位置是靠近焊缝或者塑性区,把焊接结构和一个基准面固定在一起,最佳的形式是均匀分布。使用夹具后,同样的三个位置的角变形量分别是 0.7,0.9 和 2.2 mm,可以看出角变形大大减小。焊接时,有效地利用夹具,设计好夹具的位置和形式,可以最大限度地减小角变形。这一方案遵循有效支撑原则。

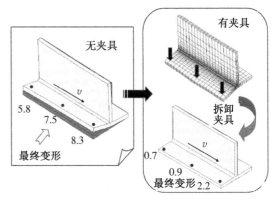

图 1-17　夹具的影响

（3）一个焊后修正的方案

图 1-18 所示的是一个焊接后修正角变形的方案。焊接后,由于塑性区的形心不在结构的中性轴上,因此发生了角变形。修正的方法是冷压,即把结构倒置,利用三点弯曲来拉伸塑性区,红色线表示的是冷压之后的变形,可以看出角变形大大减少到几乎不见。

（4）小结

从上面的分析可以看出:

① 在设计时,焊缝应尽可能布置在结构的中性轴上;

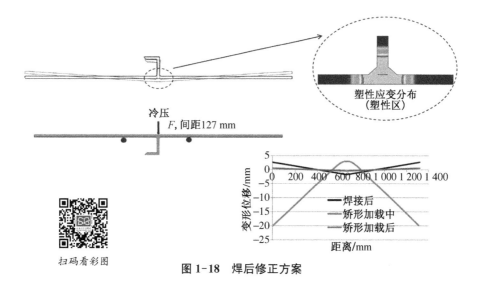

图1-18 焊后修正方案

② 在焊接时,尽量使用夹具,夹具应靠近焊接位置或者塑性区,呈均匀分布,并且分段焊接(图1-16),也可以根据焊接后的变形,预制相反方向的变形;

③ 在焊接后,通过拉伸塑性区或者引入对称的塑性区,产生相反的变形以进行修正。

2. 不稳定变形

相对于上一节讨论的稳定变形[图1-19(a)],不稳定变形一般是指屈曲变形,即一个结构在外部轻微的干扰下可以展现出多种变形形式,当去掉干扰时,结构变形回到之前没有干扰的时候,如图1-19(b)的情况。m 代表变形模态,当 $m=1$ 时是第一变形模态,当 $m=3$ 时是需要更高能量的第三变形模态,变形更复杂,波形数也更多。不稳定变形往往难以测

(a)稳定焊接变形

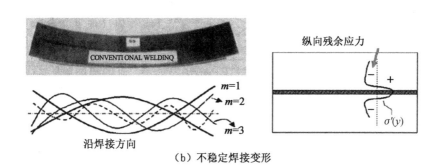

(b)不稳定焊接变形

图1-19 稳定变形与不稳定变形

量,而且不能像稳定变形那样根据收缩力和中性轴位置计算得到具体的变形幅度。对于目前更轻更薄的结构,屈曲变形是主要变形模式,与结构中的压应力直接相关。如图 1-19(b)所示,焊接本身会在焊缝周围产生拉应力,拉应力的大小接近材料的屈服强度,但根据平衡关系,压应力也会产生以平衡焊接引起的拉应力。如果是薄板的情况,那么很小的压应力就有可能导致薄板屈曲,发生不稳定变形。

对于焊接焊缝的薄板,假设焊缝处的拉应力大小为材料的屈服强度,板中的压应力可以用下式计算:

$$\sigma_m \approx -\frac{S_Y w_P}{W} \tag{1-5}$$

其中:w_P 是塑性区宽度,W 是板的宽度,S_Y 是材料的屈服强度。对于屈曲变形,我们可以假设板受到均匀的压应力 σ_m 作用。这主要是因为屈曲变形是整体变形,而焊缝处的拉应力过于局部,所以假设不能影响结构整体的屈曲变形。基于这个假设,我们可以利用板壳理论,如图 1-20 所示,计算发生屈曲时的临近压应力:

$$\sigma_{m,\mathrm{cr}} = \frac{\pi^2 k_c E}{12(1-\nu^2)}\left(\frac{t}{W}\right)^2 \tag{1-6}$$

式中,E 是材料的弹性模量,ν 是材料的泊松比,t 是板厚,k_c 是与边界条件和几何尺寸 L/W 相关的系数,W 是板的厚度。这个公式提供了如何控制和避免不稳定变形的理论基础:公式左边是屈曲变形的"驱动力",我们可以通过减少压应力来避免屈曲变形,而压应力与焊接的拉应力相关(公式 1-5),所以降低焊接处的拉应力,也就意味降低了结构中的压应力;公式右边代表屈曲变形的"抵抗力",我们可以通过提高"抵抗力"来避免屈曲变形,比如增大 k_c,增大厚度,增大杨氏模量,减小板的宽度等。下面将利用这些理论基础,通过一些具体的例子,讲述如何控制和避免不稳定变形。

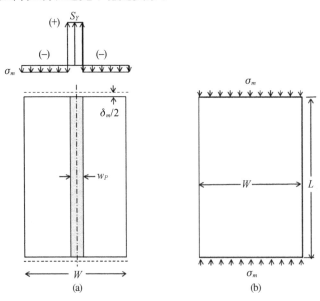

图 1-20 对接焊缝的压应力

（1）减少"驱动力"控制变形

第一个例子是图 1-21 所示的在焊接后使用轧辊碾压焊接区域,在材料处于较高温度的时候,拉伸塑性区,这样做的目的是减少焊接区的拉应力,进而减少压应力,即减少不稳定变形的"驱动力",避免屈曲变形。如图 1-22 所示,左边是不使用轧辊的应力分布,右边是使用轧辊的应力分布,可以明显地看出,使用轧辊后的拉伸应力几乎减少了一半,同时也极大地减少了压应力。从图 1-23 的变形比较可以看出,使用轧辊的对接板没有屈曲变形发生,整个板处于水平状态。

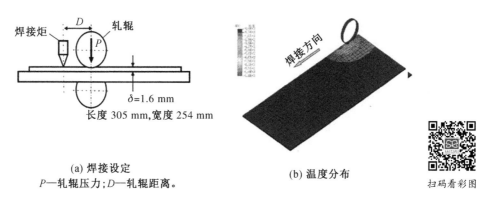

（a）焊接设定
P—轧辊压力;D—轧辊距离。

（b）温度分布

扫码看彩图

图 1-21　不稳定变形的控制:减少"驱动力"

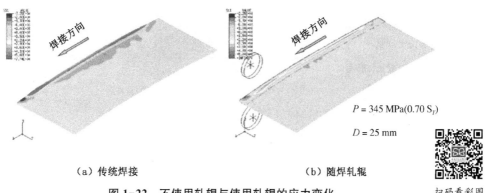

$P = 345\ MPa(0.70\ S_Y)$

$D = 25\ mm$

（a）传统焊接

（b）随焊轧辊

图 1-22　不使用轧辊与使用轧辊的应力变化

扫码看彩图

传统焊接

随焊轧辊

扫码看彩图

图 1-23　不使用轧辊和使用轧辊的变形比较

（2）增大"抵抗力"控制变形

这个例子是通过增大结构的"抵抗力"来避免屈曲变形的发生。图1-24左上图是把一个筋板焊接到底板的中间，然后再依次焊接一系列的筋板。左下图是把筋板从上到下依次连接，可以看出右下图在第二个筋板焊接后，周围产生了很大的压应力，底板很有可能已经发生了屈曲变形，剩下的筋板很难再焊接到底板上。右上图是根据对称性，把筋板从中间向两边依次焊接到底板上，在完成整个组装后，可以看到整个底板的压应力很小，较另一种焊接方法有了很大的改进。这个是由公式（1-6）右边的 k_c 控制的，最佳的组装方法是同时焊接这些筋板，这样得到的变形最小。

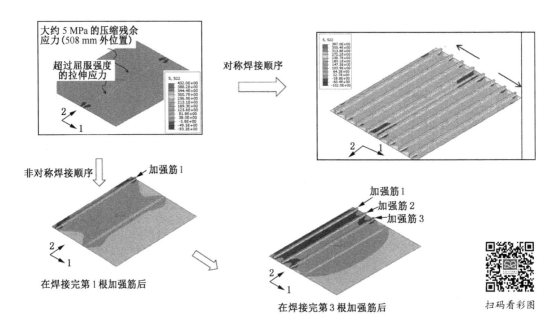

图1-24　不稳定变形的控制：增大"抵抗力"

（3）减少"驱动力"并增大"抵抗力"控制变形

最后一个例子是将两者合在一起考虑。图1-25是筋板连接的变形测量，绿色表示垂直于纸面向上翘曲，紫色表示处于水平状态。图1-25（a）的下方，可以很清楚地看到，底板已经发生了波浪形的屈曲（绿色呈棋盘格形状），在使用了对称焊接筋板（增大"抵抗力"）的方法后，变形得到了有效的控制，如图1-25（b）所示，但还是不够好。我们采取了反向拱形弯曲的修正方法，最终的变形图如图1-25（c）所示，变形再次得到了改善，唯一不足的是左下角有翘曲的现象，主要是因为在最后一次采取反向拱形弯曲的修正方法时，支持的木桩被严重破坏，造成修正失败。

图1-26所示的是具体的反向拱形弯曲的修正方法。在焊接完筋板后，把一个工字梁置于筋板之上[图1-26（a）]，使 T 形梁中性轴位置升高，利用三点弯曲向下压工字梁，拉伸塑性区，产生压应力[图1-26（b）]，在撤掉压力和工字梁后，可以看到筋板焊接处的拉应力大大地减少，约为 50%。所以这个方法可以有效地减少筋板的应力，避免屈曲现象的发生。

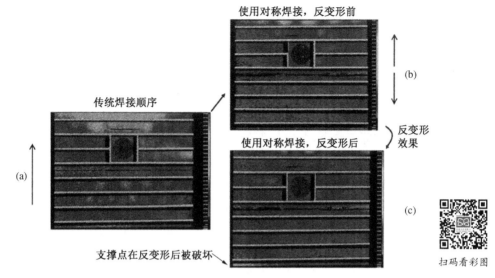

传统焊接顺序

使用对称焊接，反变形前

(b)

反变形效果

使用对称焊接，反变形后

(a)

(c)

支撑点在反变形后被破坏

扫码看彩图

图 1-25 不稳定变形的控制：减少"驱动力"并增大"抵抗力"

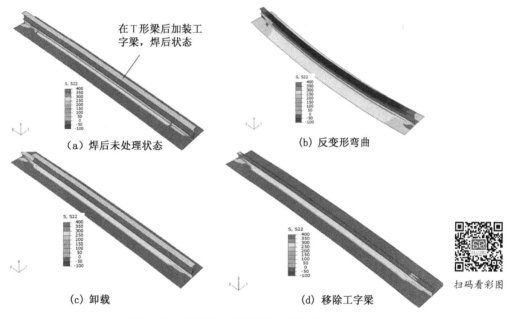

在 T 形梁后加装工字梁，焊后状态

（a）焊后未处理状态

（b）反变形弯曲

（c）卸载

（d）移除工字梁

扫码看彩图

图 1-26 通过反向拱形来减少焊缝应力

（4）小结

在这一节，我们根据公式(1-6)通过减少"驱动力"（公式左边）和增大"抵抗力"（公式右边）来减少不稳定变形。

● 减少"驱动力"：通过拉伸塑性区，减少拉应力，从而减少整个结构的压应力；

● 增大"抵抗力"：最好的设计方法是对称设计，焊接方法是同时焊接，如果不能同时焊接，那么根据对称性依次焊接也不失为一个好的办法。

1.5 制造成本优化设计

1.5.1 成本优化设计内涵

制造成本是指在产品设计、制造、安装等过程中产生的与设计密切相关的成本。统计分析结果表明,在实际工作中,大约80%的成本是在产品设计时确定的。另外,设计成本不仅会通过制造过程影响企业的总体成本,还会影响后续运营、质保期维护等,进而对整体成本产生影响。因此,通过优化措施,降低设计成本对整体企业成本控制具有重要意义。

在机械产品的设计阶段,就应控制产品的成本。设计成本优化的核心思想是,将降低成本的工作向前扩展到产品的设计阶段。产品设计通常包括方案制定和详图设计阶段。在方案的制定阶段,技术实现的可行性不能作为该计划的唯一标准。从产品成本和经济效益等维度全面分析和比较不同的设计方案,使成本最低的设计方案成为产品最终方案。在详图设计阶段,设计人员应考虑:零部件材料的选用是否合理,产品零部件的结构形式是否能够经济地实现,功能、性能指标是否过剩等。只有在产品设计的每个阶段、每个环节有不同的降低成本的措施,产品的设计成本才能降低。

根据价值工程的观点,产品的价值,即效能与其功能成正比,与其成本成反比。为了保证必要的效能,可以保持功能不变、降低成本,或者增加功能、保持成本不变。但无论是企业还是客户,确保必要的功能是最基本的需求。为此,对于新型产品,企业应考虑准备开发的新产品的功能-价值关系,避免因新产品设计功能过剩和过高要求而增加设计成本。对于目前相对完善和成熟的产品,通常通过改进设计、工艺和更改零部件配置或材料使用来降低设计成本。在实际设计中也可以综合考虑效能和成本,通过改进设计、材料代用、改进功能设置和工艺过程等来实现改善效能之目的。

从制造业决策角度,需要在成本领先和产品差异化之间进行权衡。降低生产过程中的成本,包括降低材料和人工成本、管理成本、销售费用和财务费用,是传统的成本领先战略的主要方式,但这些措施的效果正在下降。在满足必要性能的前提下,制造业可以不局限于"节约成本",转向追求技术创新和产品差异化,力争在给定资源下提高产品效能,从另外一个角度实现降低成本的目标。同时还应该在不牺牲产品性能和品牌形象的前提下降低成本。从产品差异化的角度出发,实施差异化和创新的设计,以实现改进,提升性能而不增加成本,进而获得竞争优势。

在设计层面提高产品的"三化"程度有助于降低产品的制造成本。所谓"三化"主要是指产品系列化、结构模块化和零部件通用化。建立产品系列谱、减少产品种类并简化设计,根据产品组件的功能特点将产品组件分解为相对独立的功能单元,使其接口标准化,使其可互换,并可选择不同的标准模块的不同组合,形成各种变形产品。减少零件和部件的数量,从而减少产品设计工作量,有助于提高生产熟练度,提高生产效率和保证质量。减少工艺准备,尤其是对于小批量机械产品生产,工艺准备占45%~50%。减少特殊部件的数量,提高工艺准备的效率,缩短准备时间和减少劳动量对于降低工费成本具有重要意义。

1.5.2　适用性原则

适用性原则的核心思想就是在设计产品过程中,并不是要追求产品的最佳性能,而是要明确产品的目标,使得产品性能恰好达到使用目标,从而达到降低成本的目的。举例来说,某产品设计寿命为 10 年,但实际制造产品在使用过程中正常服役长达 20 年之久,这虽然是对产品质量的肯定,但这是通过耗费更高的制造成本来实现的。一般来讲,产品的制造成本会随着产品的使用寿命呈非线性增长,而上述设计就是违背适用性原则的一个典型例子。

轻量化设计是设计过程中遵循适用性原则降低产品成本的一个典型设计思路。轻量化设计是在保证产品既定目标的情况下,遵循适用性原则,尽可能减少材料的消耗并降低成本。在方案的设计阶段,实施结构减重优化,结合定量分析手段,使所有部件和系统均尽可能轻巧。在初始设计阶段,应根据成本节约原则确定设计方案。通过对标优化,参考各种现有设计方案,从而为方案选择提供基础。同时,有必要加强对设计方案的审查和管理。通过对标,完成优化设计后,应多次审查设计方案,降低方案中不必要的成本支出,进一步实现节约成本的目标。

设计轻量化的主要原则并不是用更轻质的材料替代原有材料。其重要手段之一就是异种材料的使用。异种材料使用的核心思想就是在产品制造中,将正确的材料用在合适的位置,从而避免在强度要求不高的位置使用强度较高的材料。上述方法在国际先进高铁企业已经得到应用,目前欧洲高铁企业已经开展异种材料结构在车体的应用研究。据调查,使用异种材料(复合材料/铝合金)的车体比传统铝合金车体减重达到 24%,并且异种材料的使用使得车体成本降低 20% 左右。

面向成本的裁剪方法是根据适用性原则去除元件简化产品结构、改善产品性能、降低产品成本的一种实施工具。类似地,价值工程分析通过去除系统中不必要功能或过剩功能达到降低成本的目的,本质上也是裁剪。裁剪方法的目的是根据适用性,使产品的功能分配更合理,功能的价值更高。从达到的目的来看,裁剪方法是依据适用性原则实现价值工程的一种实施方式,而从具体的实施步骤来看裁剪方法实施起来程序性更强,更加方便操作。

使用裁剪方法可以在设计阶段直观有效地降低系统的成本。裁剪的宗旨是依据适用性原则裁剪掉不必要的功能元件,或裁减掉必要的功能元件而用其他成本更低或能带来更大效益的元件替代。裁剪方法的一般实施流程如图 1-27 所示。步骤解释如下:

（1）选择已有系统或初始设计系统,系统可能存在成本高、效能性价比低等问题。

（2）对已有系统进行模块化功能分析。建立系统的功能模型,利用功能模型分析系统中各个模块的作用、属性及理想状态。在建立功能模型的过程中,功能的定义、属性与参数的确定是核心内容。

（3）判断是否存在不满足适用性原则的元件。根据功能分析的结果判断是否存在不能满足设计功能需要的元件,如果存在上述元件,那么对有问题元件进行裁剪。如果系统中不存在类似元件,那么为了降低系统的成本,判断是否有超出设计需求且成本高昂的元件,并据此确定裁剪对象。

(4)裁剪。在功能模型中裁剪掉有问题元件和为了降低系统成本而确定的裁剪对象。

(5)选择裁剪策略。选择传统的四种裁剪策略,不过在选择这四种裁剪策略时,根据裁剪的难易程度和资源的消耗程度依次选择 1—4 号裁剪策略,因为这四种裁剪策略正是以实施的难易程度和资源消耗的多少依次排列的。

(6)资源分析与利用。根据上一步选定的裁剪策略,对所要分析的系统进行资源分析与利用。资源分析时根据选择的裁剪策略列出所有的物质资源、能量资

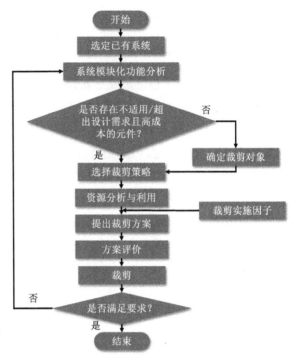

图 1-27　基于适用性裁剪方法的一般流程

源、信息资源、时间资源和空间资源。资源利用以问问题的方式进行,例如,如何利用所得到的物质资源实现所裁剪掉的元件原有的功能,如何利用所得到的空间资源实现所裁剪掉的元件原有的功能。

(7)提出裁剪方案。根据上述资源分析与利用的结果,参照裁剪实施因子,提出裁剪方案,并绘制方案列表。

(8)方案评价。可以使用专家评价的方法对得到的方案进行评价。如果得到的方案满足要求,那么实施裁剪过程结束;如果方案不满足要求,那么重新对系统进行模块化功能分析。

裁剪是依据建立的功能模型在原系统中裁剪掉不适用的元件或系统。裁剪是一种删除工程系统部件的方法,其目的是增加系统的效率、降低系统的成本。

如图 1-28(a)为白炽灯的功能模型。将白炽灯中的灯丝去掉后,得到图 1-28(b)所示的裁剪后的功能模型。裁剪掉白炽灯泡中的灯丝,用其他物质代替,如用汞蒸气与荧光粉代替灯丝形成了现在使用的荧光灯;用半导体材料芯片代替灯丝形成了现在使用的 LED 灯。在发出光的量相同的情况下,荧光灯的耗电量是白炽灯的 1/4,LED 灯的耗电量是白炽灯的 1/10。但由此也可以看出裁剪的方法是随着科学技术的进步得以实施的。

在实施裁剪方法时首先要确定需要裁剪的对象。确定裁剪对象则可以在功能模型中依据如下顺序选择:

(1)将与有害功能、过剩功能和不足功能相关联的元件作为首要的裁剪对象。

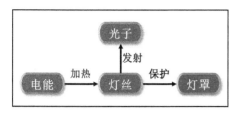
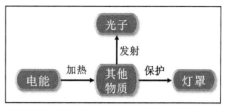

（a）白炽灯模型　　　　　　　　（b）功能模型抽象化的电灯模型

图 1-28　以白炽灯为例对功能模型分析

（2）按不同元件的价格，由高到低作为裁剪的顺序。因为裁剪价格更高的元件就会有更高的裁剪收益。

（3）按照元件在功能等级的高低——元件的功能等级越高，裁剪此元件成功的可能性越高。所谓的功能等级是指距离产品成品的远近程度，在一条作用链上距离产品成品越远的元件功能等级越高。

（4）凭借设计师的设计经验确定裁剪对象。设计人员在实际设计时积累了丰富的设计经验，以及各种符合相应产品的设计方法，这些对裁剪零件的选择具有一定的指导意义。

确定了裁剪对象以后，能否对组件进行成功裁剪，取决于原有元件的功能能否得到重新分配。以两个组件之间的功能关系为例，主要功能的实施者称为功能载体，主要功能的承受者称为功能对象。一共存在四种裁剪策略，对每种裁剪策略的解释如下：

裁剪策略 1：如果功能对象不存在了，那么也就不需要功能载体对它的作用，作用功能对象、功能载体与作用可以被裁剪。这是最简单的一种裁剪方法，最容易实施，因为其存在不必要功能，但是绝大多数情况下不适用这种裁剪策略。

裁剪策略 2：如果功能对象可以自我完成功能载体先前施加的作用，那么功能载体可以被裁剪。

裁剪策略 3：如果技术系统中已有资源可以完成功能载体先前施加的作用，那么功能载体可以被裁剪，原有的作用分配给已有资源。

裁剪策略 4：如果技术系统的新添资源可以完成功能载体先前施加的作用，那么功能载体可以被裁剪，原有的作用分配给新资源。

裁剪策略是指导资源分析与裁剪实施的一种准则，应用裁剪策略进行操作会使后续的操作更有条理性、消除盲目性。

资源在系统化创新过程中扮演着很重要的角色。资源分析的目的是：帮助设计者识别出机械系统中存在的资源和那些之前不被视为资源的事物，进而最大限度地利用资源，实现裁剪的目的。

裁剪时，从以上四种裁剪策略中选择，并对所选的裁剪策略进行资源分析。比如在第三种裁剪策略中分析承受原件存在哪些资源可以实现主要功能，然后应用找到的资源提出解决方案。可以根据如下资源分类对资源进行分析，资源分类如下：物质资源、能量资源、信息资源、时间资源和空间资源。可以通过列表法对资源利用情况进行具体分析，如

表 1-2 所示。

表 1-2 应用某组件裁剪策略时的资源分析与应用表

	物质资源	能量资源	信息资源	时间资源	空间资源
资源列表	组件中的某些物质	该组件用到的能量	控制、尺寸等信息	操作时的空闲时间	组件间的空隙
资源利用	能否利用某物质实现功能	能否利用该能量实现功能	如何利用这些信息	能否利用这些空闲时间	能否利用空隙放置某些东西

1.5.3 案例：桥式起重机桥架成本优化设计

对于某双梁式桥式起重机(图 1-29)，采用成本优化设计方法可以直观地减轻其质量，达到降低成本的目的。下面用 1.5.2 节方法对该起重机桥架进行优化设计。

图 1-29 某双梁式桥式起重机

桥架功能分析见图 1-30 桥架功能模型。桥架功能分析后发现存在一定程度的冗余结构。在桥架中端梁成本仅次于主梁，功能等级比主梁高；另外在实际设计中已存在一些对端梁的改进设计。综合考虑把端梁作为裁剪对象。连接梁的主要功能就是连接端梁，因此连接梁也可以裁减掉。应用裁剪策略 2，对桥架进行资源分析，表 1-3 为桥架资源分析利用表：

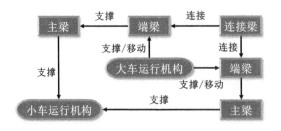

图 1-30 桥架功能模型

表1-3　桥架资源分析利用表

	物质资源	能量资源	信息资源	时间资源	空间资源
资源列表	主梁、轨道装置、连接梁	电能、机械能	主梁尺寸、形状、强度、韧性，主梁的控制信号	主梁的工作时间	主梁、轨道之间的空间
资源利用	利用主梁自身实现支撑功能	利用磁场、组件重力实现支撑功能		在空闲时间进行操作	利用主梁空间实现支撑功能

　　通过对资源的分析，认为桥架自身的物质资源和空间资源都是可以使用的，以此讨论确定端梁的裁剪方案如下：利用主梁的内部空间，去掉端梁，对主梁结构进行调整，把车轮安装在主梁上，电机、减速机放置于主梁内部。裁剪后桥架的功能模型如图1-31所示。

　　类似地，对桥架主梁部分也可以建立子功能模型，如图1-32所示。对附属钢结构进行分析，发现主梁的附属结构如走台等部位存在结构冗余，确定附属钢结构为裁剪元件进行裁剪。运用第三种裁剪策略，对主梁进行资源分析，表1-4为主梁的资源分析与利用。

图1-31　成本优化设计后桥架的功能模型图

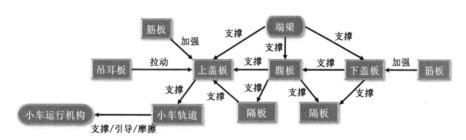

图1-32　桥架主梁部分子功能模型

表1-4　走台主梁资源分析利用表

	物质资源	能量资源	信息资源	时间资源	空间资源
资源列表	主梁上下盖板、侧板	电能、机械能	主梁尺寸、形状、强度、韧性	工作时间和非工作检修时间	主梁的周围空间和内部空间
资源利用	主梁能否实现支撑功能	利用磁场、组件重力实现支撑功能	考虑走台需要的面积信息	在空闲时间进行操作	利用周围空间实现支撑功能

　　通过对资源的分析，认为物质资源和空间资源都是可以使用的，以此讨论确定走台的裁剪方案：主梁的上盖板可以提供工人行走的物质资源，所以可以通过加设栏杆等设施使主梁作为走台的一部分。而在一些特殊位置，如电器柜或小车的指定位置铺设钢丝网或钢

板等辅助走台,以提供工作和检修的平台。通过简化布置走台,减少资源的浪费。

采用上述两种设计方案,一方面节约了钢材料,另一方面桥架的质量减轻随之可以减小相应的电气设备的功率,从而降低整个机械设备的成本。

思考与练习

1. 制造的两个基本原则是什么?

2. 制造过程控制有几种模式,分别是什么?

3. 制造过程的扰动(误差)来源主要有哪些? 哪些是可控的,如何控制这些扰动(误差)?

4. 什么是制造过程的灵敏度?

5. 制造控制过程有哪几种分类方法?

6. 制造效率优化的内涵是什么?

7. 制造过程中的相似性原则有几层含义,分别是什么?

8. 为保证产品的最终质量,制造过程中中间产品需要遵循哪几个原则?

9. 制造工艺设计层面的"三化"指的是什么?

参考文献

[1] Hardt D E. Modeling and control of manufacturing processes: getting more involved[J]. Journal of Dynamic Systems, Measurement, and Control, 1993, 115(2B): 291-300.

[2] Kodama H. Automatic method for fabricating a three-dimensional plastic model with photo-hardening polymer[J]. Review of Scientific Instruments, 1981, 52(11): 1770-1773.

[3] Hull C W. Apparatus for production of three dimensional parts by stereolithography: US06027324[P]. 2000-02-22.

[4] Deckard C R. Method and apparatus for producing parts by selective sintering: w088/002677P1[P]. 1988-04-21.

[5] Sachs E, Cima M, Williams P, et al. Three dimensional printing: rapid tooling and prototypes directly from a CAD model[J]. Journal of Manufacturing Science and Engineering, 1992, 114(4): 481-488.

第二章

工程材料的先进检测技术

2.1 概述

制造技术通常是以实现某种性能指标为目的。在开展制造工艺研究或者开发制造系统之前，通常需要明确制造目的，例如，确定零部件的力学性能、疲劳性能或者理化性能等。近年来，面对层出不穷的材料种类、制造手段和零部件服役环境，评价制造对象性能的先进检测技术也快速发展。先进检测技术不仅是评价制造质量的重要依据，也同样适用于在役零部件性能退化分析、失效原因分析和装备结构完整性评估等过程。总的来说，原材料生产、制造工艺制定、制造质量把控、制造产品验收等各个方面均离不开先进检测技术。

2.1.1 材料检测技术的分类与特点

材料科学是研究材料的化学组成、晶体结构、显微组织、使用性能四者之间关系的一门科学，对应的材料检测技术也可以根据上述四个方面的检测目的进行分类。

化学组成与晶体结构分析方法主要包括：各种常量化学分析、微区分析、X射线光谱和能谱测试、各种电子能谱分析、X射线衍射、电子衍射、红外光谱、穆斯堡尔谱等。

形态学分析（即组织形貌分析）方法主要分析材料的微观晶体结构，即材料由哪几种晶体组成，晶体的晶粒尺寸如何，各种晶体的相对含量为多少等，检测技术主要包括：光学显微术（如金相、岩相等）、透射电子显微术、扫描电子显微术、投影式或接触式X射线显微术、显微自射线照相术等。这里对金相观测技术做简单介绍。金相观测一般在金相显微镜下展开，根据使用场景的差异，可以分为实验室用金相显微镜和现场用金相显微镜，如图2-1所示，两者的差异仅在于对观测样品的夹持方式上，其观测原理完全相同。金相观测目的在于：一方面对微观组织具体形态做定性分析，如马氏体、奥氏体、铁素体、珠光体组织等；另一方面对金属晶粒尺寸做定量评价（晶粒度评定）。在其他因素不变的情况下，金属材料晶粒尺寸越大，其力学性能越差（表现为强度、塑性、断裂韧度的全面降低）。因此，对于一些长期服役并可能面临材质劣化的金属材料，通过现场化的金相检测，并与数据库中的金相照片对比，能够评定材料晶粒度，如图2-2所示，从而估算材料的服役状态。

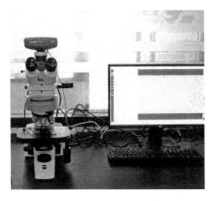 

(a) 实验室用   (b) 现场用

图 2-1　金相显微镜

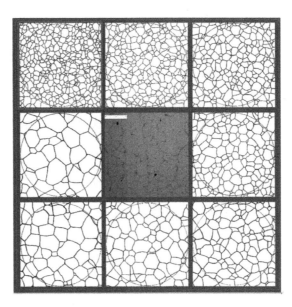

图 2-2　晶粒度评定

材料使用性能的分类相对复杂,主要取决于用户需求,可以大致分为物理性能和化学性能。材料的物理性能包括密度、力学性能、结构完整性、热性能、电性能、磁性能、光性能等,材料的化学性能包括耐腐蚀性、抗氧化性等。对于机械学科,研究者最为关心的是材料使用性能即力学性能和结构完整性。材料的力学性能包括:强度、塑性、断裂韧度、硬度等,其检测技术主要分为破坏性检测和非破坏性检测两大类。传统力学性能检测除硬度检测外,均为破坏性检测,包括:单轴拉伸性能测试、单轴压缩性能测试、剪切测试、弯曲测试、冲击测试、断裂韧度测试等。力学性能的非破坏性检测技术主要指近年来发展起来的微小试样检测技术(如小冲孔测试、微型拉伸测试等)和压入检测技术,其发展初衷在于取代传统破坏性力学性能检测技术,为在役设备材质劣化评定提供可能。材料的结构完整性主要指在设计、原材料加工、设备制造、检验与在役使用中的各个环节对结构中的裂纹(或缺陷)进行监测,以保证设备服役安全。材料表面与内部裂纹(或缺陷)一般采用无损检测(无损探伤),即根据材料表面与内部结构异常或缺陷存在引起的热、声、光、电、磁等反应的变化,以物理或化学方法为手段,借助现代化的技术和设备器材,获取材料表面与内部裂纹(或缺陷)的类型、数量、形状、位置、尺寸、分布等信息。常用的无损检测技术包括涡流检测(ECT)、射线照相检验(RT)、超声检测(UT)、磁粉检测(MT)和液体渗透检测(PT)五种。

2.1.2 先进材料检测技术的发展趋势

在石油化工、电力核能、航空航天、轨道交通等国民生产的各个领域,为满足节能减排的环保要求,追求实际生产的经济效益,设备运行指标(如压力、温度、流量、转速等)的持续提升和设备服役寿命的尽可能延长,已经成为相关行业的共识,做好关键在役设备力学性能指标和结构完整性的评估工作,对保障设备服役安全,落实"十四五"规划全面提高公共安全保障能力,具有重要意义。

对于力学性能检测的研究工作起源于欧洲工业革命,并在第二次世界大战期间得到了发展与推广,主要经历了四个发展阶段,如图 2-3 所示。根据材料服役场合和服役性能需求上的差异,材料的静态/准静态力学性能指标(如强度、塑性、断裂韧度等)和材料的动态力学性能指标(如冲击韧度、疲劳性能等)被相继提出,并由此建立了针对各项力学性能指标的力学性能检测标准体系。除硬度检测外,这些传统的力学性能检测均采用破坏性测试,基本上只能够用于原材料的力学性能检测,无法用于成品件的检测,也无法用于在役设备的检测。

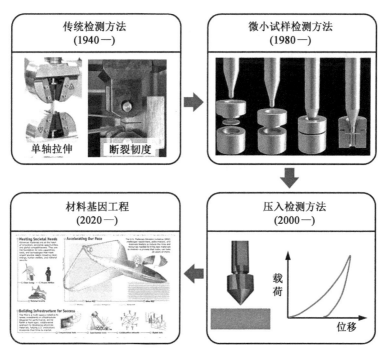

图 2-3 力学性能检测技术的发展趋势

对于石油化工企业,其厂区内遍布承压容器与管道,如图 2-4 所示,这些承压容器是实际生产所需的关键设备,好比人体的重要器官,而设备外密布的管道则类似连通各个器官并为之运送物质的血管。绝大多数承压容器与管道的设计寿命为 20～30 年,当达到设计寿命后,需要根据其当前的服役状况分析是否能够满足延寿需求。因此,研究者们迫切需要一种能够用于在役设备的力学性能检测技术,该技术能够在不对设备后续使用性能和使用寿命造成显著伤害的情况下,准确评价在役设备的力学性能。针对上述需求,研究者们从二十世纪八九十年代开始,相继开发出微小试样检测方法和压入检测方法,经过近四十年发展,上述两种非破坏性力学性能检测方法已经逐渐被用于材料强度、断裂韧度等力学性能指标的测试。

图 2-4　石油化工企业的承压容器与管道

微小试样检测方法和压入检测方法尽管被视为非破坏性力学性能测试方法,但仍然会造成被测材料的损伤,这一点对叶轮等动设备尤为明显。为此,一些研究者提出了材料基因工程的构想。材料中原子或分子的性质、多尺度的排列特征和缺陷决定着材料的性能,材料基因工程的核心是寻找材料基因与力学性能的关系,即建立材料原子/分子排列-相-显微组织与材料宏观性能之间的映射关系,并将其与高通量数值计算、数据库相结合,真正实现完全无试样的力学性能预测。

2.2　工程材料的性能评价

通常,工程材料的性能分为材料的使用性能和工艺性能。使用性能是材料在使用条件下表现出的性能,如力学性能、理化性能等;工艺性能则是材料在加工过程中反映出的性能,如铸造性能、锻造性能、切削性能和焊接性能等。

2.2.1　工程材料的力学性能

材料的力学性能是指材料在各种外加载荷(拉伸、压缩、弯曲、扭转、冲击、交变应力等)作用下所表现出的力学特征。常见的力学性能指标有强度、塑性、硬度、冲击性能、断裂韧度等。

1. 强度

材料在外力作用下抵抗永久变形和破坏的能力称为强度,大小通常用应力来表示。按外力作用的性质不同,主要有抗拉强度、抗压强度、抗弯强度和抗剪强度等。当材料承受拉力时,强度性能指标主要是屈服强度和抗拉强度,因此工程中常用屈服强度和抗拉强度作为判别金属材料的强度指标。

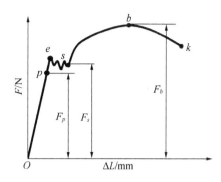

图 2-5　低碳钢拉伸曲线

屈服强度和抗拉强度的测定应依据相应拉伸试验国家标准的规定进行。拉伸试验机采用规定的加载速率,对标准试样进行持续拉伸,直到断裂或达到规定的破坏程度。试验过程中,试验机自动记录试样伸长量 ΔL 及拉力 F,并绘制拉伸曲线。图 2-5 为低碳钢拉伸曲线。

从图 2-5 中可以明显看出以下几个变形阶段:

(1) 弹性变形阶段

O—e 段为弹性变形阶段,试样受力初期,其变形量与外力成比例增长,外力卸载后,试样恢复到原始状态。这个阶段最大载荷 F_p 对应的应力值(p 点对应值)称为比例极限 σ_p。当施加外力超过 F_p 后,拉伸曲线略有弯曲,变形量与外力不再成正比关系,但卸去外力后,试样变形立即消失,此时试样仍为弹性变形。不产生残留塑性变形的最大应力(e 点对应值)称为弹性极限 σ_e。弹性极限与比例极限非常接近,工程实际中通常对两者不做严格区分,而近似地用比例极限代替弹性极限。

(2) 屈服阶段

e—s 段为屈服阶段,当外力超过弹性极限时,变形增加较快,此时试样不仅发生弹性变形,还发生部分塑性变形。e 点与 s 点间的曲线出现波动,说明外力不再增加而试样仍继续变形,这种现象称为“屈服”。这一阶段最大、最小应力分别被称为上屈服点和下屈服点,由于下屈服点的数值较为稳定,因此将它作为衡量材料强度的一个重要指标,称为屈服点或屈服强度 σ_s,可通过下式计算:

$$\sigma_s = \frac{F_s}{A_0} \tag{2-1}$$

式中:F_s ——试样产生屈服现象时的拉力,N;

　　　A_0 ——试样原始横截面积,mm^2。

有些材料(如不锈钢),在进行拉伸试验时没有明显的屈服现象,通常将发生塑性变形为 0.2% 时的应力值作为该材料的屈服强度,称为条件屈服强度 $\sigma_{p0.2}$。

(3) 强化阶段

s—b 段为强化阶段,为使试件继续变形,外力由 F_s 增大到 F_b,随着塑性变形的增大,材料抵抗变形的能力逐渐增强。曲线的最高点所对应的应力值称为材料的抗拉强度 σ_b,通过下式计算:

$$\sigma_b = \frac{F_b}{A_0} \tag{2-2}$$

式中：F_b——试样能够承受的最大拉力，N；

A_0——试样原始横截面积，mm^2。

屈服强度与抗拉强度的比值（σ_s/σ_b）称作屈强比，是评价工程材料使用可靠性的一个参数。屈强比越小，工程构件受力超过屈服点工作时的可靠性越大，安全性越高。但当屈强比过小时，钢材强度的利用率偏低，浪费材料。

一般碳素钢的屈强比为 0.6～0.65，低合金结构钢为 0.65～0.75，合金结构钢为 0.84～0.86。

（4）缩颈和断裂阶段

$b-k$ 段称为缩颈和断裂阶段，当外力增加到最大值 F_b 时，在试样比较薄弱的某一局部位置，变形显著增大，有效横截面急剧减小，出现缩颈现象。截面减小，使得试样持续变形的外力减小，当外力减至 F_k 时，试样断裂。

材料的屈服强度和抗拉强度不是一个恒定数值，合金化、热处理及各种冷热加工可能很大程度上改变材料强度指标的大小。

2. 塑性

所谓塑性，是指材料在外力作用下产生塑性变形而不破坏其完整性的能力，常用断后伸长率 A 和断面收缩率 Z 来表示。

试样拉断后，标距的伸长量与原始标距长度的百分比称为断后伸长率，用 A 来表示：

$$A = \frac{L_1 - L_0}{L_0} \times 100\% \tag{2-3}$$

式中：L_1——试样拉断后的标距，mm；

L_0——试样原始标距，mm。

试样拉断后，缩颈处横截面积的最大缩减量与原始横截面积的百分比称为断面收缩率，用 Z 来表示：

$$Z = \frac{A_0 - A_1}{A_0} \times 100\% \tag{2-4}$$

式中：A_0——试样原始横截面积，mm^2；

A_1——试样断裂处的横截面积，mm^2。

A、Z 值越大，材料的塑性越好。良好的塑性可使材料顺利成形，是金属材料进行塑性加工的必要条件。一般断后伸长率 $A \geq 5\%$、断面收缩率 $Z \geq 10\%$ 即可满足绝大多数零部件的使用要求。

3. 硬度

硬度指材料局部表面抵抗塑性变形和破坏的能力，是衡量材料软硬程度的指标。一般来说，硬度越高，耐磨性越好，强度也较高。

常用的硬度指标有：布氏硬度（HB）、洛氏硬度（HR）、维氏硬度（HV）。

（1）布氏硬度（HB）

布氏硬度试验是指用直径为 D 的硬质合金球，以相应的试验力压入待测材料表面，保持规定的时间并达到稳定状态后卸除试验力,通过测量材料表面压痕直径 d,计算硬度的一种试验方法,如图 2-6 所示,计算公式如下:

$$HB = 0.102 \times \frac{2F}{\pi D(D - \sqrt{D^2 - d^2})} \tag{2-5}$$

式中:D——合金球直径,mm;

$\quad\quad\, d$——压痕直径,mm;

$\quad\quad\, F$——压入金属试样表面的试验力,N。

布氏硬度测试法测量值比较准确,重复性好,适用于布氏硬度值 HB 在 650 以下的材料,如铸铁、非铁合金、各种退火及调质的钢材等。但其测试费时,效率较低,不宜测定太硬、太小、太薄和表面不允许有较大压痕的试样或工件,也不适合成品检验。

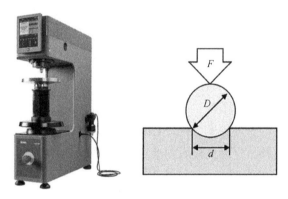

图 2-6　布氏硬度测试

（2）洛氏硬度（HR）

洛氏硬度试验是在规定的外加载荷下,将钢球或一定形态的金刚石压头垂直压入待测材料表面,产生凹痕,如图 2-7 所示。根据压痕深度 h_p 评估材料软硬程度,压痕深度越大,硬度越低;反之硬度越高。洛氏硬度值显示在硬度计的表盘上,可以直接读取。洛氏硬度值 HR 利用如下公式计算:

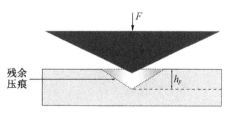

残余
压痕

图 2-7　洛氏硬度测试

$$HR = \frac{K - h_p}{e} \tag{2-6}$$

式中：K ——常数，用钢球压头时为 0.26 mm，用金刚石压头时为 0.2 mm；

h_p ——卸载后的残余压痕深度，mm；

e ——常数，一般取 0.002 mm。

根据所采用的压头和试验力的不同，洛氏硬度有 11 种不同的标尺，最常用的三种标尺为 A、B、C。HRA 标尺是采用金刚石圆锥压头、60 kg 质量求得的硬度，测量范围为 20～88 HRA，用于硬度极高的材料（如硬质合金等）。HRB 是采用 100 kg 质量和直径为 1.58 mm 淬硬的钢球求得的硬度，测量范围为 20～100 HRB，用于硬度较低的材料（如退火钢、灰铸铁等）。HRC 标尺是采用金刚石压头、150 kg 质量求得的硬度，用于硬度很高的材料（如淬火钢、调制钢等）。

洛氏硬度试验由于试验力小，压痕深度浅，对制件表面没有明显损伤。因此，适用于模具、刀具、量具等成品的检测，也可用于薄板、表面硬化层的测量。

（3）维氏硬度（HV）

维氏硬度试验原理与布氏硬度相似，区别在于维氏硬度试验采用夹角为 136° 的金刚石四棱锥体压头，使用很小的试验力 F 压入试样表面，通过测量压痕对角线长度算出压痕表面积，试验力与压痕表面积相除得到维氏硬度值。

维氏硬度试验由于所用载荷小，压痕浅，结果精确可靠，尤其适用于测定金属镀层、薄片金属及化学热处理后的表面硬度。此外，测试范围广（0～1 000 HV），可以测量工业上所用到的几乎全部金属材料。但对试样表面要求较高，效率较低。

4. 断裂韧度

实际构件中存在的缺陷是多种多样的，冶炼过程中的夹渣、气孔，机加工中产生的刀痕、凹槽、焊接缺陷等。断裂力学中，常把这些缺陷简化并统称为裂纹。这些裂纹的存在，往往是导致构件断裂的"始作俑者"。

在外力作用下，某平面上一裂纹尖端附近的应力场如图 2-8 所示。根据弹性力学方法可以得到裂纹尖端附近的应力场为：

$$\sigma_{ij} = \frac{K_I}{\sqrt{2\pi r}} f_{ij}(\theta) \qquad (2\text{-}7)$$

式中：$f_{ij}(\theta)$ ——极角 θ 的函数，称为角分布函数；

$\dfrac{1}{\sqrt{2\pi r}}$ ——坐标函数；

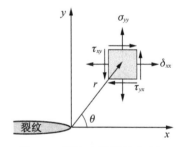

图 2-8 裂纹尖端附近应力场

K_I ——应力强度因子，外力一定时，对于给定裂纹，可看作与坐标位置无关的常数。

由上式可知，当 $r \to 0$ 时，$\sigma_{ij} \to \infty$，即裂纹尖端处是应力的一个奇点，应力场在裂纹尖端处具有奇异性，此时用应力的大小衡量裂纹尖端处的材料是否安全已无意义。因此，为表征外力作用下弹性物体裂纹尖端附近应力场强度，1953 年，欧文（Irwin）定义了应力强度因子 K_I 的表达式：

$$K_I = Y\sigma\sqrt{\pi a} \tag{2-8}$$

式中：Y——与试样和裂纹的几何形状、外力的大小和加载方式有关的量，是无量纲量；

　　　σ——外加应力，MPa；

　　　a——裂纹半长，m。

应力强度因子 K_I 与坐标选择无关，不涉及应力与位移在裂纹尖端的分布情况，仅与裂纹尺寸、构件几何特征及载荷有关。因而 K_I 的大小可以衡量整个裂纹尖端附近应力场中各点应力的大小，是表征裂纹尖端附近奇异性应力场强弱程度的一个有效参量。

随着外力不断地增加，裂纹缓慢扩展，裂纹尖端的应力强度因子也不断增加，当 K_I 达到某一临界值时，裂纹突然失稳急剧扩展，发生瞬间脆断。这一临界值称为材料的断裂韧度 K_{IC}。K_{IC} 是材料抵抗裂纹扩展能力的度量和抵抗断裂的韧性指标，也是材料的固有特性，与材料的性质、热处理及加工工艺等有关，可以通过试验进行测定。

断裂韧度是衡量材料断裂韧性的重要指标。值得注意的是 K_I 和 K_{IC} 是两个不同的物理量，K_I 是裂纹形状、加载方式及试样几何尺寸的函数，是一个变量，完全反映裂纹尖端附近的应力场强弱；K_{IC} 是应力强度因子的临界值，是材料抵抗裂纹扩展的阻力。

5. 冲击性能

工程实际中，许多机器零件往往受到冲击载荷的作用，如飞机的起落架、锻锤、冲床等。当零件在承受冲击载荷时，瞬间冲击所引起的应力和变形比静载荷时要大得多。在评估制造这类零件的材料时，用静载荷作用下的力学性能指标来衡量是不安全的，必须考虑材料抵抗冲击载荷的能力，即材料的冲击性能，通常用冲击吸收功 A_k 来描述。

冲击吸收功是用规定形状和尺寸的缺口试样，在冲击试验力一次作用下折断时所吸收的能量，可用一次摆锤冲击弯曲试验进行测量，如图 2-9 所示。

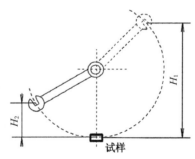

图 2-9　缺口试样冲击弯曲试验原理

将试样水平放在试验机支座上，缺口背向摆锤冲击方向，将具有一定重量 G 的摆锤抬高至规定高度 H_1 处，使其具有一定势能，摆锤下落至最低位置将试样冲断，并摆至 H_2 处，此时可根据下式算出冲击吸收功 A_k 的大小。

$$A_k = G(H_1 - H_2) \tag{2-9}$$

冲击吸收功 A_k 除以试样缺口处的初始截面积 S_N,即可得到材料的冲击韧度 a_k:

$$a_k = A_k / S_N \qquad (2\text{-}10)$$

A_k 的单位为 N·m(J), a_k 的单位为 J/cm^2。

在最新现行标准《金属材料 夏比摆锤冲击试验方法》(GB/T 229—2020)中规定:用冲击吸收能量 K 代替冲击吸收功 A_k。冲击吸收能量 K 的大小对材料的组织十分敏感,能反映出材料品质、宏观缺陷和显微组织的微小变化。因此,对于工作中承受大能量冲击载荷的部件,必须对其选材进行冲击吸收能量测定,评估冲击性能以免发生严重事故。

2.2.2 工程材料的理化性能

工程材料的理化性能是材料在各种物理、化学测试和试验过程中所显示出来的固有特性和能力。对于所有的金属材料,理化性能均是其基础性能,与材料的微观结构有密切的联系。物理性能包括密度、热膨胀、热导率、磁性等,化学性能包括耐腐蚀性、抗氧化性等。

1. 密度

密度是指单位体积物质的质量。密度是一个总的概念,在研究和生产生活中,根据需要的不同,密度的含义也不相同。理论密度是物体在理想致密状态下的密度,在外界条件不变的情况下,是物体所能达到的最高密度。对于粉末材料及其制品,通常用真实密度表示密度,指材料在密实状态下单位体积的固体物质的实际质量。表观密度是指单位体积(含材料实体及闭口孔隙体积)物质颗粒的干质量,也称视密度。密度是表征物质特性的一种宏观物理量,与物质的微观结构密切相关,反映了组成材料的微粒之间的密集程度及其相互作用力的强弱。多组元机械混合物的密度可由下式计算:

$$\rho = \frac{100}{\sum\limits_{i=1}^{k} \dfrac{x_i}{\rho_i}} \qquad (2\text{-}11)$$

式中:ρ_i——第 i 组元的密度,kg/m^3;

$\qquad x_i$——第 i 组元的质量百分数,%;

$\qquad k$——组元数。

2. 热膨胀

热膨胀是指物体的体积或长度随温度的升高而增大的现象,它是衡量材料的热稳定性的一个重要指标。固体材料热膨胀的本质是点阵结构中质点间的平均距离随温度升高而增大,这种增大是原子的热振动(非简谐运动)造成的。固体材料热膨胀的程度通常用热膨胀系数来表示,具体来说,热膨胀系数描述了一个对象的大小如何随温度的变化而变化,即恒定压力下,温度每升高 1℃ 的尺寸变化率。

在实际应用中,选择材料的热膨胀系数显得尤为重要,如玻璃仪器、陶瓷制品在焊接加工时,要求两种材料应具备相近的热膨胀系数。在电真空工业和仪器制造工业的非金属材料与各种金属的焊接作业中,也要求两者有相适应的热膨胀系数。如果选择的材料的热膨胀系数相差比较大,那么焊接时由于膨胀的速度不同,在焊接处产生应力,降低了材料的机械强度和气密性,严重时会导致焊接处脱落、炸裂。

3. 热导率

热传导是热能传递的一种形式,即因材料相邻部分间的温差而发生的能量迁移。物质的热传递能力可用热导率来表示,即单位温度梯度下,单位时间内通过单位截面积的热量。固体中传导热量的载体有自由电子、声子(点阵波)和光子(电磁辐射)。传递的总热量是各载体贡献的叠加,热导率可表示为:

$$\lambda = \frac{1}{3} \sum_{i=1}^{n} C_i V_i L_i \tag{2-12}$$

式中:C_i——每种导热载体对单位体积比热容的贡献,$J/(m^3 \cdot K)$;

V_i——导热载体的速度,m/s;

L_i——载体的平均自由程,m。

对于纯金属,电子导热是主要的传热机制,在合金中除了电子导热外晶格导热也起了一定的作用。所以,金属的热导率是电子热导率 λ_e 和晶格波热导率 λ_g 的总和:

$$\lambda = \lambda_e + \lambda_g \tag{2-13}$$

4. 磁性

磁性是物质在磁场中因磁场与物质相互作用而显示的磁化特性。本来不具有磁性的物质,由于受到磁场作用而具有了磁性的现象称为该物质被磁化。通常,在相同的不均匀的磁场中,磁性的强弱由单位质量的物质所受到的磁力方向和强度确定。

物质的磁性可以分为顺磁性、抗磁性、铁磁性、反铁磁性和亚铁磁性。顺磁性是指材料对磁场响应很弱的磁性。当物质中具有不成对电子的离子、原子或分子时,存在电子的自旋角动量和轨道角动量,也就存在自旋磁矩和轨道磁矩。在外磁场作用下,原来取向杂乱的磁矩将定向,从而表现出顺磁性。常见的顺磁物质有氧气、金属铂,含导电电子的金属如锂等。抗磁性是一些物质的原子中电子磁矩互相抵消,合磁矩为零。但是当受到外加磁场作用时,电子轨道运动会发生变化,并且在外加磁场的相反方向产生很小的磁矩。这样表示物质磁性的磁化率便成为很小的负数(量)。常见的抗磁性物质有水、金属铜、碳以及大多数有机物和生物组织。铁磁性,由于原子磁矩间的交换作用,原子磁矩呈有序排列,即发生自发磁化,即使在较弱的磁场内,也可获得较高的磁化强度,并且当外磁场移去后,仍可保留极强的磁性。这类物质包括铁、钴、镍等。反铁磁性是指由于电子自旋反向平行排列,在同一子晶格中有自发磁化强度,电子磁矩是同向排列的;在不同子晶格中,电子磁矩反向排列。反铁磁性物质大都是非金属化合物,如氧化锰。亚铁磁性是指由两套子晶格形成的磁性材料。不同子晶格的磁矩方向和反铁磁一样,但是不同子晶格的磁化强度不同,不能完全抵消掉,所以有剩余磁矩,称为亚铁磁。

5. 化学性能

材料抵抗各种介质对其化学侵蚀的能力,称为材料的化学性能。在实际应用中,主要考虑工程材料的耐腐蚀性、抗氧化性以及不同金属之间、金属与非金属材料之间形成的化合物对机械性能的影响等。对于腐蚀介质中或在高温下工作的机器零件,由于比在空气中或室温时的腐蚀更为强烈,故在设计这类零件时应特别注意金属材料的化学性能,并采用化学稳定性良好的合金。如化工设备、医疗用具等常采用不锈钢来制造,而内燃机排气门和电站设备的一些零件则常选用耐热钢来制造。

2.2.3 案例:断裂韧度在含缺陷承压设备安全评价中的应用

1. 承压设备概况与安全评价需求

在某管道的定期检测中,发现某一管段内部存在最大宽度为 3 mm、最大深度为 6 mm 的腐蚀裂纹,如图 2-10 所示,管道材质为奥氏体不锈钢 316 L,其壁厚与内径分别为 12 mm 和 60 mm。要求分析该裂纹在表面承受 100 MPa 均布应力时是否会发生开裂事故。

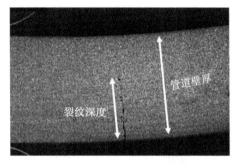

图 2-10　管道横截面示意图

2. 安全评价的简化流程

含裂纹(或缺陷)设备安全评价的简化流程如图 2-11 所示。首先,需要确定设备与裂纹信息。裂纹信息一般通过无损检测技术获取,如超声检测、磁记忆检测、射线检测等,主要包括裂纹位置信息(埋藏裂纹、表面裂纹)和裂纹尺寸信息(宽度、深度);设备信息,主要指设备尺寸、材质、运行工况、服役历史等信息,上述信息在设备的设计资料、出场检验报告书、年检报告等材料中均有涉及。其次,需要根据设备与裂纹信息计算裂纹尖端的应力强度因子。应力强度因子一般有三类计算方法:对于形状和受力均相对简单的设备(如承受内压的管道),可以查询应力强度因子手册或与之相关的文献;对于形状和受力均相对复杂

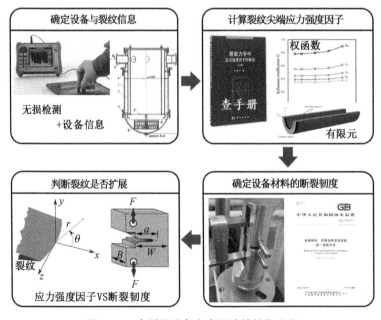

图 2-11　含裂纹设备安全评价的简化流程

的设备(如承受残余应力或应力集中的结构不连续区域),可以在 ABAQUS 等有限元分析软件中建立数值模型,通过有限元计算获得;对于形状相对简单,但受力相对复杂的设备(如受承压热冲击的厚壁容器),可以使用权函数方法。然后,需要对裂纹附近材料进行取样,并制备断裂韧度试样,试样设计与测试流程一般均需要参照标准,如《金属材料 准静态断裂韧度的统一试验方法》(GB/T 21143—2014),确定设备材料的断裂韧度。最后,对比裂纹尖端应力强度因子与设备材料断裂韧度大小,若设备材料断裂韧度大于裂纹尖端应力强度因子,则认为裂纹扩展阻力大于驱动力,裂纹无法扩展,设备暂时处于安全状态;反之,认为裂纹扩展驱动力大于阻力,裂纹能够持续扩展,设备无法继续服役。需要说明的是,上述分析仅为含裂纹设备安全评价的简化方法,实际情况下,即使裂纹尖端应力强度因子小于设备材料的断裂韧度,裂纹同样可以因为介质因素、交变载荷等因素持续扩展。

3. 缺陷的模型化表征与应力强度因子计算

在役设备内部发现的裂纹通常是不规则的,这不利于计算其应力强度因子,缺陷的模型化表征指将不规则的裂纹描述成具有规则几何形状的裂纹,常用的几何形状有椭圆形和矩形。缺陷的模型化表征必须遵从保守原则,即表征后的裂纹宽度、深度、面积均应大于实测裂纹。当裂纹宽度和深度一定时,矩形裂纹的面积大于椭圆形裂纹面积,因此这里采用如图 2-12 所示的矩形裂纹进行表征,裂纹表面承受 100 MPa 的均布应力,通过查阅相关文献,确定裂纹尖端最大应力强度因子系数 G_0 为 0.405,应力强度因子 K_I 可以通过式(2-14)计算,约为 5.6 MPa·$m^{0.5}$。

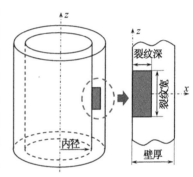

图 2-12 裂纹的模型化表征

$$K_I = A_0 G_0 \sqrt{\pi a} \tag{2-14}$$

式中:A_0——裂纹表面应力分布,即 100 MPa;

a——裂纹深度,6 mm。

4. 断裂韧度的测试与应用

参照国家标准《金属材料 准静态断裂韧度的统一试验方法》(GB/T 21143—2014),使用如图 2-13(a)所示的紧凑拉伸试样。紧凑拉伸试样采用电火花线切割加工的 V 形缺口引发疲劳裂纹,疲劳裂纹预制在室温下进行,采用电磁谐振式高频疲劳试验机以正弦函数加载,应力比和频率分别设为 0.1 和 100 Hz。疲劳裂纹预制过程中每 20 000 次循环进行一次试样表面裂纹的测量,当裂纹初始长度达到试样宽度的 50% 时,结束疲劳裂纹预制。在完成疲劳裂纹预制试样的侧面开槽以强化疲劳裂纹尖端的平面应变状态,侧槽深度约为 1.5 mm,夹角为 90°。紧凑拉伸试验在如图 2-13(b)所示的万能材料试验机上进行(搭配专用紧凑拉伸试验夹具),按照 GB/T 21143—2014 中的规定,通过单试样卸载柔度法获取 J-R 阻力曲线,根据 J-R 阻力曲线确定疲劳预制裂纹开始稳定扩展时的 J 值,进而计算材料的断裂韧度为 194 MPa·$m^{0.5}$。由于设备材料断裂韧度远大于裂纹尖端应力强度因子,故认为裂纹无法扩展,设备暂时处于安全状态。

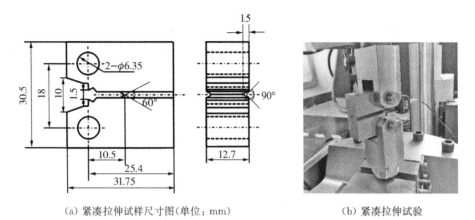

(a) 紧凑拉伸试样尺寸图(单位:mm)　　　　　(b) 紧凑拉伸试验

图 2-13　断裂韧度测试

2.3　工程材料力学性能的先进检测技术

2.3.1　力学性能的微小试样检测

近年来,我国经济的高速增长与生产效率的显著提升密不可分,后者正是工业规模化、集成化、智能化发展的结果。大量可以提高装置总体效益的大型设备、结构和管道相继建立起来,其中绝大多数为以压力容器和管道为代表的承压设备。这些承压设备往往在高温、高压或带有腐蚀介质的苛刻工艺条件下服役,容易导致设备材质劣化和损伤,甚至对设备的安全性和可靠性构成巨大威胁。

《固定式压力容器安全技术监察规程》等法规为承压设备运行过程的安全监管提供了标准,基于无损检测技术的结构完整性评估也为承压设备安全服役提供了理论依据。然而,现有的无损检测技术,例如超声检测、射线检测、电磁检测、渗透检测和声发射检测等,都只能检测出材料内部或表面的缺陷,而无法检测出承压设备本身材质的劣化,但承压设备材质劣化导致的事故却时有发生。

以单轴拉伸性能与断裂韧度为代表的准静态力学性能是材料最为常用和基本的力学性能指标,通过试验获取单轴拉伸性能与断裂韧度可以帮助我们更加客观、全面地评估在役设备材料的强度及抵抗裂纹扩展的能力,为设备的结构完整性评估及服役寿命延长提供试验依据。常规的单轴拉伸试验与断裂韧度试验都需要大尺寸破坏性取样,这会给设备后续服役的可靠性造成严重影响,甚至导致设备报废,因此传统的力学性能测试技术不能应用于在役设备。

与传统的力学性能测试技术相比,以小冲孔为代表的微小试样测试不会对在役承压设备后期服役性能造成严重影响,能够作为一种实际可行的在役承压设备材质劣化情况的现场评价技术。目前,小冲孔测试已经在拉伸性能和断裂韧度等材料力学性能指标的预测上取得了较好的结果,但该测试方法的理论与应用研究处于高速发展阶段,与传统力学性能测试技术相比,小冲孔测试的标准化体系建设尚不健全,在一些关键领域(如燃气轮机等动设备、反应堆压力容器等极端特种设备等),特别是取样后对在役设备的服役安全和剩余寿命的影响仍需更进一步的关注。

1. 小冲孔测试基本原理

小冲孔测试的基本原理如图 2-14(a)所示,冲杆以恒定速度(载荷)冲击薄片试样,使用高精度位移传感器与载荷传感器,记录试样从弹性变形到断裂失效全部过程的载荷-位移曲线。小冲孔测试获得的典型载荷-位移曲线如图 2-14(b)所示,可以看出,薄片试样的变形主要经历了四个阶段,弹性变形阶段、塑性变形阶段、薄膜伸张阶段、塑性失稳阶段。根据曲线四个阶段所传达的信息,能够估算所测材料的单轴拉伸性能(如杨氏模量、屈服强度、抗拉强度、塑性)、断裂韧度等力学性能指标。

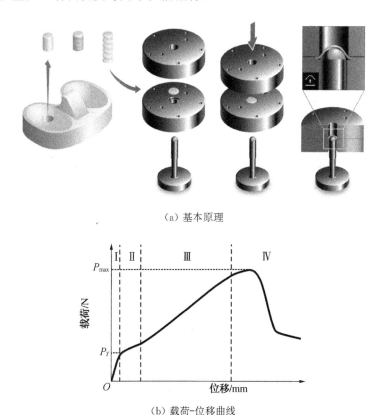

（a）基本原理

（b）载荷-位移曲线

图 2-14　小冲孔测试

2. 小冲孔测试系统

小冲孔测试可以在万能材料试验机上进行,但需要根据试样形式设计专用夹具与冲杆,且一般万能材料试验机的载荷传感器与引伸计(位移测量)量程较大,在测试小冲孔的载荷-位移数据时可能导致较大的相对误差,建议根据所用薄片试样的尺寸合理选择对应的传感器。采用引伸计测量的薄片试样变形实际上包括了试样变形、冲杆变形和夹具变形三部分，为保证测试结果的准确性，在设计夹具与冲杆时必须考虑其所用材质的力学性能，一般建议冲杆与夹具采用同一标号的材料，如模具钢 12Cr1MoV，并经过淬火处理，使其硬度达到 55～60 HRC，从而能够满足绝大多数金属材料小冲孔测试的需要。为便于试样装夹，一般小冲孔测试夹具采用分体式设计，包含上模与下模两部分。其中，小冲孔测试获得的载荷-位移曲线对下模的孔径非常敏感，下模孔径的大小将直接影响相同位移条件下的最大载荷数值，且下模孔径越小，试样在相同位移条件下的载荷越大。小冲孔测试是一个利用冲杆头部（简称冲头）挤压薄片试样的过程，为避免试验过程中冲头变形过大导致局部应力集中，大部分研究者将冲头设计成球形。考虑到单独的球形冲头在多次测试后，特别是对高强度金属材料进行测试后，容易因变形而导致测试精度下降，球形冲头一般采用能够与杆件分离的硬质合金球，通过打磨方式加工而成，如图 2-15 所示。需要说明的是，钢球直径的选择目前并没有统一的标准，研究者大多根据其研究对象与试验条件选择合适的球形冲头，但球形冲头的尺寸差异不仅表现在载荷-位移曲线上，而且对据此计算的力学性能指标也有较大影响，因此只有在测试中明确备注所用冲头的形状与尺寸，才能够使得不同研究者获得的小冲孔测试数据具有相互比较的价值。

（a）一体式球头　　　　　　　　　　　　　（b）分体式球头

图 2-15　冲杆头部

3. 小冲孔试样取样与制备

发展小冲孔测试的目的是实现对在役设备力学性能的检测，因此小冲孔试样制备的第一步在于从在役设备上割取用于制样的材料，其取样原则在于尽可能减小取样对设备造成的永久性损伤，且取样过程不对设备造成热变形或导致其材质劣化。早期的取样方法一般采用机械切割，如梅米尔迪（Mercaldi）在 1987 年获批的发明专利中提出了一种用半球形中空刀刃从设备表面旋转割取薄片试样的方法，该方法几乎不会导致被取样部位的应力变化，且该取样设备非常灵活，能够满足设备内、外表面的取样需求，推动了小冲孔测试的工程应用。近年来，Rolls Royce、UTM 等公司相继推出了新一代机械切割式取样机，如图 2-16 所示，能够根据需要割取不同尺寸的试样，每块试样可制备 3 至 4 个直径为 8 mm、厚度为 0.5 mm 的薄片试样。

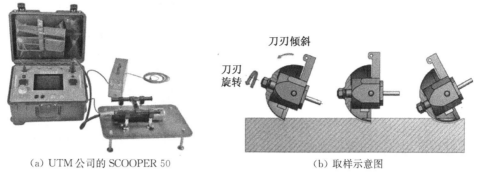

(a) UTM 公司的 SCOOPER 50   (b) 取样示意图

图 2-16 机械切割式取样机

从设备上割取的试样需要进一步加工为表面光滑的薄片试样,以避免试样表面缺陷和不均匀带来的测量误差,提升测试结果的可重复性。但目前小冲孔薄片试样的尺寸并没有统一标准,绝大多数研究者采用直径在 3~10 mm 之间、厚度在 0.25~0.5 mm 之间的薄圆片试样。

4. 拉伸性能的小冲孔测试

目前,采用小冲孔测试获得单轴拉伸性能中的强度指标(屈服强度和抗拉强度)已经较为成熟,特别是对于抗拉强度,其与小冲孔测试载荷-位移曲线上的最大载荷具有很好的对应关系,因此容易确定。但对于屈服强度的计算则相对复杂。与单轴拉伸试样标距段材料发生均匀变形不同,小冲孔测试中薄片试样受球形冲头压迫变形并不均匀,不同接触区域材料进入塑性变形阶段的时间各不相同,因此小冲孔测试的载荷-位移曲线通常并不能够呈现非常明显的弹性与塑性分界点,如何界定屈服载荷点成为预测被测材料屈服强度的关键。目前,主流的屈服载荷推算方法主要包括双斜率法、偏移法、能量法三大类,这里主要介绍相对简单的双斜率法和偏移法。

采用双斜率法推算屈服载荷的原理如图 2-17(a)所示,将小冲孔测试获得的载荷-位移曲线大致分为三个阶段,即弹性主导阶段、弹塑性过渡阶段和塑性主导阶段,分别使用两条斜率不同的直线拟合弹性主导阶段与塑性主导阶段的载荷-位移曲线,并将两条直线的交点视为屈服载荷 P_Y。需要注意的是,这里三个阶段的划分并没有固定标准,主要由研究者根据曲线的发展趋势自行判断,因此计算结果具有一定的主观性。

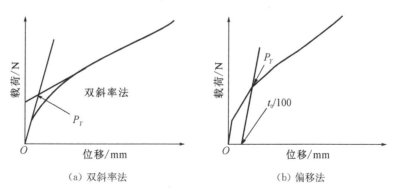

(a) 双斜率法   (b) 偏移法

图 2-17 屈服载荷 P_Y 推算

采用偏移法推算屈服载荷的原理如图 2-17(b)所示,采用与双斜率法类似方式拟合载荷-位移曲线的弹性主导阶段,并将拟合直线向右(位移增加)平移一定距离,一般建议平移距离为 $t_0/100$ mm,其中 t_0 为小冲孔测试所用薄片试样的初始厚度,取平移后直线与载荷-位移曲线的交点为屈服载荷 P_Y。

由于屈服前材料的变形为弹性变形,因此一般认为屈服载荷 P_Y 与所测材料屈服强度 σ_Y 之间具有简单的线性函数关系:

$$\sigma_Y = C_1 P_Y + C_0 \tag{2-15}$$

式中: C_1 和 C_0 是与所测材料相关的拟合系数。因此,上述方法本质上是一种经验公式方法,其测试精度取决于实测材料与预设材料的差异大小,若选用的拟合系数偏离实测材料,则单轴力学性能指标的预测结果可靠性难以保障。

2.3.2 力学性能的压入检测

传统的力学性能试验(如单轴拉伸测试、紧凑拉伸测试、三点弯曲测试等)都需要大尺寸破坏性取样,这会给设备后续服役的可靠性造成严重影响,甚至导致设备报废,因此传统的力学性能测试技术不能应用于在役设备。近年来兴起的微小试样方法相比于传统力学性能测试技术,其降低了试样尺寸要求,但该方法同样需要破坏性取样,难以应用于结构完整性要求较高的场合。压入试验作为一种最早被开发的力学性能测试方法,具有无须取样和试验流程简单便捷的优势。此外,压入试验作为一种局部化的测试方法,在评估焊接接头、表面改性材料、薄膜材料、微电子机械系统等体积受限或性能呈现显著非均匀特性的场合中具有显著优势。

仪器化压入检测技术是在传统的硬度测试基础上发展起来的新兴材料性能非破坏性检测技术。与硬度检测仅测量最大压入载荷与残余压痕尺寸不同,仪器化的压入检测技术通过高精度的载荷传感器与位移传感器持续记录整个压入测试过程的压入载荷-压入位移曲线,且可以搭配数字图像采集系统进一步获得压痕轮廓、压痕接触面应变分布等压入特征参量,相比传统的硬度测试能够获得更加丰富的反映被测材料力学性能的宝贵信息,因此享有"材料力学性能探针"的美誉。仪器化压入检测技术的工程应用始于二十世纪八九十年代,美国橡树岭国家实验室的 Haggag 等研究人员为评价反应堆压力容器受中子辐照后的材质劣化(亦称辐照脆化),开始将压入检测技术应用于低合金钢、碳钢等钢铁材料的力学性能评价。

1. 仪器化压入检测基本原理

仪器化压入检测基本硬件原理如图 2-18(a)所示,在驱动模块(通常包括电机和减速机构)作用下,球形压头被缓慢压入被测材料表面,使用高精度位移传感器与载荷传感器,记录完整的压入位移-压入载荷数据,如图 2-18(b)所示,该数据可以视为仪器化压入检测需要获得的基本信息。为了更加全面地评估被测材料的压入响应情况,一些研究者在压入检测中引入光学测量,从而获得卸载后的残余压痕轮廓,如图 2-18(c)所示,或借助数字图像相关(Digital Image Correlation，DIC)技术获取被测试样压痕接触面应变分布，如图 2-18(d) 所示。上述信息能够用于估算所测材料的单轴拉伸性能、断裂韧度等力学性能指标，因而 也称作压入特征参量。光学测量技术的引入使得力学性能压入预测结果变得更加精确，但 无疑增加了测试步骤，并使得压入特征参量与所测材料力学性能指标间的映射关系变得复 杂，甚至需要引入神经元网络来厘清两者间的关系。因此，这里还是聚焦在压入载荷-压入 位移这一仪器化压入检测基本信息的分析上。

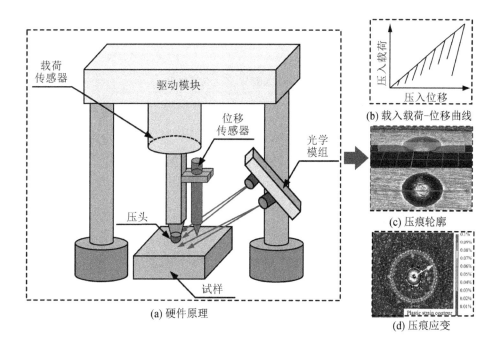

图 2-18　仪器化压入检测基本原理

2. 压入载荷-压入位移曲线测量与拟合

根据力学性能计算的需要，仪器化压入检测主要包含以下两种方式：

单调加载方式，驱动球形压头持续加载至预设的压入位移，然后完全卸载，完成测试， 如图 2-19(a)所示。该方式主要根据压入载荷-压入位移曲线的加载阶段计算所测材料的 力学性能。

多次加载-卸载方式，设定最大压入位移，并按照一定方式(通常采用位移等分方式)将 压入测试分为 N 个循环，驱动球形压头持续加载至预设的每一个循环的压入位移，然后卸 载，并重新加载，开始下一循环的测试，直至完成全部 N 个循环的测试，如图 2-19(b)所示。 尽管加载时被测试样发生明显的塑性变形，但卸载过程可以视为弹性，因此相比单调加载 方式，多次加载-卸载方式能够帮助测试人员更好地捕捉被测材料的弹性性能变化，从而为 力学性能计算提供更加充分的信息。为便于计算，将第 i 个压入循环的最大载荷记为 $P_{\max}^{(i)}$， 最大位移记为 $h_{\max}^{(i)}$，塑性位移记为 $h_{\mathrm{p}}^{(i)}$，卸载斜率记为 $S^{(i)}$。

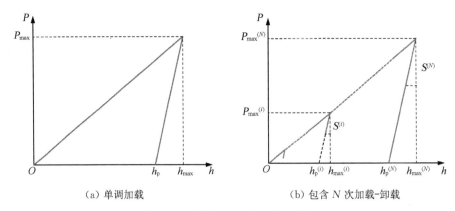

(a) 单调加载　　　　　　　　　(b) 包含 N 次加载-卸载

图 2-19　压入载荷-压入位移曲线

3. 杨氏模量计算方法

杨氏模量主要用于表征单轴拉伸测试弹性变形阶段材料的应力-应变关系。对于压入测试,通过式(2-16)计算第 i 个压入循环的有效杨氏模量 $E_{\text{eff}}^{(i)}$,其中第 1 个压入循环的有效杨氏模量被视为原始材料的杨氏模量(即 $E_{\text{eff}}^{(1)}=E_0$)。

$$E_{\text{eff}}^{(i)} = \frac{1-\nu^2}{\dfrac{2\sqrt{(h_{\max}^{(i)}-h_{\text{p}}^{(i)})R_{\text{eq}}^{(i)}}}{S^{(i)}} - \dfrac{1-\nu_{\text{ind}}^2}{E_{\text{ind}}}} \tag{2-16}$$

式中:$R_{\text{eq}}^{(i)}$ ——第 i 个压入循环的有效压头半径,通过式(2-17)计算;

　　　ν ——被测材料泊松比;

　　　ν_{ind} ——球头材料泊松比;

　　　E_{ind} ——球头材料杨氏模量,MPa。

$$\frac{1}{R_{\text{eq}}^{(i)}} = \frac{1}{R} - \frac{1}{r_0^{(i)}} \tag{2-17}$$

式中:R ——球形压头半径,mm;

　　　$r_0^{(i)}$ ——第 i 个压入循环残余压痕凹坑曲率半径,mm,通过式(2-18)计算。

$$r_0^{(i)} = \frac{(h_{\text{p}}^{(i)})^2 + [2h_{\max}^{(i)}R - (h_{\max}^{(i)})^2]}{2h_{\text{p}}^{(i)}} \tag{2-18}$$

4. 单轴拉伸性能计算方法

与单轴拉伸试验和小冲孔测试相比,球形压头下方材料处于复杂的三向应力状态,不同接触区域材料所处变形阶段存在显著差异。通过有限元分析获得的核容器材料 SA508 受直径为 0.76 mm 球形压头压入 0.1 mm 深度时的应力分布情况如图 2-20 所示。可以看出,无论球形压头与被测材料表面之间是否存在摩擦,材料受压后的应力分布都整体呈现靠近压痕凹坑附近应力水平较高(变形较大),远离压痕凹坑应力水平较低(变形较小)。摩擦的存在会导致压痕凹坑附近应力进一步呈现非均匀分布特性,这表现为与球形压头轴线的夹角为45°至60°区域内的应力进一步增加,而压痕正下方区域内的变形则因为受到三向压应力而减少。

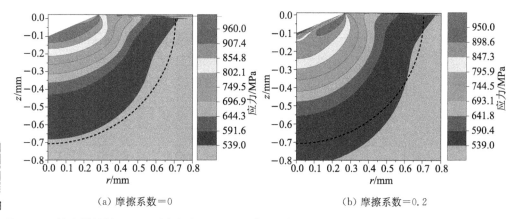

图 2-20　核容器材料 SA508 受直径为 0.76 mm 球形压头压入 0.1 mm 深度时的应力分布情况

压头下方复杂的受力状态导致压入载荷-压入位移曲线与被测材料单轴拉伸性能间的映射关系很难厘清,目前主要采用试验结果的唯象学分析(也称经验公式方法)、有限元模拟结果的唯象学分析(也称数值方法)和解析(半解析)分析三类方法实现单轴拉伸性能的压入计算。

这里,主要介绍《金属材料　仪器化压入法测定压痕拉伸性能和残余应力》(GB/T 39635—2020)中推荐的真应力 σ_t-真应变 ε_t 计算方法,其基本流程如图 2-21 所示,该方法仅适用于真应力 σ_t-真应变 ε_t 可以用下式描述的幂强化材料。

$$\begin{cases} \sigma_t = E\varepsilon_t & \varepsilon_t \leqslant \varepsilon_0 \\ \sigma_t = K\varepsilon_t^n & \varepsilon_t > \varepsilon_0 \end{cases} \tag{2-19}$$

式中：E——被测材料的杨氏模量,MPa;

　　　K——被测材料的强度系数,MPa;

　　　n——被测材料的加工硬化指数;

　　　ε_0——被测材料的应变比例极限。

第 i 个压入循环的接触深度 $h_c^{(i)}$ 通过下式计算:

$$h_c^{(i)} = h_{max}^{(i)} - 0.75 \frac{P_{max}^{(i)}}{S^{(i)}} \tag{2-20}$$

第 i 个压入循环考虑压痕周边堆积-沉陷现象的接触半径 $a^{(i)}$ 通过下式计算:

$$(a^{(i)})^2 = \frac{5}{2} \frac{(2-n)}{(4+n)} [2Rh_c^{(i)} - (h_c^{(i)})^2] \tag{2-21}$$

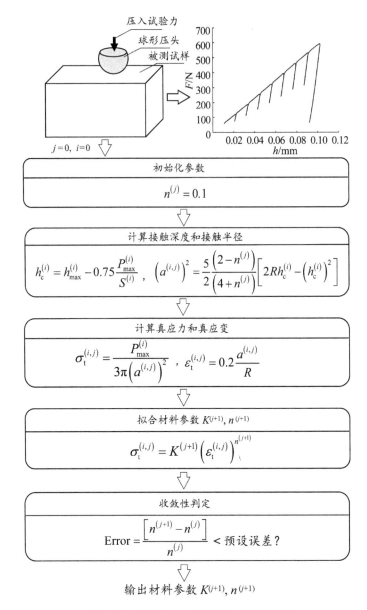

图 2-21 真应力 σ_t -真应变 ε_t 计算流程

第 i 个压入循环的真应变 $\varepsilon_t^{(i)}$ 和真应力 $\sigma_t^{(i)}$ 分别由式(2-22)和式(2-23)计算:

$$\varepsilon_t^{(i)} = 0.2 \frac{a^{(i)}}{R} \tag{2-22}$$

$$\sigma_t^{(i)} = \frac{P_{max}^{(i)}}{3\pi (a^{(i)})^2} \tag{2-23}$$

用式(2-19)所示的幂函数拟合压入测试确定的 $(\varepsilon_t, \sigma_t)$ 数据点,确定强度系数 K 和加工硬化指数 n,并验证更新后的加工硬化指数 n 是否满足收敛性判据。若不满足收敛性判据,则应使用更新后的加工硬化指数 n 重复上述计算过程直至满足收敛性判据。

2.3.3 案例：焊接接头单轴拉伸性能分布的压入检测

1. 研究背景与意义

在我国重点发展的压水堆核电站主回路系统中,存在着大量连接反应堆压力容器接管嘴(材质为低合金钢)与安全端(材质为不锈钢)的异种金属焊接接头,如图 2-22 所示。作为主回路循环系统最为薄弱的部分,核电安全端异种金属焊接接头在腐蚀、高温、高压、中子辐照的恶劣环境下服役,其材质劣化使得接头抵抗裂纹扩展能力下降,对主回路循环系统的安全性以及系统在失水和事故状态下的极限承载能力构成巨大威胁,接头力学性能评价成为保障核电运行安全的关键。单轴拉伸性能是材料最为基本的力学性能指标,但传统的单轴拉伸性能测试需要使用大尺寸拉伸试样,不仅包含了烦琐的试样加工过程,而且需要破坏性取样,无法应用于在役接头。相比之下,压入测试具有无须取样、近乎无损的显著优势,被认为是一种具有广泛应用前景的接头单轴拉伸性能原位检测技术。

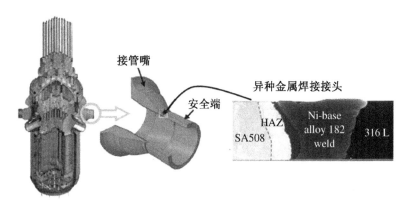

图 2-22 连接反应堆压力容器接管嘴与安全端的异种金属焊接接头

2. 异种金属焊接接头制备

这里异种金属焊接接头的母材金属分别选用被广泛用于反应堆压力容器接管嘴和安全端的低合金钢 SA508 和不锈钢 316 L。两种母材均采用锻造工艺,并经过退火处理。焊接接头的几何尺寸如图 2-23 所示。焊接前,在 SA508 一侧用美国 SMC 超合金 ENiCrFe-7 镍基焊丝(INCONEL Alloy52)通过手工钨极气体保护电弧焊(Manual gas-Tungsten Arc Welding,GTAW)的方式堆焊隔离层,隔离层厚度约为 3 mm,且完成堆焊后的试样被置于 615 ℃环境中进行焊后热处理以消除残余应力。而后,焊缝的其他区域用美国 SMC 超合金 ENiCrFe-7 镍基焊条(INCONEL Alloy52M)通过保护金属极电弧焊(Shielded-Metal Arc Welding,SMAW)的方式填充。母材与焊材金属的主要化学成分如表 2-1 所示,主要焊接参数如表 2-2 所示。完成焊接后的异种钢焊接接头再次经 615℃焊后热处理以消除残余应力,并经渗透探伤以确保焊接接头的完整性。SA508 和 316 L 异种金属焊接接头不同区域微观组织的金相观测结果如图 2-24 所示。母材 SA508 和 316 L 分别表现为典型的回火贝氏体和等轴奥氏体组织,隔离层和焊缝均为奥氏体,具有沿冷却方向发展的典型枝晶结构。由于热效应和碳迁移,SA508/Alloy52 界面区到 SA508 基体呈现碳耗尽、粗晶粒上贝氏体和回火贝氏体的过渡。在与 Alloy52M/316 L 界面区相邻的 316 L 区域,沿冷却方向也发现了明显的树枝状结构。

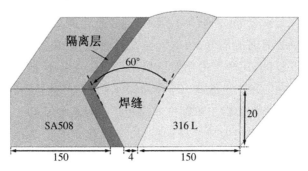

图 2-23　SA508 和 316 L 异种金属焊接接头

表 2-1　母材与焊材金属的主要化学成分　　　　　　　　　　　单位：%

金属	C	Si	Mn	Ni	Cr	Mo
SA508	0.226	0.194	1.475	0.956	0.227	0.469
316 L	0.021	0.524	1.179	10.25	16.91	2.125
Alloy52	≤0.05	≤0.75	≤5.0	≤0.50	28.0~31.5	≤0.50
Alloy52M	≤0.04	≤0.50	≤1.0	≤1.0	28.0~31.5	≤0.50

表 2-2　主要焊接参数

区域	焊材		焊接工艺	电流/A	电压/V	焊速/(cm/min)
	种类	尺寸/mm				
隔离层	Alloy52	2.0	GTAW	120	13~14	2.5
焊缝	Alloy52M	3.2	SMAW	110	20~21	3.0

3. 单轴拉伸性能的压入检测

压入测试在如图 2-25 所示的应力-应变显微探针系统 SSM-B4000 及配套软件上进行,采用半径 $R = 0.38$ mm 的球形碳化钨压头(压头杨氏模量和泊松比分别为: $E_{ind} = 710$ GPa, $\nu_{ind} = 0.21$)。根据金相观测结果,对如图 2-26 所示位置进行共计 24 组压入测试。压入过程包含 12 次等间距反复加卸载,每次卸载至该循环最大载荷的 60% 时即停止卸载并再次加载,加卸载速率被控制在 0.1 mm/min 以确保测试过程的准静态特性。压入试验中通过载荷传感器(量程为 1.1 kN,分辨率为 0.11 N)和位移传感器(量程为 1 mm,分辨率为 0.025 μm),获得如图 2-27 所示的压入载荷 P-压入位移 h 曲线。可以看出,由于存在预

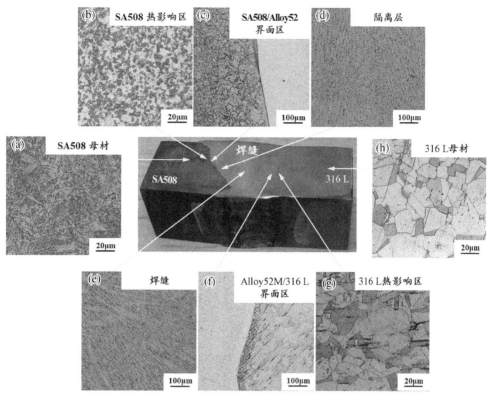

图 2-24　金相观测结果

加载,第一个循环中的压入位移(左下第一个尖角与坐标原点的水平距离)明显大于此后的压入位移增量。

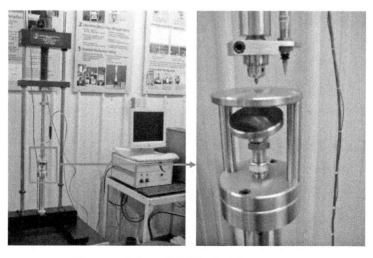

图 2-25　应力-应变显微探针系统 SSM-B4000

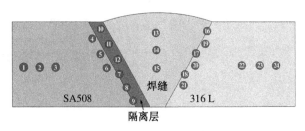

图 2-26 压入位置示意图

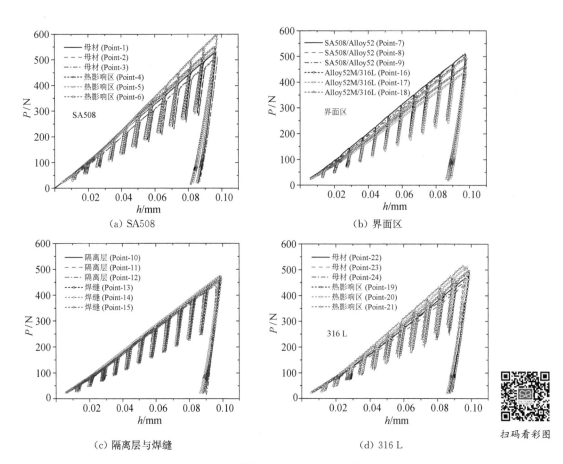

（a）SA508　　　　　　　　　　（b）界面区

（c）隔离层与焊缝　　　　　　　（d）316 L

扫码看彩图

图 2-27 压入载荷 P-压入位移 h 曲线

4. 焊接接头强度分布的压入检测结果

使用图 2-21 中所示流程计算真应力 σ_t-真应变 ε_t，将发生 0.2% 塑性应变时的工程应力作为材料的条件屈服强度 $\sigma_{p0.2}$，将根据真应力 σ_t-真应变 ε_t 关系推出的最大工程应力作为材料的抗拉强度 σ_m。焊接接头强度分布的压入检测结果如图 2-28 所示。可以看出，作为一种局部化检测技术，三次重复压入检测结果的一致性可能随所测区域的变化存在较大差异，为保证检测结果的可靠性，对于同一检测区域，至少应该保证三次以上结果相近的重复测试。从强度分布可以看出，此焊接接头强度分布整体较为均匀，并不存在非常显著的强度失配情况，能够满足工程应用需求。

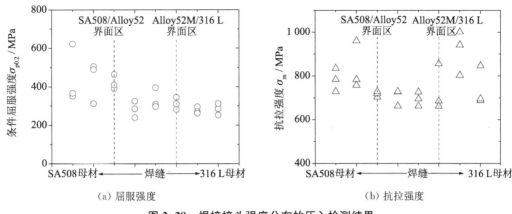

（a）屈服强度　　　　　　　　　　　（b）抗拉强度

图 2-28　焊接接头强度分布的压入检测结果

2.4　工程材料微缺陷的先进检测技术

2.4.1　非线性超声检测

超声无损检测是指通过分析超声波与材料结构或缺陷损伤相互作用时产生的散射、透射及反射现象，对检测材料结构进行性能评估和损伤评价。超声无损检测技术是目前无损检测领域应用最广泛的关键技术，它灵敏度高、精度高、检测范围大，且成本低、效率高、技术要求低，这是其他无损检测技术所无法比拟的。更重要的是，超声检测技术可进一步应用于结构健康监测技术中。结构健康监测技术是指通过结构轻便的传感器网络，进行信号激励、采集、存储与分析处理，实现快速在线反馈物理健康状态的技术。相比较于传统意义上的无损检测技术，结构健康监测技术更要求实现连续且在线的结构健康状态评估。显然，传统无损检测技术通常设备规模大，操作烦琐耗时，是无法满足在线无损监测的要求的。而超声检测技术作为极少数可以用于结构健康监测技术中的无损检测技术，得到研究者们的青睐和广泛应用。

超声无损检测可基于原理划分为体波法和导波法。体波是指在无限大或半无限大弹性固体内传播的声波，可分为传播方向与振动方向相同的纵波以及传播方向与振动方向垂直的横波。体波法通常需要耦合剂，并利用超声换能器实现声波信号激发与接收。常见的体波法如超声 A 扫描、B 扫描和 C 扫描。与之相反，超声导波是指声波在结构（波导）中传播时遇边界发生反射，经过一段时空耦合形成的特殊的超声波形式，如图 2-29 所示。声波在介质的上下边界会发生各种类型的反射和折射，产生各种

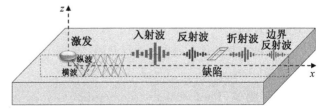

图 2-29　超声导波的形成及传播

类型的反射波、折射波以及横波-纵波之间的模态转换。常见的超声导波包括在板结构中传播的 Lamb 波、表面波、界面波和圆柱状物体内的导波等。导波的主要特点是它在传播的过程中会出现多模态和频散特征，即波的相速度因频率而改变，因此导波信号普遍较为复杂。但导波的优点也是突出的，它不仅沿传播路径衰减低，而且可以引起材料结构表面及内部所有质点的振动，检测范围可以覆盖结构全局，不需要像体波那样逐点检测，方便快捷。同时，导波可以使用压电片或者相控阵传感方式实现超声信号的激发与接收。因此，导波法非常适合应用于结构健康监测。导波波场扩散的同时会受到结构物理性能的影响，并且在损伤缺陷及不规则存在处会发生反射、散射等特殊现象。通过先进的信号处理方法分析处理收集到的导波信号，再依据合适的缺陷评估技术提取足够的缺陷信息，便能够实现对结构物理健康状态的评价。因而，导波检测方法逐渐成为相关研究的热点。

2.4.2　非接触光声无损检测

光声检测是指利用物质吸收强度随时间变化的光能被加热时所引起的声效应对试件进行无损检测的技术。光声成像基于光声效应，激光照射到生物组织之中，组织中的特异性光吸收体（又称生色团）吸收光能并转化为热能，造成温度瞬间上升。温度上升后生色团会产生热弹性膨胀，产生机械波即超声波。超声波经过组织的传播最终被接收、处理并反演生成最终的图像。光声成像的原理可以用图 2-30 来表示。

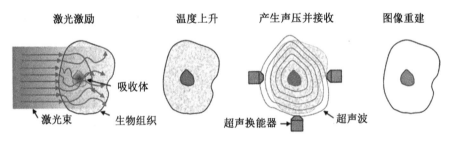

图 2-30　光声成像原理示意图

在光声成像中，图像对比度主要依赖于光学吸收的分布，不同分子或组织结构对光的吸收系数不同，如图 2-31 所示。因此，我们可以通过使用不同波长的光照射组织来反演不同成分的分布，例如 SO_2 的功能性光声成像依赖于氧合血红蛋白（HbO_2）和脱氧血红蛋白（HHb）。

常见的光声成像方法主要包括两种：光声显微成像（Photoacoustic Microscopy，PAM）和光声层析成像（Photoacoustic Tomography，PAT）。

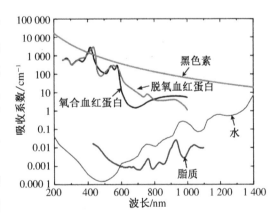

图 2-31　不同成分对不同波段激光的吸收系数变化曲线

在 PAM 中,激光激发和超声接收都是聚焦的,而双焦点通常设置为共聚焦模式以实现灵敏度的最大化。根据光学焦点和声学焦点的大小关系,PAM 又可以分为光学分辨率 PAM(Optical-Resolution PAM,OR-PAM)和声学分辨率 PAM(Acoustic-Resolution PAM,AR-PAM)。在 OR-PAM 中,激励光的光学焦点小于超声检测的声学焦点,其分辨率主要由激励激光决定,横向分辨率通常比轴向分辨率好;相反,在 AR-PAM 中,超声检测的声学焦点小于激励光的光学焦点,其分辨率主要由超声决定,轴向分辨率通常比横向分辨率好。典型的 PAM 系统如图 2-32 所示[图 2-32(a)和(b)为 OR-PAM 的系统结构,图 2-32(c)为 AR-PAM 的系统结构]。可以看到 PAM 的系统均为对点进行成像,一般只使用单个超声换能器进行声信号接收,因此需要进行平面或立体扫描以形成 2D 或 3D 图像。

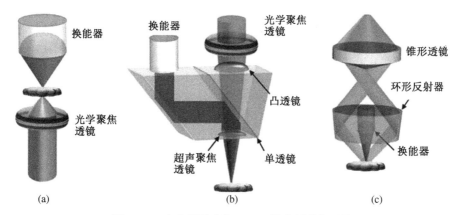

图 2-32 光声显微成像(PAM)的典型成像系统

PAT 不同于 PAM。PAT 一般使用非聚焦光束进行激励,并将声信号在整个空间发散范围内接收。对于声信号的接收往往使用一维超声换能器线阵列或二维超声换能器面阵列或线阵列和面阵列的等效。由于 PAT 的信号接收往往是在某个闭合曲线或曲面上,因此所成图像直接是 2D 或 3D 图像。但由于 PAT 所接收的是整个空间内的声信号,如果单独使用线阵列或面阵列接收某些角度内的声信号而不形成闭合的曲线或曲面,那么将会导致声信息的缺失,造成成像结果不准确,这样就形成了有限视角光声成像问题,目前已有很多相关研究。

2.4.3 案例:碳纤维复合材料力学性能表征

1. 研究背景

碳纤维复合材料由于其质量轻、耐腐蚀、抗拉强度高等突出优点在氢能源汽车、航空航天、船舶工程等领域有着广泛应用。根据织构方向不同,碳纤维复合材料具有典型的各向异性特征,如何对这种各向异性复合材料的弹性常数进行实时表征就成为预测先进复合材料或结构力学性能和寿命的关键问题。传统的超声检测方法,包括水浸法、导波法等检测技术误差大、测量时间长,无法满足碳纤维复合材料力学参量实时表征的要求。

东南大学团队提出了一种基于弹性网络(ENet)的超声导波实时表征碳纤维复合材料

弹性常数的新方法。通过设计一种深度学习模型,即 ENet,建立弹性常数与超声导波色散曲线的联系以表征碳纤维复合材料力学性能。该方法仅使用两列相邻导波信号,将重构的频散曲线段输入已训练好的学习网络,便可实时显示碳纤维复合材料的弹性常数。由于 ENet 所需训练数据由理论计算获得,因此所提方法具有广泛适用性,同时也避免了前期烦琐试验数据的获取。由于 ENet 的引入,所提方法具有很好的准确性和稳健性。

先进复合材料在服役过程中,不仅会出现复杂多变的缺陷形式,而且在结构内部会呈现疲劳损伤演变趋势。复合材料在周期载荷下,疲劳累积损伤总是伴随着材料剩余强度的衰减,继而致使结构承载能力衰退,影响先进复合材料与结构的工作性能。因此复合材料力学性能的实时监测过程中,缺陷检测与定位通常是不够的,对材料刚度,即弹性模量衰减进行在线表征则是另一种有效的预防手段。然而,碳纤维复合材料的结构特点,导致其力学性能具有典型的各向异性特征,这使得准确、快速检测复合材料力学性能十分困难,因此,研究并发展可用于快速识别在役复合材料弹性模量的无损检测技术具有重大意义。

2. 研究亮点

首先,基于改进的混合频散曲线重建方法实现两列相邻导波信号频散曲线的重建(图 2-33),重建的导波相速度频散曲线片段是频域上的稀疏点集,使用多项式插值的方法以新的频率间隔进行插值,得到密集的 ENet 训练数据。

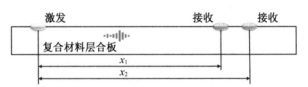

图 2-33　导波频散曲线重建示意图

建立 ENet 模型,包括多尺度模块、积卷神经网络(CNN)模块和全连接层(FCL)模块(图 2-34)。每个 CNN 模块包含一个 1D-CNN 层和一个最大池化层,FCL 模块则包含两个 FCL 层。从多尺度模块和 CNN 模块提取的高级融合特征,将会在数据压平后,输入 FCL 模块。FCL 模块中添加有 Dropout 以防止过拟合,并最后输出复合材料弹性模量参数。

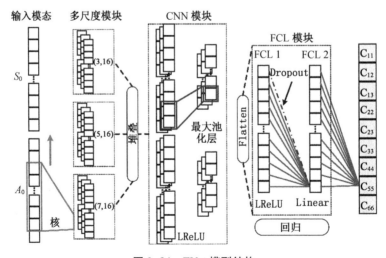

图 2-34　ENet 模型结构

利用半解析有限元法(SAFE)构建频散曲线数据集训练 ENet 模型。训练数据集的规模和质量对于深度学习模型的实际应用是一个棘手的问题。但凭借半解析有限元法高效的计算效率,ENet 的训练数据集极易获得。通过将频散曲线与弹性模量进行非线性关联,避免了模型学习过程中试验环境对数据集的干扰。ENet 模型的训练和测试在 Inter® Core™ i5-1135G7 及 Inter® Iris® Xe Graphics 服务器平台进行。在训练 ENet 模型前,可以对数据集进行预处理,对每批次中的输入数据进行归一化。以学习率 0.000 1 训练 ENet 300 轮(Epoch),训练过程耗时大约半小时。训练和验证的结果:损失和 R^2 系数曲线如图 2-35 所示。

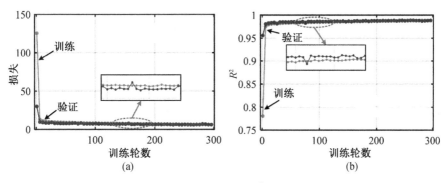

图 2-35　ENet 损失和 R^2 系数曲线

基于 ENet 与导波频散曲线重建技术,所提出的复合材料弹性模量表征方法的总体流程如图 2-36 所示。

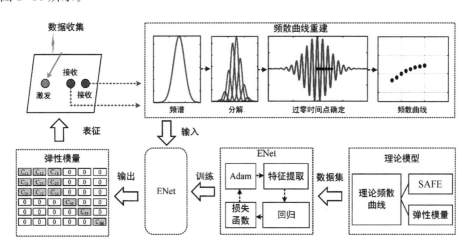

图 2-36　基于 ENet 和导波频散曲线重建的复合材料弹性模量监测技术

所提出的复合材料弹性模量在线表征方法本质为一种导波频散曲线的最优匹配过程,与传统的基因算法和改进基因算法不同,弹性模量的最优输出值由深度学习模型 ENet 决定(图 2-37)。用于训练的理论数据集是使用 SAFE 法预先获得的,并通过向训练好的 ENet 模型导入导波信号重建的频散曲线片段,从而实现实时表征复合材料弹性模量值。

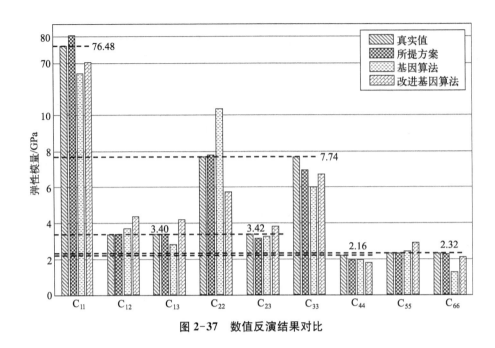

图 2-37　数值反演结果对比

本方法仅使用了 3 个微型换能器激励和检测导波,它能方便、快捷地监测工程结构力学性能变化。9 个弹性模量除 C_{33} 和 C_{44} 的检测误差为 9.8% 和 12.5% 外,其余检测误差均小于 6.5%,这表明该方法具有较高的精度。此外,整个弹性模量表征过程仅需 0.003 s 即可获得,因此,所提方法非常适合于复合材料力学性能的在线表征。

3. 总结与展望

本节通过频散曲线重建技术和 ENet 模型,提出了一种基于导波的复合材料力学参量在线监测方法。测量证明,该方法完成一轮弹性模量检测仅需 0.003 s,该方法仅需要 3 个微型换能器就能实现超声信号的激发与采集,对设备(飞行器、车辆等)结构力学性能与空气扰动影响小,非常适合设备的力学性能实时表征和寿命评估。

思考与练习

1. 材料组织形貌的形态学分析方法有哪些?

2. 工程材料的强度与硬度的区别是什么?

3. 微小试样检测法的基本原理是什么?

4. 压入检测法适用于哪些场景应用?

5. 常用的无损检测法有哪些?

参考文献

[1] 屠海令,干勇.金属材料理化测试全书[M].北京:化学工业出版社,2007.

[2] 张炜.基于材料基因工程的复合固体推进剂力学性能预估方法[J].含能材料,2019,27(4):270-273.

［3］ Zhang T R，Lu K，Katsuyama J，et al．Stress intensity factor solutions for surface cracks with large aspect ratios in cylinders and plates［J］．International Journal of Pressure Vessels and Piping，2021，189：104262．

［4］ 国家质量监督检验检疫总局，中国国家标准化管理委员会．金属材料 准静态断裂韧度的统一试验方法：GB/T 21143—2014［S］．北京：中国标准出版社，2015．

［5］ Edidin A A．Development and application of the small punch test to UHMWPE［M］// Kurtz S M．UHMWPE biomaterials handbook．Amsterdam：Elsevier，2016．

［6］ Arunkumar S．Overview of small punch test［J］．Metals and Materials International，2020，26(6)：719-738．

［7］ 张泰瑞．延性金属材料准静态力学性能的球压头压入测算方法研究［D］．济南：山东大学，2018．

［8］ Campbell J E，Thompson R P，Dean J，et al．Comparison between stress-strain plots obtained from indentationplastometry，based on residual indent profiles，and from uniaxial testing［J］．Acta Materialia，2019，168：87-99．

［9］ Nikas G K．Approximate analytical solution for the pile-up (lip) profile in normal，quasi-static，elastoplastic，spherical and conical indentation of ductile materials［J］．International Journal of Solids and Structures，2022，234/235：111240．

［10］ Goto K，Watanabe I，Ohmura T．Inverse estimation approach for elastoplastic properties using the load-displacement curve and pile-up topography of a single Berkovich indentation［J］．Materials & Design，2020，194：108925．

［11］ Zhang T R，Wang S，Wang W Q．An energy-based method for flow property determination from a single-cycle spherical indentation test (SIT)［J］．International Journal of Mechanical Sciences，2020，171：105369．

［12］ Byun T S，Hong J H，Haggag F M，et al．Measurement of through-the-thickness variations of mechanical properties in SA508 Gr. 3 pressure vessel steels using ball indentation test technique［J］．International Journal of Pressure Vessels and Piping，1997，74(3)：231-238．

［13］ Zhang T R，Wang S，Wang W Q．An energy-based method for flow property determination from a single-cycle spherical indentation test (SIT)［J］．International Journal of Mechanical Sciences，2020，171：105369．

［14］ Zhang T R，Wang S，Wang W Q．A comparative study on uniaxial tensile property calculation models in spherical indentation tests (SITs)［J］．International Journal of Mechanical Sciences，2019，155：159-169．

［15］ Zhang T R，Li J X，Yang B，et al．An incremental indentation energy method in predicting uniaxial tensile properties of ferritic-austenitic dissimilar metal welds from spherical indentation tests［J］．International Journal of Pressure Vessels and Piping，2023，202：104886．

［16］ Rose J L．Ultrasonic Guided Waves in Solid Media［M］．Cambridge：Cambridge University Press，2014．

［17］ Wang S，Luo Z T，Jing J，et al．Real-time determination of elastic constants of composites via ultrasonic guided waves and deep learning［J］．Measurement，2022，200：111680．

［18］ Wang S，Luo Z T，Shen P，et al．Graph-in-graph convolutional network for ultrasonic guided wavebased damage detection and localization[J]. IEEE Transactions on Instrumentation and Measurement, 2022, 71: 1-11.

[19] Xia J, Yao J J, Wang L V. Photoacoustic tomography: Principles and advances[J]. Electromagnetic Waves, 2014, 147: 1-22.

[20] Wang L V, Yao J J. A practical guide to photoacoustic tomography in the life sciences[J]. Nature Methods, 2016, 13(8): 627-638.

[21] Zhang H F, Maslov K, Stoica G, et al. Functional photoacoustic microscopy for high-resolution and noninvasive in vivo imaging[J]. Nature Biotechnology, 2006, 24(7): 848-851.

[22] Wu X K, Luo Z T, Wang S, et al. The researches on convolutional beamforming for linear-array photoacoustic tomography[J]. Applied Acoustics, 2022, 186: 108441.

[23] Wu D, Tao C, Liu X J, et al. Influence of limited-view scanning on depth imaging of photoacoustic tomography[J]. Chinese Physics B, 2012, 21(1): 014301.

[24] Liu W, Zhou Y, Wang M R, et al. Correcting the limited view in optical-resolution photoacoustic microscopy[J]. Journal of Biophotonics, 2018, 11(2): e201700196.

第三章

前沿制造工艺

3.1 概述

制造工艺是通过改变原材料形状、尺寸和性能,使之成为产品或半成品的技术手段,是人们从事产品制造过程长期经验的总结和积累。机械制造,工艺为本,制造工艺是机械制造业的一项基础性技术,是生产高质量产品、降低生产成本的前提和保证。制造工艺技术水平的高低也是衡量一个企业乃至一个国家制造能力和市场竞争力的重要标志。

3.1.1 制造工艺体系

如图 3-1 所示,机械产品常见的制造工艺过程一般包括原材料及能源供应、毛坯制备、机械加工、材料改性处理、装配检测等各种不同环节。一般来说,一个机械产品的机械制造工艺过程包含以下三个阶段:

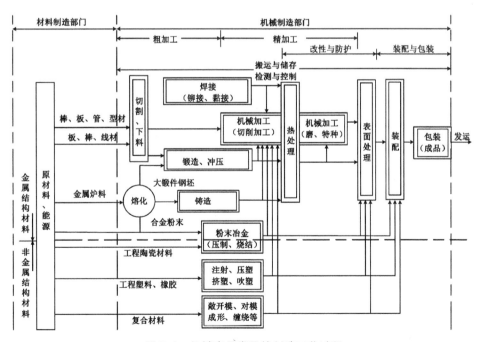

图 3-1 机械产品常见的制造工艺过程

（1）毛坯制备阶段：这一阶段可采用如切割、焊接、铸造、锻压等工艺完成零件毛坯的制备；

（2）机械加工成形阶段：这一阶段一般采用如车削、铣削、刨削、镗削、磨削等切削加工以及电火花、电化学等特种加工工艺手段，使产品结构和尺寸精度满足要求；

（3）表面改性处理阶段：这一阶段使用热处理、电镀、化学镀、热喷涂等表面改性处理工艺，使零件表面获得所需要的物理和化学性能。

然而，上述三个阶段随着现代产品制造工艺的持续发展逐渐变得模糊、交叉，甚至合二为一，比如粉末冶金、增材制造等工艺过程，将毛坯制备与加工成形合二为一，可以直接将原材料转变为半成品甚至成品。制造工艺的实质是通过不同生产工具实现产品结构的成形。因此，从材料成形角度，制造工艺又可以分为以下三种不同类型：

（1）材料受迫成形：利用材料的可成形性，借助特定边界和外力约束作用，实现材料的成形。如铸造、锻压、粉末冶金、注射成形等工艺，都是通过模具型腔边界的约束和一定外力的作用，迫使材料变形以获得所需要的结构形状。

（2）材料去除成形：通过机械能切削加工工艺将材料从基体中分离去除的成形工艺，如车、铣、刨、磨等；以及通过非机械能特种加工工艺将材料分离去除的成形工艺，如电火花加工、电解加工、激光加工等。通过去除成形工艺可以获得满意的零件结构形状与尺寸。

（3）材料堆积成形：通过连接、合并、添加等工艺手段，将材料有序地合并堆积成所需产品结构的成形工艺，如黏合、焊接以及近些年发展起来的快速原形制造、增材制造等。

3.1.2　制造工艺的评价方法

在制造工艺的发展过程中，根据产品的工艺性能要求（如焊接性能和铸造性能等），工程人员不断完善制造工艺的评价标准、评价流程和指标体系，提出了很多重要的制造工艺评价方法。当下几种主要的评价方法如下：

1. 碳当量法

碳当量（CE，有时也称 CEQ），通常用质量分数来表示（%），是通过计算来表明碳钢或低合金钢的可焊性，其计算方法如下所示：

$$\omega_{CE} = \omega_C + \frac{\omega_{Mn}}{6} + \frac{\omega_{Cu} + \omega_{Ni}}{15} + \frac{\omega_{Cr} + \omega_{Mo} + \omega_V}{5} \qquad (3-1)$$

式中：ω_C，ω_{Mn}，ω_{Cu}，ω_{Ni}，ω_{Cr}，ω_{Mo}，ω_V 为钢中各元素的质量分数。

这一计算方法源自国际焊接协会，是目前最常用的碳当量计算公式，但并不是对所有的钢材都适用。式（3-1）并不适用于含 B 钢。根据经验，ω_{CE} 值小于 0.4% 时，钢材塑性良好，淬硬倾向不明显，焊接性良好。在一般的焊接工艺条件下，焊件不会产生裂缝，但厚大工件或低温下焊接时应考虑预热。当 ω_{CE} 值在 0.4% 到 0.6% 之间时，钢材塑性降低，淬硬倾向明显，焊接性较差。焊前工件需要适当预热，焊后应注意缓冷，要采取一定的焊接工艺措施才能防止裂缝。当 ω_{CE} 值大于 0.6% 时，钢材塑性较低，淬硬倾向很强，焊接性不好。焊前工件必须预热到较高温度，焊接时要采取减少应力和防止开裂的工艺措施，焊后要进行适当的热处理,才能保证焊接接头的质量。由此可见,碳当量高的钢材需要更多的焊接预防措施,比如控制冷却速度(通常通过预热或控制层间温度)或进行焊后热处理。同时,还有一些其他的值要求,例如酸性条件下使用的碳钢管线钢碳当量常见要求不得超过0.43%,ASTM-A106M 中要求的最大碳当量值为 0.50%等。由于碳当量的计算公式是在某种试验情况下得到的,对钢材的适用范围有限,它只考虑了化学成分对焊接性的影响,没有考虑冷却速度、结构刚性等重要因素对焊接性的影响,因此利用碳当量只能在一定范围内粗略地评估材料的可焊性。

同时,碳当量也可以用于综合评价铸铁中各个元素的石墨化能力,把铸铁中各个元素对石墨化的作用折算成碳对石墨化的作用,其计算公式如下所示:

$$\omega_{CE} = \omega_{C} + \frac{\omega_{Si} + \omega_{P}}{3} \tag{3-2}$$

由于铸铁中硫的质量分数很低,锰的影响不明显,因此可以忽略。利用该式求出某一成分铸铁的碳当量值 ω_{CE},与铁-石墨相图共晶点的碳质量分数(4.28%)相比,当 ω_{CE} 小于4.28%时为亚共晶铸铁,当 ω_{CE} 大于4.28%时为过共晶铸铁。随着铸铁碳当量的增加,石墨的数量增多且变得粗大,铁素体数量增加。碳当量也是铸铁铸造性能的重要判断依据。灰铸铁的碳当量接近共晶成分,流动性好,可浇注形状复杂的薄壁铸件,因此灰铸铁铸造性能好,应用十分广泛。在工业生产中,一般将铸铁的 ω_{CE} 值控制在 4%左右。

2. 冷裂敏感系数法

冷裂敏感系数法是另一种评价钢材可焊性的重要方法。该方法先根据钢材的化学成分、熔敷金属中扩散氢含量(H)和构件板厚(δ)计算冷裂敏感指数 P_{cm} 和冷裂敏感系数 P_{w},然后利用 P_{w} 确定所需预热温度 T。计算公式如下:

$$\omega_{CE} = \omega_{C} + \frac{\omega_{Si}}{30} + \frac{\omega_{Mn} + \omega_{Cu} + \omega_{Cr}}{20} + \frac{\omega_{Ni}}{60} + \frac{\omega_{Mo}}{15} + \frac{\omega_{V}}{10} + 5\omega_{B} \tag{3-3}$$

$$P_{w} = P_{cm} + \frac{\omega_{H}}{60} + \frac{\delta}{600} \tag{3-4}$$

$$T = 1\,440P_{w} - 392 \tag{3-5}$$

式中:ω_{C}、ω_{Si}、ω_{Mn}、ω_{Cu}、ω_{Cr}、ω_{Ni}、ω_{Mo}、ω_{V}、ω_{B}、ω_{H} 为钢中该元素的质量分数。

该方法适用于评价低碳(0.07%~0.22%C),且含多种微量合金元素的低合金高强钢的可焊性。

3.1.3　制造工艺的发展趋势

随着科学技术的持续进步和市场竞争的加剧,制造工艺技术得到了快速的发展。尤其是近半个世纪以来,伴随着计算机技术、微电子技术、网络信息技术等高端科技在制造工艺技术上的应用,传统制造工艺得到不断改进和提高,促进了一批先进制造技术的出现,使制造业整体技术水平提升到了一个新的高度,有力促进了制造工艺向着更加优质、高效、低能耗、清洁和灵活的方向发展。总体而言,制造工艺的未来发展趋势主要包括以下几个方面:

1. 机械加工精度向纳米级发展

18 世纪,加工蒸汽机气缸的镗床精度为 1 mm;19 世纪末,机械加工精度达到了 0.05 mm;20 世纪初,由于千分尺和光学比较仪的问世,机械加工精度开始向微米级过渡;到了 20 世纪 50 年代末,实现了微米级的加工精度,可以达到 0.001 mm;进入 21 世纪,实现了纳米级加工,达到 10 nm 的精度水平。当前,机床精度每 8 年提高一倍。预计在不久的将来,可以实现原子级的加工精度。

2. 切削加工速度不断提高

随着刀具材料的不断变革,切削加工速度在 100 多年内提高了一百至数百倍。20 世纪前,碳素钢切削刀具的耐热温度低于 200 ℃,所允许的最高切削速度仅为 10 m/min;20 世纪初开始采用高速钢刀具,耐热温度达到了 500~600 ℃,切削速度为 30~40 m/min;20 世纪 30 年代,硬质合金的应用使耐热温度达到了 800~1 000 ℃,切削速度提高到了数百米每分钟。目前,陶瓷刀具、金刚石刀具、立方氮化硼刀具等相继得到应用,其耐热温度均在 1 000 ℃ 以上,切削速度提升至一千至数千米每分钟。近一个世纪内,切削加工速度提高了 100 多倍。

3. 新型工程材料的应用推动制造工艺的进步

超硬材料、超塑材料、高分子材料、复合材料、工程陶瓷等新型工程材料的应用,有力推动了制造工艺的发展与进步:一方面要求改善刀具切削性能和改进加工设备,使之满足新型工程材料切削加工的要求;另一方面促进了一些新式特种加工工艺的发展,使新式加工工艺能够有效满足新型工程材料的加工要求,如电火花加工、超声波加工、电子束加工、电解加工和激光加工等,这些新式特种加工工艺的出现为制造业增加了无限的生机与活力。

4. 制造工艺装备转向数字化和柔性化

随着计算机技术、微电子技术、自动检测和控制技术的应用,制造工艺装备由单机自动化向系统自动化转变,由刚性自动化转变为柔性自动化并最终达到综合自动化,从而有效提高了机械加工工艺的效率和质量。

5. 材料成形向少余量甚至无余量方向发展

随着人们可持续发展意识和环境保护意识的不断增强,最大限度地利用资源同时减少资源消耗,就要求材料成形工艺向少切削、无切削方向发展,使成形的毛坯尺寸最大限度地接近或达到零件的最终尺寸要求,稍加打磨后便可进行装配。于是乎,出现了一批如熔模精密铸造、精密锻造、精密冲裁、冷温挤压、精密切割等新型材料精密成形工艺。

6. 优质清洁表面工程技术的形成与发展

表面工程是通过表面涂覆、表面改性、表面加工以及表面复合处理改变零件表面形态、化学成分和组织结构,以获取与基体材料不同性能的工程应用技术。例如电刷镀、化学镀、气相沉积、热喷涂、激光表面处理、离子注入等技术,均为过去 20~30 年之间出现的表面处理技术。这些表面工程技术的出现在节约原材料、提高产品性能、延长产品寿命、美化生活环境等方面起到了至关重要的作用。

7. 新型成形工艺的产生与应用

近些年来,随着数字技术、信息技术以及控制技术的快速发展,不断涌现出众多新型成形工艺,如多点成形、数控渐进成形、快速原型、金属喷射、增材制造等。这些新型成形工艺的发展和应用,大幅度加快了产品的设计与制造过程,缩短了产品的开发周期。

综上所述,无论是从经济技术还是从社会效益角度,未来制造工艺都必须具有以下几个鲜明的特点:

(1)优质:产品质量高、性能好、尺寸精确、表面光洁、使用寿命长和可靠性高;

(2)高效:与传统工艺相比,未来制造工艺需要极大地提高劳动生产率,大大降低操作者的劳动强度和生产成本;

(3)低耗:未来制造工艺需要大幅度节省原材料和能源消耗,提高自然资源利用率;

(4)洁净:未来制造工艺需要尽量达到零排放或少排放,减轻生产过程对于环境的污染,以符合日益增长的环境保护要求;

(5)灵活:未来制造工艺需要能够快速响应市场和生产过程变化,及时地对产品设计内容的更新做出反应,实现多品种柔性生产,以满足多变的消费市场需求。

本章将分别介绍先进焊接制造技术、先进塑性成形技术、增材制造技术、超精密加工技术、激光加工制造技术、仿生制造技术,并针对每种制造工艺提供相应的应用案例,从而将先进制造理论和实际应用结合起来。

3.2　先进焊接制造技术

焊接被喻为"工业裁缝",大到几十万 t 的海洋工程结构,小到不足 1 g 的微电子元件,在生产中都不同程度地依赖焊接技术。作为一种先进制造技术,焊接在航空航天、交通运输、芯片封装、国防装备、石油化工、船舶制造、海洋工程、大型建筑等各个领域都得到了广泛应用。

随着科学技术的不断发展,焊接技术已经从一种传统的热加工技术发展成为集机械、电子、材料、冶金、结构、自动化与计算机控制等多门科学技术于一体的热成形技术,成为现代制造业中的支柱技术之一。大力发展焊接制造技术及其相关产业,对促进我国由制造大国向制造强国转变有着极为重要的意义。

3.2.1　焊接的基本原理及特点

焊接是指通过加热、加压,或两者并用,使同种材料或者异种材料的两个工件或者多个工件实现原子间结合的加工工艺和连接方式。

常用的焊接方法达几十种之多,根据焊接过程中加热程度和工艺特点的不同,焊接方法可以分为三大类:

(1)熔焊,将工件焊接处局部加热到熔化状态,形成熔池(通常还加入填充金属),冷却结晶后形成焊缝,被焊工件结合为不可分离的整体。常见的熔焊方法有气焊、电弧焊、电渣焊、等离子弧焊、电子束焊、激光焊等。

(2)压焊,在焊接过程中无论加热与否,均需要加压的焊接方法。常见的压焊有电阻焊、摩擦焊、冷压焊、扩散焊、爆炸焊等。

(3)钎焊,采用熔点低于被焊金属的钎料(填充金属),熔化之后用以填充接头间隙,并与被焊金属相互扩散实现连接。钎焊过程中被焊工件不熔化,且一般没有塑性变形。

焊接技术作为一种不可或缺的制造技术,主要具有以下特点:

(1)焊接是一种不可拆卸的连接方法。根据定义,焊接是一种把分离物体连接成为不可拆卸的一个整体的加工方法。除焊接外,常用的连接方法还有螺栓、螺钉连接以及铆接。后三者都属于机械连接。机械连接一般被认为是可拆卸的连接。

(2)焊接可以节省材料,使结构轻量化。分离物体采用机械连接时,其结构必须采用搭接形式,同时还需要螺栓、铆钉等机械连接件。若采用焊接,分离物体可以采用对接等形式实现连接,不需要机械连接件。因此,焊接结构具有省材、结构轻量化等特点。

(3)焊接具有很好的密封性。采用焊接制造的结构,连接焊缝可以是连续的,而且实现了原子(或分子)间的结合,因此,具有很好的密封性。对于密封容器,往往选用焊接制造。

(4)焊接可以化大为小、以小拼大。在制造大型结构件或复杂构件时,可以采用化大为小、化复杂为简单的方法分段制造,然后用焊接的方法将分段制造的构件连接在一起,形成最终的产品。目前经常采用铸—焊、锻—焊联合工艺生产大型或复杂零件。

(5)焊接可制造异质金属结构。用焊接的方法可以制造不同材料组合的结构、零件或工具,从而充分发挥不同材料各自的性能。例如,对于一些直径较大的钻头,可以选用普通的钢材作为钻柄,选用特殊的钢材作为钻头的切削部分,这样,既可以提高钻头的性能,又可以降低成本。

(6)焊接接头往往是结构的薄弱点。由于焊接过程往往会伴随着一系列的物理、化学变化,焊接接头的化学成分、显微组织结构会发生变化,导致接头的性能差于被焊材料,成为整个结构的薄弱点,因此,焊接在生产制造领域的应用也具有一定的局限性。制造高质量的焊接接头是永恒的追求。

3.2.2 焊接制造工艺方法

1. 熔焊

熔焊的典型特点是采用热源对工件连接处进行局部加热、熔化。熔焊的热源有很多种,包括化学热源(铝热焊等)、电阻热源(电渣焊等)、电弧热源(焊条电弧焊、熔化极气体保护电弧焊、钨极氩弧焊、等离子弧焊、埋弧焊等)、高能束热源(激光焊、电子束焊等)等。其中,利用电弧进行加热的方法是应用最广泛的焊接方法。

(1)焊条电弧焊

焊条电弧焊的起源可以追溯到19世纪,到现在仍是一种非常重要的、被广泛应用的焊接方法。图3-2所示为典型的焊条电弧焊原理及工艺示意图。从图中可以看出,焊条电弧焊主要是用手工操纵焊条进行焊接的方法。采用焊条电弧焊时,焊条末端与工件(母材)之间产生电弧,利用电弧热加热焊条与工件,使焊条药皮与金属焊芯及工件熔化,熔化的焊芯端部迅速形成细小的金属熔滴,通过弧柱过渡到局部熔化的工件金属液体中,共同形成焊接熔池。随着焊条向前移动,焊条后面的焊接熔池液态金属冷凝结晶,形成固体金属焊缝。

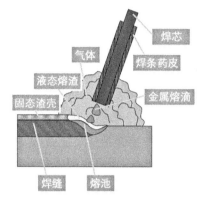

图 3-2　焊条电弧焊原理及工艺示意图

（2）熔化极气体保护电弧焊

焊条电弧焊采用焊条进行工件的焊接,但是焊条长度有限,一般在 200～550 mm 之间。在焊接中需要经常更换焊条,既影响焊接效率,又会因为频繁地引弧、熄弧影响焊接质量,更难以实现自动化。因此,人们发明了熔化极气体保护电弧焊。

熔化极气体保护电弧焊(Gas Metal Arc Welding,GMAW)的热源仍然是电弧,其采用光焊丝代替焊条焊芯作为电弧的一极和填充材料,工作原理及焊丝如图 3-3 所示。焊丝大多采用盘装或桶装形式,以最常见的焊丝直径为 1.2 mm 的 20 kg 盘装焊丝为例,焊丝长度一般不少于 2 km。熔化极气体保护电弧焊采用送丝机构连续送进可熔化的焊丝,焊丝与工件之间的电弧作为焊接热源,通过电弧加热熔化焊丝与母材形成熔池。随着焊接电弧的向前移动,后面的熔池冷凝结晶,形成焊缝。为了保护电弧、熔滴和熔池等不受空气的影响,需要外加保护气体进行保护,保护气体从专用焊枪喷嘴喷出,在电弧周围形成气罩。常用的保护气体包括 Ar、He 和 CO_2 等。

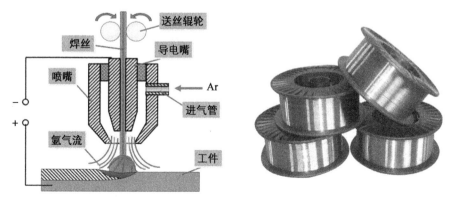

图 3-3　熔化极气体保护电弧焊焊接原理示意图及焊丝

熔化极气体保护电弧焊的种类：

① 熔化极惰性气体保护焊（Melt Inert-gas Welding，MIG 焊）采用 Ar、He 或 Ar-He 作为保护气体，利用气体对金属的惰性和不溶解性，可以有效地保护焊接区的熔化金属，焊缝金属纯净，焊接质量好。但是惰性气体与杂质不反应，无清理杂质作用。因此，对于工件表面的焊前清理要求高。MIG 焊几乎可以焊接所有的金属材料，既可以焊接碳钢、合金钢、不锈钢等金属材料，又可以焊接铝、镁、铜、钛及其他合金等容易氧化的金属材料。然而在焊接碳钢和低合金钢等黑色金属时，由于 Ar、He 的成本相对较高，很少采用 MIG 焊，因此 MIG 焊主要用于焊接铝、镁、铜、钛及其合金以及不锈钢等金属材料。

② 熔化极（富氩）活性气体保护电弧焊（Metal Active Gas Arc Welding，MAG 焊）通常在 Ar 中加入少量的 CO_2、O_2 或 CO_2-O_2 等氧化性气体，目的之一是增加电弧气氛的氧化性，克服使用单一 Ar 焊接黑色金属时产生的电弧不稳定性及焊缝成形不良等缺点；另外一个目的是提高电弧温度，改善材料的润湿性，增大焊缝熔深等。MAG 焊主要用于碳钢和低合金钢等黑色金属的焊接。此外，在 Ar 中加入少量 N_2，可以提高电弧温度，在焊接铜及铜合金时应用较多。也可以在 Ar 中加入少量 H_2 等还原性气体，除能提高电弧温度外，还能抑制或消除 CO 气孔，在焊接镍及其合金中应用较多。

③ CO_2 气体保护电弧焊简称 CO_2 焊，CO_2 和 CO_2-O_2 混合气体为保护气体，由于二氧化碳气体的氧化性问题，难以保证焊接质量，因此需要采用含有一定量脱氧剂的专用焊丝，或采用带有脱氧剂成分的药芯焊丝，使脱氧剂在焊接过程中参与冶金反应进行脱氧，以消除二氧化碳气体氧化作用的影响。目前 CO_2 焊主要用于焊接碳钢和合金结构钢构件，因其成本低廉，在焊接工程中应用广泛。但是 CO_2 焊的焊接过程中，焊接飞溅较多，焊缝外形比较粗糙，目前采用焊接电流波形控制等新的 CO_2 焊接方法，可以在一定范围内解决焊接飞溅及焊缝成形问题。

④ 熔化极气体保护电弧焊根据焊丝的不同，又可以分为实心焊丝气体保护电弧焊和药芯焊丝气体保护电弧焊。所谓药芯焊丝是指焊丝外部是金属皮，而焊丝内部是药粉，其作用与焊条的焊芯与药皮相类似。药芯焊丝气体保护电弧焊又可以分为自保护药芯焊丝电弧焊（焊接时不使用保护气体）和气体保护药芯焊丝电弧焊（焊接时需要外加 Ar 或 CO_2 等保护气体）。由于药芯焊丝将焊条与连续送进焊丝的焊接方法进行了集成，既实现了连续送丝的焊接，又利用药粉使焊接电弧过程更稳定，有利于焊缝的合金化，提高了焊接质量，同时还可以提高焊丝的电流密度，提高焊接效率。该种焊接方法在造船、发电、石油以及其他金属结构制造业中得到广泛的应用。

（3）非熔化极气体保护电弧焊

熔化极气体保护电弧焊是一种高效、适于自动焊的焊接方法，在焊接工程中得到广泛的应用。但是，由于焊丝作为电弧的熔化极，不断地熔化形成熔滴过渡到熔池中，从而对电弧燃烧的稳定性产生影响，特别是在微细器件精密焊接时，很难满足焊接要求。例如，在火箭推力发动机焊接中，其管件壁薄为 0.33 mm，要求焊接电弧稳定，焊接热输入低，焊接变形小，此时 GMAW 很难满足要求。而非熔化极气体保护电弧焊容易满足这种要求，它的典型代表就是钨极氩弧焊。

① 钨极氩弧焊。钨极氩弧焊采用钨棒代替焊丝作为焊接电弧的一极,也就是说焊接电弧是在钨棒和工件之间燃烧加热工件进行焊接的,而且在焊接过程中钨极是不熔化的,所以焊接电弧的稳定性大大提高。为了保证电弧、熔池不受空气的影响,需要采用 Ar、He 作为保护气体,而 Ar 用得比较普遍,所以称为钨极氩弧焊。钨极氩弧焊是以钨或钨合金(钍钨、铈钨等)为不熔化电极,以 Ar 或 He 惰性气体为保护气体的电弧焊方法,通常简称为 TIG 焊(Tungsten Inert Gas Arc Welding),或者 GTAW(Gas Tungsten Arc Welding),其工作原理如图 3-4 所示。钨极氩弧焊,包括不填丝和填丝两种焊接方法,采用不填丝 TIG 焊时,TIG 焊电弧加热工件连接区域,依靠工件自身的局部融化、冷凝结晶形成焊缝,常用于薄壁件、微小器件的焊接;采用填丝 TIG 焊时,焊丝作为填充材料进行焊接。TIG 焊中,为了避免钨极烧损,在焊接电流较大时,往往采用循环水冷却焊枪与钨极。

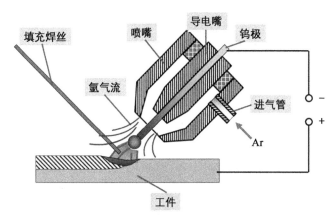

图 3-4　钨极氩弧焊焊接原理示意图

② 等离子弧焊。由于 TIG 焊的热输入较低,对于板厚超过 3 mm 的不锈钢件往往需要进行多层多道填丝 TIG 焊,除了焊接效率低外,多次焊接反复加热时,对焊缝的微观组织及性能也产生了一定的影响。采用等离子弧焊焊接方法(其工作原理如图 3-5 所示),可以对壁厚 6～8 mm 的不锈钢工件一次熔透,完成焊接。等离子弧是压缩电弧,与 TIG 焊电弧相比,等离子弧也是在工件与钨极之间燃烧电弧,但是焊枪的结构不同。一是在采用等离子弧焊焊接时,钨极缩入焊枪等离子体喷嘴(压缩喷嘴)内部;二是采用双层气体结构,压缩喷嘴喷出离子气,而保护气喷嘴喷出保护气,离子气与保护气一般都采用惰性气体,例如 Ar。焊枪采用水冷方式,冷却焊枪的喷嘴和钨极。由于钨极内缩于压缩喷嘴内部,强迫钨棒电极与工件之间的电弧通过水冷压缩喷水孔道,使电弧受到机械压缩、热压缩和电磁压缩,使等离

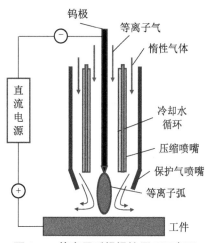

图 3-5　等离子弧焊焊接原理示意图

子电弧能量高度集中在直径很小的弧度中,因此等离子弧是一种高温、高电离度及高能量密度的压缩电弧。

与 TIG 焊电弧相比,等离子弧也属于非熔化极惰性气体保护电弧焊,但是等离子弧的能量密度更加集中,焊接生产率高,焊接变形小,焊缝成形好,焊接质量高,使用广泛,可用于焊接几乎所有的金属及其合金,然而等离子弧焊焊接参数多,合理的焊接参数匹配范围相对较窄,焊接参数之间的相互匹配与调整困难,因此具有一定的局限性。

(4)埋弧焊

电弧焊大多是明弧焊,其优点是便于观察和调节,其缺点是电弧弧光对人体有一定的危害。而埋弧焊恰恰相反,顾名思义,埋弧焊是将电弧埋藏起来进行焊接。埋弧焊是在 20 世纪 30 年代发明的一种自动焊接方法,所以又称埋弧自动焊。埋弧焊是电弧在焊剂层下燃烧的一种电弧焊方法,其工作原理如图 3-6 所示。

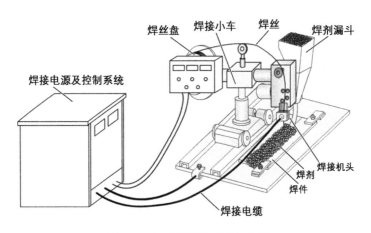

图 3-6　埋弧焊焊接原理示意图

采用埋弧焊焊接时,颗粒状焊剂由漏斗流出后,均匀地堆敷在装配好的工件焊道表面,送丝机构驱动焊丝连续送进,使焊丝端部插入覆盖在焊接区的焊剂层下,电弧在焊丝和工件之间被引燃。电弧加热工件、焊丝和焊剂,导致金属与焊剂熔化、蒸发,在电弧区域金属和焊剂蒸汽构成一个空腔,电弧就在这个空腔内稳定燃烧。空腔底部是熔化的焊丝和母材形成的金属熔池,顶部则是熔融焊剂形成的熔渣,隔离了空气。随着电弧的移动,熔池冷凝结晶形成焊缝。熔渣凝固为渣壳,覆盖在焊缝表面,隔离了空气,防止了焊缝的高温氧化。焊后需要将焊缝上的渣壳清理掉,未熔化的焊剂可回收再用。

(5)激光焊

激光焊是利用能量密度极高的激光束作为热源的一种高效精密焊接方法,其工作原理如图 3-7 所示。与传统的焊接方法相比,激光焊具有能量密度高、穿透能力强、精度高、适应性强等优点。作为现代高科技产物的激光焊,已成为现代工业发展必不可少的加工工艺。随着航空航天、电

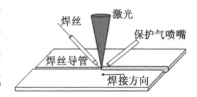

图 3-7　激光焊焊接原理示意图

子、汽车制造、医疗以及核工业的迅猛发展,产品零件结构形状越来越复杂,对材料性能的要求不断提高,对加工精度和接头质量的要求日益严格,同时企业对生产效率、工作环境的要求也越来越高,而传统的焊接方法难以满足这些要求。因此以激光束为代表的高能束焊接方法日益得到重视并得到广泛应用。

激光焊是将激光器产生的方向性很强的高能密度激光束,照射到被焊材料的表面,通过与其相互作用,部分激光能量被吸收,从而造成被焊材料熔化、汽化,最后冷却结晶形成焊缝的过程。激光在材料表面的反射、透射和吸收,本质上是光波的电磁场与材料相互作用的结果。激光光波射入材料时,材料中的带电粒子随着光波电矢量的步调振动,先产生的是某些质点的过量能量,如自由电子的动能、束缚电子的激发能。因为电子比较轻,所以通常被光波激发的是自由电子或束缚电子的振动,也就是光子的辐射能变成电子的动能。另外,频率较低的红外光也可能激起金属中比较重的带电粒子的振动。这些原始激发能经过一定过程再转化为热能。物质吸收激光后,通过上述光子轰击金属表面,产生热能使焊件表面加热形成蒸气,蒸发的金属可防止剩余能量被金属表面反射掉。如果被焊金属有良好的导热性能,那么会得到较大的熔深。

激光焊接的分类方法有很多种,按激光器输入能量方式的不同,激光焊分为脉冲激光焊和连续激光焊(包括高频脉冲连续激光焊)。前者焊接时形成一个个圆形焊点,后者在焊接过程中形成一条连续焊缝。按激光聚焦后光斑功率密度的不同,激光焊分为传热焊和深熔焊。在工业应用中由于传热焊和深熔焊所采用的焊接参数、设备功率、焊缝形状、焊接机理存在明显不同,因此成为主要的分类方法之一。

① 传热焊。传热焊采用的激光光斑功率密度较低,通常在 $10^5 \sim 10^6$ W/cm^2 之间,激光将金属表面加热到熔点与沸点之间。焊接时金属材料表面将所吸收的激光能量转化为热能,使金属表面温度升高而熔化,然后通过热传导的方式把热能传向金属内部使熔化区逐渐扩大凝固后形成焊点或焊缝,其熔深轮廓近似为半球形。传热焊的特点是激光光斑的功率密度小,很大一部分光被金属表面所反射,光的吸收率较低,焊接熔深较浅,焊接速度慢,主要用于薄、小工件的焊接加工。

② 深熔焊。当激光功率密度足够大时,金属表面在激光束的照射下温度迅速升高,其表面温度在极短的时间内升高到沸点,使金属熔化和汽化。产生的金属蒸气以一定的速度离开熔池,逸出的蒸气对熔化的液态金属产生一个附加压力,使熔池金属表面向下凹陷,在激光光斑下产生一个小凹坑。当光束在小凹坑底部继续加热时,所产生的金属蒸气,一方面压迫坑底的液态金属使凹坑进一步加深,另一方面向坑外飞出的蒸气将熔化的金属挤向熔池四周,此过程连续进行下去,便在液态金属中形成一个细长的孔洞。当光束能量所产生的金属蒸气的反冲压力、液态金属的表面张力和重力平衡后,小孔不再继续加深,形成一个深度稳定的孔而进行焊接,因此称为激光深熔焊(也称锁孔焊)。

(6)电子束焊

电子束焊是利用聚焦的高速电子流轰击金属产生的热能,使金属熔化而连接的焊接方法。在阴极上逸出电子,经加速和聚焦形成高功率密度的电子束,撞击焊件表面,电子的动能变为热能,使表面熔化和蒸发。在高压金属蒸气作用下,熔化金属被挤开,电子束继续轰击深处的固态金属,很快形成一个穿通的小孔。小孔被液态金属包围,随着焊枪移动,液态金属沿小孔四周流向熔池后部,逐渐冷却、凝固形成焊缝。

如图 3-8 所示,从阴极发射的电子,受阴极与阳极间高压电场的加速,通过带孔的阳极,再经聚焦线圈聚成截面积小(直径为 0.2～1 mm)、功率密度高($\geq 1.5 \times 10^5$ W/cm²)的电子束。当电子束撞击焊件时,其动能大部分转化成热能(电子束加热),使焊件金属熔化成熔池。随着电子束的移动,熔池冷凝成焊缝。电子束的移动可由移动电子枪(电极和聚焦线圈等的组合件)或焊件来实现;在小范围内可由偏转线圈所产生的磁场来实现,加速电压在 30～200 kV 范围内。为保护电极不受氧化,电极区必须保持压强不大于 1×10^{-2} Pa 的高真空。工作室的压强常高于电子枪室的压强,两者间有减少漏气的设施。工作室一般另配真空泵抽气。

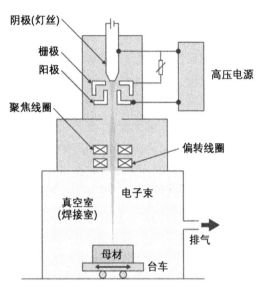

图 3-8　电子束焊焊接原理示意图

电子束焊的特点是穿透能力强,焊缝深宽比达 50∶1,厚板不开坡口可以一次成形,焊件变形小,接头质量高,可精密控制焊件尺寸,是先进优质的焊接技术。接头强度、疲劳强度和断裂韧性可达到不锈钢、高温合金、钛合金母材的 90% 左右。电子束焊 1956 年由法国人发明,20 世纪 60 年代初在中国开始应用。可焊接常用金属材料,钛、镍、钼等特殊金属和异种金属,已在原子能、航空、航天、汽车、电力和冶金等工业部门得到广泛应用。

2. 压焊

压焊旧称压力焊,是在焊接过程中对工件施加压力(加热或不加热),使被连接的材料达到原子或者分子间的结合,实现材料连接的焊接方法。压焊中施加压力的大小与被焊材料的种类、加热温度、焊接环境及介质等因素有关,可以采用静压力、冲击压力等方式。

(1) 摩擦焊

摩擦焊是利用材料之间相互摩擦运动产生的热量,并在压力作用下,使工件接触面达到原子或者分子间的结合,实现材料连接的焊接方法。根据相互摩擦的对象属性,摩擦焊接技术大致可以归为三类:① 基于工件与工件之间相互摩擦的焊接技术;② 基于工件与非消耗性工具之间相互摩擦的焊接技术;③ 基于工件与可消耗的工具之间相互摩擦的焊接技术。

① 工件与工件摩擦

在各类摩擦焊接技术中,如果相互摩擦的对象均为工件时,那么几乎所有的具有热塑性变形能力的工程材料均可通过此类摩擦焊接方法实现连接。这类摩擦焊技术主要包括旋转摩擦焊(Rotary Friction Welding，RFW)和线性摩擦焊(Linear Friction Welding，LFW)。

如图3-9所示，旋转摩擦焊是通过两个被焊工件之间的相对旋转，在轴向压力的作用下，利用工件接触面之间的相对转动产生的摩擦热和塑性流动产生的塑性变形热使工件摩擦面及其附近区域的温度升高并达到热塑性状态，进而通过界面上的扩散及再结晶等冶金反应实现连接的固相焊接方法。

线性摩擦焊是另一种有代表性的基于工件与工件相互摩擦的焊接技术，它通过被焊工件接触面之间的相对往复运动产生的摩擦热实现焊接。如图3-10所示，在线性摩擦焊过程中，一侧的工件被固定不动，另一侧的工件在平行于工件接触面的方向上做往复运动。因此，线性摩擦焊不再像旋转摩擦焊那样要求被焊工件截面必须为轴对称形状，这在一定程度上拓宽了线性摩擦焊技术的应用范围。

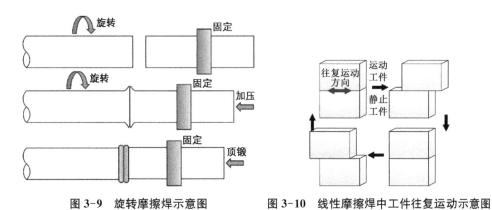

图3-9　旋转摩擦焊示意图　　　图3-10　线性摩擦焊中工件往复运动示意图

通过对旋转摩擦焊和线性摩擦焊基本工艺原理的梳理可以发现，基于工件与工件之间相互摩擦的焊接技术具有以下优点：几乎适用于焊接所有具备热塑性变形能力的工程材料；可以实现异种材料连接。同时，也存在以下缺点：只能焊接具有特定截面形状的工件，如轴类、块体类零件等，这是因为缩进的存在，使工件在设计时必须预留一定的盈余，增加了精密焊接的难度。

② 工件与非消耗性工具摩擦

与基于工件与工件之间相互摩擦的焊接技术不同，基于工件与外部工具之间相互摩擦的焊接技术，不依赖于工件之间的相对运动，而是依赖于外部工具对工件的摩擦进行产热，从而使工件材料达到塑化状态，进行焊接。因此，该类摩擦焊接技术具有较高的灵活性，可用于各种各样的接头形式，如对接、搭接、角接、环缝等。根据外部工具的特点，又可分为非消耗性工具和消耗性工具。前者是指在外部工具与工件之间相互摩擦的过程中，外部工具的形状和尺寸保持不变，焊接完成后，外部工具仍可用于下一道焊缝的焊接。后者则是指外部工具在与工件相互摩擦的过程中被消耗掉，成为接头的一部分，无法再重复使用。基于工件与非消耗性工具之间相互摩擦的焊接技术，比较具有代表性的是搅拌摩擦焊(Friction Stir Welding，FSW)和搅拌摩擦点焊(Friction Stir Spot Welding，FSSW)。

搅拌摩擦焊技术由英国焊接研究所于1991年所发明,至今已有30多年。随着数十年来的不断发展,搅拌摩擦焊焊接技术相关的理论也不断完善,人们已经认识到搅拌摩擦焊焊接工艺的本质是搅拌头对工件材料的热塑性加工。搅拌摩擦焊的工艺原理如图3-11所示。在搅拌摩擦焊焊接过程中,与工件摩擦的外部非消耗性工具被称做搅拌头。搅拌头由两部分构成,分别是轴肩和搅拌针。焊接时,高速旋转的搅拌头被压入工件,其中,搅拌针完全插入工件内部,轴肩则与工件表面紧密接触。通过搅拌头与工件的相互摩擦产生热量,使焊接区的材料升温并达到塑化状态。随后,搅拌头沿着待焊接缝方向移动,搅拌头前方的塑化材料被旋转的搅拌头带至后方。在此过程中,工件之间的原始界面被打碎,露出的新鲜金属之间通过再结晶、扩散、化学反应等冶金方式形成连接。由于搅拌头的旋转和移动,材料流动在焊缝中心线的两侧呈现出显著差异。为了有所区别,材料流动与焊接方向一致的一侧被称为前进侧,相反的一侧被称为后退侧。

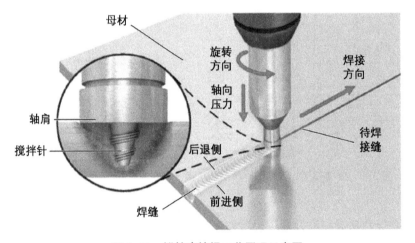

图 3-11　搅拌摩擦焊工艺原理示意图

搅拌摩擦点焊虽然是在搅拌摩擦焊技术基础之上衍生出来的摩擦焊接技术,但因为其接头形式仅为一个单点,其工艺原理与搅拌摩擦焊仍有所差异。图3-12展示了搅拌摩擦点焊的工艺原理。传统的搅拌摩擦点焊大致可以划分为四个步骤,即搅拌头旋转,压入工件,搅拌一定时间,再退出,即可完成一个焊点。在此过程中,通过搅拌头与工件之间的摩擦产热,使工件材料受热软化,进而发生塑性流动和动态再结晶,实现固相连接。

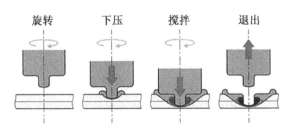

图 3-12　搅拌摩擦点焊工艺原理示意图

③ 工件与可消耗性工具摩擦

与基于工件与非消耗性工具之间相互摩擦的焊接技术不同，基于工件与可消耗工具之间相互摩擦的焊接技术，其最典型的特点是：用于摩擦产热的外部工具，最终会与工件材料融为一体，成为焊接接头的一部分。这类焊接技术包括径向摩擦焊、摩擦-铆接、摩擦塞补焊以及基于同质摩擦的涡流搅拌摩擦焊等。

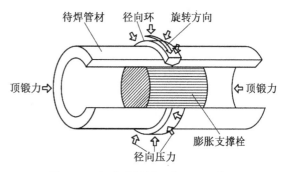

径向摩擦焊是发展较早的基于工件与外部可消耗工具之间相互摩擦的焊接技术，主要用于石化行业管道的焊接，其工艺原理如图 3-13 所示。在径向摩擦焊工艺中，用于与工件摩擦产热的外部可消耗工具被称做径向环。在一定径向压力的作用下，径向环与待焊管材之间相互接触并绕着两个固定管材的接缝处高速旋转，两者相互摩擦产生的热量使接触界面达到塑化状态。此时，在径向压力的基础上，再施加一个顶锻力，使径向环与待焊管材融为一体，形成牢固的焊接接头。

图 3-13　径向摩擦焊工艺原理示意图

摩擦-铆接复合工艺是将摩擦焊与机械铆接相结合而形成的一种机械-固相复合连接方法。其基本思路是将铆钉作为可消耗的外部工具对工件进行摩擦，利用铆钉与工件之间的摩擦热来软化工件材料，提高铆钉的穿透性，降低材料在铆接过程中的开裂倾向，同时引入铆钉与工件之间的固相接合。摩擦-铆接工艺较为灵活，根据铆钉特点的变化，近年来一些新的工艺变体先后出现，如搅拌摩擦盲铆接、自冲式摩擦铆接、摩擦单元焊、搅拌摩擦铆焊等。

搅拌摩擦盲铆接（Friction Stir Blind Riveting）的工艺原理如图 3-14 所示，通过驱动抽芯铆钉高速旋转穿透被连接板材，代替传统抽芯铆接工艺中的制孔和放钉工序，简化了工艺流程。

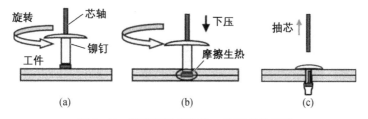

图 3-14　搅拌摩擦盲铆接工艺原理示意图

自冲式摩擦铆接（Friction Self-piercing Riveting）的工艺原理如图 3-15 所示。该工艺以传统自冲铆接工艺为基础，结合摩擦生热的基本原理，使用半空心铆钉在轴向进给的同时进行高速旋转，利用铆钉与板材之间的摩擦热来软化工件材料，改善其成形性能，从而解决传统自冲铆接过程中低延性材料的开裂问题。同时，摩擦热和压力的共同作用又促进了接头中固相连接的形成,最终实现机械-固相复合连接。

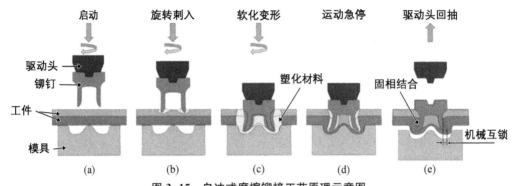

图 3-15　自冲式摩擦铆接工艺原理示意图

摩擦单元焊(Friction Element Welding)主要用于连接铝合金和高强钢板,其工艺原理如图 3-16 所示。将钢质实心铆钉(摩擦单元)保持高速旋转并从铝合金侧压入工件。在此过程中,铆钉与上层铝合金之间的摩擦产热可以塑化铝合金,降低其开裂倾向,被挤出的铝合金会流动至铆钉头部下方,形成填充。当铆钉接触下层高强钢板时,铆钉与钢板间形成摩擦,并在热力作用下形成冶金结合,从而将铝板"锁"在铆钉盖与下层板之间,实现铝/钢之间的连接。

搅拌摩擦铆焊(Friction Stir Riveting Welding)的工艺原理如图 3-17 所示。高速旋转的工具头驱动带螺纹的铆钉一边旋转,一边压入工件。在工具头轴肩和铆钉的搅拌摩擦和挤压作用下,上下板材间的材料发生塑化并形成冶金结合。同时,工具头轴肩对工件表面的摩擦加热将使塑化的工件材料将铆钉紧密包裹镶嵌,从而获得依靠螺纹机械铆合增强的固相焊接接头。

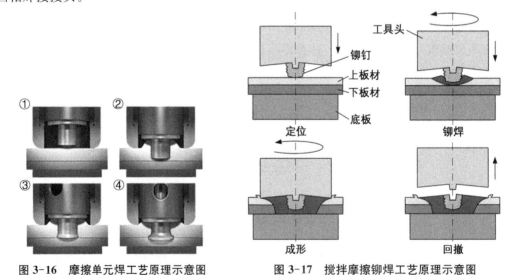

图 3-16　摩擦单元焊工艺原理示意图　　　图 3-17　搅拌摩擦铆焊工艺原理示意图

摩擦-铆接复合的工艺形式变化多样,而且绝大多数是近年来发展起来的新工艺和新技术。通过将摩擦产热和传统的铆接技术相复合,克服了传统铆接载荷大、材料易开裂、高强材料对铆钉质量要求高等缺点,为新型轻量化薄壁结构的设计与制造提供了更多的技术选择。

摩擦塞补焊是一种重要的基于工件与可消耗的外部工具之间相互摩擦的焊接修复技术,主要用于局部点状缺陷的修复。摩擦塞补焊不仅具有固相焊接接头质量高的优点,而且修复效率较高,其工艺原理如图 3-18 所示。在摩擦塞补焊工艺中,用于与工件相互摩擦的外部可消耗工具被称为塞棒,塞棒在焊接单元的驱动下高速旋转,并与待焊工件相互摩擦。摩擦产生的热量使工件和塞棒的接触界面达到塑化状态,此时,通过焊接单元的操作使塞棒急停在工件中,成为接头的一部分,形成永久性连接。根据施力方式的不同,摩擦塞补焊可以分为顶锻式和拉锻式。在顶锻式摩擦塞补焊工艺中,焊接单元与支撑夹具位于工件的两侧,如图 3-18(a)所示。因此,不适用于封闭结构的焊接修复。为了解决该问题,研究人员发明了拉锻式摩擦塞补焊。在拉锻式摩擦塞补焊工艺中,焊接单元和支撑夹具位于工件的同一侧,如图 3-18(b)所示,该工艺可用于封闭式结构的焊接修复,具有较大的工程应用价值。

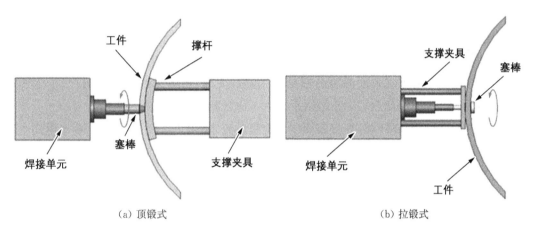

（a）顶锻式　　　　　　　　　　　　　　　（b）拉锻式

图 3-18　摩擦塞补焊工艺原理示意图

涡流搅拌摩擦焊是一种新型的基于工件与可消耗的外部工具之间相互摩擦的焊接技术,亦可用于焊接修复,其工艺原理如图 3-19 所示。该工艺基于常规搅拌摩擦焊轴肩下方材料发生旋转流动的基本原理,利用与待焊工件同材质的棒材和外加套筒作为搅拌工具进行搅拌摩擦焊接。搅拌棒与套筒之间采用机械方式固定,套筒通过刀柄安装在常规搅拌摩擦焊机主轴上。当套筒压在工件上表面并以一定的转速旋转时,套筒将驱动搅拌棒与工件材料相互摩擦。由于搅拌棒与母材具有完全相同的材质,因此

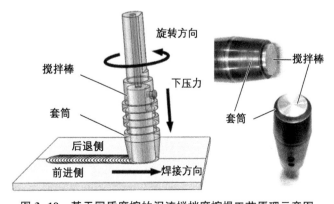

图 3-19　基于同质摩擦的涡流搅拌摩擦焊工艺原理示意图

搅拌棒和工件之间的摩擦可视为内摩擦。由内摩擦引起的黏性耗散产热将软化搅拌棒下方的工件材料,使其达到塑化状态。塑化的工件材料在高速旋转的搅拌棒驱动下,因动量传递效应而形成涡流式流动。当搅拌棒沿着待焊界面向前移动时,其下方的塑化材料涡流会随着搅拌棒一起移动,涡流再带动周围金属塑性流动形成焊缝。塑化材料涡流实际上起到了常规搅拌摩擦焊工艺中搅拌头的作用,因此被称为涡流搅拌摩擦焊。

（2）扩散焊

扩散焊是两焊件紧密贴合,在真空或保护气氛中,在一定温度和压力下保持一段时间,使接触面之间的原子相互扩散完成焊接的一种压焊焊接方法。焊接过程中不发生熔化,只发生很小的塑性变形或零件之间的相对移动。在接触面之间可加入填充金属以促进结合,可连接同种和异种金属,尺寸、厚薄不同的材料均可进行扩散连接。能够形成具有与母材性能和显微组织非常接近的接头;焊后变形小,对组装中的许多接头能同时进行焊接。不过对扩散焊接触面需进行严格的加工制备,且必须在真空或保护气氛下同时加热加压,设备费用较高。

采用扩散焊焊接时,材料表面的物理接触使表面接近原子间力的作用范围之内,这是形成连接接头的首要条件。经过机械打磨等表面处理,宏观上看起来表面很平整,清洁又相互平行的表面微观上是不够平的,达不到原子引力作用的距离,因此需要再加热,需要在热力的共同作用下使焊接表面微观凸起处产生塑性变形,增大紧密接触面的面积,激活原子,促进相互扩散,加压加热和加扩散层都是为了保证和促进原子相互扩散。

为加速焊接过程和降低对焊接表面制备质量的要求,可以在两个焊件表面中间加一层很薄的容易变形的促进扩散的材料,即中间扩散层,有时中间扩散层与木材通过固态扩散形成腋下填充缝隙,通过等温凝固而形成接头,这就是瞬时液相扩散焊。这一焊接方法的出现,丰富了原有扩散焊纯固相连接的体系。

扩散焊在原子能、航空、航天工业中应用最广,已经焊接过的材料有铝及铝合金、铍及铍合金、铜及铜合金、耐热合金、弥散强化合金、钛合金、铌合金、钼合金、钽合金和钨合金等。

（3）电阻焊

电阻焊是将被焊工件压紧于两电极之间并通以电流,利用电流流经工件接触面及临近区域产生的电阻热将其加热到熔化或塑性状态,使之形成金属结合的一种焊接方法。

与电弧焊相比,电阻焊具有热影响区小、变形小、焊接速度快、焊接表面质量好、工作条件好、容易实现机械化自动化等优点,可用于碳钢、低合金钢、不锈钢和镍、铝、镁、钛等有色金属及其合金的焊接。但电阻焊受焊件形状和接头形式的严格限制,适用面比电弧焊窄。

电阻焊主要用于汽车、船舶、钢轨、家用电器和电子器件等的制造。电阻焊按焊接方法可分为点焊、凸焊、缝焊和对焊四种。

① 点焊,焊件装配成搭接接头,并压紧在两个端头呈球形或锥形的圆柱电极之间。焊件也可压紧在一个电极与垫板之间。按电极相对于焊件的位置,点焊可分为单面点焊和双面点焊;按一次成形的点焊数,可分为单点焊、双点焊和多点点焊。点焊适用于薄板的焊

接,用于焊接低碳钢,单层板厚度在 $1\sim8$ mm 范围内。

② 凸焊,点焊的一种特殊形式。焊接前要先在焊件的一个表面上加工出一个凸起点。焊件凸起点处的电流密度较高,能较快变形熔化,形成焊点。凸焊主要用于将较厚的工件焊接到较薄的工件上去,或两者都是较厚的工件,以及用于有电镀层的金属板的焊接。

③ 缝焊,焊件装配成搭接接头,并压紧于两个滚轮电极之间。焊件也可压紧在一个滚轮电极与导电垫板之间。滚轮对接头施加压力并供电,从而获得由许多彼此相互重叠的焊点所形成的连续焊缝。按滚轮转动和供电方式的不同,缝焊分为三种:连续缝焊(滚轮连续转动,电流连续接通),断续缝焊(滚轮连续转动,电流间歇接通),步进缝焊(滚轮转动和通电都是间歇的,电流在滚轮不动时接通)。缝焊主要用于焊缝较规则且要求密封焊的薄壁结构,用于焊接碳钢,单层板厚度一般在 2 mm 以下。

④ 对焊,将两个截面形状相同或接近的工件对头组装成接头。对焊分为电阻对焊和闪光对焊两种。采用电阻对焊焊接时,焊件接头的两端面紧密接触,利用电阻热使接头加热到塑化状态,然后迅速施加压力以完成焊接。电阻对焊的设备较简单,常用于焊接直径小于 20 mm 的焊件,如有色金属细丝。采用闪光对焊焊接时,先接通电源,让焊件接头的两个端面逐渐移近达到局部接触,利用电阻热和电弧热加热接触点(这时将产生由弧光放电和飞溅的金属所形成的闪光),使端面金属局部熔化,当端部在一定深度范围内达到预定温度时,迅速施加压力以完成焊接。闪光对焊有接头加热区窄、端面加热均匀、接头质量易于保证等优点,可用于板材、棒材和管材的对头焊接。板材和焊件的厚度一般为 $0.2\sim2.5$ mm,棒材直径为 $1\sim50$ mm。

（4）爆炸焊

爆炸焊是利用炸药爆炸产生的冲击力造成焊件迅速碰撞而实现焊件连接的一种压焊焊接方法。爆炸焊的原理是在撞击能量的作用下,结合面处瞬间被加热到一定程度,通过结合面上的塑性变形,焊缝在零点几秒之内形成,不用填充金属。焊接工件变形随接头形式而异,有些工件变形极小,无金属损耗,能连接各种各样的同种与异种金属,可焊尺寸范围很宽。

爆炸焊是一种动态焊接过程,焊接时,炸药爆轰并驱动复板做高速运动,并以适当的撞击角和撞击速度与基板发生倾斜碰撞,在撞击点前方产生金属喷射(它有清洁表面污染的自清理作用),然后在高压下纯净的金属表面产生剧烈的塑性流动,从而实现金属界面牢固的冶金结合。

爆炸焊适用于任何具有足够的强度与延性并能承受工艺过程所要求的快速变形的金属,如锆、镁、钴合金、铂、金、银、铌、钽、钛、镍合金、铜合金、铝合金、不锈钢、合金钢和碳钢。还可用于平板包覆、圆筒包覆、渡接头、热交换器、堆焊与修复等。

3. 钎焊

采用比焊件材料(母材)熔点低的金属作为钎料,将焊件和钎料加热到高于钎料熔点、低于母材熔点的温度,利用液态钎料粘连母材,填充接缝并与母材相互扩散,使焊件接缝得以连接的焊接方法。通常用的电烙铁锡焊就是一种钎焊。钎焊中常用钎剂(如松香、焊膏等)清洁焊件表面,使钎料容易粘连焊件。但也有不用钎剂的情况。

与熔焊比,钎焊的特点是:① 焊件加热温度低,其结晶组织与机械性能变化小,变形小;② 接头平整光滑;③ 可一次焊多个焊件或接头,生产率高;④ 可以焊接异种材料。但钎焊接头的强度一般比母材低。钎焊可用于大多数金属及其合金、非金属材料(如石墨等、陶瓷等)的焊接,应用十分广泛。

钎焊按使用的钎料熔点高于或低于 450℃ 分为硬钎焊和软钎焊两类。相应的钎料分别称为硬钎料和软钎料。硬钎料主要有铜锌合金、铜磷合金、银基钎料、铝基钎料和镍基钎料等,软钎料主要有铅锡合金和锌镉合金等。

根据热源和加热方式的不同,钎焊可分为烙铁钎焊、火焰钎焊、电阻钎焊、感应钎焊、浸沾钎焊、炉中钎焊和超声波钎焊等许多种。其中,除火焰钎焊和某些烙铁钎焊利用的是燃料燃烧所产生的热能外,其余各种钎焊都以电能为热源。

① 烙铁钎焊,使用烙铁进行加热的软钎焊。烙铁可用煤炉、木炭炉等加热,或用电加热。

② 电阻钎焊,对焊件直接通电,或将焊件放在通电的加热板上利用电阻热所进行的钎焊。

③ 感应钎焊,利用高频、中频或工频交流电感应加热所进行的钎焊。

④ 浸沾钎焊,将焊件浸没在加热浴槽(盐浴或金属浴)中所进行的钎焊。根据所用浴槽的不同分为盐浴钎焊和金属浴钎焊两种。

⑤ 炉中钎焊,将装配好的焊件放在炉中加热所进行的钎焊。所用炉主要是电阻炉,根据钎焊要求可用间歇式电阻炉、连续式电阻炉、自然气氛电阻炉、保护气氛电阻炉和真空电阻炉,有时也用感应加热炉。在真空电阻炉中进行的钎焊又叫真空钎焊。

⑥ 超声波钎焊,利用超声波的振动使液态钎料产生空蚀过程破坏焊件表面的氧化膜,从而使钎料能更好地粘连母材的钎焊。

钎焊是一种古老的焊接方法,在中国,早在春秋战国时期就已得到应用。如从曾侯乙墓中出土的建鼓,其铜座上的许多条盘龙就是分段钎焊连接而成的。经分析,所用钎料含铅 58.48%、锡 36.88%、铜 0.23%、锌 0.19%,与现代软钎料的成分相近。半个多世纪以来,钎焊在机械、电子、轻工和仪器仪表等许多工业部门中得到广泛应用,如用于制造铜、铝散热器,各类蜂窝状结构,刀具、波导、电真空器件和电器部件等。20 多年来,随着新型钎料、真空钎焊技术和精密钎焊技术的发展,钎焊技术的应用领域不断扩大,在汽轮机、燃气轮机和航空航天器件的制造中,以及在难熔金属的焊接和金属与非金属材料的焊接中起着日益重要的作用。

3.2.3 焊接制造技术的发展趋势

1. 高效打底焊接技术

非熔化极气体保护焊(TIG 焊)的焊接过程稳定、接头质量高,常被用于重要产品的打底焊接。传统 TIG 焊由于钨极载流能力有限,电弧功率受到限制,缺乏穿透力,一般熔透深度在 3 mm 以下,焊接效率较低。因此,如果能提高 TIG 焊焊接速度或增加打底焊道的熔深,那么将能大幅提高中厚板打底焊接的效率。

(1) 热丝 TIG 焊。热丝 TIG 焊是在传统 TIG 焊基础上发展起来的一种高效焊接工艺,其原理是在焊丝送入熔池之前对其进行预热,从而减小母材热输入量,提高焊丝熔敷效率,达到高效、优质焊接的目的。热丝 TIG 焊根据加热方式的不同可分为电阻加热热丝 TIG 焊、高频感应加热热丝 TIG 焊和熔丝 TIG 焊等,但这些方法大多存在加热电流对电弧产生干扰、加热及送丝装置复杂影响焊枪可达性等问题。TOPTIG 焊是由法国液空焊接集团 SAF 公司的 T. Opderbecke 和 S. Guiheux 研发的一种新型热丝焊接工艺。TOPTIG 焊枪结构主要对焊丝送进角度进行了调整,使送丝喷嘴与电极和保护气体喷嘴之间大约呈 20°夹角,以确保焊丝能够经过电弧中最热的区域而获得高熔敷效率。TOPTIG 焊焊接技术兼顾了 TIG 焊的高质量和 MIG 焊的高效率,同时解决了常规热丝 TIG 焊焊接方向受限的问题,大大提高了焊枪的可达性,目前已成功应用于汽车薄镀层钢板的熔钎焊及高速列车天线梁等结构件的焊接。

(2) A-TIG 焊。20 世纪 60 年代乌克兰巴顿焊接研究所提出了活性化 TIG(即 A-TIG)焊接的概念,直到 90 年代末期该技术才得到广泛的研究和应用。A-TIG 焊是指在焊接前将活性焊剂涂覆在工件表面,引发电弧收缩或熔池表面张力梯度的改变,从而增加焊缝熔深。利用该技术可使焊接熔深和生产效率比常规 TIG 焊增加 1～3 倍,对板厚 3～8 mm 材料可实现不开坡口一次性焊透,焊接效率大幅度提升。目前 A-TIG 焊已成功应用于汽车、航天、化工及压力容器等工业领域及重要工程结构的焊接,同时也开发出了适用于碳钢、不锈钢、钛合金、镍基合金以及铜镍合金等材料的活性焊剂。虽然 A-TIG 焊已获得了广泛的应用,但在活性焊剂的熔深增加机理、适用于不同材料活性焊剂的开发,以及现有活性焊剂的优化等方面仍需要进行深入的研究。

(3) K-TIG 焊。1997 年,澳大利亚联邦科学与工业研究组织发明了 K-TIG 焊接方法。K-TIG 焊的焊接过程类似于穿孔等离子弧焊,所不同的是 K-TIG 焊使用大电流(通常焊接电流≥600 A)增强电弧内部压力以提高其熔透能力,从而形成稳定的小孔进行焊接。由于是"小孔"焊接技术,K-TIG 焊可实现单面焊双面成形,且效率非常高。以 12 mm 的 AISI 304 不锈钢板为例,K-TIG 焊可以实现焊速为 300 mm/min 的不开坡口一次性焊透,若厚度为 1.5 mm,焊接速度可达 1 000 mm/min。但是当前针对 K-TIG 的研究和应用大多采用的是不锈钢、钛合金及锆合金等低热导率的材料,在进行碳钢及合金钢等高热导率材料的焊接时,难以保持小孔的稳定性,应用受到限制。

(4) 脉冲 TIG 焊。单纯采用大电流增强电弧穿透力会增加焊接接头的热输入,降低材料性能,且 K-TIG 焊、热丝 TIG 焊焊枪体积较大,对深而窄的坡口适应性较差。相比而言,高频脉冲焊接电流既可以引发电弧收缩、增强电弧穿透能力,又可以调节焊接热输入量,对熔池进行电磁搅拌,加快气体逸出、细化晶粒,且脉冲电流焊接工艺简单,不需要复杂的焊枪结构设计,对窄坡口适应性更强,效率和质量更优。天津大学的方月潇等人采用 38.6 kHz 高频电流对厚 5.5 mm 的 Q345 钢成功进行了全熔透小孔焊接,在保持 K-TIG 焊同样焊速的情况下,形成稳定小孔的阈值电流由 430 A 降低至 340 A,且焊接电流参数窗口扩大了 1 倍。兰州理工大学的石玗等人采用低频率、大占空比的脉冲 TIG 焊实现了无衬垫 5 mm 大钝边 16 MnR 钢的单面焊双面成形。北京航空航天大学的王义朋等人采用超音频双脉冲变极性 TIG 焊对 7 mm 厚的 AA2219 铝合金进行了焊接,同样获得了稳定的小孔焊接工艺。未来随着研究的进一步深入以及工业水平的不断提高,脉冲 TIG 焊焊接技术必将在更多领域发挥重要的作用。

(5) STT 焊。与 TIG 焊相比,熔化极气体保护焊(MIG/MAG 焊)在焊接效率方面具有独特优势,但传统的 MIG/MAG 焊由于焊接参数难以精确控制,焊道搭桥能力弱,焊缝成形质量不稳定,难以用于打底焊接。针对该问题,林肯电气公司发明了 STT 焊技术。与传统 MIG/MAG 焊相比,STT 焊技术利用电流波形控制短路过程,在短路初期和末期降低电流,减小熔滴缩颈处电磁爆破造成的飞溅;而在短路中期和燃弧初期施加大电流,分别用来促进缩颈形成和实现快速引弧。通过以上过程控制,STT 焊技术具备了较小的焊接飞溅、较强的搭桥能力,同时保持了较高的焊接效率。据统计,STT 焊的焊接效率是 TIG 焊的 3~5 倍,手工电弧焊的 1.5~2 倍;综合成本为 TIG 焊的 1/3;焊接层间清理及焊后表面清理费用为 SMAW 的 1/10。正是基于以上优点,STT 技术在我国西气东输管线的打底焊接中得到了大量应用。

2. 高效填充、盖面焊接技术

填充、盖面焊接一般采用熔化极气体保护焊(即 MIG/MAG 焊),其效率的提升需要从提高焊接速度和熔敷率两方面入手,最终都归结于焊接电流的大幅提高。然而当电流超过第二临界电流时,熔滴过渡方式会转变为旋转射流过渡,此时电弧不稳、飞溅严重、焊缝金属成形差,反而不利于焊接。因此,保持大电流下熔滴过渡的稳定将大大提高填充、盖面焊接的效率。

(1) T. I. M. E. 焊。T. I. M. E. (Transferred Ionized Molten Energy)焊焊接技术是由加拿大焊接过程(Canada Weld Process)公司的约翰·丘奇(J. Church)于 1980 年研发的,1990 年 6 月在维也纳焊接商贸博览会上被引入欧洲。该工艺采用大干伸长和特殊的四元保护气体(O_2、CO_2、He、Ar 的体积分数分别为 0.5%、8%、26.5%、65%),通过增大送丝速度来提高熔敷效率。相同焊丝直径下,T. I. M. E. 焊的熔敷率可达到传统 MAG 焊的 3 倍。由于 T. I. M. E. 焊接工艺过程稳定、熔敷效率高,一进入市场便被广泛应用于造船、钢结构工程、汽车制造、机械工程以及军工产品中。

(2) 磁控高效 MIG/MAG 焊。我国氦气资源储量较少,使用 T. I. M. E. 焊焊接技术成本较高,故较多的研究是针对无氦气作用时如何提高焊接过程的稳定性,其中具有代表性的研究是通过外加磁场对熔滴过渡过程进行控制,确保大电流 MAG 焊焊接过程的稳定性。北京工业大学的陈树君等人对焊接电弧施加了励磁电流为 45 A 的纵向磁场,使用 φ1.2 mm 焊丝,在送丝速度为 45 m/min、焊丝干伸长为 35 mm 的条件下实现了对熔滴过渡较为稳定的控制。兰州理工大学的樊丁等人研究了交变磁场对熔滴过渡行为的影响,实现了 60 Hz 交变磁场下(焊接电流为 450 A、电弧电压为 50 V、送丝速度为 35 m/min、焊丝伸出长度为 30 mm、焊接速度为 0.78 m/min)稳定的熔滴过渡,改善了焊缝成形。随着有关磁场方向、大小及频率对电弧和熔滴过渡作用机理研究的不断深入,磁控技术在提高 MIG/MAG 焊焊接效率方面有着非常广阔的应用前景。

（3）forceArc® 焊接技术。德国 EWM 公司研发的 forceArc® 技术在大电流范围内工作,其焊接电弧的动态弧压调节能力比射流过渡电弧更强,可以保持超短弧下的射流过渡,又被称为超威弧。超威弧技术最大的特点就在于电弧方向性强,对小尺寸坡口有很强的适应性,同时超威弧属于射流过渡,可以获得较高的熔敷效率和较大的熔深,因此在中厚板焊接特别是中厚板角接接头的焊接中具有独特的优势。

（4）双丝气体保护焊。双丝气体保护焊采用两根焊丝同时进行焊接,因其熔敷效率高、焊接速度快,广泛应用于船舶、铁路、石油管道及压力容器等领域。目前工业领域应用较多的双丝焊焊接工艺有 Twin Arc 焊和 Tandem 焊两种。Twin Arc 焊的特点是两根焊丝采用两套送丝机构、一套电源系统、一个导电嘴和气体喷嘴,形成双电弧共熔池焊接。该方法无法实现两根焊丝焊接参数的独立调节,焊接过程中由于电磁力的作用易造成电弧不稳。Tandem 焊在 Twin Arc 焊的基础上采用双电源、双导电嘴,实现了焊丝参数的独立调节,达到了最佳的控制效果。然而,采用 Tandem 焊焊接时必须沿行进方向使主弧在前、从弧在后,否则会产生双道焊缝,对于形状复杂、短焊缝较多的工件,需要增加机器人或变位机的旋转次数,不仅增加了编程工作量,还会影响焊接效率。林肯电气公司的 HyperFillTM 协同双丝焊类似于 Twin Arc 焊,其采用单电源、双送丝系统,不同的是 HyperFillTM 在焊接过程中,两根焊丝共用一个电弧,产生单个熔滴过渡到熔池,从而避免了 Twin Arc 焊焊接电弧相互干扰、飞溅大以及 Tandem 焊焊接灵活性受限的问题。

（5）金属粉芯焊丝＋HDT 焊接工艺。林肯电气公司提出的金属粉芯焊丝＋HDT 焊接工艺采用特制的金属粉芯焊丝,该焊丝具有较高的第二临界电流,配合 HDT 焊接波形控制,大电流下依然能保持稳定的轴向射流过渡,在单丝焊接时可以保持甚至超过双丝焊的熔敷效率。但该方法对于焊丝的制备要求较高,会增加焊接材料消耗的成本。

3. 深熔焊接技术

传统的高能束焊接具有能量密度集中、电弧挺度好、焊缝熔深大的特点,但在用于中厚板焊接时还存在许多问题。如等离子弧焊枪头体积大,在坡口焊道中施焊可达性较差;电子束焊需要在真空室内进行焊接,且工件焊前要进行消磁处理,应用场合受到限制;激光深熔焊对焊前坡口准备和工件装配精度的要求很高,增加了生产成本,难以普及应用。因此,人们将高能束热源与传统的焊接电弧进行组合形成了高能束复合焊接工艺。这种工艺不仅可以实现热源之间的优势互补,增加熔深的同时改善焊接质量,而且适用的材料范围广,可用于钢铁、铝合金等多种材料的焊接,近年来在各领域得到了广泛的研究和应用。

（1）等离子- MIG/MAG 焊接。1972 年荷兰飞利浦(Philips)公司提出了等离子- MIG复合焊,后来发展出同轴式和旁轴式等离子- MIG 复合焊。同轴式等离子- MIG 复合焊将焊丝穿过铜制等离子弧喷嘴,焊接时 MIG 电弧包裹在喷嘴与工件之间产生的等离子弧中,焊接过程稳定、无飞溅,焊丝熔敷效率大幅提高。旁轴式等离子- MIG/MAG 复合焊也称为

Super-MIG/MAG 焊,由以色列激光技术(Plasma Laser Technologies, PLT)公司提出。该工艺在焊接时以等离子弧为直流正接,在前方引导电弧,同时工件表面形成匙孔,MIG/MAG 电弧为直流反接,在后方与等离子弧一同熔化焊丝并使之填充匙孔,形成大熔深、高质量的焊缝。与此同时,PLT 公司还实现了 Super-MIG/MAG 焊枪的小型化,使焊接过程更加灵活,大大推动了该工艺的商用进程。乌克兰巴顿焊接研究所对 1～10 mm 厚钢-铝异种材料的等离子复合高效焊接工艺进行了研究,用于不同种类电子仪器及电力运输工具的制造。美国康明斯公司排气管自动焊车间使用了 Super-MIG 焊,生产效率得到提高,机器人使用数量大幅减少。巴布科克能源(Babcock Power)公司在管子对接焊中采用该技术替代了原有的 TIG 焊,在保证焊接质量的同时,焊接效率提高了 10 倍。

(2) 激光- MIG/MAG 焊接。激光- MIG/MAG 复合焊通过采用激光可提高 MIG/MAG 电弧的熔透能力,同时 MIG/MAG 电弧的作用又可以提高激光焊接的坡口适应性,消除单激光焊接存在的缺陷。激光- MIG/MAG 复合焊具有更高的焊接速度、更大的熔透深度、更低的热输入以及更高的抗拉强度,在汽车、造船、航天、油气管道以及高速列车等领域都已进入工程化应用。激光- MIG/MAG 复合焊在国内的研究起步较晚,但近年来也逐渐成为各领域研究和应用的热门技术之一。西南交通大学的王伟等人对 3 mm 厚的 6N01S - T5 铝合金进行了激光- MIG 复合全熔透焊接试验,实现了 4.8 m/min 高焊速下良好的焊缝成形。中车长春轨道客车股份有限公司李凯等人采用激光- MAG 复合焊工艺,实现了高速列车转向架 12 mm 厚 S355J2W 钢无坡口 T 形接头的单面焊双面成形。徐工集团将激光- MAG 复合焊引入起重机伸臂的焊接中,提高产品质量的同时,焊接效率提升了 1 倍。上海外高桥造船有限公司已建成的邮轮薄板分段建造流水线引入了激光- MAG 复合焊接工艺,可实现 4～25 mm 钢板拼焊单面单道焊双面成形,有效控制钢板拼焊变形和分段精度,提升作业效率。随着对工艺参数的不断优化及对其作用机理的进一步深入研究,激光- MIG/MAG 复合焊在未来的工业生产中必将得到更加广泛的应用。

机器人技术的蓬勃发展,使其越来越自动化、智能化,并促使其融入生产制造中的每个环节,如搬运、焊接、装配、包装和喷漆等。根据国际机器人联合会(International Federation of Robotics, IFR)发布的数据,2019 年焊接与钎焊方面的工业机器人消费量为 7.5 万台,占工业机器人全球总销量的 20%,焊接依然是工业机器人最主要的应用领域。传统制造类企业由于缺乏高端智能装备的支持,更多还是采用普通装备依靠工人的劳动密集型加工,造成产品生产组织难度大、制造过程柔性差、生产成本和能耗与欧美国家有较大差距等问题。随着德国"工业 4.0"与"中国制造 2025"对未来智慧工厂发展趋势的一致预判,市场对满足高精度、高品质、多品种和小批量柔性生产的智能化机器人焊接系统的需求呈现跨越式增长态势。

自动化焊接和智能化焊接是实现高效焊接制造的重要手段。通过在焊接过程中引入信息流,通过多源传感器获取焊接过程数据,实现对焊接动态过程的多模态信息感知、知识判断与智能化控制等行为功能。同时,智能焊接强调信息与人之间的转换与融合,从而实现智能焊接加工系统与系统人员无缝的人机交互。在智能焊接机器人柔性加工单元和焊接多智能体的协调控制系统的基础上,建造智能化焊接单元,形成规模完整的智能化焊接柔性制造生产车间,并将其应用于实际的自动化与智能化焊接应用工程,这是"智能化焊接技术"所追求的终极目标。

3.2.4　案例:铝/钢复合钎剂冷金属过渡熔-钎焊工艺研究

目前国内的航空航天、远洋船舶、新能源汽车以及智能家居等领域不仅需努力实现轻量化的目标,而且要保证结构刚度,以降低能源的消耗。铝/钢复合结构件具有质量轻、耐腐蚀、成本低、强度高等优点,在生产制造环节中得到广泛应用。近些年来,国内外焊接研究学者巧妙地把熔焊和钎焊两者结合并运用到铝/钢异种连接中实现了铝/钢熔-钎焊接,通过对铝/钢焊接热源工艺参数、焊接丝材、界面冶金调控等方面的深入研究,推动了铝/钢熔-钎焊这一热门工艺在生产制造的实际应用。在使用焊接热源进行熔-钎焊焊接过程中,要精准控制焊接线能量的输出。传统焊接热源分为三类:MIG/TIG 焊、激光焊以及真空电子束焊。其中以 MIG/TIG 焊为代表的电弧焊,实际生产操作简单,对环境工况适应性强,焊接接头强度高,生产效率高。与传统的焊接方式不同,铝/钢熔-钎焊接头在焊接热源加热过程中,工艺参数电流和电压小,导致热输入较低,熔化的填充金属和铝母材结合为熔焊接头,而钢侧的峰值温度场分布远远达不到熔点温度,液态填充钎料和固态钢通过界面润湿反应结合在一起形成钎焊界面。研究发现,裸钢表面的氧化物、界面反应生成的粗大金属间化合物以及动态电弧加热和急速冷却的作用等因素,都会导致填充熔融铝基钎料在钢侧的铺展润湿性变差。有学者在裸钢上通过热浸或者电泳方式镀金属中间层,如 Zn、Ni 层,又或者通过搅拌摩擦焊在钢侧预置 Al 层或磁场辅助来促进润湿。但是实际焊接中辅助方式较为复杂烦琐,成本高。因此,铝/钢异种连接成为较大的攻克难题。

基于上述问题,哈尔滨工业大学孙清洁教授团队将涂覆金属颗粒复合钎剂作为中间层,采用 6061 - T6 铝合金与 AISI 304 不锈钢进行冷金属过渡(CMT)熔-钎焊,接头为铝上钢下的搭接方式;选用 AlSi$_5$ 作为填充焊丝,研究焊丝位置、焊接速度和送丝速度等焊接工艺参数对接头宏观形貌和性能的影响,获得了最佳的工艺参数。

1. 试验材料与方法

本案例中采用的铝/钢搭接试验材料为:上板为 6061 - T6 铝合金、下板为 AISI304 不锈钢基板。304 不锈钢,又称 0Cr18Ni9 钢,其工业通用性极好,由于钢中含有大量的 Cr 元素,具有抗腐蚀、成本低、机械强度高等优点,广泛地应用于航空工业、生物医疗、食品刀具等领域。其主要化学成分如表 3-1 所示。

表 3-1　304 不锈钢化学成分　　　　　　　　　　　　　单位:%

材料	Cr	Ni	Mn	Si	V	C	S
AISI 304	18~20	8.0~11	2.0	1.0	0.15	0.08	0.03

6061 - T6 铝合金属于 Al-Mg-Si 三元系合金。经固溶热处理后,添加 Mg、Si 等元素,在保证耐蚀性优良的条件下,兼具中等强度的机械性能,可焊性也较好,广泛应用于航天、通信等领域。其主要化学成分如表 3-2 所示。

表 3-2　6061-T6 铝合金化学成分　　　　　　　单位：%

材料	Mg	Fe	Si	Cu	Zn	Ti	Mn
6061-T6	0.8~1.2	0.7	0.4~0.8	0.3	0.25	0.15	0.15

本案例所使用的焊接设备由奥地利的福尼斯公司生产的型号为 RCU 5000i CMT Advanced 的焊接电源和瑞士 ABB 公司生产的型号为 ABB IRB 1600ID 的六轴焊接机器人两部分组成。使用的焊接技术为 CMT 焊接技术，它是目前针对异种薄板较为成熟的焊接方法。试验前，将 6061-T6 铝合金与 AISI304 不锈钢切割为 100 mm×100 mm 的尺寸规格，使用角磨机去除铝合金两侧的致密氧化膜、边缘的毛刺、不锈钢上表面的氧化膜，并用细钢丝刷、粗砂纸仔细处理油污、残渣等杂物，拿棉花球蘸取少量无水乙醇擦拭干净表面。将细毛刷在清水中清洗干净、烘干，接着蘸取铜镍复合钎剂的悬浊溶液轻轻均匀涂刷在不锈钢表面以及 10 mm 搭接位置，涂敷量为 0.016~0.020 g/cm²，涂层厚度为 0.3~0.5 mm，涂敷效果如图 3-20 所示。试验过程中，将试验铝钢工件利用钢夹具和螺栓固定在铜垫板上，然后进行铝/钢复合钎剂涂层 CMT 粉末冶金熔-钎焊接试验。由于本案例为搭接试验，因此需要将 100 mm×100 mm×2 mm 铝合金垫板放在工件下方，起到支撑和散热的作用。通过前期的工艺试验主要完成选择合适的焊接热输入、搭接长度、焊丝位置、搭接间隙等工艺参数的工作，以获得光滑连续、美观均匀的铝/钢搭接焊缝。

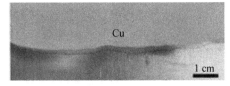
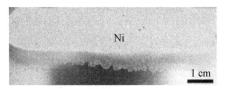

扫码看彩图

图 3-20　涂覆复合钎剂的实物图

铝钢搭接试样焊接完成后，拆除钢夹具，将试样进行切样加工，利用线切割机器把工件分割成尺寸规格为 20 mm×10 mm 的金相试样，打磨抛光并用无水乙醇清洗。利用 DSX 510 金相显微镜（该设备由日本奥林巴斯公司研制）对金相试样的焊缝、热影响区等区域的微观组织进行观察。使用高速摄像系统以及软件 Image J 采集 CMT 焊接中熔滴过渡循环下的润湿角。拉伸试验采用型号为 INSTRON 的 30 kN 万能材料试验机（如图 3-21 所示），拉伸模式选为异种焊接引力拉伸模式，拉伸速率为 1 mm/min。下面根据拉伸试验结果分析材料的力学性能。

图 3-21　30 kN 万能材料试验机

2. 结果与分析

本案例将焊接电流、焊接速度、焊丝位置三个因素作为对象，根据焊接过程稳定性（电弧稳定性、熔滴过渡及铺展润湿性）及接头强度等指标评价焊缝等级。每个因素对应三个位级，各因素位级列于表 3-3 中。

表 3-3 因素位级表

因素	焊接电流/A	焊接速度/(mm/s)	焊丝位置/mm
位级 1	70	4	0
位级 2	80	5	0.3
位级 3	90	6	0.5

根据因素位级表设计正交试验,工艺参数如表 3-4 所示。

表 3-4 正交试验的工艺参数

序号	因素		
	焊接电流/A	焊接速度/(mm/s)	焊丝位置/mm
♯ 1	70	4	0.5
♯ 2	80	4	0
♯ 3	90	4	0.3
♯ 4	70	5	0.3
♯ 5	80	5	0.5
♯ 6	90	5	0
♯ 7	70	6	0
♯ 8	80	6	0.3
♯ 9	90	6	0.5

首先,对九组试验数据进行分析,得到了三组接头性能良好的接头,如图 3-22 所示。然后,分别从因素的角度分析位级不同的条件下产生差异结果的原因。

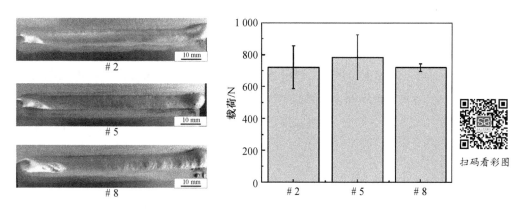

图 3-22 接头的宏观成形及拉剪力强度

对于同种材料的薄板搭接或对接试验,一般焊丝放置在两侧板材的中间位置处或者紧挨搭接焊缝的位置。但是对于铝/钢 CMT 熔-钎焊而言,由于铝/钢的热膨胀系数、导热率等物理性质相差较大,如果将焊丝放置在中间位置,会使得电弧偏向铝侧,导致铝侧部分出现咬边或者焊链余高较高等缺陷,影响焊缝的均匀美观。熔-钎焊搭接试验结果表明,将填充焊丝放置在搭接焊缝靠近铝合金处有利于防止焊缝向内凹陷,改善宏观成形及性能。

当焊丝指向铝板的上侧或者左侧时,电弧会一定程度上改变该熔池区域周边的温度场,进而影响液态熔滴在钢侧的润湿铺展的动态行为。焊丝三种不同位置分别为:位置1:焊丝与铝板边缘的左侧距离为0 mm;位置2:焊丝与铝板边缘的左侧距离为0.3 mm;位置3:焊丝与铝板边缘的左侧距离为0.5 mm。

当焊丝指向与铝板的边缘左侧距离为0 mm处(位置1)时,由于铝比钢的最小逸出功小,而电子会选择逸出功较小的位置进行发射,因此电弧会发生断续跳弧现象,导致焊接过程不稳定,焊缝会形成不连续的向内凹陷,填充金属与钢侧接触面积大大减小,一定程度上降低了性能。当焊丝指向与铝板的边缘左侧距离为0.5 mm时(位置3),电弧持续均匀行进过程中,铝侧金属熔化均匀,充分与填充金属结合,钢侧由于电弧的持续加热,温度场较为稳定,熔融金属在钎剂除膜的作用下,均匀稳定地在钢侧铺展,焊缝光亮美观、充盈饱满。

当其他焊接工艺参数不变时,仅适当调整送丝速度,得到的搭接接头宏观形貌如图3-22左图所示。预置焊接速度为6 mm/s,钢夹具用螺栓固定压紧在焊接平台上,铝板下方放置同规格尺寸的垫板,铝/钢上下表面紧密结合,不存在预置间隙。调整焊枪角度垂直于平台,即为90°,由于送丝速度与焊接电流呈线性关系,调整送丝速度分别为4.5 m/min、4.8 m/min、5.0 m/min,对应电流分别为70 A、80 A、90 A。三块试验工件的焊接参数虽然不同,但是表面成形都较为良好,焊缝不存在驼峰,平直连续,且焊趾至焊根处的熔宽较大、充盈饱满,在焊缝中间位置处还可以观察到鱼鳞纹花样,焊接过程极其稳定,无熔融金属颗粒飞溅。

在一定范围内提高送丝速度,如图3-23所示,熔宽也在不断增大。这是由于送丝速度为4.5 m/min时,焊接时间相同,熔融金属液滴的温度有限,所带来的电弧能量也较小,而当焊接电弧线能量较小时,高温熔滴对不锈钢板材的起始段预热效果明显降低,钎料因板材温度的影响,三相线处铝液凝固时间缩短,焊缝熔宽也因此受到一定的限制。另外,焊丝送给量在同样时间条件下的降低,也会导致焊缝熔宽尺寸的下降。对图3-22中接头形貌进行比较时,预置复合钎剂涂层的钢板背面可以观察到高温的电弧铝液熔池在对应的涂覆钎剂的正面留下的合金元素烧损、氧化的明显痕迹,这是因为电弧铝液熔池温度较高,甚至大于1 000 ℃,不锈钢中的Zn、Mg等熔点低的合金元素将会蒸发溢出,留下痕迹。

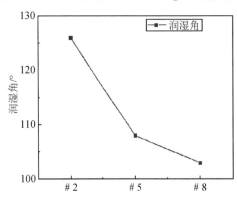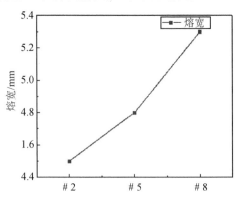

图3-23 良好接头的润湿角及熔宽

当送丝速度为 4.5 m/min 时,钢板背面蒸发烧损的颜色较淡,而宽度略窄于送丝速度为 4.8 m/min 时的痕迹,这是因为当焊丝单位时间的送给速度较小时,CMT 电源系统为送丝速度、电流、电压为一元化调节系统,焊接时电弧能量也较小,相同时间内,熔融金属熔池向板材传递的热量较少,钢板背面受到温度场的影响较小;当送丝速增大到 4.8 m/min 以及 5.0 m/min 时,镀锌钢板背面的 Zn、Mg 合金元素的蒸发量上升,熔宽也随之增大。

当控制其他焊接工艺参数不变,只调节焊接速度时,焊缝的成形相差较大。对图 3-22 中接头形貌进行比较观察可知,对应的焊接速度参数下焊缝的正面熔宽和余高以及不锈钢背面的元素烧损蒸发痕迹也有较为明显的差异。当焊接速度为 4 mm/s 时,熔宽尺寸较大,由于焊枪行走的速度慢,熔融金属较多,快速凝固后,造成焊缝余高较高,焊趾处不均匀,高温电弧熔池带来的热量充足而稳定,钢板背面的元素蒸发明显;当焊接速度为 6 mm/s 时,焊缝熔宽较窄,中间位置处较为均匀,前端和后端位置出现断续小点状隆起,说明焊枪处于中间位置时,电弧趋于稳定,熔化热量充足,良好的焊缝成形不仅需要电弧的提前预热,还需要焊后熔池冷却时的保温。

3.3　先进塑性成形技术

3.3.1　基本概念

金属塑性成形是通过材料塑性变形实现所要求的形状、尺寸和性能。锻造、冲压、轧制、挤压等是比较常见的毛坯制备工艺方法。伴随着商品市场的竞争,要求提供的工件坯料精度越来越高。这种竞争强有力地推动了精密模锻、超塑性成形、旋压成形、粉末锻造、充液拉深、聚氨酯成形等新工艺的产生和发展。

3.3.2　材料先进塑性成形工艺方法

1. 精密模锻

精密模锻是利用模锻设备锻造出锻件形状复杂、精度高的模锻工艺,比普通锻件高 1~2 个精度等级。如图 3-24 所示的锥齿轮,精密模锻成形后无须进行切削加工,仅需进行表面磨削后便可使用,节能高效,减少了工艺环节,大大降低了生产成本。

2. 超塑性成形

超塑性现象是在一定内部条件(晶粒形状、相变)和外部条件(温度、应变速率)下,金属材料呈现出异常低的流变抗力、异常高的延伸率的现象。每种金属都存在一定的超塑性,目前已知锌、铝、铜等合金超塑性达 1 000%,有

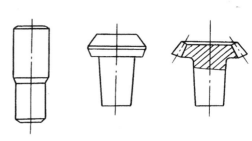

（a）模锻坯料　　（b）普通模锻　　（c）精密模锻

图 3-24　锥齿轮的精密模锻工艺

的其至达 2 000%。金属的超塑性主要包括两种,一是细晶超塑性,也称为恒温超塑性。这种超塑性的内在条件是具有均匀、稳定的等轴细晶组织($<$10 μm),外在条件是需要特定温度和变形速率($10^{-4}\sim10^{-5}$ min^{-1})。二是相变超塑性,也称为环境超塑性,是指在材料相变点温度循环变化,同时对试样加载,得到微小变形后经多次循环累计得到所需的大变形。

超塑性成形有超塑性等温模锻、超塑性挤压、超塑性气压成形和模锻成形等工艺。超塑性成形具有以下特点:

(1) 扩大了可锻金属材料的种类。过去只能采用铸造成形的镍基合金,也可以进行超塑性模锻成形。

(2) 金属填充模腔的性能好,可锻出尺寸精度高、机械加工余量小甚至不用加工的零件。

(3) 能获得均匀细小的晶粒组织,零件力学性能均匀一致。

(4) 金属的变形抗力小,可充分发挥中小设备的作用。

基于上述特点,超塑性成形工艺得到越来越广泛的工业应用。例如形状复杂的飞机钛合金构件,原本由几十个零件组成,采用超塑性成形后可由一个零件进行整体成形实现,从而大大减轻了飞机的质量,提高了结构强度,节省了工时。

3. 旋压成形

旋压成形是利用旋压机使坯料和模具以一定的速度共同旋转,并在旋轮的作用下使坯料在与旋轮接触的部位产生局部变形获得空心回转体零件的加工方法(如图 3-25 所示)。旋压根据板厚变化情况分为普通旋压和变薄旋压两大类。对于普通旋压,在旋压过程中,板厚基本保持不变,成形主要依靠坯料圆周方向与半径方向上的变形来实现,旋压过程中坯料外径有明显变化是其主要特征。对于变薄旋压,旋压成形主要依靠板厚的减薄来实现,旋压过程中坯料直径基本不变,壁厚减薄是变薄旋压的主要特征。

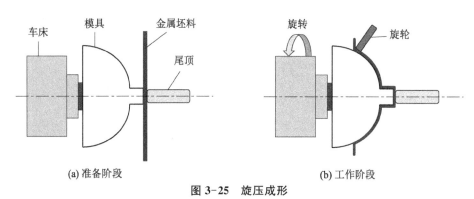

(a) 准备阶段　　　　　　　　　(b) 工作阶段

图 3-25　旋压成形

旋压成形主要有以下特点:

(1) 旋压是局部连续塑性变形,变形区很小,所需成形工艺力仅为整体冲压成形力的几十分之一,甚至百分之一,是既省力效果又明显的压力加工方法。因此旋压设备与相应的冲压设备相比要小得多,设备投资也较低。

(2) 旋压工装简单,工具费用低(例如和拉深工艺比较,变薄旋压制造薄壁筒的工具费仅为其 1/10 左右),而且旋压设备(尤其是现代自动旋压机)的调整、控制简便灵活,具有很大的柔性,非常适用于多品种少量生产。根据零件形状,有时它也能用于大批量生产。

(3) 有一些形状复杂的零件和大型封头类零件(如图 3-26 所示)用冲压法很难甚至无法成形,但却适合用旋压加工。例如头部很尖的火箭弹锥形药罩、薄壁收口容器、带内螺旋线的猎枪管以及内表面有分散的点状突起的反射灯碗、大型锅炉及容器的封头等。

(4) 旋压件尺寸精度高,甚至可与切削相媲美。例如,直径为 610 mm 的旋压件,其直径公差可达 ±0.025 mm;直径为 6 m～8 m 的特大型旋压件,直径公差可达 ±(1.270～1.542) mm。

(5) 旋压零件表面精度容易保证。此外,经旋压成形的零件,抗疲劳强度好,屈服强度、抗拉强度、硬度都大幅度提高。

旋压成形由于具有上述特点,应用也越加广泛。旋压工艺已成为回转壳体,尤其是薄壁回转体零件(如图 3-27 所示)加工的首选工艺。

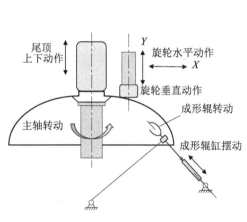

图 3-26 大型封头旋压

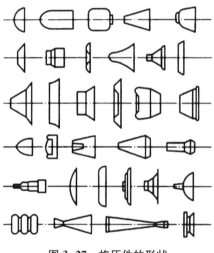

图 3-27 旋压件的形状

4. 粉末锻造

粉末锻造通常是指将粉末烧结的预成形坯加热后,在闭式锻模中锻造成零件的成形工艺方法。它是将传统的粉末冶金和精密锻造结合起来的一种新工艺,并兼有两者的优点。可以制取密度接近材料理论密度的粉末锻件,克服了普通粉末冶金零件密度低的缺点,使粉末锻件的某些物理和力学性能达到甚至超过普通锻件的水平。同时,又保持了普通粉末冶金少切屑、无切屑工艺的优点。通过合理设计预成形坯并施行闭式模锻工艺(又称无飞边锻造),可实现高精度、高材料利用率、低能耗等目标。

粉末锻造的目的是把粉末预成形坯锻造成致密零件。目前,常用的粉末锻造方法有粉末锻造、烧结锻造、锻造烧结和粉末冷锻几种,其基本工艺过程如图 3-28 所示。粉末锻造在许多领域得到了

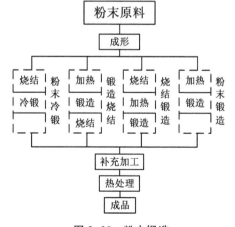

图 3-28 粉末锻造

应用,特别是在汽车制造业中的应用更为突出。

5. 充液拉深

充液拉深是利用液体代替刚性凹模的作用所进行的拉深成形方法,如图3-29所示。拉深成形时,高压液体将坯料紧紧压在凸模的侧表面上,增大了拉深件侧壁(传力区)与凸模表面的摩擦力,从而减轻了侧壁的拉应力,使其承载能力得到了很大程度的提高。另一方面,高压液体进入凹模与坯料之间会大大降低坯料与凹模之间的摩擦阻力,减少

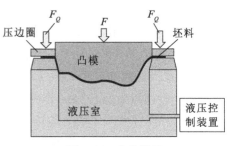

图 3-29 充液拉深

了拉深过程中侧壁的载荷。因此,极限拉深系数比普通拉深时小很多,时常可达 0.4~0.45。

与传统拉深相比,充液拉深具有以下特点:

(1)充液拉深时由于液压的作用,板料和凸模紧紧贴合,产生摩擦保持效果,缓和了板料在凸模圆角处的径向应力,提高了传力区的承载能力。

(2)在凹模圆角处和凹模压料面上,板料不直接与凹模接触,而是与液体接触,大大降低摩擦阻力,也就降低了传力区的载荷。

(3)能大幅度提高拉深件的成形极限,减少拉深次数。

(4)能减少零件擦伤,提高零件精度。

(5)设备相对复杂,生产率较低。

充液拉深主要应用于质量要求较高的深筒形件,锥形、抛物线形等复杂曲面零件,盒形件以及带法兰件的成形,近年来在汽车覆盖件的成形中也有应用。

6. 聚氨酯成形

聚氨酯成形是利用聚氨酯在受压时表现出的高黏性流体性质,将其作为凸模或凹模的板料成形方法。聚氨酯具有硬度高,弹性大,抗拉强度与负荷能力大,抗疲劳性好,耐油性和抗老化性高,寿命长以及容易机械加工等特点,因此能够取代天然橡胶,被广泛应用于板料冲压生产。

目前常用的聚氨酯成形工艺有:聚氨酯冲裁、聚氨酯弯曲、聚氨酯拉深、聚氨酯胀形等。

3.3.3 案例:基于激光冲击强化技术的叶片强化和壁板成形

1. 背景及意义

航空发动机为飞机的心脏,叶片为航空发动机的关重件。叶片低疲劳寿命严重制约飞机的飞行时间,因此,如何有效地解决发动机叶片低疲劳寿命问题,为航空工业重大任务。航空发动机部件尤其是发动机叶片在转子高速旋转带动及强气流的冲刷下,承受着拉伸、弯曲和振动等多种载荷,工作条件极其恶劣。特别是位于进气端的压气机叶片或风扇叶片,被强气流吸入的异物(如沙石)撞击后,叶片前缘易产生异物损伤(Foreign Object Damage, FOD),如图3-30所示。FOD引起的应力集中或破坏源直接导致叶片发生快速

断裂,急剧降低叶片疲劳寿命。断裂碎片甚至会对发动机后续流道产生二次损伤,严重影响了发动机的寿命和可靠性。为解决叶片 FOD 带来的安全问题,欧美国家每年花费数百万美元甚至几十亿欧元,我国为解决该安全问题也花费了大量的人力、物力和财力。

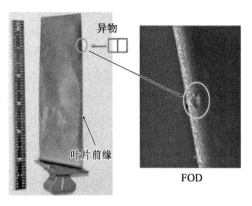

图 3-30　叶片前缘 FOD

飞机起飞和降落过程中,高速气流扰动等激起叶片高频振动,在高频振动载荷和离心力的耦合作用下,叶片一弯节线区域产生高周振动疲劳裂纹,如图 3-31 所示,快速降低叶片的疲劳寿命,严重影响了发动机的安全性和可靠性。

图 3-31　一弯节线区域高周振动疲劳裂纹

激光冲击强化(Laser Shock Peening,LSP)技术是利用激光冲击波的力学效应对金属材料进行表层改性处理的新技术,因其具有强化工艺参数可调、零部件表层力学性能和弯曲变形量精确可控等优势,满足航空、航天和武器等领域对零部件的使用性能要求,可实现现有零部件的再制造。因此,亟须系统研究激光冲击强化叶片前缘抗 FOD 疲劳延寿机理和叶片抗高周振动疲劳延寿机理,实现高质量高效率的激光冲击强化叶片疲劳延寿工业应用,具有重要的工程应用价值,也为发动机安全性和可靠性提供保障。东南大学机械工程学院的倪中华教授团队针对这一问题开展了系列研究工作。

2. 激光冲击强化压气机叶片疲劳性能

随着激光冲击强化工艺技术的完善和成熟,国内外相关单位已实现激光冲击强化叶片疲劳延寿工业应用。例如:美国 MIC 公司和 LSPT 公司采用激光冲击强化技术实现叶片疲劳延寿处理。国内中国人民解放军空军工程大学实现钛合金叶片激光冲击强化处理。中国航空制造技术研究院采用方形光斑和吸波层技术对叶片进行激光冲击强化,有效地改善了叶片的疲劳寿命,并对整体叶盘进行了激光冲击强化处理,改善了整体叶盘的疲劳寿命。然而,为更好地实现激光冲击强化压气机叶片疲劳延寿的工业应用,首先需进行激光冲击强化压气机叶片的疲劳强化效果评估,获得激光冲击强化压气机叶片的疲劳延寿核心工艺及疲劳延寿机理。

　　激光冲击强化前后 TC17 合金压气机叶片的高周振动疲劳寿命如图 3-32 所示。由图 3-32 可知,与基体材料相比,激光冲击强化 TC17 合金压气机叶片的高周振动疲劳寿命得到明显改善。三个基体叶片的高周振动疲劳寿命为 $(1.7 \sim 3.9) \times 10^5$ 次循环,其他两个基体叶片的高周振动疲劳寿命分别为 1.1×10^7 次循环和 2.76×10^6 次循环。然而,五个激光冲击强化叶片的高周振动疲劳寿命超过 2×10^7 次循环,其他两个激光冲击强化叶片的高周振动疲劳寿命分别为 1.2×10^7 次循环和 1.26×10^7 次循环。

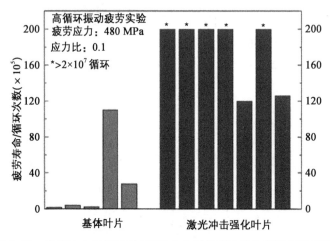

图 3-32　激光冲击强化前后 TC17 合金压气机叶片的高周振动疲劳寿命

　　激光冲击强化改善 TC17 合金压气机叶片的高周振动疲劳寿命的原因为:(1)激光冲击强化诱导叶片表层产生高幅和深残余压应力,从而抵消部分工作拉应力,增加疲劳微裂纹的闭合力,降低疲劳裂纹扩展因子,改善叶片的疲劳强度。(2)激光冲击强化诱导叶片表面纳米晶抑制疲劳滑移条带的产生,阻止疲劳裂纹萌生。再者,激光冲击强化诱导的表层高位错密度和变形孪晶,使叶片塑性变形流动变得困难,抑制了疲劳裂纹的扩展。总之,激光冲击强化能够有效地改善 TC17 压气机叶片的高周振动疲劳寿命。

　　对激光冲击强化前后的 TC17 合金标准振动疲劳试样进行高周振动疲劳试验,并分析激光冲击强化 TC17 标准振动疲劳试样的疲劳断口形貌,如图 3-33 所示。由图 3-33(a)可知,疲劳裂纹萌生位置离激光冲击强化表面有一定距离,并且形成放射状疲劳断口形貌,原因为激光冲击强化诱导 TC17 合金表层残余压应力和纳米晶的强化效应。再者,在疲劳裂纹扩展路径上观察到二次裂纹,如图 3-33(b)所示。疲劳断口出现大量二次裂纹归因于残余压应力、位错和纳米晶的阻碍效应。此外,二次裂纹与更低屈服强度和更高断裂韧性有关,因此,二次裂纹的出现,表明疲劳裂纹扩展速率降低。随着疲劳裂纹继续扩展,疲劳断口形貌相继出现平坦区和瞬断区,平坦区形成了疲劳辉纹条带,如图 3-33(c)所示,这表明平坦区具有低疲劳裂纹扩展速率。瞬断区形成了大且深的韧窝,如图 3-33(d)所示,这表明疲劳裂纹进一步有效扩展。总之,在高周振动疲劳过程中,激光冲击强化诱导 TC17 合金表层的残余压应力和细化晶粒对延缓疲劳裂纹萌生和降低疲劳裂纹扩展速率起到积极作用。

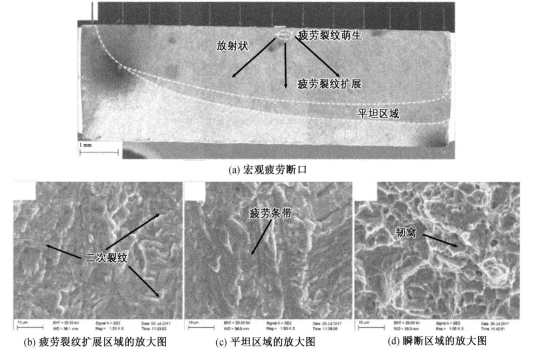

(a) 宏观疲劳断口

(b) 疲劳裂纹扩展区域的放大图   (c) 平坦区域的放大图   (d) 瞬断区域的放大图

图 3-33 激光冲击强化 TC17 标准振动疲劳试样的疲劳断口形貌

3. 激光冲击塑性成形薄壁板技术

激光冲击成形原理为强激光冲击波诱导金属材料表层深度方向产生应力梯度、累积弯矩和冲击弯矩,使金属材料产生弯曲变形,如图 3-34 所示。凸弯曲变形和凹弯曲变形取决于金属材料表层深度方向的残余压应力层与板厚的比率。为满足薄壁板塑性成形需求,首先研究了激光冲击成形薄壁板的弯曲变形方式。此外,由于壁板目标曲面复杂,成形曲率半径较小(3～8 m),并且带筋壁板成形难度大,因此研究了激光冲击成形中厚壁板的弯曲变形规律。

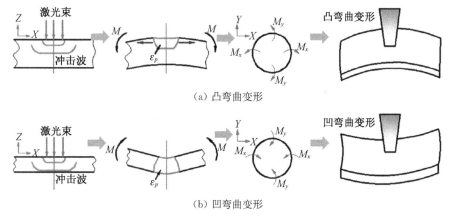

(a) 凸弯曲变形

(b) 凹弯曲变形

图 3-34 激光冲击成形原理图

图 3-35 为激光冲击成形薄壁板展向的弯曲变形方式。由图可知,激光冲击成形薄壁板展向的弯曲变形方式包括凸弯曲变形、平板变形、凹弯曲变形和深拉变形。当激光能量较小或薄壁板较厚时,激光冲击波在薄壁板内部快速衰减,激光冲击波诱导的残余压应力层与板厚比率较小,因此,薄壁板厚度方向形成应力梯度分布,应力梯度诱导薄壁板产生负弯矩($M<0$),使得薄壁板产生凸弯曲变形。随着激光能量增加或薄壁板厚度减少,激光冲击波诱导的残余压应力层与板厚的比率逐渐增大,薄壁板厚度方向的应力梯度越显著,凸弯曲变形量越大。

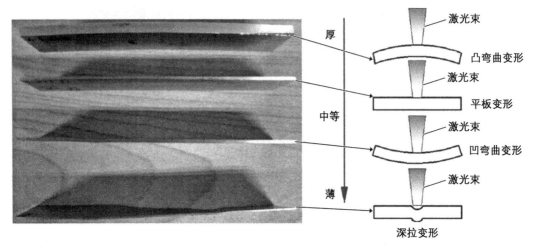

图 3-35 激光冲击成形薄壁板展向的弯曲变形方式

当激光能量较大或薄壁板较薄时,激光冲击波诱导的残余压应力层/板厚的比率近似于1,薄壁板厚度方向形成一个向下运动的惯性矩,惯性矩产生一个正弯矩($M>0$),使得薄壁板产生凹弯曲变形。随着激光能量增加或薄壁板厚度减少,向下运动的惯性矩就越大,凹弯曲变形量越大。激光冲击成形薄壁板诱导的应力梯度机制和冲击弯曲机制会产生耦合作用,当凸弯曲变形量达到最大值时,增加激光能量或减少薄壁板厚度,冲击弯曲机制的作用开始加强并削弱应力梯度机制的作用,导致凸弯曲变形量开始减少;当冲击弯曲机制的作用进一步加强,薄壁板会由凸弯曲变形转变为凹弯曲变形;当应力梯度机制和冲击弯曲机制的作用相当时,薄壁板会产生平板变形;当薄壁板太薄时,激光冲击成形诱导薄壁板产生深拉变形。

图 3-36 为激光冲击成形诱导壁板深度方向的残余应力分布示意图。由图 3-36(a)可知,激光冲击成形诱导壁板产生宏观弯曲变形,宏观弯曲变形机理为激光冲击强化诱导壁板上表层产生高幅和深残余压应力层,如图 3-36(b)所示,使得壁板产生弯矩 M,且弯矩 M 大于壁板固有约束弯矩,导致壁板产生弯曲变形以及壁板深度方向形成弯曲应力,如图 3-36(c)所示。为平衡壁板内部的弯曲应力和激光冲击强化诱导壁板的残余压应力,壁板下表层也产生了残余压应力,导致激光冲击成形壁板深度方向的残余应力分布如图 3-36(d)所示。

激光冲击成形 Al2024 - T351 中厚壁板的各因子对冲击区域展向的成形曲率半径的影响规律如图 3-37 所示。由图可知,冲击区域对激光冲击成形 Al2024 - T351 中厚壁板的冲击区域展向的成形曲率半径的影响最为明显,激光能量的影响其次,板厚的影响最小。由图 3-37(a)可知,随着板厚增加,激光冲击成形 Al2024 - T351 中厚壁板的冲击区域展向的

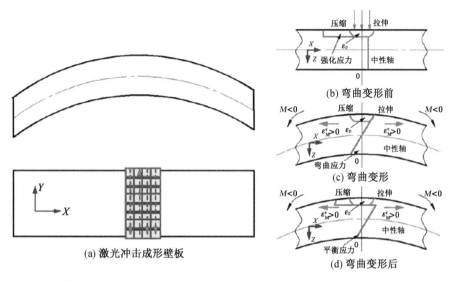

图 3-36　激光冲击成形诱导壁板深度方向的残余应力分布示意图

成形曲率半径逐步增大，即两者成正比例关系。由图 3-37(b)可知，随着激光能量扩大，激光冲击成形 Al2024-T351 中厚壁板的冲击区域展向的成形曲率半径逐步减小，即两者成反比例关系。由图 3-37(c)可知，随着冲击区域扩大，激光冲击成形 Al2024-T351 中厚壁板的冲击区域展向的成形曲率半径逐步增大，即两者成正比例关系。

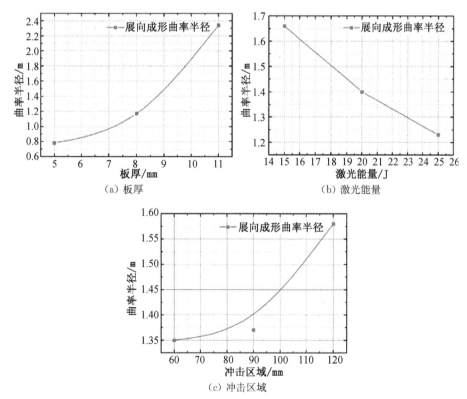

图 3-37　激光冲击成形 Al2024-T351 中厚壁板的各因子对冲击区域展向的成形曲率半径的影响规律

103

本案例聚焦发动机叶片的一弯节线区域易产生高周振动疲劳裂纹问题,采用激光冲击强化技术处理叶片前缘和叶片一弯节线区域延长叶片疲劳寿命,采用激光冲击成形技术对壁板进行塑性成形。研究结果为实现高质量高效率的激光冲击强化叶片疲劳延寿工业应用提供理论依据,为实现批量激光冲击成形的壁板塑性成形提供可能,具有重要的工程应用价值。

3.4 增材制造技术

20 世纪末,信息技术的飞速发展促进形成了统一的全球市场。用户可以在全球范围内选择自己所需要的产品,对产品的种类、价格、质量和服务提出了更高的要求。产品的批量越来越小,产品的生命周期越来越短,要求企业市场响应的速度越来越快。增材制造技术就是在这种需求背景下发展起来的。应用这项技术可以大大减少新产品试制过程中的失误和不必要的返工,从而能以最快的速度、最低的成本和最好的品质将新产品迅速投放市场,增强企业的市场竞争能力。

美国《时代》周刊将增材制造列为“美国十大增长最快的工业”。英国《经济学人》杂志认为增材制造技术将与其他数字化生产共同推动第三次工业革命。20 多年来,增材制造技术取得了飞速发展,制造产品主要应用在消费商品、电子产品、军事、医疗、航空航天等领域。2006 年,美国国防部重点投资了增材制造技术的开发,通用动力、波音、洛马等军工企业参与了钛合金等高价值材料零部件的增材制造技术的研究。2012 年 3 月 9 日,美国总统奥巴马提出发展美国振兴制造业计划,同年 8 月成立了美国增材制造创新研究所,美国政府已将增材制造技术作为制造业发展的首要任务并给予极大支持。英国、德国、法国等国家也建立了增材制造研究中心。近十年,我国也制定了增材制造技术发展路线,将其列入国家重大专项重点支持,同时开展了大量的展会和研讨会。

3.4.1 增材制造基本概念

增材制造(Additive Manufacturing),俗称 3D 打印,是融合了计算机辅助设计、材料加工与成形技术,以数字模型文件为基础,通过软件与数控系统将专用的材料按照积压、烧结、熔融、光固化、喷射等方式逐层堆积,制造出实体物品的制造技术。相对于传统对原材料的去除-切削、组装的加工模式,增材制造是一种“自下而上”通过材料累加的制造方法。这使得过去受到传统制造方式的约束而无法实现的复杂结构件制造变为可能。增材制造在发展过程中曾被称为“材料累加制造”“直接数字加工”“快速成形”“分层制造”“自由实体制造”“3D 打印”等。各异的名称分别从不同的侧面反映了该制造技术的特点。增材制造是美国测试与材料科学学会(ASTM)对这种新兴加工技术的标准用名。

增材制造技术采用“离散-堆积”原理,在计算机技术的应用下,由零件三维数据驱动直接制造零件。其基本过程为:根据计算机建立的实体三维 CAD 模型,沿某一方向将模型切片,得到一系列离散的二维层片,按照成形设备设计相关的工艺要求,通过逐层精确堆积二维层片的方式制造三维实体,如图 3-38 所示。增材制造技术最大的特点是把传统的"去材"加工转变为先进的"增材"加工。成形过程无须专用的模具或夹具,既提高了成形工艺的生产效率和柔性,又极大地提高了材料利用率和成形零件的复杂度。

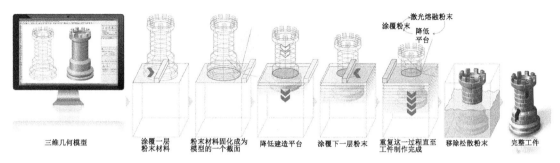

三维几何模型　涂覆一层粉末材料　粉末材料固化成为模型的一个截面　降低建造平台　涂覆下一层粉末　重复这一过程直至工件制作完成　移除松散粉末　完整工件

图 3-38　增材制造技术原理图

3.4.2　增材制造工艺种类

2010 年,美国测试与材料科学学会提出 7 种不同的增材制造技术。根据不同工作原理,可归纳为沉积原材料加工技术和黏合原材料加工技术两大类。

1. 沉积原材料加工技术

沉积原材料加工技术是指通过喷射、挤压或喷雾的方式将液体、胶状物、粉末状/丝状原材料沉积为层,层层叠加并最终实现三维零件实体的加工技术。基于沉积原材料原理的增材制造技术主要包括:材料喷射成形、材料挤压成形、薄片叠加成形和定向能量沉积成形。

材料喷射成形。该技术需将液流材料雾化为墨水,通过连续喷射或按需喷射方式将液流墨水喷射到既定位置,然后通过一定方式将墨水层凝固,最终逐渐沉积成坯件的一种工艺。主要优点为:通过控制墨水液滴的大小可实现高精度加工,有较高的材料利用率。此外该技术允许同时使用不同种类的墨水。主要加工材料为聚合物和蜡。

材料挤压成形。采用该技术的常见方法是熔融沉积成形(Fused Deposition Modeling,FDM)。喷头将丝质材料加热并挤压后喷出,计算机控制喷头沿离散层片轮廓堆积每一薄层。每次堆敷完一层之后,喷嘴提高一层,再进行下一层的堆敷,从而形成实体零件。该项技术的独特之处在于加工过程中喷嘴对材料施加恒定压力从而以恒定速度进行连续喷射。该项技术对设备要求较低,常用于低成本的三维打印机中。主要缺点为加工零件的精度较低,速度较慢。

薄片叠加成形。采用该技术的常见方法有超声波增材制造(Ultrasonic Additive Manufacturing,UAM)和分层实体成形(Laminated Object Manufacturing,LOM)。其基本原理为:将一定厚度的薄片或带状材料叠加在一起,通过超声波焊接、热压等方式将其进行结合,如图 3-39 所示。该技术可成形钢、铝、铜、钛等多种金属材料的零件,不需将金属材料全部熔化,过程所需能量较低,因此成形的零件受热过程影响较小。此外,可叠加不同材料的薄片实现梯度材料零件的制备。主要缺点在于成形零件内部存在大量未熔合等缺陷。

定向能量沉积成形。基于该加工原理,出现了大量相关增材制造技术,包括:激光熔敷净成形(Laser Engineered Net Shaping,LENS)、激光熔融沉积(Laser Metal Deposition)、电弧增材制造(Wire and Arc Additive Manufacturing)等。该技术主要通过使用高能量密度热源,将金属丝材或粉材直接熔化并逐渐堆敷成为目标零件,图 3-40 所示为送给材料为丝材的激光熔融沉积过程。与材料挤压成形不同,该方法所用喷嘴可多方向移动,通过不同角度和送材速度实施加工。由于能量源密度高,相关方法常用于金属零件的加工,具备一定工业应用潜力。

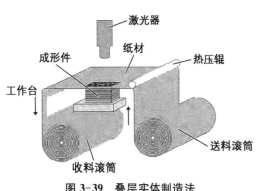

图 3-39 叠层实体制造法

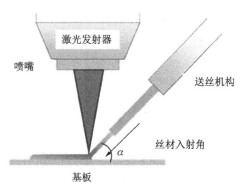

图 3-40 定向能量沉积成形

2. 黏合原材料加工技术

黏合原材料加工技术主要通过主机驱动加工能量源,有选择地对均匀铺在工作台上的原材料进行扫描黏合(或烧结),而未被能量源黏合的原材料仍留在原处起支持作用。每次结束一层原材料黏合后,工作台降低预先设定的高度,随后继续下一次的原材料铺展和黏合。基于该原理的加工技术主要包括:光固化成形、黏结剂喷射成形、粉床熔合成形等。

光固化成形(Stereo Lithography Apparatus,SLA)。该技术利用光能的化学和热作用使液态树脂材料固化,以实现逐渐累加原材料的目的,如图 3-41 所示。光固化树脂是一种透明、黏性的光敏液体,当光照射到该液体上时,被照射的部分由于发生聚合反应而固化。光照的方式通常有三种:(1)光源通过一个遮光掩模照射到树脂表面,使材料发生面曝光;(2)控制扫描头使高能光束(紫外激光等)在树脂表面选择性曝光;(3)利用投影仪投射一定形状的光源到树脂表面。因此,可以通过计算机控制紫外激光有选择地照射容器中的光敏树脂,使其通过聚合反应固化成形。

黏结剂喷射成形。该技术需同时使用粉状材料和黏结剂进行加工。采用滚筒在工作平台上平铺一层材料粉末,打印喷头依据预

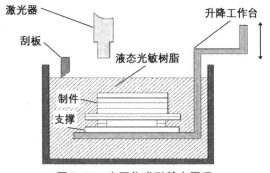

图 3-41 光固化成形基本原理

定的位置喷出黏结剂,将目标材料粉末进行黏结从而形成切片层。如此层层往复,直至实现三维零件的加工。该技术的主要优点为材料选择范围广、成形效率高、可实现由多种材料组合而成的零件。材料之间的结合主要靠黏结剂,因此该技术成形零件的力学性能较差。

粉床熔合成形。该技术主要通过主机驱动热源(如激光、电子束等),有选择地对均匀铺在工作台上的粉末进行扫描烧结,未被烧结的粉末仍留在原处起支持作用。每结束一层粉末烧结后,工作台降低预先设定的高度,随后继续下一次的铺粉和烧结。应用该技术的方法主要包括激光粉床熔合(Laser Powder Bed Fusion,LPBF)、电子束选区熔化(Electron Beam Selective Melting,EBSM)、激光选区烧结(Selective Laser Sintering,SLS)(图3-42)等。该技术加工材料范围广,可用于成形具有复杂特征(如中空、倾斜)的金属零件。主要缺点为需要大量的目标材料粉末,成形零件尺寸受限于粉床大小等。

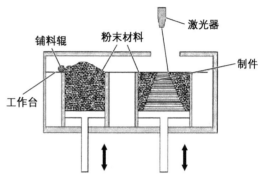

图3-42　激光选区烧结基本原理

3. 不同增材制造技术比较

上述几种增材制造技术,其工作原理、优缺点、成形材料特征、对设备依赖程度各有特点,优缺点对比如表3-5所示。实际生产中,需要针对特定技术的特性进行选择来制造三维实体。20多年来,增材制造技术在医疗行业、消费电子商品、建筑产品、国防、航空航天等领域已得到普遍应用。所加工的零件也由最初的简单结构发展为较为复杂的结构。然而,研究较为成熟的增材制造技术均使用低熔点材料,在实际工业生产过程中常用于设计模型可视化和产品展示。产品的性能和实际相差甚远,无法满足制造业对零件的机械性能要求。

表3-5　典型增材制造技术的优缺点

增材制造技术	常用材料	优点	缺点
分层实体成形	纸、塑料、合成材料	低内应力和扭曲、成形速度快	材料利用率低
光固化成形	热固性光敏树脂	成形速度快、精度较高、材料利用率高	工艺复杂、材料种类少、制造成本较高
激光选区烧结	塑料、陶瓷、金属粉末	选材广泛、材料利用率高	成形表面粗糙、成形件为多孔状态
黏结剂喷射成形	石膏粉、面粉、弹性塑料	成本低、速度快、可制作彩色成形件	工件表面粗糙、结构松散、强度低
熔融沉积成形	蜡、ABS、尼龙、热塑性材料	制造成本低、材料利用率较高	成形精度低、材料为低熔点材料

2013年美国康奈尔大学的Nod Lipson教授使用目前几种增材制造技术对同一个具体零件的加工过程及加工成本进行了总结和分析。不同加工技术的成本对比结果如图3-43所示。可见,并不是所有的增材制造技术都可以降低成本。技术选择不当甚至会增加加工

零件的成本。如选用激光熔融沉积和熔融沉积成形加工目标零件的成本高达 952 美元。

成型零件	 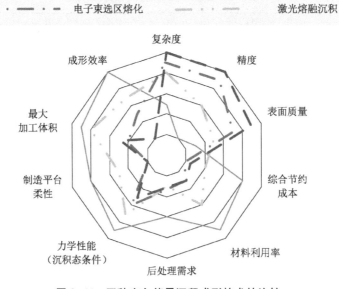				
加工材料	塑料 (RGD720)	钢材	不锈钢 (17 - 4PH)	Shapeways 钢材	A6 钢材
加工工艺	光固化成形	传统数控 铣床	激光熔融 沉积	熔融沉积 成形	激光选区 烧结
公司名称	Startasys	Protolabs	FineLine	Shapeways	ProtoCam
成本	15 美元	321 美元	952 美元	952 美元	47 美元

图 3-43　使用不同增材制造技术加工同一零件的成本比较

2019 年,英国克兰菲尔德大学以激光粉床熔合成形(LPBF)、电子束粉床熔合成形(EBPBF)、电弧熔丝增材(WAAM)、激光熔融沉积(LMD)四种常见的航空航天定向能量沉积成形技术为例,对比了这四种技术在制造精度、表面粗糙度、综合节约成本、材料利用率、后处理需求、零件力学性能、制造平台柔性、最大加工体积、成形效率、零件复杂度等 10 个方面的优缺点,如图 3-44 所示。研究发现,电弧熔丝增材技术的主要优势有:设备价格低廉、材料利用率高、零件力学性能好、系统灵活性高、后续加工需求较低、对装配要求较低等。而激光粉床熔合成形技术可以以更高的精度更精确地成形高复杂度零件。

图 3-44　四种定向能量沉积成形技术的比较

3.4.3　增材制造技术前沿概述

1. 增材制造技术的发展

增材制造技术发展历经四个主要阶段，如图 3-45 所示。第一阶段，概念萌生。增材制造思想在工业中的应用最早可以追溯到 1902 年美国人卡洛·贝塞斯（Carlo Baese）在一项专利中提出的用光敏聚合物分层制造塑料件的原理。1930 年，美国专利《利用堆焊制造硫化橡胶鞋底模具》中提出采用堆焊的方式制造金属模具。1940 年，佩雷拉（Perera）提出了切割硬纸板并逐层粘结成三维地图的方法。直到 20 世纪 80 年代中后期，增材制造技术开始了快速发展，出现了一大批专利，仅在 1986—1998 年间注册的美国专利就达二十余项。然而，这一时期的技术仅仅停留在设想阶段，并未形成系统的理论和设计准则。

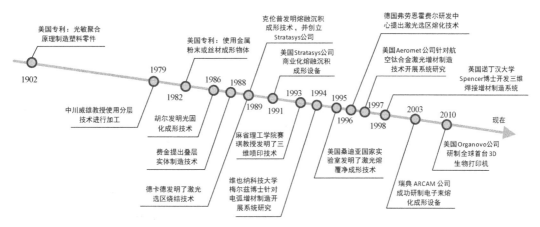

图 3-45　增材制造技术的发展

第二阶段，技术诞生。增材制造技术正式引发全球产业的关注得益于 5 种增材制造技术的发明。1986 年，美国 Uvp 公司的查尔斯·胡尔（Charles W. Hull）发明了光固化成形技术；1988 年，美国人费金（Feygin）发明了叠层实体制造技术；1989 年，美国得克萨斯大学的德卡德（Deckard）发明了激光选区烧结技术；同年，克伦普（Crump）发明了熔融沉积成形技术并创建 Stratasys 公司；1993 年，美国麻省理工学院的赛琪（Sachs）发明了三维喷印技术（3DP）。这些技术使得增材制造成为可能。

第三阶段，商业推广。1988 年，美国 3D System 公司根据胡尔的专利，制造了第一台增材制造设备 SLA250，开创了增材制造技术发展的新纪元。在此后的 10 年中，先后涌现出了十余种不同工艺的增材成形设备。例如，1991 年美国 Stratasys 公司的熔融沉积成形（FDM）设备、Cubital 公司的实体平面固化（SGC）设备和 Helisys 公司的叠层实体制造（LOM）设备都实现了商业化。1992 年，美国 DTM 公司成功研制了 SLS 设备。1996 年，3D System 公司开发了第一台 3DP 设备 Actua2100。同年，美国 Zcorp 公司发布了 Z402 型 3DP 设备。大量的商用增材制造机器的开发和推广，使得增材制造技术快速进入大众视野。

第四阶段，大范围应用。随着工艺、材料和设备的成熟，增材制造技术的应用范围由模型和原型制作进入产品快速制造阶段。早期增材制造技术受限于材料种类和工艺水平，主要应用于模型和原型制作。2002年，德国成功研制了激光选区融化（SLM）设备，可成形接近全致密的精细金属零件和模具，其性能可达到同质锻件水平。同时，电子束熔融成形、激光工程净成形、电弧熔丝增材等金属直接制造技术与设备涌现出来。这些技术面向航空航天、生物医疗和模具等高端制造领域，直接成形复杂和高性能的金属零部件，解决了一些传统制造工艺面临的结构和材料难加工甚至是无法加工等制造难题，至此增材制造技术的应用范围越来越广。

2. 非金属增材制造前沿技术

因非金属材料成形温度较低，是增材制造技术最先使用的材料，如聚合物、蜡、石膏、橡胶等。经过三十余年的发展，目前现有商用非金属增材制造设备种类丰富，并且广泛被外观设计、模型研发等行业所使用。近些年，早期非金属3D打印专利到期，使得增材制造设备变得更容易生产和销售，进一步加速了相关技术的发展。当前，非金属增材制造主要朝着复杂度更高、精度更高、成本更低的方向发展。此外，一些领域也用该技术制作传统技术难以制造的零件。

在牙科领域，使用增材制造生产的牙科产品有望带来优于传统制造方法的优势。增材制造特别适合生产具有复杂细节（例如不规则的凹槽、缝隙、凹谷）的定制牙齿产品，形状复杂程度的提高并不会增加成本。凭借这一优势，增材制造技术在牙科领域应用非常广泛，如牙冠牙桥、假牙、模型、手术导板、植入物和正畸产品等，如图3-46所示。很多公司正逐渐采用SLA技术制造的氧化锆全瓷牙冠，来代替传统的切削工艺。在同样精度的条件下，增材制造的制作成本只为传统方式的1/5。

扫码看彩图

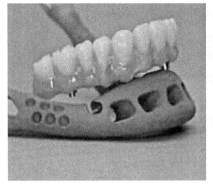
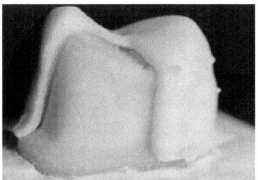

图3-46　增材制造在牙科领域的应用

在生物打印方面，胶原蛋白存在于人体的所有组织中，是一种非常理想的3D打印生物材料。但它一开始是液态的，在尝试3D打印的过程中，会变成类似果冻的胶质。研究人员开发了FRESH技术来防止其变形。FRESH可以使胶原蛋白在凝胶支撑槽中逐层叠加，然后通过从室温到体温的加热，把支撑槽融化，从而得到一个完好的结构。这些结构的精细度可达 20 μm,可嵌入活体细胞和毛细血管。借助这一方法,可设计打印从毛细血管到整个器官的各种尺度的人类心脏组件。2019 年,美国卡耐基梅隆大学的研究人员用胶原蛋白成功 3D 打印出可正常工作的心脏"零件",这项突破性技术向 3D 打印全尺寸成人心脏迈近了一步,如图 3-47 所示。

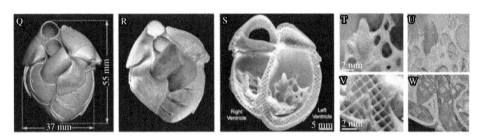

图 3-47　采用 3D 打印技术制作人体心脏

MIT 增材制造中心的约翰·哈特(John Hart)教授团队在 2019 年 2 月出版的 *Science* 杂志上提出了计算机轴向光刻技术(CAL)。CAL 首先根据目标零件的 3D 模型获取不同方向视角下的光斑图案,然后将光斑图案连续投射到不断旋转的盛有光敏树脂的小瓶中,编程匹配光的投射和小瓶的旋转,从而实现同时固化零件的所有位置,最后得到悬浮在树脂中的目标物件,如图 3-48 所示。该技术成形速度快,可在 1 min 内成形目标零件。与此同时,打印的物体受到周围液体的支撑,实现了无支撑条件下零件的全方位一次成形。

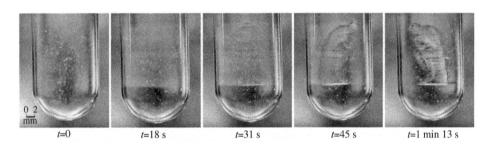

图 3-48　使用计算机轴向光刻技术实现 3D 物件全方位一次成形

3. 金属增材制造前沿技术

与低熔点非金属材料相比,金属材料有着更加优良的机械性能以及物理化学性能,在工业生产和生活起居中广泛使用,是其他材料所无法代替的,因此金属材料的增材制造备受关注。然而,金属材料的熔点高,其热加工过程伴随着材料冶金与热力耦合等复杂现象,这些因素都会对成形零件的外观形貌、内部组织、力学性能产生影响。所以,金属材料的增材制造相对比较复杂,仍处于探索阶段,需要更深一步的探索,目前其应用主要集中于航空航天、国防军事领域。常用的增材热源包括激光、电子束、电弧等。

采用激光和电子束作为热源的增材制造具有高能量密度、高熔透性、焊接变形区小、易于控制、能焊接难熔及异种金属等优点。增材制造系统通常包括高能量热源发生器、原材料进给机构、计算机数控平台或机器人系统以及其他辅助机构(如保护气、预热、冷却系统）。近二十年,激光和电子束增材制造技术发展迅速,实现了具有复杂结构、高精度及多种材料的零件加工,已广泛应用于航空航天、能源等关键领域。原材料主要包括粉末和丝材等。

加拿大复合加工技术研究中心 2006 年就已经成功采用激光送粉增材制造技术实现了复杂零件的加工成形,并针对多种材料,如不锈钢、镍基合金、工具钢、钛合金等金属零件等展开研究。图 3-49 为采用激光沉积技术制造的镍基合金壳体。2018 年,美国南卫理公会大学的 Ding 等人开发了基于机器人的激光送粉增材制造系统,提出了堆积不同材料的策略以及加工过程检测与控制的方法,并应用该方法成功制造了具有不同复杂形状特性的金属零件,如图 3-50 所示。激光送丝增材制造技术使用激光在零件表面加热形成稳定熔池,丝材以一定的角度送入熔池中实现丝材的熔化和原材料的熔敷。加工过程中,丝材以不同角度、不同方位伸入熔池对零件成形均有一定程度的影响。基于该项技术,意大利米兰理工大学的阿里·格克汗·德米尔(Ali Gökhan Demir)实现了厚度为 $700\sim800\,\mu m$ 的薄壁零件成形,材料利用率约为 100%。此外,提出了倾斜结构的成形工艺和熔敷策略,加工的典型零件如图 3-51 所示。

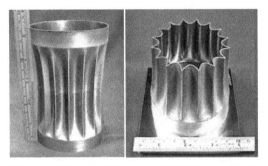

图 3-49　采用激光沉积技术制造的 NI‐625 零件

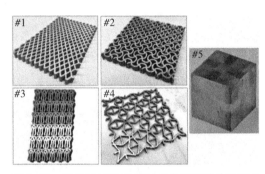

图 3-50　采用激光送粉增材技术制造的典型零件

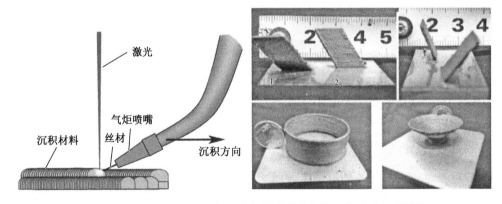

图 3-51　激光送丝增材制造原理及微束激光细丝工艺成形典型零件

电子束增材制造过程中进给材料受电子束加热而熔化,形成稳定熔池沉积在基板上。该项技术和激光增材相似,主要区别在于电子束增材制造需在真空炉中进行,因此加工零件的尺寸受真空炉大小的制约。电子束增材制造技术理论上可以加工任何使用导电材料的零件,尤其适用于铝、铜零件的加工。由于电子束能量密度集中,真空环境下堆敷过程干扰较小,因此该方法成形精度较高,可实现具有精细及复杂特征的零件加工。2007 年,德国埃尔朗根-纽伦堡大学的 Heinl 等人使用电子束增材制造技术成形了具有菱形框架蜂窝结构的高精度钛合金零件,如图 3-52 所示。该方法不仅降低了零件的整体质量,同时在真空环境下防止了金属钛的氧化,保证了零件的性能。加工的蜂窝结构零件可作为骨骼替代件,具备一定生物医学应用潜力。

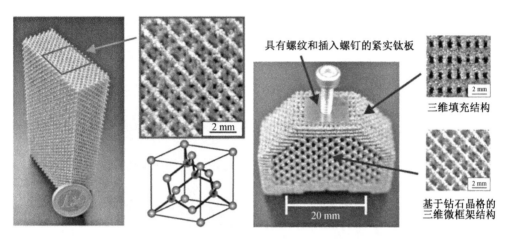

图 3-52　采用电子束增材制造技术加工成形的具有蜂窝结构的钛合金零件

近年来,美国 Sciaky 公司生产的电子束增材制造机器最大加工零件尺寸可达 5.79 m×1.22 m×1.22 m,回转结构零件最大直径为 2.44 m,可加工钛、钽、镍基合金零件。加工的典型零件如图 3-53 所示,在大尺寸电子束增材制造零件加工中处于世界领先地位。

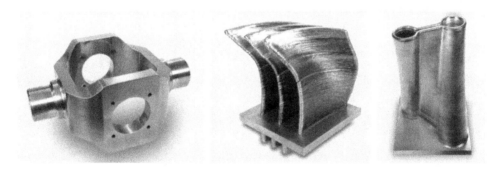

图 3-53　采用 Sciaky 公司生产的电子束增材制造机器加工的典型零件

电弧熔丝增材技术是以电弧作为成形热源将金属丝材熔化的技术。该技术按设定的成形路径逐渐堆积层片,采用逐层堆积的方式成形所需的三维实体零件。以电弧为热源的直接成形技术具有生产成本低、力学性能好的优点。在多重堆积过程中,零件经历多次加热过程,得以充分淬透和回火,可以解决大型铸锻件不易淬透、宏观偏析、长度和直径方向上强韧性不一致等问题。

2012 年,英国克兰菲尔德大学焊接与激光中心的研究人员采用冷金属过渡(Cold

Metal Transfer,CMT)技术实现了倾斜结构薄壁件的制造,改变了传统沿垂直方向的堆积方式;2016 年,其又开发了多机器人电弧增材制造系统,实现了大型钛合金结构零件的增材制造,成形零件如图 3-54 所示。2014 年,MX3D 公司提出了使用电弧进行增材制造的新方法,实现了沿直立方向成形具有钢筋结构的零件。具体过程为:机器人控制焊枪每次起弧后仅停留短暂时间,待焊丝熔化形成一个金属小圆台后立即熄弧;然后将焊枪抬高一定距离,等待圆台冷却后,再重复上述过程,形成沿 z 轴方向的钢筋结构。加工成形的大型沙发结构件如图 3-55 所示。

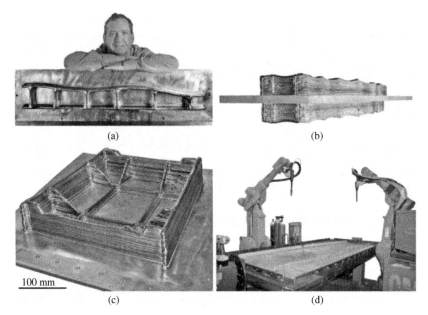

图 3-54 英国克兰菲尔德大学采用电弧熔丝增材技术成形的典型零件

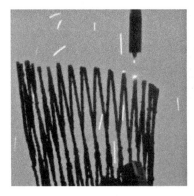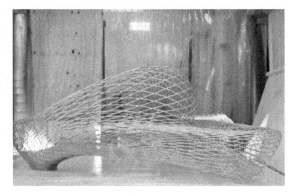

图 3-55 采用电弧熔丝增材技术沿直立方向堆敷成形的钢筋结构及零件

可见,目前针对使用激光、电子束等高能量束作为热源的增材制造技术的研究工作已开展二十余年,相关技术较为成熟。由于成形过程稳定,因此实现了大尺寸、精细结构、多种合金材料零件的直接成形。粉材成形精度较高但利用率较低,丝材利用率高但成形精度有限。近些年随着技术的不断改进，加工后的零件表面形貌好，力学性能高，变形较小，熔敷速度也有了较大的提高。

因此，近些年市场中有多种以激光和电子束增材制造为原理的商用金属 3D 打印机出售，加工的零件也在工业中有较为广泛的应用。国内外很多科研机构都对电弧增材制造控制技术进行了相关研究。提高成形零件的力学性能，使其达到直接使用的目标是近年来增材制造技术的研究热点。因此，采用金属材料作为堆积材料以获得成形尺寸精度高、表面质量良好和力学性能优良的金属零件增材制造技术受到广泛关注。

3.4.4　案例：机器人电弧增材制造高效堆积成形技术

1. 增材制造目标零件

在航空、航天、能源动力等关键技术领域中，很多零件都需要通过增材制造的方式进行加工，如大型夹具、模具、冲压锤头、冲头、发动机关键结构件及涡轮叶片等。这些关键零部件大多具有多中心轴、倾斜结构、多构件结合、厚壁等特征。现大多数系统以激光为热源实现复杂零件的增材制造，主要缺点为设备成本高、工艺步骤多、现场装配复杂、加工效率低下等。本案例拟制造的目标结构零件如图 3-56 所示。该零件共由 4 个具有不同结构特征的多层多道构件组成。构件 1 是一个沿高度方向变长度、变宽度的四棱锥台，沿零件中心成轴对称；构件 2 和构件 3 为沿高度方向各层宽度相同但倾斜角度不同的两个平行六面体，构件 2 的倾斜角度约为 63.4°，构件 3 的倾斜角度约为 68.2°；构件 4 为典型的直立结构。该目标零件同时具备直立、多倾斜角度、变宽度、变长度等复杂结构特征。

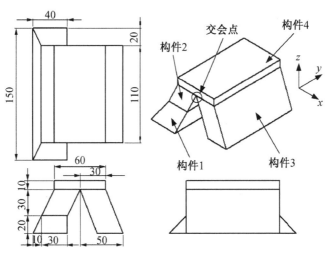

图 3-56　目标零件草图（单位：mm）

该零件加工主要面临三个方面的技术难题：首先，构件 1 是沿高度方向熔敷层不等长、不等宽的结构，其规划难点主要在于各个层内单熔敷道宽度都不相同。在此条件下若使用封闭路径进行堆积，则受前后两条熔敷道宽度不同的影响，内部填充熔敷道的起弧、熄弧位置均不同。其次，构件 2 和构件 3 为倾斜结构。由后面第四章的研究可知，在不施加过程调控的情况下其会发生一定程度的塌陷。每个构件最高层正斜面处边缘道会比负斜面处边缘道高,两个构件上表面均向内倾斜。开环堆敷条件下整个零件上表面会呈现 V 形特征。最后,由于构件 2 和构件 3 具有不同的倾斜角度,在不施加控制的条件下,其成形塌陷程度不同。开环成形零件很难在设定高度处交会于同一点,由于构件 3 的倾斜角度大于构件 2,因此最终零件表面会出现向构件 3 侧倾斜的情况。

2. 机器人电弧增材制造系统

本案例采用一套机器人电弧增材制造系统。该系统由运动、熔敷、传感、控制四大子系统以及各个子系统间的通信模块所组成,如图 3-57 所示。系统采用 Motorman HP20D 六轴机器人作为运动行走机构,运动系统的精度为 0.06 mm。系统采用带 YW-50KM 送丝机的 Panasonic YD-500FR 焊机作为熔敷电源。熔敷电源和机器人控制柜与 USB2813A 数据采集卡相连,通过 A/D、D/A 转换进行计算机控制,实现了电弧起弧、熄弧的控制以及电流、电压参数的调整。此外,通过机器人远程控制程序 motocom32,实时监测机器人的状态信息,如关节状态、位姿状态等。

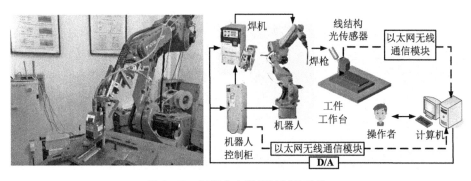

图 3-57　机器人电弧增材制造系统

选用普通钢作为基板和填充丝材。基板尺寸为 200 mm×150 mm×10 mm。所采用的试验材料及基本工艺规范如表 3-6 所示。用于堆敷的焊丝是镀铜钢丝,其组成为 C(0.11%),Si(0.65%~0.95%),Mn(1.8%~2.1%),Ni(0.3%)和 Cr(0.2%)。

表 3-6　试验材料及基本工艺规范

基板材料	保护气体成分	保护气体流量	焊丝材料	焊丝直径	喷嘴高度
Q235B	95%Ar+5%CO_2	(18±0.5) L/min	H08Mn2Si	1.2 mm	(12±0.3) mm

3. 增材制造参数规划

参数规划阶段需要制定加工目标零件所需的行走参数以及各熔敷道相对应的堆敷参数。如图 3-58 所示,以 2.5 mm 为层高,将整个零件切分为 24 个等厚熔敷层,在这一条件下,构件 1 至 4 分别由 8 层、12 层、20 层、4 层组成。根据不同的切片层高度,计算不同熔敷层的宽度和长度,如表 3-7 所示。在每个切片层中,主体部分的熔敷道沿图 3-58 所示 y 轴方向堆积。计算出各层排布的道数以及所属单熔敷道宽度见表 3-7,单熔敷道高度为 2.768 mm。

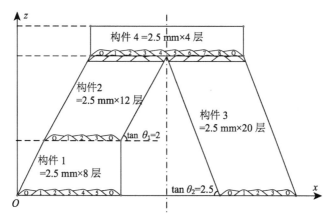

图 3-58　目标零件切片层规划

表 3-7　目标零件加工路径参数规划

构件	层数	层宽 /mm	层长 /mm	填充道长 /mm	总道数	填充道数	道宽 /mm	道间距 /mm	道偏距 /mm
构件 1	1	40.00	150	137.72	7	5	7.37	5.44	0.31
	2	38.75	145	133.10	7	5	7.14	5.27	0.28
	3	37.50	140	126.67	6	4	8.00	5.90	0.22
	4	36.25	135	122.12	6	4	7.73	5.70	0.29
	5	35.00	130	117.56	6	4	7.46	5.51	0.32
	6	33.75	125	110.77	5	3	8.54	6.30	0.16
	7	32.50	120	106.29	5	3	8.22	6.07	0.16
	8	31.25	115	101.82	5	3	7.91	5.84	0.24
构件 2	9～20	30.00	110	97.35	5	3	7.59	5.60	0.31
构件 3	1～20	30.00	110	97.35	5	3	7.59	5.60	0.31
构件 4	21～24	60.00	110	96.92	10	8	7.85	5.79	0.26

　　每个切片层内采取封闭路径熔敷道加工策略。每层所规划的最外侧两条平行熔敷道以及前后两条垂直熔敷道共同组成该层轮廓熔敷道,剩余平行熔敷道为填充道。单切片层成形采取先堆积层内填充熔敷道,再堆积轮廓熔敷道的策略。为防止起弧、熄弧过程造成的成形偏差,轮廓熔敷道的起弧、熄弧点设置于边缘熔敷道中心,四条边一次加工完成,但每条边的堆积速度不同。填充熔敷道与轮廓熔敷道的加工参数以及单熔敷道成形尺寸相同。

4. 增材制造过程和结果

　　采用所规划的加工参数,实施针对目标零件的净成形增材制造加工。在实际加工过程中,为防止零件过热,每堆积完一道,堆敷系统等待 1 min 再进行下一道的加工。每堆积完一层,使用线结构光传感器检测各位置的成形高度,每条熔敷道沿其堆敷方向选取 20 个不同位置,并求取各位置高度的平均值作为该熔敷道高度。每个熔敷层堆积时间约为 10 min,整个零件的制造过程共耗时约为 4 h,零件增材制造过程如图 3-59 所示。

(a) 第 1 层　　　　　　　　(b) 第 4 层　　　　　　　　(c) 第 8 层

(d) 第 14 层　　　　　　　　(e) 第 18 层　　　　　　　　(f) 第 21 层

图 3-59　零件实际制造过程

所加工成形零件的最终形貌如图 3-60 所示,目标零件成形良好,零件整体达到预设形貌。熔敷道排布均匀,无搭接缺陷。零件上表面平整,起弧、熄弧端产生的成形偏差现象消失。由背面形貌可见,零件成形对称性较好,倾斜结构斜面上无明显台阶样貌。构件 3 外侧正斜面上的凸凹不平是控制过程调整堆积速度产生的熔敷道宽度冗余造成的。最终零件顶层表面成形高度最大值为 +0.79 mm,最小值为 −0.59 mm,误差均值为 0.03 mm,成形精度高。该层高度误差分布较为集中,平整度较高,控制效果好。

(a) 正面　　　　　　　　　　　　　　　　　　(b) 背面

图 3-60　最终成形零件形貌

3.5　超精密加工技术

3.5.1　超精密加工基本概念

超精密加工是指使零件形状、位置和尺寸精度达到微米和亚微米级的机械加工方法。图 3-61 展示了普通加工（常规加工）、精密加工和超精密加工的发展历程，当前常规加工已经可以达到微米级精度，然而在 30 年前这种精度的加工就是精密加工，60 年前这种精度的加工就是超精密加工。表 3-8 展示了当前普通加工、精密加工和超精密加工可以达到的精度范围。

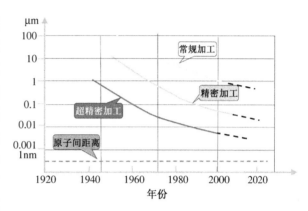

图 3-61　普通加工、精密加工和超精密加工的发展历程

表 3-8　当前普通加工、精密加工、超精密加工达到的精度范围

分类	加工精度	表面粗糙度(Ra)
普通加工	$1\ \mu m$	$0.1\ \mu m$
精密加工	$0.1\sim<1\ \mu m$	$0.01\sim<0.1\ \mu m$
超精密加工	小于 $0.1\ \mu m$	小于 $0.01\ \mu m$

超精密加工技术的发展与应用具有很重要的必要性，其不仅能提高产品性能稳定性和可靠性，还可以促进产品小型化，同时增强零件的互换性。例如，1 kg 陀螺其质心偏离 0.5 nm，会引起 100 m 导弹射程误差，50 m 轨道误差。而民兵Ⅲ型洲际导弹陀螺仪精度为 0.03°～0.05°，命中精度误差为 500 m。如果将 MX 战略导弹陀螺仪精度提高一个数量级，那么命中精度误差将会只有 50～150 m。

3.5.2　超精密加工工艺方法及发展趋势

超精密加工工艺主要包括超精密切削加工和超精密磨削加工等。

超精密切削加工通常采用金刚石刀具超精密切削铜、铝等非铁类金属材料，以及玻璃、大理石、碳素纤维等非金属材料。该工艺对于刀具具有较高的要求：首先，刀具材料需要具有极高硬度、极高耐用度和极高弹性模量，以保证刀具寿命和尺寸耐用度；其次，需要将刃口磨得极其锋锐，使刃口圆弧半径 ρ 值极小，从而实现超薄切削厚度；然后，需要刀刃无缺陷，从而避免刃形复印在加工表面；最后，需要材料具备较好的抗黏结性、较小的化学亲和性和较小的摩擦系数，从而保证得到极好的加工表面完整性。

　　超精密磨削是铁素类金属、脆性材料超精密加工的主要手段。一般来讲,超精密磨削的磨削精度≤0.1 μm,表面粗糙度 Ra<0.025 μm。超精密磨削的关键技术包括砂轮的选择、砂轮的修整、磨削用量和高精度磨削机床。从砂轮的选择来讲,主要包括金刚石砂轮和立方氮化硼(Cubic Boron Nitride,CBN)砂轮。金刚石砂轮具有较强磨削能力、较高磨削效率,磨削速度为12~30 m/s;CBN 砂轮具有较好的热稳定性和化学惰性,磨削速度为80至数百米每秒。砂轮修整方法包括车削法、磨削法、喷射法、电解在线修锐法[图 3-62(a)]和电火花修整法[图 3-62(b)]等五种方法。车削法用金刚笔车削金刚石砂轮,但修整成本高;磨削法用普通砂轮对磨,修整效率和质量较好,但普通砂轮消耗大;喷射法将碳化硅、刚玉等磨粒高速喷射到砂轮表面,去除部分结合剂,使超硬磨粒突出;电解在线修锐法和电火花修整法则分别应用电解原理和电火花放电原理完成砂轮修整。

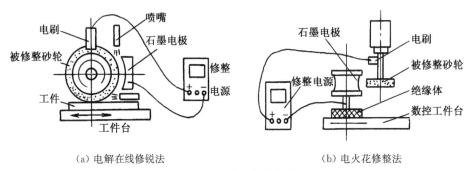

（a）电解在线修锐法　　　　　　　　　（b）电火花修整法

图 3-62　砂轮修整方法

　　在超精密磨削工艺中,具有高精度、高刚度、高加工稳定性和高自动化程度的超精密机床往往起到重要作用。其关键部件有主轴部件、床身、导轨、驱动部件等。精密主轴部件主要是轴承。滚动轴承的回转精度为 1 μm,表面粗糙度 Ra 为 0.02~0.04 μm。液体静压轴承的回转精度≤0.1 μm,刚度大,转动平稳,如图 3-63(a)所示,但不足之处在于液压油温升高,影响主轴精度,会将空气带入液压油降低轴承刚度,一般用于大型超精密机床。双半球空气静压轴承回转精度高、工作平稳、温升小,如图 3-63(b)所示,但是不足之处在于刚度较低、承载能力不高,在超精密机床中得到广泛的应用。

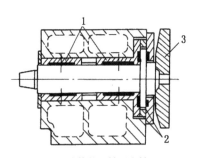
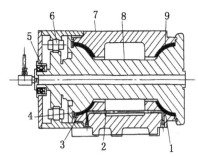

（a）液体静压轴承主轴　　　　　　　（b）双半球空气静压轴承主轴
1—径向液压轴承;2—止推液压轴承;　　1—前轴承;2—供气孔;3—后轴承;
3—真空吸盘。　　　　　　　　　　　4—定位环;5—旋转变压器;6—无刷电动机;
　　　　　　　　　　　　　　　　　　7—外壳;8—轴;9—多孔石墨。

图 3-63　典型精密主轴结构

机床床身要求抗振衰减能力强、热膨胀系数小、尺寸稳定性好。床身材料多采用人造花岗岩,这种材料稳定性好、热膨胀系数小、硬度高、耐磨、不生锈,可铸造成形,从而克服了天然花岗岩有吸湿性的不足。精密导轨需要具备高直线度、低摩擦系数和不能有爬行等特性。导轨类型主要包括液体静压导轨和空气静压导轨(图 3-64)。驱动部件一般是微量进给装置,要求分辨率达到 $0.001\sim0.01~\mu m$,具有较小的摩擦系数、较高的稳定性、较好的动态性能和自动控制功能,工艺性好,容易制造,同时可以将精、粗进给分开,以提高微位移精度和稳定性。典型的微量进给装置包括双 T 形弹性变形微进给装置[图 3-65(a)]和压电陶瓷微进给装置[图 3-65(b)]。前者分辨率为 $0.01~\mu m$,最大位移为 $20~\mu m$,静刚度为 $70~N/\mu m$;后者分辨率为 $0.01~\mu$,最大位移在 $15\sim16~\mu m$ 之间,静刚度为 $60~N/\mu m$。

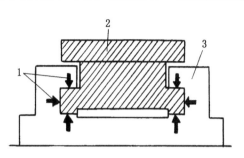

1—静压空气;2—移动工作台;3—底座。

图 3-64　平面空气静压导轨示意图

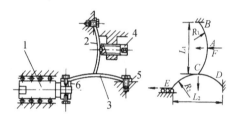

(a) 双 T 形弹性变形微进给装置
1—微位移刀夹;2、3—T 形弹簧;4—驱动螺钉;
5—固定端;6—动端。

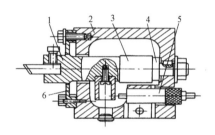

(b) 压电陶瓷微进给装置
1—刀夹;2—机座;3—压电陶瓷;4—后垫块;
5—电感测头;6—弹性支承。

图 3-65　典型微量进给装置

3.5.3　案例:熔石英 CO_2 激光抛光技术

1. 熔石英抛光技术简介

熔石英玻璃是高纯度的二氧化硅非晶体,主要由硅、氧两种元素的化学键联结成不规则网络结构,其原子结构为长程有序、短程无序。由于 Si—O 化学键键能很大以及二氧化硅四面体结构的稳定性,熔石英玻璃具有良好的光学性能、物理化学性能、机械力学性能、抗损伤能力和较小的热膨胀系数,因此被广泛应用于航空航天、天文探索、光刻工艺、光学器件、光电子、激光器、医药等领域。

光学元件的表面粗糙度对光学性能产生直接影响,表面粗糙度和表面疵病将引起入射光散射,而散射将导致成像光束光强的减弱,因此降低光学元件表面粗糙度成为各国学者研究的重点。由于熔石英玻璃具有硬脆特性和切削性差的缺点,因此加工相对困难。抛光技术可以有效降低工件表面粗糙度,根据抛光原理和方式的不同可分为化学抛光、化学机械抛光、高能束抛光等几大类。前两种抛光后表面存在表面划痕、次表面裂纹、杂质掺入、表面缺陷扩大、沉积层在试样表面等缺陷。激光抛光是一种非接触式抛光,不会产生亚表面损伤,无机械压力,无边缘效应,与其他高能束抛光相比具有加工件尺寸不受加工设备限制、加工材料范围广、无须靶材、无须真空环境等优点,具有广阔的应用前景。

2. 熔石英 CO_2 激光抛光技术原理

熔石英对长波长激光的吸收率较高,常采用 $10.6~\mu m$ 波长的 CO_2 激光器对熔石英进行抛光。同时为了能精准地控制抛光能量及工艺参数,常规抛光装置中采用如图 3-66 所示的光路。其中声光调制器将连续激光变为脉冲激光,通过光束整形将能量分布不均的高斯光斑整形为能量均匀的平顶光斑。

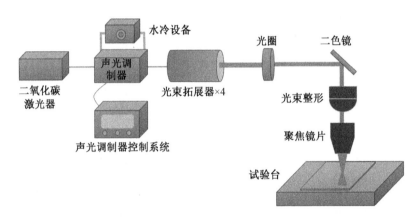

图 3-66 CO_2 激光抛光光路示意图

熔石英典型的 CO_2 激光抛光表面形貌如图 3-67 所示。熔石英抛光后的表面呈典型的熔化特征。同时抛光路径中心低、边缘高。抛光路径边缘呈现参差不齐的特征,说明边缘位置熔化不充分。抛光前熔石英表面粗糙度为 $1.53~\mu m$,抛光后熔石英表面粗糙降至 $0.45~\mu m$,实现了表面精度的显著提升。

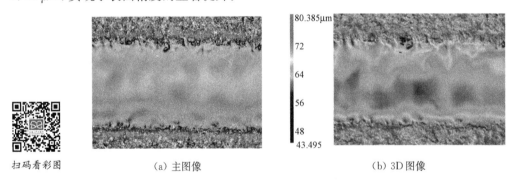

扫码看彩图 　　　　　(a) 主图像 　　　　　　　　　　(b) 3D图像

图 3-67　熔石英典型的 CO_2 激光抛光表面形貌

虽然采用 CO_2 激光抛光方法可显著降低熔石英表面粗糙度,提升其表面精度,但是抛光过程中激光光斑能量在抛光路径宽度方向上的不均匀将导致垂直抛光路径方向上的表面粗糙度存在较大差异,如图 3-68 所示。如何控制大面积抛光时抛光轨迹之间粗糙度的不均性是需要解决的核心问题。

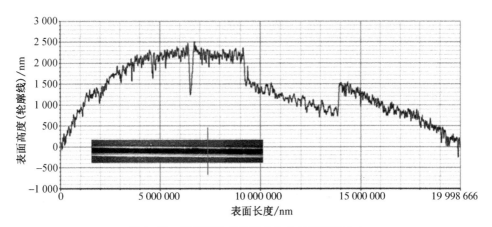

图 3-68　垂直于抛光轨迹方向上的粗糙度分布

3. 熔石英 CO_2 激光抛光技术关键难点

为了控制抛光轨迹之间粗糙度的差异,南京理工大学的李晓鹏副教授研究了不同的轨迹间距对抛光质量的影响,典型的抛光结果如图 3-69 所示。当轨道间距为 0.03 mm 时,抛光表面出现一定的蒸发烧蚀,试样表面可以观察到蓝色烧蚀粉末层[如图 3-69(a)中所示的小突起]。当轨道间距为 0.05 mm 时,获得所有工艺条件下最低粗糙度 Ra 为 0.335 μm。

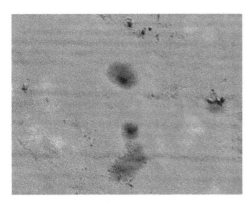
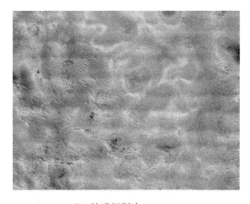

（a）轨道间距为 0.03 mm　　　　　　　　（b）轨道间距为 0.05 mm

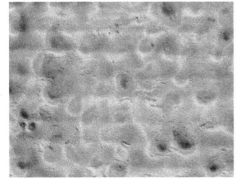
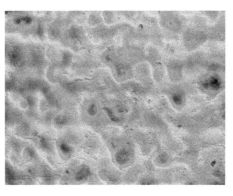

（c）轨道间距为 0.07 mm　　　　　　　　（d）轨道间距为 0.09 mm

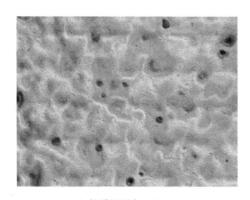

（e）轨道间距为 0.11 mm

图 3-69　不同轨迹间距条件下抛光后表面 3D 图

扫码看彩图

由于轨道间距 0.03 mm 和轨道间距 0.05 mm 恰好位于熔融、蒸发起主导作用的临界值附近,因此当熔融为主、蒸发为辅时,随着能量增大,粗糙度相应降低;当蒸发为主、熔融为辅时,随着能量增大,粗糙度相应提高。因此,当轨道间距为 0.03 mm、0.05 mm 时,抛光能量接近熔融、蒸发阈值临界点越近获得的粗糙度就会越低。由于试验选取的工艺参数组合产生的能量相对较低,故当轨道间距在 0.05 mm 以上时,热积累效应减弱、重复次数减少等因素导致能量不足,抛光后粗糙度随着轨道间距增大而提高。

3.6　激光加工制造技术

自从 20 世纪 60 年代世界上第一台激光器诞生以来,科研工作者对激光进行了多方面的研究与应用。1963—1965 年间,CO_2 激光器和 YAG 激光器相继问世,随后各种类型激光器如雨后春笋般发展起来。经过对激光的特性以及激光束与物质相互作用机理的深入研究,激光技术的应用领域开始不断地明确和具体化。

50 多年来,激光技术及其相关应用发展非常迅速,已经与多个学科结合形成多个技术应用领域,如激光加工、激光检测与测量、激光化学、激光医疗、激光武器等。这些交叉技术与新的学科的出现,极大地推动了传统产业和新兴产业的发展,同时赋予了激光加工技术更广的应用领域。

3.6.1　激光加工的基本原理

激光的产生机理可以溯源到 1917 年爱因斯坦解释黑体辐射定律时提出的假说,即光的吸收和发射可经由受激吸收、自发辐射和受激辐射三种基本过程,如图 3-70 所示。众所周知,任何一种光源的发光都与其物质内部粒子的运动状态有关。当处于低能级上的粒子(原子、分子或离子)吸收了适当频率外来能量(光)被激发而跃迁到相应的高能级上(受激吸收)后,总是力图跃迁到较低的能级去,同时将多余的能量以光子形式释放出来。

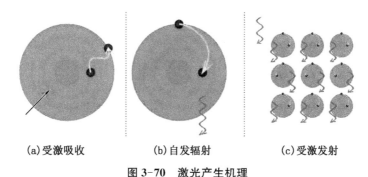

(a)受激吸收　　　　　(b)自发辐射　　　　　(c)受激发射

图 3-70　激光产生机理

如果光是在没有外来光子作用下自发地释放出来的(自发辐射)，那么此时被释放的光即为普通的光(如电灯、霓虹灯等)，其特点是光的频率、方向和步调都很不一致。但如果光是在外来光子直接作用下由高能级向低能级跃迁时将多余的能量以光子形式释放出来(受激辐射)，那么被释放的光子与外来的入射光子在频率、相位、传播方向等方面完全一致，这就意味着外来光得到了加强，称之为光放大。而激光的产生需要满足三个条件：粒子数反转、谐振腔反馈和满足阈值条件。通过受激吸收，使处于高能级的粒子数比处于低能级的多(粒子数反转)，还需要在有源区两端制作出能够反射光子的平行反射面，形成谐振腔，并使增益大于损耗，即相同时间新产生的光子数多于散射吸收掉的光子数。只有满足了这三个条件，才有可能产生激光。上述理论为激光的出现与发展奠定了坚实的理论基础。

1954 年，第一台微波激射器研制成功。1958 年，美国科学家汤斯和肖洛、苏联科学家普罗霍洛夫和巴索夫，分别独立提出了激光的概念和理论设计。而到了 1960 年，美国休斯飞机公司实验室的梅曼率先研制出了全球第一台激光器，也是世界上第一台红宝石激光器(图 3-71)，这成为人们掌握受激辐射和激光的标志。从此，激光从物理学基础性、探索性的研究大踏步地走向了更多新科学的探索，大批新技术的开发和工程的应用从此应运而生。

随着人类对激光技术的进一步研究和发展，激光器的性能得到了进一步提升，成本被进一步降低，但是它的应用范围却还将继续扩大，并将发挥出越来越巨大的作用。目前，主要使用的激光器分为以下三类：

图 3-71　梅曼和第一台红宝石激光器

1. 气体激光器

在气体激光器中，最常见的是氦氖激光器。世界上第一台氦氖激光器是继第一台红宝石激光器之后不久，于 1960 年在美国贝尔实验室里由伊朗物理学家贾万研制成的。由于氦氖激光器发出的光束方向性和单色性好，可以连续工作，因此这种激光器是当今使用最多的激光器，主要用在全息照相的精密测量、准直定位上。

气体激光器中另一种典型代表是氩离子激光器。它可以发出鲜艳的蓝绿色光,可连续工作,输出功率达一百多瓦。这种激光器是可见光区域内输出功率最高的一种激光器。由于它发出的激光是蓝绿色的,因此在眼科上用得最多,这是因为人眼对蓝绿色的反应很灵敏,眼底视网膜上的血红素、叶黄素能吸收绿光。因此,用氩离子激光器进行眼科手术时,能迅速形成局部加热,将视网膜上蛋白质变成凝胶状态,它是焊接视网膜的理想光源。氩离子激光器发出的蓝绿色激光还能深入海水层,而不被海水吸收,因而可广泛用于水下勘测作业。

2. 液体、化学和半导体激光器

液体激光器也称染料激光器,这是因为这类激光器的激活物质是某些有机染料溶解在乙醇、甲醇或水等液体中形成的溶液。为了激发它们发射出激光,一般采用高速闪光灯作为激光源,或者由其他激光器发出很短的光脉冲。液体激光器发出的激光对于光谱分析、激光化学和其他科学研究具有重要的意义。

化学激光器利用化学反应产生激光。如氟原子和氢原子发生化学反应时,能生成处于激发状态的氟化氢分子。这样,当两种气体迅速混合后,便能产生激光,因此不需要别的能量,就能直接从化学反应中获得很强大的光能。这类激光器比较适合于野外工作,或用于军事,令人畏惧的"死光"武器就是应用化学激光器的一项成果。

在当今的激光器中,还有一些是用半导体制成的,它们叫砷化镓半导体激光器,体积只有火柴盒大小,这是一种微型激光器,输出为人眼看不见的红外线,波长在 $0.8 \sim 0.9\ \mu m$ 之间。由于这种激光器体积小,结构简单,只要通以适当强度的电流就有激光射出,再加上输出波长在红外线光范围内,因此保密性特别强,很适合用在飞机、军舰和坦克上。

3. 固体激光器

前面所提到的红宝石激光器就是固体激光器的一种。早期的红宝石激光器采用普通光源作为激发源。现在生产的红宝石激光器已经开发出许多新产品,种类也增多。此外,激励的方式也分为好几种,除了光激励外,还有放电激励、热激励和化学激励等。

固体激光器中常用的还有钇铝石榴石激光器,它的工作物质是氧化铝和氧化钇合成的晶体,并掺有氧化钕。激光是由晶体中的钕离子放出的,是人眼看不见的红外光,可以连续工作,也可以以脉冲方式工作。由于这种激光器输出功率比较大,不仅用于军事上,而且可广泛用于工业上。此外,钇铝石榴石激光器或液体激光器中的染料激光器,对治疗白内障和青光眼十分有效。

3.6.2 激光加工的分类与特点

1. 激光加工的特点

激光加工技术主要有以下独特的优点:

(1) 光点小,能量集中,热影响区小;

(2) 不接触加工工件,对工件无污染;

(3) 不受电磁干扰,与电子束加工相比应用更方便;

(4) 激光光束易于聚焦、导向,便于自动化控制;

（5）应用范围广泛，几乎可对任何材料进行加工；

（6）安全可靠，采用非接触式加工，不会对材料造成机械挤压或机械应力；

（7）精确细致，加工精度可达到 0.1 mm；

（8）效果一致，保证同一批次的加工效果几乎完全一致；

（9）高速快捷，可立即根据电脑输出的图样进行高速雕刻和切割，且激光切割的速度与线切割的速度相比要快很多；

（10）成本低廉，不受加工数量的限制，对于小批量加工服务，激光加工更加便宜。

2. 激光加工的类型及应用

随着激光加工技术的不断发展，其应用越来越广泛，加工领域、加工形式多种多样。但就其本质而言，激光加工是激光束与材料相互作用引起材料在形状或组织性能方面的改变过程。从这一角度而言，激光加工可以分为以下几种类型，如图 3-72 所示。

（1）激光减材加工。在生产中常用的激光减材加工技术包括激光打孔、激光切割、激光雕刻和激光刻蚀等技术。激光打孔是最早在生产中得到应用的激光加工技术。对于高硬度、高熔点材料，常规机械加工方法很难或不能进行加工，而激光打孔

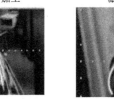

激光减材加工　　激光增材制造

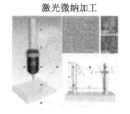

激光表面改性　　激光微纳加工

图 3-72　主要激光加工技术

则很容易实现。如金刚石模具的打孔，采用机械钻孔，打通一个直径 0.2 mm、深 1 mm 的孔需要几十个小时，而激光打孔只需要 3～5 min，不仅提高了效率，还节省了大量材料。激光切割具有切缝窄、热影响区小、切边洁净、加工精度高、光洁度高等特点，是一种高速、高能量密度和无公害的非接触加工方法。激光雕刻印染圆网技术是激光雕刻技术在工业中成功应用的典范，此技术在 1987 年应用于全球的纺织行业。

（2）激光增材制造。激光增材制造主要包括激光焊接、激光烧结和激光快速成形技术。激光焊接是通过激光束与材料的相互作用，使材料熔化实现焊接的。激光焊接可分为脉冲激光焊接和连续激光焊接，按热力学机制又可以分为激光热传导焊接和激光深穿透焊接。激光快速成形技术是激光加工技术引发的一种新型制造技术，现在更多被称为激光 3D 打印技术，它是利用材料堆积法制造实物产品的一项高新技术。它能根据产品的三维数据模型，不借助其他工具设备，迅速而精确地制造出所需产品，集中体现了计算机辅助设计、数控、激光加工、新材料开发等多种学科、多技术的综合应用。

（3）激光表面改性。激光表面改性主要包括激光热处理、激光强化、激光淬火、激光涂覆、激光合金化和激光非晶化、微晶化等。

（4）激光微纳加工。激光微纳加工起源于半导体制造工艺，是指加工尺寸在微米至纳米范围内的加工方式，目前激光微纳加工已成为新的研究热点和发展方向。

（5）其他激光加工。激光加工在其他领域中的应用有激光清洗、激光复合加工、激光抛光等。

3.6.3　激光加工制造研究前沿

由于激光束可以聚焦到很小的尺寸，激光材料加工的热影响作用区很小，可以精确控制加工范围和深度，因此特别适用于微纳加工。按照加工材料的尺寸大小和加工精度的要求，可以将目前的激光加工技术分为以下三个层次：

（1）大型工件的激光加工技术，以厚板（厚度>1 mm）为主要加工对象，其加工尺寸一般在毫米级或亚毫米级；

（2）激光精密加工技术，以薄板（厚度为0.1~1 mm）为主要加工对象，其加工尺寸一般在10 μm左右；

（3）激光微纳加工技术，以各种薄膜（厚度在100 μm以下）为主要加工对象，其加工尺寸一般在10 μm以下甚至在亚微米级或纳米级。

在上述三种激光加工中，大型工件的激光加工技术已经日趋成熟，在工业中广泛应用。激光微纳加工技术，如激光精密微切割、激光表面微织构、激光直写沉积和激光纳米级制造技术等也逐渐得到一些工业上的应用，已经成为激光加工制造的主要前沿发展领域。与传统的加工方法相比，激光微纳加工之所以有如此广泛的应用前景，是与其自身的特点分不开的，其主要特点为：

（1）对材料造成的热损伤低，高质量、高精度；

（2）非接触加工，没有机械力，十分适合微小的零部件；

（3）操作简单、加工速度快、经济效益高；

（4）激光独有的特性使得激光微纳加工具有极好的重复精度；

（5）加工的对象范围广，可用于加工多种材料。

激光微纳加工技术的发展同样离不开激光器的发展，许多不同的激光器已被广泛地应用于激光微纳加工，其波长从红外波段扩展到紫外波段，脉冲持续时间从毫秒到飞秒，脉冲重复频率从单脉冲到几十千赫兹。本节主要概述目前研究和应用较多的几种激光微纳加工前沿技术，从原理和发展应用等方面展开分析与讨论。

1. 激光精密微切割

激光精密微切割技术在过去十年中已被广泛地应用于医疗行业薄膜材料和管状材料的加工。例如，医用内支架的高质量切割需要升级激光切割技术以满足最大限度减少后处理过程的要求。尽管工业级的支架切割系统仍然依赖于 Nd:YAG 激光器，但是光纤激光和超短脉冲激光已经开始在本领域展现出一些优势。图3-73展示了利用单模光纤激光切割的

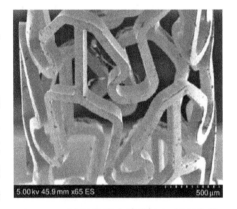

图3-73　利用单模光纤激光切割制备的不锈钢医用内支架

不锈钢医用内支架。利用此方法,切割速度远大于使用 Nd:YAG 激光器所达到的切割速度,同时可以实现较小热影响区的高精度切割。利用光纤激光和超短脉冲激光的激光精密微切割技术还在不断的研究与发展中,还需进一步提高切割质量和切割速度。

2. 激光表面微织构

激光诱导产生周期性表面结构已有 50 多年的研究历史。前期研究主要利用激光诱导表面结构提升表面摩擦学性能。近些年,本领域的主要研究工作集中在通过激光表面微纳米织构化实现表面理化性质的改变,包括润湿性(超疏水和超亲水表面)、光学特性(控制表面反射/吸收)和其他的物理/化学性质。例如,目前激光润湿性调控的主要手段是使用超快激光(飞秒/皮秒激光)加工制备微纳米级周期性表面结构的同时控制表面化学来制备超疏水表面。本领域近些年已有诸多成果发表,研究表明超快激光表面处理可以实现多种不同的表面浸润性,包括超疏水、超亲水、高黏附超疏水、超毛细以及各向异性超疏水等。江苏大学李保家教授课题组使用飞秒激光在金属钛上制备出多级微纳结构,包含微米级的柱状阵列结构和其上覆盖的纳米级激光诱导周期性表面结构(LIPSS),如图 3-74 所示。随后对激光处理后的表面进行化学修饰。通过激光加工和化学修饰的共同作用,表面展现出了稳定的超疏水和超亲水特性。

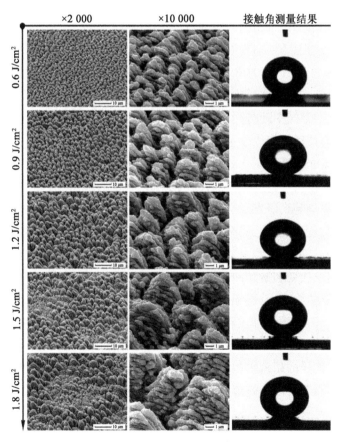

图 3-74　利用飞秒激光制备的多种周期性表面微纳结构及其润湿性

马丁内斯·卡尔德隆(Martinez Calderon)等人使用飞秒激光在不锈钢上制备了多种不同的表面结构,包括单一方向的微沟槽、网格状微沟槽以及上述两种微结构上覆盖有 LIPSS 的四种结构。激光处理后的表面即刻展现出了超亲水的特性。在空气中放置 120 h 后,只有具备多级微纳结构(微米级沟槽+纳米级 LIPSS)的表面展现出超疏水特性。这一研究工作证实了多级微纳结构对于制备超疏水表面的重要性。美国普渡大学的容信教授使用飞秒激光在金属铜和 PDMS 材料上制备了多种微纳结构并且在两种表面上均实现了接触角大于 150°、滚动角小于 5°的超疏水特性。制备的超疏水表面被用于制作微流通道,有效地降低了阻力、提高了流速。贾格迪什(Jagdheesh)等人使用皮秒激光在 AISI 304 不锈钢和 Ti64 合金上诱导出纳米级波纹状 LIPSS 结构,其后使用 FOTS 硅烷溶液对激光处理后的表面进行了化学蒸汽沉积处理。试验结果表明激光与化学方法处理过后的 Ti64 表面接触角高达 152°,实现了超疏水性能。这一工作证实了表面粗糙度对于改变表面润湿性的重要性。

效率更高、成本更低的纳秒激光制备超疏水表面的工艺研究在近些年也受到了广泛关注。与超短脉冲激光相比,纳秒激光具有更高的重复率,因此可以有效提高表面处理速度。新加坡国立大学洪明辉等人将纳秒脉冲激光纹理化和化学刻蚀方法相结合,在铜表面创建了规则的微米结构和随机的纳米结构。微/纳米分层表面结构显示出超疏水性,接触角约为 153°。该方法的化学刻蚀诱导了纳米结构,除纳秒激光织构化产生的规则微米结构外,纳米结构被认为是增加接触角的关键因素。英国赫瑞-瓦特大学研究人员使用纳秒激光在金属铜和不锈钢表面上诱导出周期性排列的微沟槽结构。试验结果表明,表面在激光处理1 天后展现出接触角小于 10°的超亲水特性。随着时间的流逝,表面的接触角在 15 天后达到 154°,展现出稳定的超疏水特性。这一润湿性的变化主要归结于激光处理后在表面上生成的亲水性 CuO 在空气中随时间变化发生了脱氧反应,生成了疏水性 Cu_2O,导致了表面的润湿性改变。马德里理工大学胡尔塔-穆里略(Huerta-Murillo)博士等人通过结合纳秒激光直写和皮秒激光干涉图案化的激光纹理化方法创建了由微孔、十字形微通道和 LIPSS 组成的三级分层表面结构,实现了将表面从亲水性转变为疏水性。

东南大学王青华等人研发了一种基于新原理的高效激光表面微纳米化制备工艺以实现超疏水表面的制备。此工艺将激光加工与化学修饰相结合,先使用激光对表面进行预处理,通过材料表面局部升温、汽化、离化,产生高压力的等离子体膨胀,对材料表面造成冲击;再结合激光热致相变和激光冲击强化晶粒细化双重效应,造成材料表面的高密度位错、位相转变以及材料结构改变,诱导出亚晶结构,以大光斑超高速实现金属表面改性;最后使用一定工艺窗口下的化学修饰过程将亚表面微纳结构暴露出来,同时改变表面能/表面化学。通过激光工艺和化学修饰的参数控制,加工后的金属表面获得了致密的多级微纳结构,同时展现出了优异的超疏水和超亲水性能。还可以利用不同的化学修饰方法对表面润湿性进行调控,实现超疏水和超疏油等特殊的表面润湿性。

3. 激光直写沉积

基于激光直写的向前和向后转移技术在过去几十年得到了研究人员的广泛关注。目前,比较成熟的技术包括激光诱导向前转移技术(Laser Induced Forward Transfer, LIFT)

以及介质辅助脉冲激光蒸发技术（Matrix-assisted Pulsed Laser Evaporation，MAPLE）。这些技术可以将包括热敏感性较高的生物材料和细胞在内的多种不同材料高效沉积在物体表面。激光微熔覆技术也被用于制备具有微米级分辨率的材料或部件。对于制备三维微米级部件，微固化、激光物理蒸汽沉积、激光化学蒸汽沉积和飞秒激光双光子聚合技术已经展现出了巨大潜力。目前，本领域的最大挑战在于如何高效迅速地在不同表面上沉积具有较好黏附性能和较高分辨率的结构，同时保证功能性材料的使用。激光直写技术的最大工业驱动力来自印刷电路、传感器和生物医学等领域。

4. 激光纳米级制造

由于衍射极限的存在，远场激光加工的标准分辨率为激光波长的一半，因此减小特征尺寸的一个方法是减小激光波长。在电子行业的推动下，极紫外光刻系统在过去数年发展迅速，目前可以在光刻作业中制备出特征尺寸小于 30 nm 的零件。此外，借助纳米结构材料中光学和电浆子效应中的近场效应（消散波），又可以突破衍射极限。将超材料作为超级透镜或者将激光光镊与微球相结合已经具备了直写纳米尺度特征结构的能力。对于多种重复性图案的制备，激光干涉光刻和微透镜阵列则展现出了极好的应用前景。

自组装颗粒透镜具有很高的制备效率。图 3-75 展现的是一个生产用户自定义的纳米星图案的案例。通过使用单个激光束对自组装微球呈一定角度进行扫描，可以获得很大数量的纳米星图案（1 亿个）。近期的研究工作还包括利用激光光镊将单个微球或一组微球阵列控制在液体中实现连续纳米图案的激光直写。目前，激光纳米制造的挑战在于如何实现远场中的超高分辨率以及高效多表面图案化制备。激光纳米制造的主要工业驱动力来自光电子和生物医疗等产业。

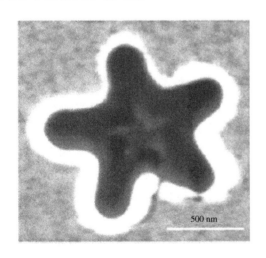

图 3-75 利用颗粒透镜技术生产的纳米星图案

500 nm

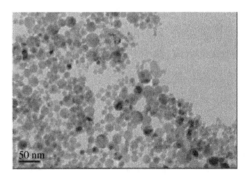

50 nm

图 3-76 利用液体中连续激光烧蚀法制备的二氧化钛纳米颗粒

激光纳米制造的其他领域包括纳米材料，如纳米管、纳米线和纳米颗粒的制备。由于目前激光技术的生产效率较低，市面上的纳米材料主流制备技术还主要依赖于化学湿法刻蚀、离子放电以及溶胶-凝胶法。然而，基于激光方法的纳米材料制备工艺也在快速发展。图 3-76 展示的是一种利用液体中连续激光烧蚀法制备的二氧化钛纳米颗粒。在未来,激光纳米制造的最大挑战还是如何进一步提升制备效率以及实现对制备过程的控制(例如控制结构的尺寸、形貌和相位)。

3.6.4 案例:医用钛合金生物相容表面的激光加工制造

近些年,具有灵活、清洁、精度高等优势的激光加工技术,被越来越多地运用在医用钛合金表面改性领域。这些激光加工技术具体包括激光熔覆、激光抛光和激光微纳米化加工等。在这些众多激光工艺中,激光微纳米化加工工艺可以在材料表面快速加工出各种微纳米尺度结构以改变其表面特征(图 3-77),通过变换表面粗糙度和横向间距的手段提升细胞的黏附、增殖和迁移等生物学特性。与传统表面改性方法相比,激光微纳米化加工工艺制备的生物材料表面改性层较薄,对基体影响较小,同时精度和可控性较高,有效克服了传统表面改性方法的缺点,因此在优化医用钛合金材料表面性能和提升医用钛合金材料生物相容性方面展现出了良好的应用前景。

 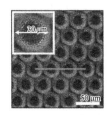 

(a) 微米坑+坑底纳米波纹结构　　(b) 微米坑+坑顶纳米波纹结构　　(c) 周期性纳米波纹结构

图 3-77　利用激光方法制备出的多种微纳米尺度结构

目前,医用钛合金的激光微纳米化加工工艺主要利用超短脉冲激光(飞秒激光或皮秒激光)在表面制备周期性微纳结构。研究者们通过对改性表面上细胞生物学特性的观察和分析,探究激光诱导表面结构对医用钛合金材料生物相容性的影响规律。梁春永等人使用飞秒激光直写技术在钛合金植入体表面制备了由微米沟槽、亚微米条纹及微纳米颗粒组成的多级结构,结合钙磷盐在表面的原位沉积,有效促进了成骨细胞的黏附,从而显著提高了植入体与骨组织的结合力。杜马斯(Dumas)等人利用飞秒激光在钛合金表面加工出由微坑和纳米波纹构成的三种仿生结构,且发现激光诱导的这三种结构都可以显著提高间充质干细胞(MSC)向成骨细胞转变的潜力和细胞在表面的扩展速度,并抑制 MSC 脂肪的形成和产生。施奈尔(Schnell)等人使用飞秒激光在钛合金表面制得了三种不同形式的微纳结构,包括随机分布的微米凸起结构、正弦曲线分布的周期性微米结构和波纹状纳米结构,并研究了激光诱导不同微纳结构对于 MG-63 成骨细胞的黏附特性。研究结果表明,充满深坑的随机微米凸起结构会抑制细胞在表面上的生长和扩散,而周期性微米结构和纳米结构则可以显著提升细胞在表面上的黏附和生长。克劳斯(Klos)等人使用飞秒激光在 Ti-6Al-4V 合金表面诱导产生了多种形式的纳米结构和多级微纳结构,并通过研究发现人体 MSC 在纳米结构表面迁移能力较强,而在多级微纳结构表面上更容易实现定向排列。东华大学的胡俊教授团队采用 1 064 nm 波长的皮秒激光在钛合金(Ti-6Al-4V)表面制备平行微沟槽结构,并且通过试验证明了该种形式的微观结构相比于抛光平面更有助于细胞的黏附和增殖(图 3-78),同时对细胞生长起到接触引导的作用。

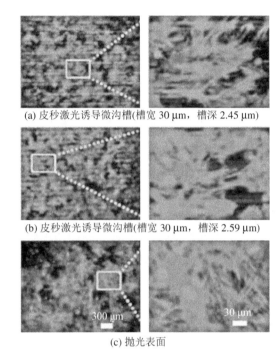

(a) 皮秒激光诱导微沟槽(槽宽 30 μm,槽深 2.45 μm)

(b) 皮秒激光诱导微沟槽(槽宽 30 μm,槽深 2.59 μm)

扫码看彩图

(c) 抛光表面

图 3-78　细胞在不同表面的黏附和增殖情况对比(粉色代表细胞黏附区域)

3.7　仿生制造技术

仿生制造源起于制造科学与生命科学的交叉融合,是现代制造技术的一个崭新领域,已成为先进制造技术的一个重要分支。目前,信息、生命和纳米科技等领域正在引领 21 世纪科技发展的潮流,世界各国都十分重视仿生制造技术的研究和发展,例如美国在《2020 年制造技术的挑战》中将生物制造技术列为 11 个主要发展方向之一。而我国在《机械工程学科发展战略报告(2011—2020)》中也明确将仿生制造列为未来主要的发展方向。

3.7.1　仿生制造技术的内涵

仿生制造,一般是指通过模仿生物的组织、结构、功能和性能,制造仿生结构、仿生表面、仿生器官、仿生装备、生物组织及器官,同时包括借助生物形体和生长机制对材料进行加工成形的过程。仿生制造融合了传统制造技术与生命科学、信息科学、材料科学等多种学科,其产生和发展的基础为制造过程与生物生存过程存在的相似性,因此通过学习模仿生物系统的组织结构、能量转换、控制机制以及生长方式,可以促进现有制造技术的发展和进步。

在自然界中,通过长期的自然选择和自身进化,生物已对自然环境具有高度的适应性,展现出了十分先进且可靠的感知、决策、指令、反馈和运动等方面的机能。这些与人类在能量转换、控制调节、信息处理、导航和探测等领域掌握的技术手段相比具有不可比拟的长处。

如前所述,制造过程与生物的生命过程有着相似之处。基于此,仿生制造通过向生物体学习,实现诸如自发展、自组织、自适应和进化等功能,从而适应日渐复杂的制造环境。一般来说,传统制造可以被认为是一种"他成形"过程,即通过各种机械、物理、化学等手段实现强制成形,如机加工、铸造、锻压、焊接、物理沉积、化学镀等;而生物体的生命过程则被认为是一种"自成形"过程,即依靠生物体本身实现自我生长、发展、自组织以及遗传过程。为此,仿生制造可以被视为由传统"他成形"向生物体"自成形"方向的转变。

仿生制造在传统制造的创新方面开辟了一个崭新的领域。人们在仿生制造中不仅师法自然,同时还学习与借鉴生物体自身的组织方式与运行模式。如果说制造过程的机械化和自动化延伸了人类的体力,智能化延伸了人类的智力,那么仿生制造则是延伸了人类自身的组织结构和进化过程。

鉴于仿生制造所涉及的技术领域较多,本节首先介绍仿生制造技术的产生背景,其后重点介绍仿生制造技术的发展前沿,最后介绍最能代表近些年仿生制造技术发展的一个经典案例:超疏水金属表面的仿荷叶结构设计及制造。

3.7.2 仿生制造技术的产生背景

对于仿生制造而言,它涉及的基础理论包括生物去除成形、生物约束成形、生物生长成形等理论。随着现代制造科学、生命科学、材料科学、组织工程的发展,仿生制造的理论越发成熟。

(1)制造科学。在 20 世纪,由于计算机技术的快速发展,产生了一系列的先进制造技术,如计算机集成制造、并行工程、敏捷制造、虚拟制造和智能制造。然而在现代制造技术飞速发展的同时,却造成了对环境的污染和破坏,消耗了许多难以再生的资源。除此之外,在传统制造过程中,金属的熔炼、热加工、切削等也都会对环境产生污染。因此,采用可降解的生物材料和借鉴生物的生长来进行制造将是制造业发展的一个必然方向。

(2)材料科学。仿生制造离不开材料。目前,材料技术的发展趋势有以下几种:① 由均质材料向复合材料发展;② 由结构材料向功能材料、多功能材料并重的方向发展;③ 材料结构的尺度向越来越小的方向发展;④ 由被动性材料向具有主动性的智能材料方向发展;⑤ 通过仿生途径发展新材料(即仿生材料),要求其强度和弹性适当,有一定的耐疲劳、耐磨损、耐腐蚀性能,并与人体组织有很好的相容性,可对人体组织和器官进行矫形、修补、再造,以维持其原有功能。仿生材料以生物体合成的蛋白质为基础,以石油为原料的工程塑料、尼龙等有机高分子为材料,既能解决资源、能源枯竭问题,又对环境没有任何危害。目前仿生材料的研究发展迅速,前途似锦,将开创材料科学技术的新纪元。

(3)生命科学。仿生制造实际就是向生命现象和生命科学学习。在 20 世纪,遗传物质DNA 双螺旋结构的发现、遗传密码的破译、人类基因组大规模测序计划、转基因技术、克隆技术等新技术的出现,使人们认识了生命现象。人类在不久的未来或许可以按照自己的意愿,设计出新的生物基因蓝图,然后再制造出全新的生命体。

（4）组织工程。组织工程是应用生命科学与工程学的原理与技术,研究、开发用于修复、维护、促进人体各种组织或器官损伤后的功能和形态的生物替代物的一门新兴学科。这是一种新的医疗概念,对增进健康有广阔的应用前景。例如,当骨组织发生小缺损时其自生自愈的核心是建立由细胞和生物材料构成的三维空间复合体,其最大优点是可形成具有生命力的活体组织,对病损组织进行形态、结构和功能的重建并达到永久性替代;用最少的组织细胞通过在体外培养扩增后,进行大块组织缺损的修复;可按组织器官缺损情况任意塑形,达到完美的形态修复。

3.7.3　仿生制造技术研究前沿

1. 仿生机构制造

仿生机构制造是在提取自然界生物优良特性的基础上,模仿生物的形态、结构、材料和控制功能,设计制造具有生物特性或优异功能的机构或系统的技术。

例如,动物肢体由骨骼、韧带和肌腱组成,相类似的,仿生机构也应该由刚性构件、柔韧构件、仿生构件以及动力元件等结构组成,通过运动副或者仿生关节的连接,在控制系统指挥下某种程度上模拟特定生物的运动功能。在此仿生机构的组成构件中,刚性构件为整个机构的基础,决定着机构的自由度和活动范围;柔韧构件弯曲刚度较小,决定了刚性构件的驱动方式;仿生构件是模仿生物运动器官特性的构件,在机构中独立存在,目的是改善机构的传动质量;动力元件可以在系统控制下对柔韧构件施加张力,功能相当于动物的肌肉。

目前,最为典型的仿生机构便是假肢。图 3-79 展示了加拿大温哥华西蒙弗雷泽大学工程学院研究团队研发的一款名为 M. A. S. S. Impact(肌肉活动感应集束)的仿生机械臂系统,该系统通过在人机接口处集成大量感应器,来追踪截肢患者剩余肌肉的运动,使得人们可以用意识精准地感知并操控仿生机械臂完成复杂运动。这套系统能够收集传感器追踪到的数据,并实时计算和预测仿生机械臂安装者的动

图 3-79　仿生机械臂系统

作,做出实时回馈。这套系统也成功帮助残奥会滑雪运动员借助电子假肢参加比赛。

目前的仿生假肢已经具有脑机接口功能,可以将来自人脑的信号通过传感器传输到假肢,使假肢在一定程度上听从大脑指令,让残疾人像正常人一样行走。随着计算机、微处理器以及小型液压推动系统的进一步发展和新材料的持续出现,未来有望制造出更加灵活、结实和轻便的仿生机构和产品。

2. 功能表面仿生制造

功能表面一般定义为具有减阻、润湿、隐形、散热和传感等功能的生物体表面。自然界

中的生命体是最出色的工程师,生命体表面精美绝伦,从分子尺度的纳米、微米到介观和宏观尺度的细胞、组织器官,它们均为复杂、智能、动态且可修复的多功能表面,具有有序的多层次结构。生命体表面的很多功能至今还令人类望尘莫及,如超越舰船航速的海豚,具有减阻身体表面的鲨鱼,超高效集水的沙漠甲虫,高度环境协调的光、声、电、磁传感和响应的生物表皮,以及众多动物的摩擦力学行为,都对当今科学研究和技术开发具有重要的意义。

　　基于此,功能表面的仿生制造技术融合了制造科学与生物、医学、物理、化学等多学科,得到了迅速发展,已成为未来高新科学技术发展的一个重要方向。例如,低阻功能表面的仿生研究是目前仿生制造的热点之一,囊括了固-固、固-液、固-气界面结构,接触机制以及力学行为的研究。通过亿万年的进化,自然界的生物拥有了非常利于运动节能的低阻体表面形貌和界面结构,如鱼类、鸟类、贝类、昆虫等形体表面都有低阻功能的表现。其中最为典型的便是鲨鱼皮的减阻效能。研究发现,鲨鱼皮表面由呈菱形排列的盾鳞所覆盖,盾鳞表面有宽度约 $50\ \mu m$ 的顺流向沟槽,其结构如图 3-80 所示。这样的结构能够优化鲨鱼体表流体边界层的流体结构,抑制和延迟湍流的发生,有效减小水体阻力。

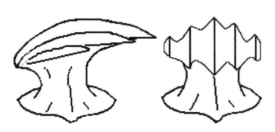

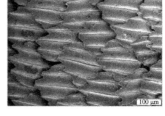

(a) 盾鳞结构示意图　　　　　　　(b) 鲨鱼皮表面扫描电子显微镜照片

图 3-80　鲨鱼皮表面结构

　　由于飞行器、航行船舶、流体管道等在运行和使用过程中受到摩擦阻力作用,大量能源被消耗,类似鲨鱼皮的仿生减阻材料在航空航天、汽车、流体管道、发动机等方面已得到广泛应用。美国 NASA 兰利研究中心在 Learjet 飞机上采用沟槽表面,使减阻量达到6％。我国也在运-7 金属原型上粘贴了顺流向沟槽薄膜,减阻效果为5％～8％。北京航空航天大学研究团队利用热压印法制备了仿生鲨鱼皮,制备步骤包括基板加热、样本叠放与施压、弹性脱模、复型翻模四步,如图 3-81 所示,制备出的鲨鱼皮复型模板如图 3-82 所示。平板样件水筒阻

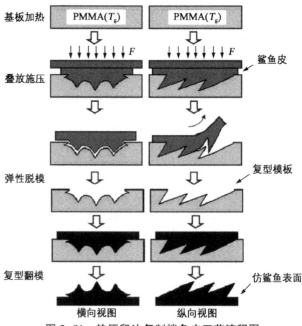

图 3-81　热压印法复制鲨鱼皮工艺流程图

力试验结果表明,采用生物复制成形工艺制备出的仿鲨鱼减阻表面具有明显的减阻效果,在试验工况内,最大减阻率达到 8.25%。

3. 生物组织器官制造

生命与健康是人类社会的重要需求。长期以来,人们希望通过更换病变组织和器官提高生存质量。社会人口老龄化的加剧和疾病患者的年轻化使得组织器官的供需关系日益尖锐,一些组织和器官的供求比达到了 1:100 以上,显示出了研发人体组织器官产品的必要性和迫切性。

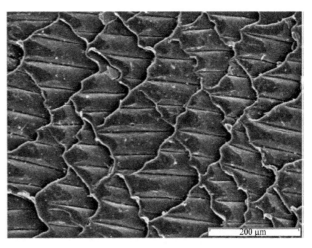

图 3-82　鲨鱼皮复型模板扫描电子显微镜照片

所谓生物组织器官制造,就是利用生物材料、细胞和生物因子等制造具有生物学功能的人体组织或器官替代物的过程。目前生物组织器官的制造主要围绕非活性组织的植入式假体、简单的活性组织和复杂的内脏器官及支架等。其中植入式假体是目前在临床医学上应用最广泛的产品,其特点是将用非活性材料制造的组织与器官植入人体内以替换病变或缺损的组织器官的部分生理功能,例如人工关节、血管支架、人工眼、人工心脏等,图 3-83 所示为利用人工关节置换坏死的病残关节。

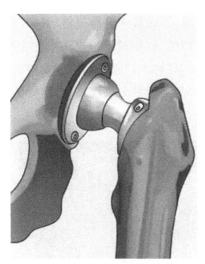

(a)人工全髋关节置换术

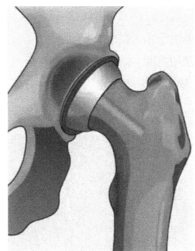

(b)髋关节表面置换术

图 3-83　利用人工关节置换坏死关节

植入式假体最典型的例子是人工关节,其目前主要发展趋势是研发具有生物活性的人工骨及关节。实现这一目标的主要难点在于生物结构的多孔性与多孔结构强度之间的矛盾。为此,西安交通大学研究人员利用各种生物材料降解速度不同的特征,提出利用多种材料构建复合梯度材料人工关节的方法,使得活性骨与关节在短期内获得良好的力学支撑能力和生物学性能。试验结果显示,复合材料在生物力学和骨生长上具有积极作用。随着活性人工骨性能的稳定,结合定制化关节假体技术,研究人员设计并完成了金属/陶瓷复合结构人工关节(见图 3-84),目前已被应用于临床治疗青少年保肢手术。

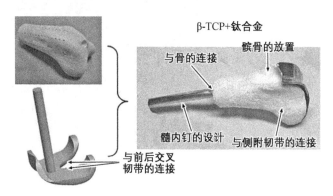

图 3-84　金属/陶瓷复合结构人工关节

3.7.4　案例:超疏水金属表面的仿荷叶结构设计及制造

在整个工程及科学领域中,超疏水表面有着十分广泛的应用。超疏水表面一般是指表面与液滴接触角大于 150° 的表面,这种具有特殊湿润性的表面普遍存在于自然界。事实上,2 000 多年前,人们发现,虽然有些植物生长在泥中,但它们的叶子几乎总是干净的。最典型的例子是荷叶。荷叶表面的水珠能够快速滚动,而且很容易能够"清扫"表面的灰尘,使得叶面变得更干净,如图 3-85 所示。与之相似的是,蝴蝶翅膀也同样存在类似的结构。当蝴蝶的翅膀拍打时,水滴会沿着轴的径向滚动,这样水滴就不会弄湿蝴蝶的身体。研究结果表明,蝴蝶翅膀上覆盖着大量沿轴向辐射排列的微纳米尺度结构,这样的结构使蝴蝶平稳地飞行。

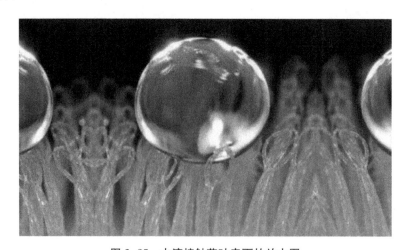

图 3-85　水滴接触荷叶表面的放大图

1977 年,德国波恩大学的巴斯洛特(Barthlot)和海因豪斯(Neinhuis)用扫描电子显微镜开始了对荷叶表面微小几何形貌的研究,如图 3-86(a)所示。在对天然的荷叶进行研究后发现,荷叶之所以有着很强的超疏水性能是由于它外表面由微米级微小结构和纳米级细小结构以及具有低表面能的蜡状物质所构成,如图 3-86(b)所示。随着科学研究的深入,人们发现制备超疏水表面主要需要具备两个条件:一是材料表面具有很低的表面能;二是在固体材料表面能构建一定粗糙度的具有微米和纳米的双重结构。

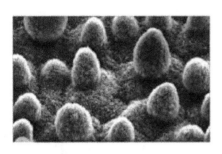

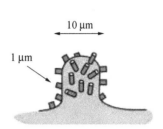

（a）扫描电子显微镜图　　　　　　　（b）表面结构示意图

图 3-86　荷叶的表面结构

超疏水表面因其具备的自清洁、油水分离、抗腐蚀、防结冰以及防雾等优秀特性,近几年来备受材料学家的青睐,吸引了大批科学家投入超疏水材料的研究中。在构建超疏水固体表面时,一般是在低表面能表面上构建粗糙表面或者在粗糙表面上修饰低表面能的物质。本节将对仿生超疏水表面的主要制备方法进行介绍。

1. 溶胶-凝胶法

溶胶-凝胶法是一种"湿化学"合成法,即在一定的条件下,将高化学活性的前驱体经过水解、缩合形成溶胶,然后进行干燥热处理得到网络结构凝胶,材料表面具有较好的超疏水性能。此方法多应用于制备超疏水玻璃涂层和功能陶瓷材料。印度希瓦吉大学的拉奥等人采用溶胶-凝胶法制备了二氧化硅气凝胶,其接触角高达 173°。韩国浦项科技大学韩仲塔等人在 25℃条件下,采用溶胶-凝胶法制备了具有良好超疏水性能的超分子有机硅烷薄膜。香港理工大学尚松民等人用偶联剂修饰化合物制备出具有超疏水性的纤维织物,增强了棉织物的疏水耐用性。

溶胶-凝胶法制备超疏水表面材料具有原料黏度低、步骤简单等诸多优点。当然,此方法也存在一些缺点:试验耗时长,而且在热干燥过程中有挥发物,体系会产生收缩等。

2. 模板法

模板法是以模板为主体构型去控制、影响和修饰材料的形貌,控制尺寸进而决定材料性能的一种合成方法。模板法的突出优点是操作简单、结构尺寸可控、重复性好,可以高效地制备仿生超疏水纳微结构。

温州大学彭盼盼以芋头叶为模板,制备了含有微腔的超疏水表面,并在微腔表面修饰了一层聚十八烷基硅氧烷纳米层,超疏水性能良好。中国科学院化学研究所江雷院士等人利用氧化铝模板制备出聚丙烯腈纳米管簇,其接触角高达 173.8°。张诗妍等人以聚乙烯醇为模板复制霸王鞭和麒麟掌叶片结构,制备出具有超疏水性的聚苯乙烯薄膜。向静等人结合改进的模板法和 ZnO 水热生长法在环氧树脂基底上得到了仿荷叶超疏水结构,如图 3-87 所示。

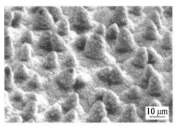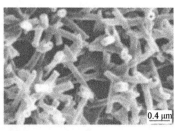

(a)荷叶表面微纳复合结构环境扫描电子显微镜图

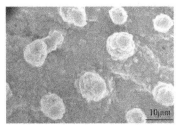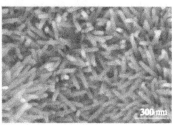

(b)仿荷叶微纳复合结构扫描电子显微镜图

图 3-87　仿荷叶超疏水表面结构图

3. 沉积法

（1）化学气相沉积法

中国科学院化学研究所江雷院士等人通过化学气相沉积法,在硅表面沉积 3-氨丙基三甲氧基硅烷,再用脂肪酸长链对表面进行修饰,得到的超疏水性表面静态接触角为 159°。日本国立先进工业科学技术研究所穗积敦史等人将 1,3,5,7-四甲基环四硅氧烷通过化学气相沉积法沉积在氧化铝和二氧化钛表面上,使其由亲水表面变为超疏水表面。美国密歇根科技大学李志慧等人通过热化学气相沉积法将垂直排列的多壁碳纳米管沉积在以不锈钢为基底的氧化铝薄膜上,得到了具有超疏水性和超亲油性的表面。

（2）电化学沉积法

电化学沉积法是在电解质溶液中将金属或金属化合物通过电极反应沉积到材料表面的方法,可以用来制备超疏水表面。上海交通大学姚陆军等人通过电化学沉积法在镀金硅基片上制备了一种新型的硫化锌层状结构,该结构由具有纳米片分支的纳米棒阵列和生长在其上壁的纳米线组成,其静态接触角和滚动接触角分别为 153.8° 和 9.1°。哈尔滨工业大学丁岩波等人通过控制通电时间和添加剂的用量,采用电化学沉积法制备了珊瑚状形貌的纳米氧化亚铜薄膜,其表面接触角高达 175°。美国麻省理工学院肯尼思·劳等人通过电化学沉积法用聚四氟乙烯修饰垂直排列的碳纳米管簇,得到了稳定的超疏水表面。

4. 电纺法

电纺法多用来制备仿生超疏水纳米纤维材料。该方法的优点是试验设备简单、操作简单、效率高,制备出来的材料可用于纳米纤维传输药物、化学与生化传感器等领域。韩国仁荷大学康敏成等人以 N,N-二甲基甲酰胺为溶剂溶解聚苯乙烯进行电纺,制备的纤维薄膜接触角为 154.2°。中国科学院化学研究所江雷院士等人通过电纺法以聚苯乙烯为原料,研究出具有多孔微球和纳米纤维复合结构的一种超疏水薄膜,接触角为 160.4°。

5. 激光加工方法

作为现今工业制造、新材料开发、科学研究等民、军领域的重要技术,激光有着巨大的发展前景以及研究价值。短脉冲以及超短脉冲激光以其较高的峰值功率、较小的聚焦光板、较小的热影响区、优良的材料去除特性、灵活精确的加工过程与精度,以及极强的材料兼容性,在众多高端制造与开发的技术领域发挥了无可替代的作用,是激光加工技术领域的重要组成部分。脉冲激光辅助材料表面功能化对人类的日常工业、生活、科研等有着重要意义,尤其是金属表面。而近些年,激光加工方法也被越来越多地运用于超疏水表面的制备。

美国贝尔实验室汤姆·克鲁本勤等人利用光刻蚀的方法制备了接触角为 172°的超疏水表面。中科院上海光机所潘怀海等人用模塑技术把二氧化硅注入印章中,并且利用脉冲激光刻蚀表面,让其接触角达到 175°。李晶等人利用激光刻蚀的方法在铝合金表面构筑了槽棱结构的超疏水表面,发现间距为 200 μm 的网格结构的接触角更大,达到 159°。由于激光烧蚀形成的微纳米复合形貌使铝合金表面氧化膜面积大量增加,有效地延缓了腐蚀过程,因此网格状结构的耐蚀性优于槽棱结构的耐蚀性。清华大学钟敏霖教授等人采用超快激光复合化学氧化的方法,制备了一种新式三级微纳超疏水表面结构(图 3-88),该类表面结构可有效提高超疏水表面在高湿度环境下的 Cassie 状态稳定性及其防除冰性能。

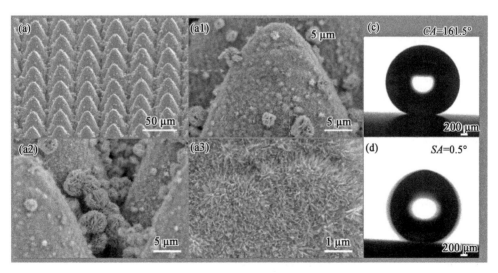

图 3-88　超快激光复合化学氧化法制备的三级微纳超疏水表面结构及其表面接触角和滚动角

思考与练习

1. 制造工艺有哪些发展趋势？

2. 熔化极气体保护电弧焊有哪些种类？请简述其区别。

3. 请简述搅拌摩擦焊的基本原理。

4. 材料先进塑性成形工艺有哪些常用方法？请简述其基本原理。

5. 超精密加工工艺的精度可以达到什么范围？包括哪些方法？

6. 增材制造有哪些常用方法？请简述其基本原理。

7. 激光加工的用途有哪些？

8. 请简述仿生制造的内涵及分类。

参考文献

［1］李祚军,田伟,张田仓,等.线性摩擦焊接钛合金整体叶盘研制与实验研究[J].航空材料学报,2020,40
    (4)：71-76.

［2］魏青松.增材制造技术原理及应用[M].北京：科学出版社,2017.

［3］张嘉振.增材制造与航空应用[M].北京：冶金工业出版社,2021.

［4］杨占尧,赵敬云.增材制造与3D打印技术及应用[M].北京：清华大学出版社,2017.

［5］李永哲.GMA增材制造多层多道熔敷成形特性及尺寸控制[D].哈尔滨：哈尔滨工业大学,2019.

［6］Li L. The challenges ahead for laser macro, micro and nano manufacturing [M]//Advances in laser
    materials processing. Amsterdam：Elsevier, 2018：23-42.

［7］曹凤国.激光加工[M].北京：化学工业出版社,2015.

［8］罗晓,刘伟建,张红军,等.超快激光制备金属表面可控微纳二级结构及其能化[J].中国激光,2021
    (15)：140-163.

［9］Wang Q H. Laser engineering methods of novel multi-functional surfaces[D]. The University of
    Iowa,2020.

［10］Zhang L C, Chen L Y, Wang L Q. Surface modification of titanium and titanium alloys：
    Technologies, developments, and future interests[J]. Advanced Engineering Materials, 2020, 22(5)：
    1901258.

［11］Li B J, Li H, Huang L J, et al. Femtosecond pulsed laser textured titanium surfaces with
    stablesuperhydrophilicity and superhydrophobicity[J]. Applied Surface Science, 2016, 389：585-593.

［12］王隆太.先进制造技术[M].3版.北京：机械工业出版社,2020.

［13］董建涛,王平.仿生制造的研究内容与发展趋势[J].机械设计,2005,22(S1)：17-18.

［14］王雷,余锦,赵爽,等.仿生超疏水表面应用及展望研究[J].材料科学,2020,10(9)：15.

［15］佟威,熊党生.仿生超疏水表面的发展及其应用研究进展[J].无机材料学报,2019,34(11)：
    1133-1144.

第四章

极端制造技术

4.1 概述

极端制造泛指当代科学技术难以逾越的制造前端,其内涵随着人类科技的发展不断被突破与变革。在各种极端环境下,制造极端尺度或极高功能的器件和功能系统,是极端制造的重要特征,集中表现在微制造、巨系统制造和特种环境制造。例如,制造微纳电子器件、微纳机电系统、分子器件、量子器件等极小尺度和极高精度产品;制造空天飞行器、超大功率能源动力装备、超大型冶金石油化工装备等尺寸极大、系统极为复杂和功能极强的重大装备;在深海、深空、深地等高温、低温、真空、失重、强磁场、强辐射环境下进行现场制造。

制造的本质是改变物质,使其具有使用功能。在各类极端条件下,传统制造参数与被制造物质性能之间的工艺规律会发生改变。极端制造需探索非常规条件下的物理规律,将被制造物质改造成具有极强功能的零件。例如,在高温高压下成形硬度比金刚石高 2 倍的超硬材料件;铝合金在零下 180℃成形加工时其延伸率和硬度会发生明显变化;微流管道的直径减小至一定尺度后,由于表面张力的作用明显增强,伯努利方程不再适用。科学家预测,当芯片线宽小于 7 nm 节点时,量子隧穿效应将使得"电子失控",导致电子发生穿入或穿越位势垒的量子行为。

可以认为,现代制造科学的前沿是建立在多层次、多尺度物质结构与运动规律基础之上的,并且需要发现与揭示极端制造规律,探索全新概念的产品及其制造模式。这将成为制造业发展的科学先导,也是我国建立具有国际核心竞争力的工业体系和国防体系的基础。

4.1.1 常规制造与极端制造

机械制造就是将原材料转变为成品的各种劳动总和。从系统的角度来说,常规制造是指采用传统的机械制造方法,在常温、常压、常湿(如车间环境)的条件下,将毛坯或其他辅助材料作为原料,经过存储、运输、加工、检验等环节,制作符合要求的零件或产品。常规制造通常面向国民经济和居民日常生活的大批量消费品。受市场价格的制约,常规制造的零件或产品只需满足基本服役要求即可,损坏后可以维修和更替,无须在极大程度上提升零件或产品的性能。

中国机械工程学会极端制造分会对极端制造的定义如下："极端制造（extreme manufacturing，也称极限制造、超常制造），是指在极端条件或环境下，运用先进制造技术及高端装备，制造极端尺度（极大或极小尺度）、极限精度、极高性能的结构、器件或系统，以及能产生极端物理环境或条件的科学实验装置。"极端制造的基本内涵如图 4-1 所示。极端制造的本质特征是尺度效应和环境效应。在极端尺度和极端环境下，材料、构件的物理性能将产生明显的非常规现象，甚至与现有物理学、材料科学和加工制造原理相悖，必须研究相应的新原理、新方法和新技术。极端制造的基本科学问题是研究物质如何通过与能量的复杂、精准的交互作用演变为极端性能产品的科学规律。上述极端制造的过程及系统的理论、方法和技术称为极端制造技术科学。

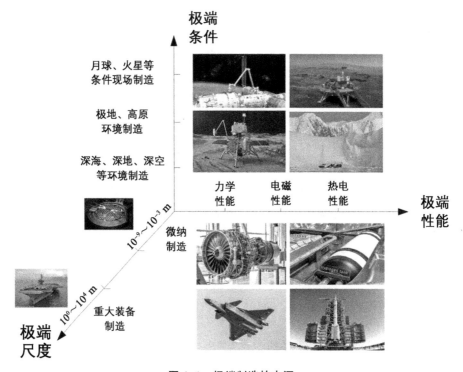

图 4-1　极端制造的内涵

目前，提供物质产品的强大的现代基础经济军工产业、空天运载、信息产业都渗透着极端制造，它们都需要高能量密度的材料成形制造、超大或超小的高精度零件制造、超精密器件的微纳制造、巨系统的集成制造等。如我国发展中的空天运载工程、吉瓦以上的超级动力装备、百万吨级的石化装备、万吨级的模锻装备、新一代高效节能冶金流程装备等，它们最核心的制造技术都体现了极端制造的基本内涵。

极端制造具有小批量、定制化、高价值的特征，极端制造水平决定了一个国家高端装备的制造能力，是国家实力的重要体现，与国家发展战略息息相关。例如，在第二次世界大战后，美国、苏联、法国等国家总结了德国的战争优势，并指出，德军的空中优势主要得益于德国具备超大型金属构件的锻造能力，可以实现大型金属构件的流变成形制造。自此，这些国家开始大力发展巨型水压机技术,美国快速建造了2台4.5万t水压机,苏联建造了2台7.5万t水压机,法国建造了1台6.5万t水压机。以巨型水压机的研发为契机,美国、苏联、法国迅速提升了空中作战能力和洲际运载能力,成为二战后迅速崛起的航空航天大国。

极端制造是带动工业转型升级的重要突破口。传统工业向新型工业化转变的方向已经十分明确,但如何推动转变仍在探索之中。传统制造增长轨迹已显乏力,亟须在先进制造前沿领域发力。一方面,极端制造从前沿"倒逼"我国制造业转型升级。如航母用的极细、韧性极高的拦阻索由美国和俄罗斯控制,只能依靠自主研制。另一方面,极端制造应用到常规产品设计和制造当中,将对推动产品升级换代以及制造技术的改造提升发挥极强的带动作用。航母千亿元级别的投资也将带动航空、动力、机械、电子、材料乃至燃料工业的转型升级,同时也能锤炼中国制造业复杂大系统的集成能力。据统计,当今发达国家国民生产总值增长部分的65%与微纳制造有关,依赖微纳制造的电子工业增长速率一般为国内生产总值增长速率的3倍。

极端制造快速发展,并向多领域渗透,已成为当代先进制造的重要特征,是各国抢占新一轮制造技术制高点的战略必争之地,其所形成的强大生产力已成为国家发展和国力竞争的重要基础。自19世纪下半叶以来,人类认识世界与改造世界的活动更加频繁,不断涌现的重大科学发现正在迅速创造出全新概念的当代极端制造,同时萌生出种种制造新过程和功能全新的产品。美国1991年在其"国家关键技术"报告中向政府提出,在制造设备方面领先的国家有可能主宰半导体器件的世界市场,建议将"微米级和纳米级制造"列为国家关键技术。此后的三十年"微纳制造"技术的快速发展,使得美国成为高端芯片的制造强国。

我国的极端制造已取得积极进展,但在技术能力、整机产品、关键环节等方面都与发达国家存在较大差距,难以满足行业发展需要。我国迫切需要加紧部署,提升极端制造能力,加快向制造强国转变。随着中国在极端制造方面研发投入的加大、贸易规模的扩大,中国在该领域已经取得了不少重大突破,越来越多的极端制造产品在中国问世。在极"大"方面有30万t的超级油轮、可下潜7000m的蛟龙号载人深潜器(图4-2)、全球最大的36000t垂直金属挤压机等专业化装备;在极"小"方面有微纳芯片等。不仅如此,一些极端制造技术已经在公共安全、航天航空、石油化工等众多领域获得成熟应用,并且近年来这些领域的产业规模、产业结构、技术水平都得到大幅度提升,形成了若干具有国际竞争力的优势产业和骨干企业。

极端制造是先进制造技术的核心之一。如今,由量子科学与超快激光器引领的微纳制造推动了超常性能材料与零件瞬态制造,使得微米尺度制造精度达10^{-2} μm量级,纳米尺度制

图4-2 蛟龙号载人深潜器

(来自央视新闻网)

造精度达 0.1 nm 量级。未来的科学技术必将在各种高能量密度环境、物质的深微尺度、各类复杂巨系统中不断有新发现、新发明。21 世纪,科学与社会对制造的挑战将产生全新的极端制造,新一代极端制造也必然制造出更为完美的物质产品。

4.1.2 极端制造的种类与特点

一般来说,极端制造主要考虑在不同基本制造要素方向上追求极致。基本要素包括:制造对象、制造尺度、制造环境、制造精度等。由此划分出的主要类别及其特点如下:

(1) 极端性能材料的制造。此类极端制造技术以具有极端性能的原材料为对象,运用先进的加工手段来制备、提升或修改其使用功能。例如,制造自然材料不具备的超常规物理性能的超材料,包括负介电常数、负磁导率或负泊松比材料等。超材料在超分辨成像、电磁隐身和电磁吸波体等方面有广泛的应用前景。

(2) 极端性能产品的制造。此类极端制造技术以具有极端性能的产品为对象。例如真空管磁悬浮列车最高速度预计为 1 000 km/h;超高空超声速飞机的速度可达 8~10 Ma;超高速磁悬浮机床主轴转速高达 60 000 r/min;太空探测器的最大速度可达 15 km/s。上述产品在高速运动时剧烈的气动加热使其界面急剧升温,使得相关零部件需在极为苛刻的条件下服役,制造方法和参数与其材料力学性能、动力学特性、结构性能息息相关。

(3) 极大尺度制造。此类极端制造技术以大型或超大型产品为制造目标。例如,制造直径超过 10 m 的火箭贮箱,需要成形密度小、强度高、高气密性的铝锂合金。制造排水量超过 10 万 t 的航母船体,需要焊接耐腐蚀、超高强度、耐战斗机尾焰高温的特种钢材。超大型产品往往数量少、制造周期长、制造工序多、不允许出现次品,且无法更换。超大件的制造设备和部件都需要极端的制造技术。

(4) 极小尺度制造。此类极端制造技术以小型或超小型产品为制造目标。例如,十年前芯片制程工艺的极限是 28 nm,而现在市面上主流电子产品芯片的线宽是 5 nm,台积电 3 nm 的工艺正在研发,正逐渐逼近物理极限。中国科学家成功制造出 DNA 纳米机器人,其尺寸小于 140 nm,可通过肾脏从体内排出。预计在不久的将来,分子/原子机器人也会诞生。随着机器人尺寸的减小,由布朗运动引起的干扰变得越来越明显。由纳米机器人的布朗运动引起的运动方向的随机变化,使其轨迹比微型机器人的轨迹更加混乱,制造也更为困难。

(5) 极端环境下制造。此类极端制造技术以在非常规环境下进行制造为目标。随着我国向深海、深空、深地等方向逐步发展,在极端环境下进行原位制造成为国家战略需求。以我国嫦娥工程为例,分为"无人月球探测""载人登月"和"建立月球基地"三个阶段。其中,建立月球基地需要在月球就地取材进行产品的制造,如基地建筑。这不仅需要克服原材料、能源有限的难题,更需要突破月球表面极低温、低重力、极低压力等条件下的先进制造理论与技术。

(6) 极端精度制造。此类极端制造技术以产品尺寸的高精度为目标。十年前,极端精度加工的最高精度是几纳米,可制备精度高达 2 nm 的超大规模集成电路光刻机物镜。制造精度现在逐步发展到亚纳米级和原子级,如荷兰 ASML 公司最新一代的极紫外光刻机反射镜最大直径为 1.2 m,面形精度峰谷值为 0.12 nm,表面粗糙度为 20 pm,达到了原子级别的平坦,需要通过磁流变抛光以及离子束抛光等超精密抛光手段来实现。

由上述技术分类与案例可知,随着制造业和现代工业的快速发展,极端制造的内涵在不断发生变化。不可避免的是,极端制造技术的生命周期正在不断缩短,曾经被视为前沿的东西可能很快就会过时。但制造技术的提升无法弯道超车,必须要不断精进,追求极限。只有充分意识到极端制造是不断发展的这一内涵,并参与其中,才可以让我们站在国际科学界的最前沿,并保持在现代工业中具有竞争力。只有在极端领域不断地持续探索和深入研究,才能保持制造技术的国际领先。

4.1.3　极端制造技术的发展趋势

极端制造的内在发展规律可以总结为:不断针对下一代制造尺度与制造环境下的新概念产品,揭示制造过程的物质客观规律,形成制造的先导技术理论,从而构建科学技术体系,再逐渐进入下一个迭代周期。

目前全球的极端制造还存在一些难题有待解决,制造技术突破的焦点主要集中在明确若干物质客观规律。第一,如何在超强能场的诱导下实现物质的多维、多尺度演变和制造目标,例如强场条件制造过程的能量传递与转化机理。第二,微结构的精密成形、选择性性能演变与制造目标,包括微生长、微成形、微去除等制造界面处的能量与物质传输等。第三,微系统的组装与功能生成,即如何将量子力学、微动力学、分子动力学等规律运用到微驱动、微操纵、微连接等过程中。第四,如何建立功能稳定、运行精确的复杂功能系统。第五,极端环境下的扰动与过程稳定问题,也尚待解决。具体如下:

(1) 强场制造的多维、多尺度演变。强场制造对能量的应用不断突破极限,例如激光、电磁能、微波、化学能等多种超越传统领域的能量形式被引入强场制造,所有强能场在制造界面上聚集、传递、吸收与发散。研究超强加工能场与超大被加工件之间能量的传递与转化、物质的输运过程,探求超强能场诱导下物质的多尺度演变机理,寻求制造界面上超常物理场的形成与实现制造过程的新原理。

(2) 微结构精密成形与选择性性能演变。微成形指微结构三维几何特征的构成制造;微改性指利用微制造过程中的条件改变材料的性能,如高能束、热、力、化学、真空、超声波、电磁场等。研究微去除、微生长、微成形、微改性等制造界面处的物理化学作用、高密度能量与微尺度物质的输运规律,探索微结构体积与界面的量子效应、尺度效应以及不同能量形态对材料性能形成的作用机制与演变规律,寻求微结构几何与拓扑转移、性能演变的新原理以及微结构几何形态的精确表达与计量。

(3) 微系统的组装与功能生成。微集成使微结构成为具有特定功能的微系统。研究微集成中微驱动、微操纵、微连接、微装配等过程中的量子力学、动力学、热力学、微摩擦学中的未知效应和行为规律,研究微系统中微通道、微间隙、微界面的介质转移和能量输运,探索微系统功能新原理和微纳精度的动态形成规律,建立微结构精密制造、微纳尺度工程计量学的理论基础。

（4）复杂功能系统创成与功能状态的确定性。研究由功能单元构建的复杂功能系统中能量的形态演变、运动的状态演变与功能的模式演变，研究巨系统中非确定性因素、非线性传递对功能确定性的相关机制，研究微系统中各种微效应对系统功能的贡献与干扰，研究新型巨、微系统功能创成的系统规律。

（5）极端制造环境的多场耦合、随机扰动与过程稳定。极端制造系统是光、机、电、液、磁、热等多场聚集系统，其多场耦合和随机干扰可能突变为运动畸变、过程失稳和功能丧失。研究极端制造系统的复杂耦合行为、能量传递的聚集与发散、随机涨落扰动在制造载体与受体间的传输与演化规律，研究调节性快变过程与主导性慢变过程的交互、高稳定、高精度制造过程的形成与控制。

为进一步深入了解极端制造，本章后续内容将分别以三个极端制造的研究为例，包括微纳制造技术、极端环境下制造技术以及极端性能装备的制造技术。对极端制造中的极端性、科学性、前沿性进行深入的阐述。

4.2　微纳制造技术

4.2.1　微纳制造概述

随着科学技术的进步，人类对自然的认识也逐渐进入了微观领域，其中，微纳制造技术在人们认识自然、改造自然中有着重要的影响。纳米制造技术最早是从加工精度研究的角度发展而来的。制造业的快速发展对加工精度提出了越来越高的要求，然而，传统机床的加工精度已经无法满足飞速发展的消费及军工领域的需求。因此，科学家不得不探索精度更高的加工技术，从最初的毫米级，到微米级，再到纳米级，微纳制造技术这一概念应运而生。微纳制造技术一般指微米、纳米级的材料、设计、加工、制造、测量、控制和产品的研究以及应用技术。微纳制造技术内容不仅涵盖微细磨削、微细车削、微细铣削、微细钻削、微冲压、微成形等方面，还包括与微纳器件和系统（MEMS 和 NEMS）相关的制造技术，如晶圆清洗、扩散、离子注入、热退火、光刻（包括光学光刻和非光学光刻）、刻蚀（包括干法刻蚀和湿法刻蚀）、沉积（包括物理沉积和化学沉积）和晶圆键合等。

微纳制造技术涉及的材料众多，在纳米尺度下材料的机械、物理特性将有巨大差异，纳米材料的理论研究和制造工艺也是极具挑战的基本问题。一般来说，虽然经典物理学规律仍然有效，但影响因素更加复杂和多样。首先，微纳尺度下物理场和化学场互相耦合、器件的表面积与体积比急剧增大，这使得大尺寸结构中可忽略的与表面积和距离有关的因素（如表面张力和静电力）跃升为主导因素。其次，进入纳米尺度后，器件将产生量子效应、界面效应和纳米尺度效应等新效应，而对于微尺度下的许多规律还有待进一步探索和研究。因此，在基础科研以及制造行业中，微纳制造技术的研究从其诞生之初就一直处于行业的尖端位置,目前已经广泛应用于微纳电子和微纳机电系统等领域。

微纳制造技术在航空航天、汽车制造、生物医疗、环境科学等领域具有广泛的应用。微纳制造技术可以使整个卫星的质量缩小到千克级别,大大降低发射成本,使密集式部署的卫星系统成为可能。采用微纳制造技术的各式传感器已经成功应用到了无人机、智能机器人和汽车上。采用微纳制造技术的各种微泵、微阀、微镊子、微沟槽和微流量计等微纳器件由于体积小,因此能够进入人体器官实现精准操纵生物细胞和分子,实现了定向治疗。

当前,微纳制造技术正朝着纳米尺度发展,探索极小尺度下的规律,利用纳米尺度和纳米效应下的新结构可以大幅度提高灵敏度,进一步减小系统体积和功耗。利用扫描隧道显微镜和原子力显微镜可以实现原子尺度的操纵。现有的各种微纳制造技术无论是从技术层面还是在生产率、成本、材料等方面还难以满足高效、低成本批量化制造复杂三维微纳结构的工业化应用的需求。例如,从技术层面,现有的诸如光学光刻、电子束加工、干涉光刻、激光微细加工、软光刻、纳米压印等微纳制造技术主要实现二维简单几何图形的制造,难以实现复杂三维微纳结构的制造。高效、低成本地制造复杂三维微纳结构一直被认为是一个国际化难题,也是当前国际上学术界和产业界的研究热点,以及亟待突破的瓶颈问题。

4.2.2 微纳制造工艺方法

现有微纳制造技术已趋于成熟,但是如何进一步提升制造精度还需要对现有的制造工艺进行整合摸索,以实现可控的高精度制造。常见的工艺方法简述如下:

1. 干湿法刻蚀技术

刻蚀是从表面去除材料的过程。其基本思想是通过物理和/或化学方法将沉积层材料中没有被掩模材料掩蔽的部分去掉,从而在沉积层材料上获得与掩蔽模图形完全对应的图形。刻蚀的实现途径主要有两种:干法刻蚀和湿法刻蚀。

采用非液体化学手段去除材料的刻蚀工艺统称为干法刻蚀;使用液体化学药品或刻蚀剂去除材料的刻蚀工艺称为湿法刻蚀。等离子体刻蚀工艺为常见的干法刻蚀方法,该方法通常使用等离子体或刻蚀气体来去除衬底材料。干法刻蚀又可详细划分为三种类型:化学反应(使用反应性等离子体或气体)、物理去除(通常通过动量传递)以及化学反应和物理去除的组合。例如,干法刻蚀可以将硅片表面暴露在反应气体中,激发出等离子体后等离子体通过光刻胶中预先开出的窗口,与硅片发生作用,进而去除硅片暴露的表面材料。基于干法刻蚀的特点,其已成为亚微米尺寸精度刻蚀器件的关键技术之一。图4-3所示为光刻工艺流程。所谓光刻,就是在光照作用下实现刻蚀,其中刻蚀精度决定了芯片的线宽精度,如3 nm、5 mn芯片等。

另外,湿法刻蚀仅是化学过程。湿法刻蚀中采用如酸、碱和溶剂等液体化学试剂通过化学反应的方式去除基底表面的材料,基于湿法刻蚀的特点,该方法一般只用于尺寸较大且对精度要求不高($>3~\mu m$)的情况。此外,湿法刻蚀还可以用来去除干法刻蚀后的残留物质或者用来刻蚀基底材料上的一些指定层膜。

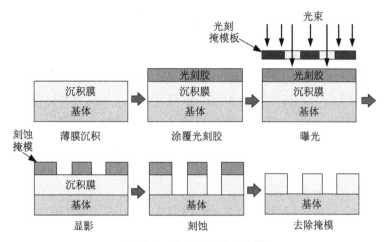

图 4-3　光刻工艺基本流程

2. 聚焦电子、离子束加工技术

电子束加工是指采用高能量高密度的电子束流对材料进行工艺处理,其加工原理是电子枪中产生的电子经过加速聚焦后高速冲击工件表面上极小的部分从而去除材料。该方法目前主要应用于电子束曝光、打孔、镀膜、雕刻、表面处理、电子束焊接、熔炼、切割、物理气相沉积、铣切等。电子束和离子束加工装置都需要真空环境。电子束加工利用高速电子的冲击动能实现加工,而离子束的加速对象为带正电荷的离子。因离子质量比电子大数千倍至数万倍,故在电场中加速较慢,但一旦加至较高速度比电子束具有更大的撞击动能。电子束和离子束加工精度和加工质量高,是目前较为精密和微细的加工技术,可应用于各种材料和低刚度零件的加工。

典型的聚焦离子束(Focused Ion Beam,FIB)系统原理如图 4-4 所示。该系统利用静电透镜将离子束聚焦成非常小尺寸的显微切割仪器,目前商用系统的离子束为液态金属离子源(Liquid Metal Ion Source,LMIS),常用金属为镓(Ga),主要原因是镓元素具有低熔点、低蒸气压及良好的抗氧化力。由于离子具有较大的质量,因此经过加速聚焦还可对材料和器件进行蚀刻、沉积、离子注入等加工。此外,聚焦离子束轰击样品表面,能够激发二次电子、中性原子、二次离子和光子等,收集这些信号,经处理显示样品的表面形貌,实现离子束成像,目前聚焦离子束系统成像分辨率已达到 5 nm。该系统还可以通过气体注入系统将一些金属有机物气体喷涂在样品上需要沉积的区域,当离子束聚焦在该区域时,离子束能量使有机物发生分解,分解后的金属固体成分被沉积下来,而挥发性有机物成分被真空系统抽走。

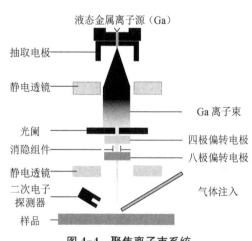

图 4-4　聚焦离子束系统

3. 纳米压印技术

纳米压印技术是由美国普林斯顿大学的周郁教授在 20 世纪 90 年代中期发明的。它是通过光刻胶辅助,将模板上的微纳结构转移到待加工材料上从而实现对材料的加工的一种技术。现有报道的纳米压印的加工精度已经达到 2 nm,超过了传统光刻技术达到的分辨率。纳米压印加工的实现过程主要包括三个步骤,分别是:掩模板的加工、图形的转移和衬底的加工。在掩模板的加工方面,一般采用电子束刻蚀等方式在硅或其他基底上加工出所需要的结构,并将其作为模板。在图形的转移方面,在待加工的材料表面涂上光刻胶,然后将提前加工好的掩模板压在其表面,采用加压的方式使图案转移到光刻胶上,如图 4-5 所示。在衬底的加工方面,用紫外光使光刻胶固化,移开掩模板后,用刻蚀液将上一步未完全去除的光刻胶刻蚀掉,露出待加工材料表面,然后使用化学刻蚀的方法进行加工,完成后去除全部光刻胶,最终得到高精度加工的材料。

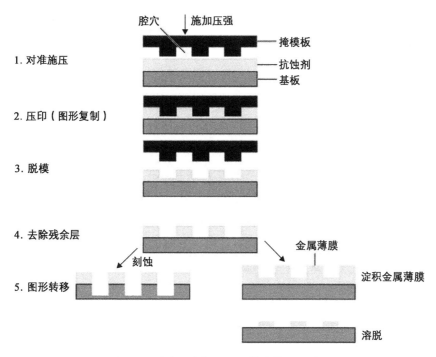

图 4-5 纳米压印加工图形转移的实现过程

纳米压印技术通过接触式压印完成图形的转移,相当于光学曝光技术中的曝光和显影工艺过程,然后利用刻蚀传递工艺将结构转移到其他材料上。纳米压印技术解决了光学曝光技术中光衍射现象造成的分辨率极限问题,展示了超高分辨率、高效率、低成本、适合工业化生产的独特优势。

4.2.3 纳米结构表征方法

运用先进的制造手段制备出特定的微纳结构之后,需要检查其形貌或精度是否与设计一致,这就需要运用先进的表征方法。纳米结构的常用表征方法主要有扫描电子显微镜

(Scanning Electron Microscope，SEM)，透射电子显微镜（Transmission Electron Microscope，TEM)和原子力显微镜(Atomic Force Microscope，AFM)等，如图 4-6 所示。下面将对这几种纳米结构表征方法进行详细阐述。

扫描电子显微镜　　　　　　　透射电子显微镜　　　　　　　原子力显微镜

图 4-6　用于表征的常用显微镜

1. 扫描电子显微镜

扫描电子显微镜是一种分辨率介于光学显微镜和透射电子显微镜之间的一种显微镜。普通光学显微镜下无法看清的小于 $0.2\ \mu m$ 的细微结构称为亚显微结构或超微结构。SEM 的分辨率高于光学显微镜但又低于透射电子显微镜。SEM 利用聚焦的高能电子束扫描样品，通过光束与物质间的相互作用激发各种物理信息，对这些信息进行收集、放大、再成像以达到对物质微观形貌表征的目的。新式的扫描电子显微镜视野大、景深大、成像立体效果好，放大倍数可以达到 20 万倍以上且连续可调，分辨率可以达到 1 nm。此外，扫描电子显微镜和其他分析仪器相结合，可以做到观察微观形貌的同时进行物质微区成分分析甚至加工。扫描电子显微镜在岩土、石墨、陶瓷及纳米材料等的研究上有广泛应用。

2. 透射电子显微镜

透射电子显微镜简称透射电镜，其工作原理是把经加速和聚集的电子束投射到非常薄的样品上，电子与样品中的原子碰撞而改变方向，从而产生立体角散射。散射角的大小与样品的密度、厚度相关，因此可以形成明暗不同的影像，影像将在放大、聚焦后在成像器件上显示出来。1932 年鲁斯卡(Ruska)发明了以电子束为光源的透射电子显微镜，电子束的德布罗意波长要比可见光和紫外光短得多，并且电子束的波长与发射电子束的电压平方根成反比，也就是电压越高波长越短。因此，TEM 的分辨率比光学显微镜和 SEM 高很多，分辨率与电子束加速电压相关，可以达到 0.1 nm，实现百万倍的放大。

3. 原子力显微镜

原子力显微镜是一种可用来研究包括绝缘体在内的固体材料表面结构的分析仪器。它通过检测待测样品表面和一个微型力敏感元件之间的极微弱的原子间相互作用力来研究物质的表面结构及性质。将一对微弱力极端敏感的微悬臂一端固定，另一端的微小针尖接近样品，这时它将与其发生相互作用，作用力将使得微悬臂发生形变或运动状态发生变化。扫描样品时,利用传感器检测这些变化,就可获得作用力分布信息,从而以纳米级分辨率获得表面形貌结构信息及表面粗糙度信息。

4.2.4　案例:氮化硅薄膜纳米孔芯片的微纳制造技术

生物芯片是指分析处理生物信息的芯片技术,与传统电子产品的芯片不同,生物芯片主要指将生物分子(寡核苷酸、互补 DNA、多肽、蛋白质等),固定固体芯片表面等载体上形成微型生物分析系统,是根据生物分子间特异相互作用的原理,来实现对核酸、蛋白质等的检测。采用微纳制造技术制备的生物医疗芯片,具有高通量、分析效率高,能够实现生物分子的实时检测等优点,这也是当前微纳制造技术的一个重点发展领域。基于纳米孔的纳流体器件被认为是第三代 DNA 测序的基础,纳流体传感器的原型器件被用来检测单个 DNA核苷酸,其工作原理如图 4-7 所示。

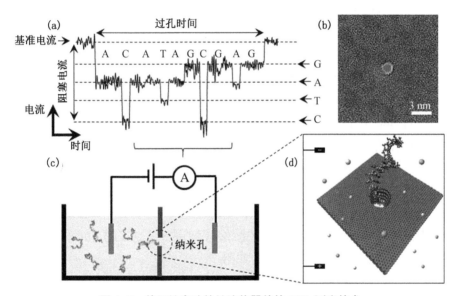

图 4-7　基于纳米孔的纳流体器件的 DNA 测序技术

采用纳米孔介质连接两个流体池单元,沿纳米孔长度方向施加电压产生离子电流,当DNA 分子通过纳米孔的时候,DNA 分子的堵塞将引起电流的微弱变化,通过测量电流的变化,进而判断 DNA 分子在通道内的位置和空间结构,这一原型器件可以用于 DNA 测序和药物筛选。

纳米孔测序方法不需要对 DNA 进行生物或化学处理,而是采用物理方法直接读出DNA 序列。其原理可以简单地描述为:单个碱基通过纳米尺度的通道时,会引起通道电学性质的变化。理论上 A、C、G、T 4 种不同的碱基化学性质的差异会导致它们穿越纳米孔时引起的电学参数的变化量也不同,对这些变化进行检测可以得到相应碱基的类型。目前,用以进行 DNA 分子检测的生物纳米孔主要包括 α-熔血素纳米孔和 MspA 纳米孔两种。α-溶血素(α-hemolysin, α-HL)是金黄色葡萄球菌分泌的一种水溶性穿孔毒素,可以自发地插入磷脂双分子膜中,形成纳米孔通道。由于 α-熔血素纳米孔通道是长度为 5 nm 的近圆锥形纳米孔，因此 α-熔血素纳米孔内通道直径不统一，存在结构上的缺陷。耻垢分枝杆菌中的孔蛋白（Mycobacterium smegmatis porin A，MspA）是另一种纳米孔蛋白，呈圆锥状，具有一个宽约 1.2 nm，长约 0.6 nm 的短窄的收缩区。与 5 nm 长的 α-熔血素蛋白孔相比，MspA 纳米孔的尺寸更小，与单个碱基的尺寸非常接近，更有利于对 DNA 中单碱基的测定。

然而，生物纳米孔在膜稳定性、电流噪声等方面存在的问题在一定程度上限制了其发展。为进一步提升稳定性，部分学者开展了固态纳米孔相关研究工作。固态纳米孔主要由硅及其衍生物制造而成，一般使用离子束或电子束在硅或其他材料薄膜表面钻出纳米尺度的孔洞，再进一步对孔的形状和大小进行修饰而成。相比于生物纳米孔，固态纳米孔在稳定性、电流噪声、工艺集成等方面有着显著的优势。固体纳米孔的直径以及通道的长度均可以通过微纳制造技术得到很好的控制，使用寿命长，且纳米孔的表面可以修饰、改性以实现对 DNA 分子检测信号的调制。更为重要的是，固体纳米孔器件的加工是使用纳机电系统实现的，可以降低测序的成本，实现大批量的制造。然而，受限于如今的半导体工艺制造水平，固态纳米孔的制造还较为复杂与昂贵。

如上所述，促进纳流体器件广泛应用的关键之一是借助微纳制造技术制作纳米孔芯片，完成 5 nm 以下的三维纳米孔通道跨尺度集成制造及力学性能表征。纳流体传感器的检测对象是单个生物分子。例如，双链 DNA 分子直径为 2 nm，相邻碱基距离为 0.34 nm，因此，纳流体传感器的最小空间分辨率应在 1 nm 左右。这就要求纳米孔的直径、通道长度和电极尺寸都应在 5 nm 以下，完成 5 nm 以下纳米孔的制造，并将其与微米级通道集成是纳流体传感器的关键技术。但是，制造出 5 nm 以下的纳米孔是对现代制造极限的一个严峻挑战，相关的基础科学问题亟待研究。下面将以东南大学机械工程学院司伟博士提出的氮化硅薄膜纳米孔芯片设计制造工艺为例，详细阐述微纳制造技术用于纳米孔加工制造的详细过程。

（1）制造目标。芯片设计的三维结构如图 4-8 所示，主要加工目标为：（1）制备直径小于 3 nm 的固态纳米孔，以方便进行 DNA 的检测，提高信噪比和检测精度。（2）为实现纳米孔洞的表征，还需制造可用于透射电子显微镜下观测的芯片。

（2）制造方案。芯片的内部结构如图 4-9 所示：选用双面抛光的 200 μm 厚硅片作为基底，先沉积 1 μm 的氧化硅，再沉积 60 nm 的氮化硅。芯片正面采用反应离子蚀刻（RIE）刻蚀

图 4-8　芯片三维结构

氮化硅。反面采用 RIE 刻蚀氮化硅与氧化硅层，之后使用氢氧化钾溶液刻蚀硅窗口。最后用缓冲氧化物刻蚀液（BOE）刻蚀氧化硅层。具体工艺流程如图 4-10 所示。在该方案中，为了使得正面的减薄区域对准反面的窗口区域，采用了光刻版阵列孔的方式，通过概率计算保证窗口中至少会有 1 个以上的减薄区域。

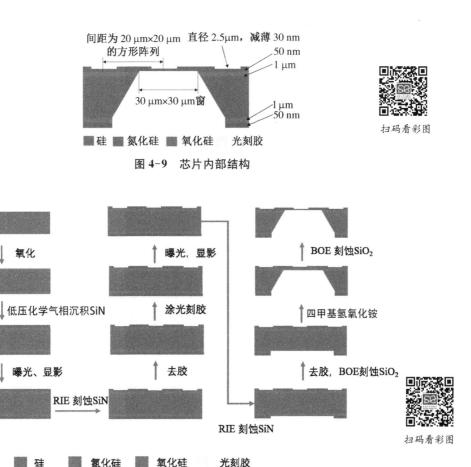

图 4-9 芯片内部结构

图 4-10 芯片加工工艺流程

（3）制造过程。本芯片制造的重点是光刻板的设计与流程的实施，共包括涂胶、前烘、光刻、显影、甩干和坚膜六个步骤，具体如下。首先，放置硅片到基架上进行涂胶，此时需要在硅片上倒入"增粘剂"，在喷头下沉时可用夹子适当调整喷头。待自动涂好光刻胶后，取出硅片，放在热板上，进行前烘加热 90 s，加热结束后取出硅片。其次，实施光刻步骤，基本原理是使用紫外线照射光刻胶使其变性，需将光刻板放入基架并对准光源，采用真空接触式曝光，曝光时间为 4 s。使用的光刻板如图 4-11 所示。然后，进行显影步骤，其主要目的是使用显影液，洗掉光刻后变性的光刻胶。显影后将硅片甩干，再放入真空干燥箱进行坚膜。最后，取出硅片，依次使用硫酸和过氧化氢溶液清洗残余光刻胶，最后用水冲洗干净。

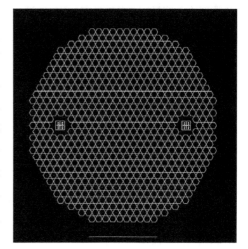

图 4-11 正面光刻板设计图

（4）加工纳米孔。最后，在成功制备的芯片薄膜上，采用聚焦离子束或透射电子显微镜加工纳米孔，如图 4-12 所示。

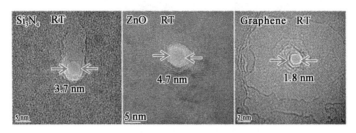

图 4-12　采用 TEM 加工的纳米孔表征

由上述案例可知，微纳制造的技术路径与传统机械制造有很大区别。不仅体现在加工对象的尺度上，而且在力学、运动学、材料特性等方面都有巨大差异。传统制造方法如钻、铣、刨、磨多是通过物理手段改变零件外形，而微纳制造多是以化学或者物理化学混合原理，通过光刻、镀膜、刻蚀、外延、氧化、溅射等技术路径，实现复杂立体的三维微纳加工。此外，微纳制造零件的表征方法也略有不同，传统机械制造过程通常是肉眼可见的，而微纳制造需借助于先进的显微镜观察和测量制造精度。

4.3　极端环境下的制造技术

4.3.1　基本概念

随着我国制造技术的发展，制造需求逐渐朝着极端环境发展。例如，我国现阶段已经投入运行的"天宫号"载人空间站，在《"十三五"国家科技创新规划》中规划的深海空间站，以及还在展望的月球基地等。由于运输成本较高，科研工作者不可避免地需要在这类空间站服役环境下完成一定的制造任务，如基地的建设、装备的升级和维修等，因此研究极端环境下的"原位"制造技术不仅可以保障实施我国重大战略蓝图，还能为全人类认识世界改造世界提供科技支撑。

对制造环境的描述，通常考虑以下三种情况：标准环境、特种环境、极端环境。标准环境又称实验室环境，各个国家对标准环境的定义略有不同。我国标准环境指温度为 $23 \, ℃ \pm 1 \, ℃$，相对湿度为 $48\% \sim 52\%$，气压为 $86 \sim 106 \, kPa$。一般生产过程中标准环境的概念更为宽泛一点，取决于具体的制造要求。特种环境一般与标准环境有较大差别，如温度小于 $10 \, ℃$（低温环境），相对湿度大于 75%（潮湿环境）。此外，具有特殊条件的环境也称作特种环境，如核辐射环境、空气中氯离子含量高的高盐环境、强磁场、高振动、强氧化环境等。

极端环境目前尚无统一定义，因制造对象的不同而异。机械制造的工程应用中，特种环境与极端环境之间的界限也并不明确。美国航空航天局在空间探测计划中为了解极端环境对航天器的影响,明确了极端环境的范围,符合下述条件之一的可以称为极端环境:热流超过 1 kW/cm^2;运动速度超过 20 km/s;低温低于-55℃;高温超过$+125$℃;压力超过 2×10^6 Pa;辐射总剂量超过 300 krad;加速度超过 100 g;粉尘环境;酸化学腐蚀环境。

4.3.2　极端环境下的制造特点

在极端环境下,如超高温、超高压、超低温、超低压、强磁场等条件下,物质都会出现一些奇特的现象,使得原材料的性质发生变化。另外,在极端环境下,物质之间相互作用的物理、化学机理也会发生变化。因此,在极端环境下进行制造,首先需要了解极端环境下的物质客观规律,再设计制造的工艺流程,以实现制造的目标。下面简述几个极端环境下的特殊之处及其对制造过程的影响。

1. 高压环境

通常意义上,高压泛指一切高于常压的压力条件。在高压作用下,物质的体积以至其原子间距发生收缩,内部能量状态发生变化,从而引起物质性质的改变。当达到一定的高压或高压、高温时,受压物质就会出现结构转变,如气态转变为液态,液态转变为固态,固体非晶态转变为晶态,一种晶体结构转变为另一种晶体结构或另一种电子结构,分子氢转变为导体金属态等。这就是高压下物质的相变,简称为压致相变或高压相变。高压相变时常伴随着物理性质的突变,高压相变形成的新相有时也能在室温常压下保留下来,称为亚稳相。

高压物理的研究对象多数是凝聚态物质,所以高压物理学实际上主要是指在高压这种极端条件下的凝聚态物理学。作为"极端条件"的高压,其在天体中是普遍存在的。自然界中绝大部分实体物质处于高压状态,如地球的中心压强为 370 GPa,太阳中心压强为 2.5×10^7 GPa,中子星的中心压强为 1.6×10^{26} GPa。此外,海底也处于高压状态,由于海水的作用,位于海平面以下 1.1 万 m 的马里亚纳海沟,水压超过 1 100 个大气压。从某种程度上来说,高压也与我们生活息息相关,并不"极端"。下面以分子氢转变为"金属氢"为例,说明高压环境对制造的影响。

氢元素在元素周期表中排第一位,是原子量最小的元素,原子量为 1。氢仅由一个质子和一个电子构成。氢在常温常压下为气体,氢气分子由两个氢原子构成。通常情况下,我们认为金属具有金属光泽和延展性,是热和电的良导体,而非金属通常是热和电的不良导体,没有金属光泽。金属之所以能导电,是因为金属内部存在大量的自由电子。通常情况下,氢分子被认为是非金属,不具有导电性质。2017 年初,哈佛大学的研究团队通过对氢气施加 495 GPa 的高压,首次制得固态金属氢,并观测到致密氢的光学反射率呈现出不连续且可逆的变化,这表明氢中的电子能够像金属中的电子一样自由移动,如图 4-13 所示。

相关科研工作者对金属氢基态结构进行理论计算,结果发现金属氢存在亚稳相,即

透明的氢分子

205 GPa

不透明的氢分子

415 GPa

可反射光线的金属氢

495 GPa

图 4-13　氢气样品在不同压力下的形貌

高压下生成的金属氢本身处于不平衡状态,但是却能维持相对稳定的状态。当消除压力时,金属氢仍然维持金属性质。例如,石墨在高温高压下可以用于制备金刚石,金刚石在恢复到常压后,仍能维持金刚石的状态和性质。预测表明,如果金属氢能在常压下维持亚稳相,那么会成为室温环境下的超导体,给当前工业体系带来革命性的影响。然而,这一目标的实现还相当困难,哈佛大学制备的金属氢只有一个细菌大小,在接近 500 GPa 高压下对金属氢进行观察、测量、加工是现阶段亟须突破的极端制造技术,挑战与机遇并存。

2. 低温环境

狭义上极端环境下的低温通常是指低于液氮温度(77 K),低温物理学的研究主要是针对温度低于液氦温度(4.2 K)的极低温情况。现有科学研究表明,当温度极低的时候,物质的热学、电学和磁学性质会发生巨大改变。例如,固体比热容在某些温度下会突变,顺磁物质均可表现出铁磁性或反铁磁性。这些现象均与低温下的量子力学效应有关。1911 年,荷兰物理学家发现,汞在温度降至 4.2 K 附近时,会突然进入电阻为零的超导状态,由此诞生了低温超导技术。杨振宁、李政道的弱相互作用下宇称不守恒的理论就是在低温试验条件下进行验证的。

作为极端条件,低温环境其实与我们生活并不遥远,例如太空中的平均温度低于 4 K,月球表面无太阳照射部位温度低于 40 K,宇宙空间站最低温度可达 100 K。在这样极端条件下进行产品制造时,同样需要考虑低温时的物质规律。下面以超低温切削技术为例,简述如何利用低温环境进行制造。

超低温切削是随着超低温技术的发展而出现的一种高性能冷却润滑切削技术,如图 4-14 所示。传统金属切削通常使用切削加工液,其在切削过程中起到润滑的作用,可以减小前刀面与切屑、后刀面与已加工表面间的摩擦,形成部分润滑膜,从而减小切削力、摩擦和功率消耗,降低刀具与工件坯料摩擦部位的表面温度和刀具磨损,改善工件材料的切削加工性能。在超低温切削中,

图 4-14　液氮低温切削

代替传统切削冷却润滑介质的超低温流体,如液氮,可以使切削区温度降低至 77 K。工件及刀具在超低温条件下材料物理性能会发生转变,如硬度和韧性将增大,且超低温介质可以吸收大量切削热量,降低切削热引起的危害,从而显著延长刀具使用寿命和提升加工表面完整性。

温度是微观粒子运动的宏观表现。当温度降低的时候,金属原子的能量低,材料位错运动阻力增大,即在更小范围内进行运动,工件材料的屈服强度随温度降低急剧增加,而断裂强度随温度降低变化不大。当温度降低到某一温度时,屈服强度增大到高于断裂强度的时候,材料在未屈服之前就先达到断裂强度发生断裂,表现为脆性,即低温脆性。超低温切削就是利用工件材料的低温脆性,使其塑性、韧性降低,从而完成切屑和工件的分离。同时,因切削区的温度较低,工件材料表层的塑性变形深度减小,有效降低已加工表面加工硬化层的厚度,细化表面晶粒尺寸,提升被加工零件性能。可见,超低温切削利用低温环境的优势,提升了机械制造的质量。

3. 真空环境

真空是一种不存在任何物质的空间状态,是一种物理现象。在粒子物理中,将真空态视为物质的基态。而工程中,通常粗略地将一区域之内的气压远远小于大气压力的状态称为真空。真空常用帕斯卡(Pa)来描述。真空下的气压为零,气压小于大气压力称为局部真空,有时也简称为真空。在局部真空的情形下,若其他条件不变,气压越低,粒子数越少,越接近真空。

大气环境中充满了氮气、氧气和其他各种气体分子,这些分子不仅会与物质发生化学反应,如氧化反应,还会在布朗运动的驱动下不断撞击物质表面,甚至黏附在物体表面,对物质性质产生影响。此外,气体分子对于其他粒子(电子、光子等)来说更像是漂浮在空间中的障碍物,其他粒子也会与气体分子发生碰撞,降低能量或改变运动方向。因此,现代高精尖产品很多都是在真空或超真空环境下制造的。例如,很多半导体器件和光纤通信中用的半导体激光器,雷达或卫星通信设备中的微波集成电路,甚至许多普通的微电子集成电路,都有相当部分的制作工序是在真空容器中进行的。真空程度越高,制作出来的半导体器件的性能也就越好。下面以真空钎焊技术为例,简述如何利用真空环境实现异种金属的焊接。

钎焊是采用熔点比母材(被钎焊材料)熔点低的填充材料(称为钎料),在低于母材熔点、高于钎料熔点的温度下,利用液态钎料在母材表面润湿、铺展及在母材间隙中填缝,与母材相互溶解与扩散而实现零件间连接的焊接方法。钎焊过程中,通常使用钎剂去除母材及钎料表面的氧化膜,改善钎料对母材的润湿能力,促进钎料的铺展,提升焊接质量。在真空环境下,被焊材料一般不会出现氧化、增碳和脱碳以及污染变质等不利情况,反而还可提高钎料的润湿性。因此,真空钎焊无须使用钎剂即可实现钎焊,尤其是适宜于异种金属的焊接,如铜与不锈钢、硬质合金和钢等。真空环境也存在很多缺点,例如某些金属元素在真空中容易蒸发(升华),如钢铁中的常用合金元素 Mn、Ni、Co 和 Cr 等,以及作为有色金属主要成分的 Zn、Pb 和 Cu 等元素。在真空条件下加工含有上述元素的材料时,要考虑防止金属元素蒸发，被加工材料性能发生变化。典型的卧式真空钎焊炉如图 4-15 所示。

图 4-15　卧式真空钎焊炉

现代军工产品，通常需要将不同种类的金属材料进行焊接，使其在不同位置发挥各自的优异性能。为制造能源领域的换热器，需要将不锈钢和铜进行焊接，使零件同时具备较高强度和良好的导热性能。真空钎焊就是将不锈钢与纯铜进行焊接的有效手段。钎料是形成良好钎焊接头的决定性因素，选用钎料时需同时考虑钎料的熔点、与母材的润湿性能、与母材发生溶解/扩散等相互作用的能力以及与母材形成冶金结合的能力。针对 304 奥氏体不锈钢和纯铜的钎焊，可选用 CuMnNi 钎料或 BAg72Cu 共晶钎料。焊接过程中，通过选择合适的真空度、温度、保温时间、加热/冷却速度等工艺参数，可以有效避免合金元素的蒸发，提升焊接质量。感兴趣的读者可自行查阅资料，进行深入学习。

可见，上述高压、低温、真空等极端环境对物质性能和制造工艺都产生重要影响。极端环境下的制造，需要弄明白极端条件下物质和能量的输运规律，利用物质在极端环境下的有益效应，通过工艺手段或者材料选择规避极端环境的不利因素，实现高质量制造。下一小节，通过一个具体的极端环境下的制造案例，对极端环境下设计和制造的内涵进行简要阐述。

4.3.3　案例：海洋装备用钢水下激光增材修复

我国是一个负陆面海、陆海兼备的大国，拥有海洋国土面积近 300 万 km^2。建设海洋强国对维护国家主权、安全具有重大而深远的意义。为此，十八大做出了"建设海洋强国"的重大部署，十九大报告更加坚定地指出：坚持陆海统筹，加快建设海洋强国。将建设海洋强国提升到国家发展战略层面，是推动经济持续健康发展，维护国家主权、安全，实现全面建成小康社会目标，进而实现中华民族伟大复兴的必经之路。经略海洋，必须装备先行，海洋装备是海上一切活动的前提和必要基础，包括：① 海洋基础设施，如南海岛礁水下设施、深海空间站等；② 海洋资源开发装备，如海洋风电平台、海上钻井平台等；③ 海面移动舰船，如邮轮、远洋货轮等；④ 移动式水下装备，如深潜器、水下机器人等。我国近年各类海洋装备密集投入服役，海洋强国建设进程向前推进，综合实力不断提升。

然而，海洋装备关键部件在海水腐蚀、周期载荷、突发事件的作用下经常发生损伤失效问题。近年来大型海洋装备受损事件频繁发生，如图 4-16 所示。2022 年 4 月，俄罗斯"莫斯科"号巡洋舰船体在弹药爆炸引发的火灾中严重受损，在拖回船坞的途中发生沉没。2020 年 7 月，日本货轮在毛里求斯海岸触礁后搁浅，导致燃油泄漏 1 个月并扩散 30 km，造成严重的环境污染。2021 年 3 月，日本货轮"长赐"号在苏伊士运河搁浅，导致运河堵塞停运 1 周,使全球石油期货价格飙涨 6%,直接损失数千亿美元。2017 年 8 月,美国"麦凯恩"号驱逐舰在马六甲海峡与商船发生碰撞受损。

（a）俄罗斯"莫斯科"号沉没

（b）日本货轮在毛里求斯触礁

（c）日本货轮"长赐"号搁浅苏伊士运河

（d）美国"麦凯恩"号驱逐舰受损

图 4-16　近年重大海洋装备受损案例

海洋装备发生突发损伤后,某些情况下需对关键部件实施水下直接修复,使其快速恢复作业能力,或保证海上生存能力。根据水下修复时工件及修复区所处的环境不同,水下修复有三条技术路径,即水下干法、水下湿法和局部干法。

（1）水下干法,又称纯干法,即利用气体或辅助设备将工件及待修复部位周围的水全部排开,人为地制造一个包裹工件的气密空间。这种方法需要复杂的压力舱,设备昂贵,适用性差。

（2）水下湿法是指将待修复工件直接暴露在水中,全部的修复环境都在完全的水包围环境中进行。水下湿法修复质量低,还存在水吸收和散射热源问题。

（3）局部干法是指使用保护气体将待修复工件周围局部区域的水排开,形成一个较小的、局部的、稳定的、干燥的修复空间。与其他方法相比,局部干法不仅具有良好的适用性与灵活性,成本较低,而且可以降低水分对热源及修复区的影响,具有广阔应用前景。

典型局部干法水下激光修复原理如图 4-17 所示。为将水排开,局部修复空间的气压约等于大气压加上水深带来的压力,使得水下修复在高压气体环境内完成。尤其是当水深较大时,如大于 30 m 时,高压环境对金属修复的能量输运过程产生巨大影响。此外,水下环境湿度大,氢离子数量多,不仅增加了修复过程的不确定性,还对修复金属的性能产生影响。下面以东南大学孙桂芳教授水下激光修复团队的相关研究为例,简述水下高压环境对激光增材制造过程的影响及相关工艺手段。

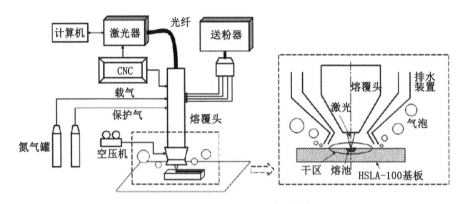

图 4-17　水下局部干法激光修复

基于高纯净冶金及控冷控轧技术制备的 HSLA(High Strength Low Alloys)系列低合金高强钢是当前船舶甲板用钢的高端材料,美国"阿里伯克"级新型导弹驱逐舰和"尼米兹"级核动力航母均采用 HSLA 系列钢,我国部分高端舰船型号也大量使用。研究 HSLA 钢的水下激光原位修复技术,可有效提高我国舰船的坞修效率和在航率,大幅提升紧急情况下的作战能力,对海洋装备后勤保障有重大意义。

以海面移动舰船的水下损伤部位为待修复对象,以高端舰船所用 HSLA-100 钢板为待修复材料,实现了沉积式水下局部干法激光同轴送粉增材制造修复。钢板及填充金属粉末具体成分如表 4-1 所示。HSLA-100 钢板的屈服强度为 778 MPa,抗拉强度为 831 MPa,室温下冲击韧性为 173 J,延伸率为 28%。修复环境为水下 30 m 位置,为维持稳定的局部干区,排水装置内需充 0.4 MPa 气压的保护气。修复过程在实验室的高压模拟舱内完成,水下激光增材修复系统结构及系统各部分组件如图 4-18 所示。

表 4-1　HSLA-100 钢板与粉末的元素成分

元素成分	C	Mn	Ni	Cr	Si	Mo	Cu	Nb	P	S
HSLA-100 钢板	0.04	1.18	0.022	0.52	0.29	0.16	0.024	0.018	0.017	0.023
激光增材粉末	0.016	0.95	2.30	0.66	0.03	0.60	1.30	—	0.019	0.008

为帮助读者体会水下环境增材制造的特殊性,设计了如表 4-2 所示参数的试验,并将试样命名为 B1—B5。为了与水下增材进行对比,通过陆上激光沉积技术对 HSLA-100 钢板进行了修复,将陆上修复试样命名为 B0。图 4-19 所示为水下 30 m 沉积修复的 HSLA-100 试样 B1、B3 和 B5 以及陆上环境沉积试样 B0 的外观形貌。可见,水下 30 m 沉积修复试样均具有良好的外观形貌。水下试样在沉积后,基体和沉积修复层表面均发生锈蚀,而陆上环境沉积试样在空气中依然保持金属亮色。

图 4-18 水下激光增材系统各组成部件

表 4-2 水下 30 m 激光增材试验设计

试样编号	激光功率/W	扫描速度/(mm/min)	送粉速率/(g/min)	层高/mm	堆积层数	能量密度/(J/mm³)
B0	4 200	1 500	25	1.25	4	44.8
B1	2 500	1 000	25	1.25	4	40
B2	3 500	1 300	25	1.25	4	43.1
B3	4 200	1 500	25	1.25	4	44.8
B4	4 000	1 500	42	1.7	3	31.4
B5	4 500	1 500	42	1.7	3	35.3

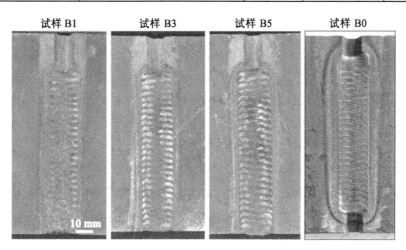

图 4-19 激光沉积制造试样 B1、B3、B5 和 B0 的外观形貌

陆地环境下增材与水下增材材料在微观结构上有明显不同。图 4-20 为试样 B3 和 B0 的典型微观结构特征,两组试验采用相同的工艺参数。在试样 B3 的微观结构中,柱状晶结构优先沿沉积方向生长,许多具有较大长宽比的板条在整个原奥氏体晶粒(PAG)上发展。在水下沉积期间,柱状晶内部结构发生了淬火板条马氏体转变,导致试样 B3 中板条马氏体的宽度较小。而试样 B0 中柱状结构的晶界是模糊的,这与试样 B3 中可见的柱状晶界不同,在试样 B0 中形成了一个小的长宽比的微观组织结构。试验结果表明,陆上沉积所具有的显著的本征热处理作用促进了试样 B0 微观组织形态的生成。

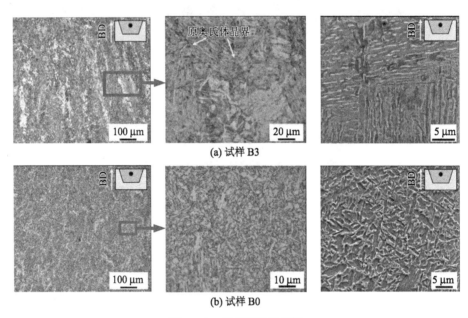

(a) 试样 B3

(b) 试样 B0

图 4-20　修复区微观组织

采用扫描透射电子显微镜(STEM)测试手段进一步分析 B3 和 B1 试样的微观组织,结果分别如图 4-21 和图 4-22 所示。B3 试样微观组织主要由板条马氏体组成,板条宽度约为 571 nm,板条内部有高密度的位错和夹杂物;板条内部分布有大量的 ε-Cu 纳米析出相,等效直径约为 (12.2 ± 3.0) nm,边界处的 ε-Cu 纳米析出相的长轴平行于边界,内部为随机取向。而陆上沉积试样组织较为粗大,同样具有板条马氏体,部分组织呈等轴状,具有回火马氏体的典型特征;马氏体内部的位错密度较低,位错线较为平直;内部同样有 ε-Cu 纳米析出,外观为近似球形,平均直径约为 (11.7 ± 2.5) nm。可见,水环境的冷却作用,使得在相同材料和工艺条件下,激光增材微观组织发生了根本变化。

图 4-23 所示为不同试样显微硬度测试结果。可见,水下沉积试样的平均显微硬度高于陆上沉积试样,主要原因是水下沉积试样具有较细的板条组织、较高的位错密度和较多的纳米析出相。而陆上沉积试样较慢的散热速率造成组织发生自回火,降低了晶内缺陷密度,导致显微硬度较低。需要指出的是,两种环境下沉积试样显微硬度均高于基体平均显微硬度。

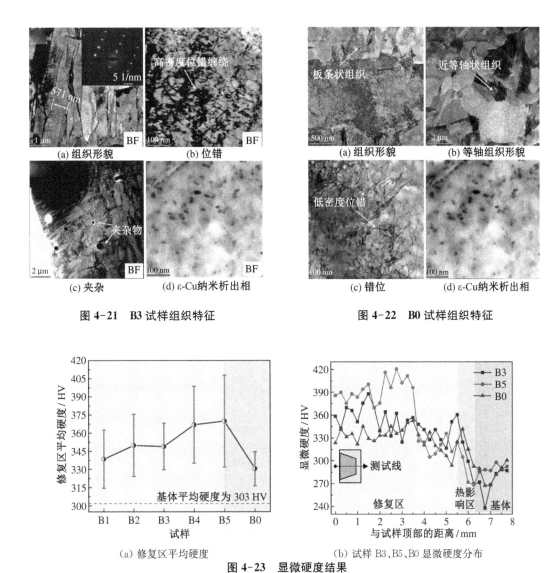

图 4-21　B3 试样组织特征　　　　　　图 4-22　B0 试样组织特征

图 4-23　显微硬度结果

表 4-3 为水下沉积试样和陆上沉积试样的拉伸性能和夏比冲击吸收功结果对比。与试样 B0 和基体相比,试样 B1—B5 的屈服强度略高。然而,所有的拉伸测试试样(试样 B1—B5、试样 B0、基体)都有相近的最大抗拉强度。所有的沉积试样的伸长率(21%～26%)都小于基体(28%)。试样 B3 的综合力学性能最好,伸长率为 26%,冲击吸收功为 44 J。试样 B0 的屈服强度较低(768 MPa),冲击吸收功较高(51 J)。

表 4-3　修复后试样拉伸试验和夏比冲击试验的结果

试样	屈服强度 /MPa	最大抗拉 强度/MPa	伸长率 /%	断裂位置	在−40℃时的 冲击韧性/J
B1	798±3	840±0.1	23±1.8	基体	37±1
B2	790±4	833±1	21±1	基体	45±1

（续表）

试样	屈服强度/MPa	最大抗拉强度/MPa	伸长率/%	断裂位置	在−40℃时的冲击韧性/J
B3	786±0.3	838±2	26±2.5	基体	44±2
B4	796±0.2	838±2.5	24±1	基体	46±10
B5	789±0.2	826±2	24±0.1	基体	30±2
B0	768±2	826±2	24±0.3	热影响区	51±7
基体	780	830	28	基体	165

图 4-24 所示为拉伸测试断裂试样及断口形貌。水下 30 m 沉积试样均断裂在基体上，说明修复区具有较高的强度和良好的冶金结合性。基体断裂处断口主要由韧窝组成，表明基体区域为韧性断裂。陆上沉积试样断裂在热影响区部位，一方面是由于自回火作用导致修复区的硬度和机械强度较低，另一方面是较大的热输入导致热影响区的组织较为粗大。在拉伸过程中，修复区和基体区的界面结合处（热影响区）成了薄弱环节，裂纹在热影响区形成，并沿着梯形槽的斜边方向进行扩展，导致试样的最终断裂。

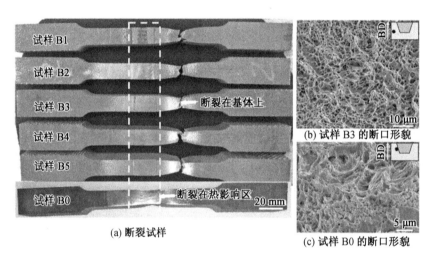

图 4-24　拉伸测试结果

图 4-25 所示为水下沉积试样 B3 修复区冲击韧性断裂表面。断口有较多的解理刻面和河流花样，修复区的断裂特征为脆性解理断裂，断面表面韧窝内具有一些球形第二相颗粒。图 4-26 所示为陆上沉积试样 B0 修复区冲击韧性断裂表面。断口上分布了解理刻面、河流花样和韧窝，表明陆上沉积试样 B0 修复区的断裂特征为韧性和脆性解理混合断裂。对韧窝进一步进行放大分析，韧窝内部几乎未见明显球形颗粒，由此可见陆上沉积试样组织内部较为纯净，熔池被保护气体保护得较好，未形成夹杂物，这使得陆上沉积试样具有较高的冲击吸收功。

综上所述，无论是水上修复还是陆地修复其沉积材料均与母材 HSLA-100 强度相当，但韧性大幅下降。水下激光增材修复除设备要求高、难度大之外，所沉积材料的组织性能

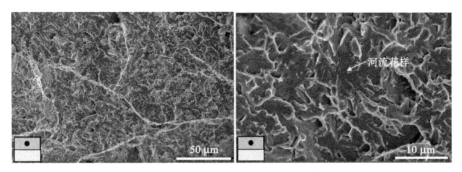

图 4-25　水下沉积试样 B3 修复区冲击韧性断裂表面

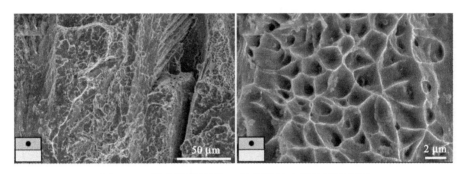

图 4-26　陆上沉积试样 B0 修复区冲击韧性断裂表面

均产生较大变化。受水下环境影响,压强、保护气流、散热条件发生改变,水下激光增材修复材料组织形貌主要为板条马氏体,而陆地上室温环境相同工艺下为回火马氏体;水下激光增材沉积层显微硬度较高,韧性较差。目前,进一步提升水下增材修复材料的冲击韧性为关键技术瓶颈,也是激光增材修复领域的研究热点之一。

4.4　极端性能装备的制造

4.4.1　极端性能装备的基本概念

因装备的复杂性和系统性,极端性能装备并不是一个准确的科学技术概念,一般指在极端环境下服役的装备。例如,在航空发动机、燃气轮机、储能与分布式能源、高端海洋工程、精密制造等应用领域,装备的服役环境变得极端苛刻,机械装备在极端服役环境下运行的过程中,也会出现大量的腐蚀、磨损、疲劳和老化失效现象,使得装备服役寿命缩短,频繁更换造成浪费,若出现问题则引发巨大损失。据统计,在武器装备的全寿命周期费用中,购买费用的占比不到 28%,使用和维护费用约占总费用的 72%。以战斗机为例,因其高速度高机动性的需要,发动机转速普遍在 15 000 r/min 以上,其核心温度高达 1 600 ℃,如何在高速、高压、高温之中保持稳定的性能,并在长时间服役过程中不出现性能下降,一直是世界各国研发航空发动机的目标之一。

极端制造的一个重要分支就是制造满足极高要求的服役装备。这一目标的实现,需综合多学科知识创造全新功能产品,包括材料科学、力学、纳米科学等。以高超声速巡航飞行器为例:其速度高达 $8\sim10\,Ma$,高速飞行时剧烈的气动致热使其界面急剧升温,需要综合使用能承受极高温的材料、热防护涂层以及微通道结构等多项防护技术来实现。然而,每一步的制造都需要技术的突破,如极高温度、超高速运行环境下飞行器的高性能热电转换结构、蜂窝结构与微通道结构的流体传输、散热设计、精确成形、界面连接等极端制造科学技术在国内外均属空白。

4.4.2　极端性能装备的应用领域

极端性能装备需要通过材料性能表现出来。极端性能装备通常以极端性能材料及相关的加工技术为基础,赋予装备新的或更强的力学性能、化学功能和特殊功能,极大地提高材料抵御环境的能力,从而满足各种恶劣工况的应用需求。由于极端性能装备设计和制造的初衷是为了满足装备在不同应用条件下的服役要求,因此对极端性能装备的需求主要考虑其应用场景。主要包括:

1. 面向深空的极端性能装备

深空探测是空间技术发展到一定程度的必然选择,也是人类探索地球与生命起源和演化奥秘的重要途径。从 1959 年苏联第一颗月球探测器升空以后,美、苏等国家先后对月球、金星、火星、木星、土星、小行星等太阳系内天体开展了多种形式的探测。中国也顺利实施了对月球的环绕探测、月面巡视探测及采样返回,并开启了火星探测新征程,同时正在开展对小行星、木星及太阳等天体探测的论证。与近地空间的航天器相比,深空探测器在运行过程中,常常面临复杂极端热环境的考验,如:月球夜晚长时间低温环境、火星表面低气压环境、7 500 N 变推力发动机工作时 1 500 ℃高温壁面热辐射环境等。这就要求,深空探测器热控分系统必须根据航天器的使命及热环境进行特殊的系统设计。

对于不同深空探测对象,航天器将面临不同的极端热环境考验。对于太阳系内天体的探测,航天器可能遇到的极端环境因素包括:极端低温环境、极端高温环境、低/高气压环境、弱光照环境、沙尘环境等,这些极端环境因素通常以组合形式出现,对深空探测装备产生重要影响。图 4-27 所示为嫦娥五号钻取月壤示意图。

（1）极端低温环境:一般为自然环境,常见于自转周期长的天体背阳面,如月面月夜温度低至 $-196\,℃$（嫦娥五号探

图 4-27　嫦娥五号钻取月壤示意图

测器实测温度)、月球南极阴影坑内温度约$-230\ ℃$、火星极区最低温度约$-123\ ℃$等。极端低温环境对深空探测装备的低温适应性提出了要求。另外,深空探测装备在极端低温环境下性能的变化对热控性能的影响也需要关注。

(2) 极端高温环境:一般包括自然高温环境和诱发高温环境。自然高温环境常见于自转周期长的天体阳面,以及近太阳观测探测器的阳照面,如金星阳照面温度最高达$485\ ℃$、月球阳照面温度也达到$120\ ℃$等。诱发高温环境常见于高温发热体周围,如工作中的发动机壁面、羽流冲刷壁面、同位素热源/电源及核电源壁面、受到高速气动加热的表面等。极端高温环境对深空探测装备的高温适应性及性能变化提出了要求。

(3) 低/高气压环境:火星表面存在约$700\ Pa$的气体环境,主要成分是二氧化碳;金星表面则存在约90个地球标准大气压的气体环境,主要成分为二氧化碳。木星是一个巨大的液态氢星体,高层大气由气体分子百分率为$88\%\sim92\%$的氢和气体分子百分率为$8\%\sim12\%$的氦所组成。低/高气压环境对多层隔热组件等依靠辐射反射进行热隔离的深空探测装备的隔热性能有一定的影响。

(4) 弱光照环境:外天体表面接收到的太阳辐照较近地太阳辐照强度小很多,主要原因是与太阳的距离远,另外大气中的尘埃对太阳光的反射和吸收效应进一步减弱了到达星体表面的太阳辐照。火星大气层顶的太阳辐照强度仅为地球大气层顶太阳辐照强度的42%,木星、土星等距离更远的天体处的太阳辐照强度更小。弱光照环境将降低探测器表面接收到的太阳辐照能量,影响探测器表面的平衡温度。

(5) 沙尘环境:一般包括自然沙尘环境和诱发沙尘环境。自然沙尘环境如火星表面气体流动引发的沙尘暴环境;诱发沙尘环境如月球着陆器着陆时发动机羽流吹起的月尘、月面航天员行走带起的月尘等。沙尘环境通常会污染深空探测装备表面,损伤热控材料表面,改变材料表面性能。

2. 面向深海的极端性能装备

深海通常指$500\ m$以下更大深度的海洋,占海洋总体积的$3/4$。深海是人类科学探索和资源需求的宝库和未来。据统计,目前世界深海油气探明储量占海洋油气储量的65%以上;天然气水合物在海洋中的总量为$1\times10^{15}\sim5\times10^{15}\ m^3$;多金属结核在海洋中含量约为$5\ 000$亿$t$,主要富集在$4\ 000\sim6\ 000\ m$深度;富钴结壳在海洋中含量达$10$亿$t$,主要分布在$500\sim4\ 000\ m$深度;上百处海底热液多金属硫化物矿床含量达$6$亿$t$,分布在$1\ 500\sim4\ 000\ m$深度;深海已发现数千种新生物,绝大部分物种是深海环境所独有的。深海是高压、低温($0\ ℃$)或局部高温($400\ ℃$)环境。深海并不平静,经常出现类似于陆地上飓风等的激流——深海"风暴"。虽然深海"风暴"的流速仅有$50\ cm/s$左右,但能量巨大,甚至可以改变海底地形。其巨大的破坏力会对海底的科学仪器、通信电缆等造成毁坏,甚至可能危及海上石油钻井平台等。此外,深海的腐蚀和磨损常常是耦合发生的,高压、低温(或热液区高温)、极端微生物附着、毒性气体都会加剧海水对服役材料的腐蚀,更会加剧海底"风暴"涌动的磨蚀及毁损过程,并随着海底"风暴"的冲击在金属表面产生"犁沟",形成新的裸露表面而进一步被腐蚀。

深海蕴藏着世界未来发展所必需的丰富能源与战略资源。目前,我国深海装备关键零部件80%以上依赖进口,随着我国海洋强国建设的加速,海洋科技向着深远化进军,石油钻采向着深海延伸以及南海可燃冰的勘探和开采,使得我国对于深海装备国产化的需求更为迫切。如果无法建立一套完整的深海服役装备的评价体系,那么将会严重影响深海装备的安全性和可靠性,从而成为深海战略发展的"瓶颈"。然而,深海苛刻的环境对于服役装备的蚀损机制研究一直是我国材料研究的空白。一般物质在经历高压过程中会产生相变,在深海高压环境下材料的组织和性能可能会发生出人意料的变化。装备在深海环境中服役时,其在高压下的摩擦系数、热衰退及热稳定性等与常温常压下不同,所表现出的腐蚀、磨损机制也与常压环境下不同。尤其是在深海环境中温度梯度较大时,金属材料的腐蚀速率、摩擦系数变大,磨损加剧。随着油气勘探向地质条件和环境更加复杂的深海区域发展,一些高 H_2S 和 CO_2、高含硫深海热液环境区域成为油气勘探的重点。因而,研究装备在深海高压有毒气体等环境下的蚀损行为也显得极其重要。针对上述一系列深海的需求,目前对深海服役装备的研究热点如下。

(1) 深海装备抗腐蚀性能

深海腐蚀的因素主要包括海洋环境腐蚀和微生物腐蚀。各国科研工作者对各种材料深海腐蚀做了大量工作,许多研究机构也对各种材料进行了大量、长时间的实海挂片试验。所谓"挂片试验"是指将材料及制品直接放置在海水环境中进行的腐蚀试验。1962~1970年间,加利福尼亚的海军工程中心在怀尼米港西南方向81 nmile及西部方向75 nmile的海水中对475种合金材料、20 000多种试样进行了挂片试验,试样包括钢、铸铁、不锈钢、铜、镍、铝等多种材料,挂片深度分别为762 m和1 829 m。试验结果表明,除了铝合金在深海中的点蚀深度加大并出现了缝隙腐蚀,而浅海挂片试样未出现缝隙腐蚀外,水深对其他材料腐蚀的影响基本可以忽略,甚至可以缓解腐蚀作用。印度国家海洋技术研究所的研究人员将表面不会形成钝化膜的低碳钢浸泡于500~5 100 m深的海水中68天后,发现深海中低碳钢的腐蚀速率明显低于浅海中低碳钢的腐蚀速率,而在所有深海挂片试样中,500 m深处的腐蚀速率最低,原因在于此处的含氧量最低。需要注意的是,不同海域溶解氧随水深的变化规律是不一样的。上述试验的海域为印度洋,而我国南海实测数据显示,水深750 m左右时海水中含氧量最低,约为2.5 mg/L,因此在该位置海洋装备腐蚀速率最低。

关于深海微生物腐蚀,由于深海微生物取样、保种、培养等方面需要较高技术水平,因此相关研究报道较少。大多数研究集中于微生物腐蚀机制及其局部腐蚀效应。如法国图卢兹大学的人员研究了1145低碳钢,403铁素体钢和304 L、316 L奥氏体钢在硫还原地杆菌腐蚀作用下的行为,发现钢的腐蚀速率与细菌的富集相关,细菌可以直接从钢中攫取电子,从而加速了铁素体钢和低碳钢的局部腐蚀。阿根廷的内塞西安(Nercessian)博士研究了荧光假单胞菌对铜的腐蚀,发现微生物的代谢过程与腐蚀速率相关。我国研究人员针对青岛胶州湾海底泥中的硫酸盐还原菌进行富集培养,并研究了其对Q235钢腐蚀的影响。结果表明,硫酸盐还原菌可将腐蚀产物由球形的水合氧化铁转化为海绵状的球形铁硫化物,海洋微生物的附着和繁殖可加速钢的腐蚀。

（2）深海装备极端力学性能

极端力学性能装备指的是具有高强度、高硬度、高韧性、耐磨损、超软或超延展性等功能的装备。此类装备广泛应用于机械加工、地质勘探、石油和天然气开采等相关行业，是国民经济发展的重要基础性装备。在深海油气资源开发的技术领域，20世纪70年代前，世界海洋油气开采水深不足100 m，到80年代初海洋油气开采水深达到了300 m。目前，先进国家海洋油气开采水深已突破3 000 m，且生产水深可达2 500 m。在深海石油钻采过程中，钻采部件将经受高压海水环境下的磨蚀与H_2S、CO_2等腐蚀介质的严重侵蚀，其耦合作用将使诸多部件在此严酷环境下的寿命甚至只有几个小时。例如，无磁钻铤的寿命只有200～500 h，是典型的消耗品。国内市场目前对无磁钻铤的需求量为每年5 000余支，随着海洋资源钻采工程项目的不断增加，规模不断扩大，对高性能无磁钻铤等产品的需求量还将增加。与国外同类型奥氏体氮强化不锈钢的无磁钻铤相比，国产无磁钻铤采用的Cr-Mn-N奥氏体不锈钢的最大问题是晶间腐蚀合格率和力学性能指标偏低。我国在深海油气资源开发技术领域对材料的研发和国外先进国家之间的差距是显著的，国产相关材料的性能及使用深度远不及国外同类先进材料，这也直接制约了我国对深海油气资源开发的步伐。

此外，目前使用石油和天然气最大的困难是运输问题，尤其是在深海开采油气时，涉及长距离、大规模输送问题。铺设海底油气管道的装备需要在深海挖沟铺设输油管道数百千米。管道铺设装备不仅要在超强的水下压力下保证机械操作灵活自如，还要在海底不同的地质地貌条件下转向和行进，极具挑战。中国中车株洲研究所旗下时代艾森迪智能装备有限公司建造了世界最大吨位的深水挖沟犁。深水挖沟犁长23.5 m，宽15.5 m，高9.1 m，总质量达178 t。在海面支持母船的帮助下，可下潜到1 000 m深的海底进行铺管作业，在海底每小时最快可铺设1 000 m长的油气管道，技术世界领先。

（3）深海装备抗压性能

高静水压是深海环境的特点之一，静水压随着海深的增加而增加，因而对于深海装备而言，最重要的材料是耐压性能好的结构材料。它们应具有较高的屈服强度和弹性模量。目前，高强度合金钢、钛合金、陶瓷及复合材料等是深海装备所使用的主要结构材料。其中，高强度合金钢是最重要、最关键的深海装备用结构材料。以潜艇耐压壳体材料为例，潜艇耐压壳体所用钢材的屈服强度等级由第二次世界大战前的450 MPa级替换为第二次世界大战后的600 MPa级，其下潜深度得到大幅增加。现代的潜艇耐压壳体所用钢材的屈服强度等级多为1 000 MPa级，俄罗斯在潜艇耐压壳的用钢强度上，一直走在世界前列，比如亚森级潜艇耐压壳体采用屈服强度为1 175 MPa的AB7A钢，其下潜深度可达600 m，大幅提升了隐蔽性。美、日、英、俄等国家自第二次世界大战后就开始建立深海装备结构钢体系。美国研制了HY系列高强度合金钢，日本研制了NS系列高强度合金钢，英国研制了QT系列高强度合金钢，俄罗斯研制了AK系列高强度合金钢。我国也成功研制了屈服强度等级为400 MPa、450 MPa、600 MPa和800 MPa级的高强度合金钢，并向着1 000～1 200 MPa级别快速发展。

深海装备用高强度合金钢在提高强度的同时，还必须保证足够的韧性。在韧性评价时除夏比冲击试验外,往往还需要由爆炸试验或落锤试验来确定其止裂行为。另外,随着强度的提高,高强度合金钢焊接接头的延迟裂纹亦是一个重大问题。因此,在追求高强度时应严格限制甚至降低高强度合金钢中的含碳量,同时应通过增加适量的镍元素来保证其良好的韧性,加入适量的铬、钼、钒等元素改善其淬透性和抗回火软化性,在炼钢时应对铁水预脱硫、脱磷,并采用真空精炼等措施以降低硫、磷和有害气体对高强度合金钢力学性能的危害。为保证装备的强度和韧性,在深海装备采用高强度合金材料焊接时还要控制好道间温度和热输入焊接工艺参数。

钛合金材料具有高比强度、低密度、耐高温、耐腐蚀、无磁、透声和抗冲击振动等特点,是具有研发前景的深海装备结构材料。俄罗斯的钛合金研究和应用水平处于国际领先地位,研发了船用钛合金系列,且用钛合金建造了首件潜艇耐压壳。目前,深海潜水器的耐压壳体材料多采用钛合金材料,如俄罗斯阿尔法级攻击型核潜艇及塞拉级多用途核潜艇的耐压壳体均采用钛合金建造,其下潜深度可达 800 m;美国"海崖"号深潜器的耐压壳体材料为 Ti-6Al-2Nb-1Ta-0.8Mo 钛合金,其下潜深度可达 6 100 m;日本"深海6500"的耐压壳体材料为 Ti-6Al-4V ELI 钛合金,其下潜深度可达 6 500 m。此外,一些知名的深潜器的耐压壳体材料也都采用了钛合金,如法国的"鹦鹉螺"号、俄罗斯的"和平"号和我国的"蛟龙"号。

3. 面向极地的极端性能装备

极地装备指在极地地区开展科学考察、商业航行、油气资源开发、旅游休闲等活动的装备,是认识极地、开发极地、利用极地的重要载体。一般认为常年温度低于 5℃ 的环境是永久寒冷环境,而在常年温度低于 0℃ 的极端寒冷环境(南北极、高山地区、深海和冰洞等)下,气候极端恶劣,高湿、低温、多冰。长期进行极地科考的机械装备部件表面极易形成严重覆冰,其安全服役和可靠运行面临着严峻挑战。通信设备表面的覆冰会产生重大危害和安全隐患,尤其是在多因素耦合条件(如高低温交变、强紫外辐射、强腐蚀污损等)下,通信设备极易加速损伤,甚至导致失效,给国家和社会发展带来巨大损失。另外,全球气候持续变暖导致北极海冰面积和厚度快速减小,普通商船在北冰洋的通航窗口期已大幅延长,逐步成为连接东亚、欧洲和北美的"黄金水道"。北极航道的开发亟须面向极地运输装备的支持,然而当前面向极地的舰船性能受限,直接制约着北极航道的安全开发和高效利用。除此之外,极地环境下能源的开发和利用也受到影响。例如,现阶段风力发电机组的设计和制造均考虑常温工况,尚未有针对极地环境的特殊设计。其中,叶片是风力发电机组捕捉风能的关键和基础部件,其设计、制作工艺、使用性能对风力发电机组的安全性起着非常重要的作用。低温导致的叶片收缩,会使其应力、应变状态发生改变,易发生脆性断裂,影响使用寿命。

极地海洋环境差异明显,无论是海水温度、海洋微生物种群,还是紫外光照等因素,都会发生较大变化。由于海洋表面的湿气和雾气以及覆冰的影响,吃水线附近的船板受到海水飞溅的腐蚀作用非常严重。同时,船舶的中舷侧平直区域在航行中受到浮冰、多年冰、水下冰川的碰撞作用,会破坏船体表面防护层,加重船体表面的破坏。因此,提高极地环境下的装备性能是一个系统工程,要从材料本体、涂料防护和环境因素等多个方面进行综合探索和研究。研发面向极地的极端性能装备,对于我国参与极地国际治理和为全球气候变化贡献中国智慧具有重要意义。极地装备除了需要具备已经描述过的力学性能、抗腐蚀性能之外,还需要具备防覆冰性能。

传统的防覆冰策略主要是基于除冰和融冰的思路,通常采用物理法(如机械破冰、超声除冰、热力融冰)或化学法(如防冻液、喷洒盐水)等,这些方法存在工作效率低、成本费用高、除冰时间长、无法进入复杂多变的地理环境作业等诸多问题,尤其是在极端苛刻环境下具有明显的短板,无法从根本上解决实际工程领域的覆冰除冰难题。随着科技的进步和除冰防雪的需要,通过采用涂装防覆冰材料的策略,抑制或延缓材料表面覆冰的形成,减少表面冰层的结合强度和覆冰量,从源头上解决覆冰问题成为主要的研究方向。这种方法具有高效率、低能耗、简便易行等特点,是一种极具潜力的防覆冰策略,应用前景非常广阔。但目前防覆冰涂层的机械耐久性和化学稳定性较差,不能满足各种复杂环境的迫切需求,尤其是难以保障极端低温环境下长期服役的可靠性。因此,有效解决极端冰雪天气材料表面覆冰和除冰问题,开发制造长寿命、强稳定性、高可靠性且绿色环保的防覆冰材料,实现极端低温复杂环境下工程设备的有效防护与延寿,避免重大冰雪灾害事故的发生,具有重要意义。

4.4.3　案例：深冷高压法储氢系统关键装备制造

自21世纪以来,开发利用新能源一直是国内外研究的热点。人类社会长期使用传统化石燃料,带来了不断消耗不可再生资源的忧虑。同时化石能源燃烧导致的空气污染和温室气体过度排放,给人类健康和全球生态环境造成了巨大的损害。近些年,我国提出的"碳达峰""碳中和"计划,将新能源的开发和利用提升到国家战略层面。氢能以其燃烧热值高、利用形式多样、储量丰富、碳排放量为零、可再生等优势,被誉为"21世纪最具发展潜力的清洁能源"。如今,氢能已广泛应用在燃料电池汽车、轨道交通和航天航空领域,燃料电池汽车应用案例如图4-28所示。氢能在未来能源产业发展中具有很多优势,而解决氢能高效、安全、可靠的储运问题是实现氢能推广的关键。按照存储原理,储氢技术可分为物理储氢、化学储氢和复合储氢三大类。物理储氢主要包括:高压气态储氢、低温液态储氢、深冷高压储氢。化学储氢包括:金属氢化物储氢、活性炭吸附储氢、碳纤维和碳纳米管储氢、有机液体储氢、无机物储氢等。

高压气态储氢是目前技术最成熟、商业应用最广泛的一种储氢技术。高压气态储氢容器主要分为纯钢制金属瓶(Ⅰ型)、钢制内胆纤维环向缠绕瓶(Ⅱ型)、铝内胆纤维缠绕瓶(Ⅲ型)及塑料内胆纤维缠绕瓶(Ⅳ型)。Ⅲ型和Ⅳ型瓶由内胆、碳纤维强化树脂层及玻璃纤维强化树脂层组成,减轻了气瓶质量的同时提高了单位质量储氢密度,是当前的主流储氢方式。2000年前后,美国昆腾公司与劳伦斯利弗莫尔国家实验室就合作开发出工作压强达35 MPa和70 MPa的储氢瓶,如图4-29(a)所示。目前,35 MPa高压储氢瓶已经是成熟产品,70 MPa高压储氢瓶也将被丰田公司应用于商用燃料电池车型上。高压气态储氢成本

一汽氢燃料电池 49 t重卡（165 L×8）

大运氢燃料电池 49 t重卡（165 L×8）

开沃氢燃料电池 31 t自卸车（165 L×6）

华菱星马氢燃料电池 31 t自卸车（210 L×6）

佛山氢燃料电池物流车

图 4-28　氢能在燃料电池汽车领域的应用案例

低、能耗少并且充放气速度快，动态响应能力出色，满足燃料电池车车载应用的要求。但其储氢密度较低，因此需要进一步轻量化和高压化，并且为了推广商用，还需降低成本，提高稳定性。

低温液态储氢是指将氢气压缩后深冷到 21 K 以下，使之液化，在真空绝热储氢瓶中封存。液氢的密度为常温、常压下气态氢的 845 倍，体积能量密度也比压缩储存前高出几倍。通常，液氢瓶分为内外两层。内胆一般采用铝合金、不锈钢等材料制成，通过具有良好绝热性的支承物置于外层壳体中心，盛装温度为 20 K 的液氢。内外夹层中间填充绝热材料，以增加热阻，抽去夹层内的空气，形成高真空。2000 年，美国通用公司发布了液氢储罐燃料电池系统轿车，其整个储氢系统质量为 95 kg，可以储氢 5 kg，如图 4-29(b) 所示。仅考虑储氢密度，低温液态储氢是理想的储氢方式，但是低温液态储氢必须使用特殊的超低温容器，如果绝热性能差，那么会导致极大的液氢蒸发损失。同时其休眠期过短，只有 2～4 天，很难用于长期储运。

深冷高压储氢融合了高压储氢和低温储氢两大技术，将氢以超临界形式储存在低温和高压复合工况下。在高压下，液氢的体积储氢密度随压强的升高而增加，将 −252℃ 下的液氢压强从 0.1 MPa 增至 23.7 MPa 后，其体积储氢密度从 70 g/L 增至 87 g/L，质量储氢密度也达到了 7.4%。相比液氢储存，它的休眠期更长。以储氢量达到存储能力的 75% 时的深冷高压储氢瓶为例，当储存压强为 35 MPa 时，休眠期为 8.5 天；储存压强为 50 MPa 时，休眠期达到 15.1 天；储存压强为 70 MPa 时，休眠期达到 20.5 天。图 4-29(c) 为美国劳伦斯利弗莫尔国家实验室在 2013 年研发出的深冷高压储氢瓶。容器由填充有高反射率的金属化塑料和不锈钢制成的外护套构成，层间为真空状态。对该储氢瓶的测试结果显示，储氢瓶可以维持 6 天的休眠时间。如图 4-29(d) 所示，BMW 公司也设计了用于氢能汽车的深冷高压储氢瓶。与液态储氢相比，深冷高压储氢的氢气挥发性小、体积储氢密度更大，但成本、安全性等问题亟须解决。

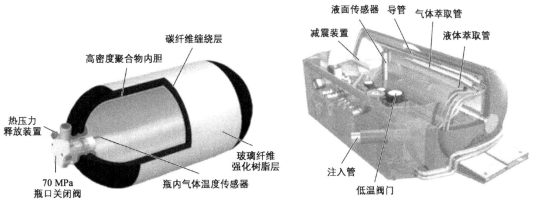

（a）Ⅳ型轻质高压气态储氢瓶模型　　　（b）美国通用公司在轿车上使用的低温液态储氢瓶模型

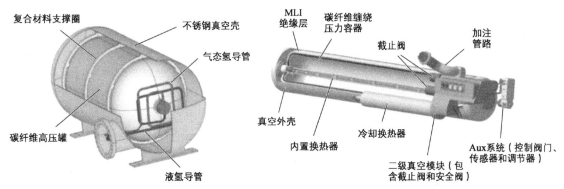

（c）美国劳伦斯利弗莫尔国家实验室　　　（d）德国宝马公司设计的车载深冷高压储氢瓶模型
研发的深冷高压储氢瓶模型

图 4-29　储气瓶模型

　　几类主流的储氢方式各有优缺点，如表 4-4 所示。高压气态储氢虽然技术成熟，但储氢质量密度过低。低温液态储氢以及深冷高压储氢有着储氢质量密度高的优势，但液氢储存休眠期过短，难以长期无损储存，深冷高压氢则技术成熟度低，安全、成本问题有待解决。金属氢化物储氢的储氢密度低、成本高，不利于商用和推广。有机液体储氢因为操作条件苛刻，导致成本过高，这些也限制了它的应用。尽管深冷高压储氢目前技术不够成熟，但包括美国劳伦斯利弗莫尔国家实验室、阿贡国家实验室等国外科研机构以及东南大学、浙江大学、西安交通大学等高校以及江苏国富氢能技术装备股份有限公司都对这一储氢模式进行了研究。

表 4-4　不同车载储氢技术的优缺点对比

储氢技术	最大储氢质量密度/%	优点	缺点
高压气态储氢	5.7	技术成熟，成本低	储氢质量密度低
低温液态储氢	7.4	储氢质量密度高	休眠期短
深冷高压储氢	7.4	储氢质量密度高，休眠期长	技术成熟度低

（续表）

储氢技术	最大储氢质量密度/%	优点	缺点
金属氢化物储氢	4.5	安全,操作易实现	成本高,储氢质量密度低
有机液体储氢	7.2	储氢质量密度高	成本高,操作难度大

深冷高压储氢瓶包括储氢瓶内胆、外壳和支撑结构,如图 4-30 所示。其中制造难度最大的是储氢瓶内胆,它是由铝合金内衬和碳纤维复合材料经缠绕加工形成的高强度耐压耐低温气瓶,铝合金内胆材料多选用 6061Al,碳纤维复合材料则由 T700 碳纤维和环氧树脂构成。

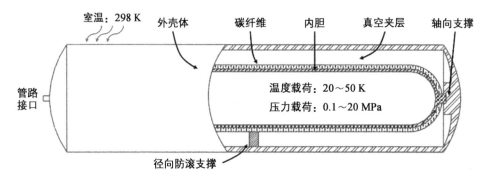

图 4-30　深冷高压储氢系统结构示意图

普通高压气瓶缠绕制造技术是在控制纤维张力和预定线型的条件下,将连续的浸渍有树脂胶液的纤维粗纱或布带连续地缠绕在相应于制品内腔尺寸的芯模或内衬上,然后在室温或加热条件下使之固化制成一定形状制品的方法,如图 4-31 所示。

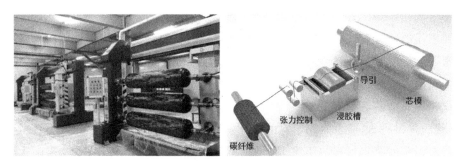

图 4-31　气瓶缠绕技术

深冷高压储氢瓶内胆需要针对低温工况下的应力环境进行复合材料层缠绕层的重新设计,如图 4-32 所示。在传统网格理论中加入温度载荷,基于网格理论对深冷压力容器进行基本参数设计,根据纤维复合材料在低温下的材料性能参数,包括纤维复合材料的抗拉强度、抗拉模量,以及碳纤维复合材料的热膨胀系数、材料的弯曲屈服强度、内衬材料的弹性模量、内衬材料的泊松比等,计算得到低温和内压载荷条件下筒身段的应力分布,确定缠绕铺层、缠绕厚度等参数。在完成缠绕参数计算的基础上,需要继续开展缠绕制造过程的工艺参数设计与验证,利用缠绕工艺瓶体/夹具协同运动控制策略设计平台,确定缠绕过程气瓶和碳纤维夹具四维协同运动控制参数,完成结构设计向制造工艺的延伸。

深冷高压储氢装备需要满足低温和高压两种性能,因此需要有能同时产生高压和低温测试工况的试验平台和试验方法,以实现对深冷高压瓶和附件零部件的性能检测。东南大学严岩博士科研团队设计并研制了一种深冷高压性能测试分析

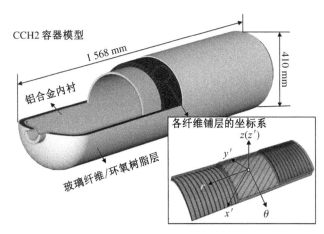

图 4-32　深冷高压瓶内胆缠绕工艺参数设计

平台,该平台采用液氮作为工质,能够快速形成最大工作压强为 20 MPa、低温区间为 60~100 K 的深冷高压复合环境,可对深冷高压系列产品从样品试制到后期产业化过程品质进行测试监控,还可开展加注/泄放流程设计验证,同时可对低温复合材料性能进行测试。

深冷高压试验平台主要分为三个部分:低温维持系统、高压维持系统和远程控制系统,整体组成如图 4-33 所示。低温维持系统包括低温制冷源和真空绝热试验舱,液氮杜瓦作为冷源接入被测件内部,提供低温制冷;真空泵连接被测件与安全舱之间的夹层,形成 10^{-3} Pa 真空绝热环境,保证后续加压、试验过程持续保冷。高压维持系统包含增压装置和高压缓冲瓶组,为被测件提供高压气源。远程控制系统通过舱体数据接口实现对舱内温度、压力等信号的采集和传输,通过气动阀门实现管路系统远程控制,形成了手动/自动双模式运行规范。该试验平台有助于车用低温系统关键装备的开发与测试,并为未来我国氢能装备发展做出贡献,同时也可为相关试验平台的研究提供参考。

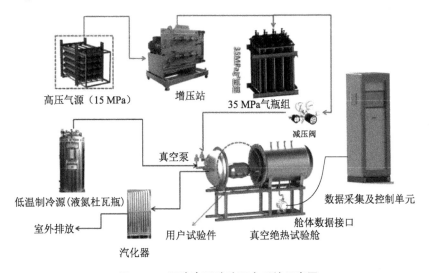

图 4-33　深冷高压试验平台系统示意图

　　本节主要介绍了深冷高压储氢技术特点,为了研制在极端条件下服役的深冷高压瓶,着重介绍了内胆瓶体的设计与制造技术、试验验证技术。然而,随着深冷高压储氢技术的持续深入研究和装备示范应用,深冷高压储氢将会面对诸如低温高压瓶口连接件、绝热支撑结构真空放气、超临界氢质量计量等更多更为复杂的技术难题和制造难题,这些问题的解决需要我们打破常规制造思维方式,在现有制造技术的基础上继续前行。

思考与练习

　　1. 极端制造的内涵是什么?

　　2. 微纳制造器件通常使用哪些方法进行表征?

　　3. 极地装备需具备什么样的性能?

　　4. 深海原位制造具有什么样的特点?

　　5. 深冷高压储氢装备的主要性能指标有哪些?

参考文献

[1] 钟掘. 极端制造:制造创新的前沿与基础[J]. 中国科学基金,2004,18(6):330-332.

[2] Guo D M, Lu Y F. Overview of extreme manufacturing[J]. International Journal of Extreme Manufacturing, 2019, 1(2): 020201.

[3] Dias R P, Silvera I F. Observation of the Wigner-Huntington transition to metallic hydrogen[J]. Science, 2017, 355(6326): 715-718.

[4] 郑晓静. 关于极端力学[J]. 力学学报,2019,51(4):1266-1272.

[5] Sun G F, Wang Z D, Lu Y, et al. Underwater laser welding/cladding for high-performance repair of marine metal materials: a review[J]. Chinese Journal of Mechanical Engineering, 2022, 35(1): 1-19.

[6] Wang Z D, Yang K, Chen M Z, et al. High-quality remanufacturing of HSLA-100 steel through the underwater laser directed energy deposition in an underwater hyperbaric environment[J]. Surface and Coatings Technology, 2022, 437: 128370.

[7] Wang Z D, Sun G F, Chen M Z, et al. Investigation of the underwater laser directed energy deposition technique for the on-site repair of HSLA-100 steel with excellent performance[J]. Additive Manufacturing, 2021, 39: 101884.

[8] Si W, Zhu Z D, Wu G S, et al. Encoding manipulation of DNA-nanoparticle assembled nanorobot using independently charged array nanopores[J]. Small Methods, 2022, 6(8): e2200318.

[9] Si W, Yuan R Y, Wu G S, et al. Navigated delivery of peptide to the nanopore using In-plane heterostructures of MoS_2 and SnS_2 for protein sequencing[J]. The Journal of Physical Chemistry Letters, 2022, 13(17): 3863-3872.

[10] Yan Y, Han F, Li S H, et al. Research on building cryo-compressed test condition on large CcH_2 vessel for heavy-duty fuel cell trucks[J]. Journal of Energy Storage, 2023, 57: 106148.

[11] Zhang J Q, Yan Y, Zhang C, et al. Properties improvement of composite layer of cryo-compressed

hydrogen storage vessel by polyethylene glycol modified epoxy resin[J]. International Journal of Hydrogen Energy，2023，48(14)：5576-5594.

[12] Rashvand H F，Abedi A. 极端环境无线传感器网络的设计方法[M]. 史彦斌，周竞赛，李立欣，等译. 北京：国防工业出版社，2022.

[13] 屈少鹏，尹衍升. 深海极端环境服役材料的研究现状与研究趋势[J]. 材料科学与工艺，2019，27(1)：1-8.

第五章

先进制造过程中的传感技术

5.1 概述

5.1.1 传感的基本概念

通常情况下,制造过程受多种因素干扰,是包含许多随机条件制约的复杂工艺过程。在设计了一个零件的制造工艺流程及各个环节的工艺参数之后,你也许想知道实际的制造过程是怎样的,是否跟预设的过程一致,如每一时刻原材料的温度、活塞的位移、容器内部压力等信息。为了精确地感知制造过程的信息,需要借助传感技术。传感技术是研究自动检测或自动控制系统中的信息采集、信息转换、信息处理以及信息传输的理论和技术,主要包括传感器技术、误差理论、测试计量技术、抗干扰技术等。通俗来说,传感是将被测量对象转换为与之有确定对应关系的、易于精确处理和测量的某种物理量(如电量)的测量方法。现如今,传感技术早已渗透到诸如工业生产、宇宙开发、海洋探测、环境保护、资源调查、医学诊断、生物工程、文物保护等领域。传感技术同计算机技术与通信一起被称为信息技术的三大支柱。

传感需要通过传感器实现,它是传感技术的核心。根据国家标准《传感器通用术语》(GB/T 7665—2005)的定义,传感器能感受被测量,并按照一定的规律转换成可用输出信号的器件或装置。传感器有如下四个方面的内涵:① 传感器是检测装置,能够感受被测量和获取信号;② 输入量是某一个被测量,如物理量、化学量、生物量等;③ 输出量一般为电信号(电流、电压、电感等),易于传输、转换和处理;④ 输入输出应有明确的对应关系,且应有一定的精确度。

为了实现上述内涵,通常情况下一个传感器由敏感元件、转换元件和转换电路三部分组成,如图 5-1 所示。需要指出的是,上述三个部分是按照功能进行划分的,并不是三个独立的实体部分。并非所有的传感器必须同时包括敏感元件和转换元件,例如热敏电阻将被测量温度直接转换成电阻输出,因此热敏电阻同时兼任变换器功能。

图 5-1 传感器的构成

（1）敏感元件。敏感元件指传感器中能感受被测量的部分。感受被测量后，输出与被测量有确定关系的某一物理量。例如，测量焊接热循环时的热电偶，将温度转换为电压，且温度与电压之间具有确定的函数关系。

（2）转换元件。转换元件将传感器中敏感元件输出量转换为适于传输和测量的电信号部分，例如，应变式压力传感器中的电阻应变片，将应变转换成电阻的变化。

（3）转换电路。转换电路将电量参数转换成便于测量的电压、电流、频率的电量信号，例如，交直流电桥、放大器、振荡器、电荷放大器等。

1876年，德国西门子公司制造出第一支铂电阻温度计，是最早输出电信号的传感器。传感器历经了一百多年的发展，其技术体系大致可分为三个阶段。第一阶段是结构型传感器，它利用结构参量变化来感受和转化信号。这里的结构，指的是传感器内部或被测物体的物理结构，如电阻应变传感器将测量物体外形的变化转换成电阻的变化。第二阶段是20世纪70年代发展起来的固体型传感器，这种传感器由半导体、电介质、磁性材料等固体元件构成，是利用材料的某些特性制成的。如：利用材料的热电效应、霍尔效应、光敏效应分别制成热电偶传感器、霍尔传感器、光敏传感器。第三阶段是近二十年快速发展的智能型传感器，是微型计算机技术与检测技术相结合的产物，使传感器具有一定的智能水平。智能传感器一般具有一定的可编程能力，通过软件技术可实现高精度和多样化的信息采集。现阶段，传感器的发展方向也朝着微型化、多功能化、数字化、智能化、系统化和网络化的总趋势。

5.1.2 传感器的分类

目前，通用传感器的分类标准尚不统一，可分别从被测量、输出量、转换原理等不同角度对传感器进行分类，如表5-1所示。以下列举几种分类方式：

（1）按被测量分类，可分为力学量、光学量、磁学量、几何学量、运动学量、流速与流量、液面、热学量、化学量以及生物量等。主要指能感受规定被测量并转换成可用输出信号的传感器，这种分类有利于选择与应用传感器。

（2）按照传感器输出量的性质分为模拟式传感器和数字式传感器。模拟式传感器是指输出信号为模拟量的传感器，数字式传感器是指输出信号为数字量或数字编码的传感器。数字式传感器便于与计算机联用，且抗干扰性较强，是目前的主要发展方向。

（3）按照工作原理分类，可分为结构型、物性型和复合型。结构型指利用机械构件（如金属膜片等）的变形检测被测量的传感器。物性型指利用材料的物理特性及其各种物理、化学效应检测被测量的传感器。复合型指由不同类型的敏感元件或传感器组合而成具有多种功能的传感器。通常情况下，传感器也可按照广义工作原理进行划分，如电阻式、电容式、电感式，光电式，光栅式、热电式、压电式、红外、光纤、超声波、激光传感器等。这种分类有利于研究、设计传感器，有利于对传感器的工作原理进行阐述。

（4）按敏感元件与被测对象之间的能量关系可分为能量转换型和能量控制型。能量转换型也称换能器，直接从被测对象获得能量，工作时不需外加能量，如温度传感器等。能量控制型需要外部供给能量,如电阻传感器、电容传感器、电感传感器等。

(5) 按敏感材料不同分为半导体传感器、陶瓷传感器、石英传感器、光导纤维传感器、金属传感器、有机材料传感器、高分子材料传感器等。需要指出的是该分类方法可分出很多种类,并且每种分类并不指明具体工作原理,适合于科研与商业等需保密场合使用。

(6) 按应用场合不同分为工业用、农用、军用、医用、科研用、环保用和家电用传感器等。若按具体使用场合,还可分为汽车用、船舰用、飞机用、宇宙飞船用、防灾用传感器等。

(7) 根据使用目的的不同,可分为计测用、监视用、诊断用、控制用和分析用传感器等。

表 5-1　传感器的分类

分类	种类	命名方法
按被测量	位移、湿度、温度、速度、压力等	"被测量"传感器
按输出量	模拟式、数字式	模拟式传感器、数字式传感器
按工作原理	结构型、物性型、复合型	"工作原理名"传感器
按能量关系	能量转换型、能量控制型	内部的能量转换或者外部被测量的控制输出
按敏感材料	半导体传感器、陶瓷传感器、石英传感器等	"敏感材料"传感器
按应用场合	工业用,农用、军用、医用等	"应用场合"传感器
按使用目的	计测用、监视用、诊断用等	"用途"传感器

5.1.3　传感器的特性

传感器的基本特性用于描述输入量与输出量之间的关系,即被测量的状态与输出信号(如电信号)之间的对应关系。由于传感器的测量对象通常是一个过程,因此输入量的状态可分为静态(稳定状态)和动态(不断变化)。相对应地,传感器的输出状态也会不同。因此,传感器的特性可以分为静态特性和动态特性。

1. 静态特性

静态特性指传感器在被测量处于稳定状态时的输入量和输出量之间的关系。在理想状态下,输出量和输入量之间的关系为线性关系,如图 5-2 所示,公式为:

$$y = ax + b \tag{5-1}$$

式中:a——理论灵敏度;

$\quad\quad b$——零点输出;

$\quad\quad x$——输入量;

$\quad\quad y$——输出量。

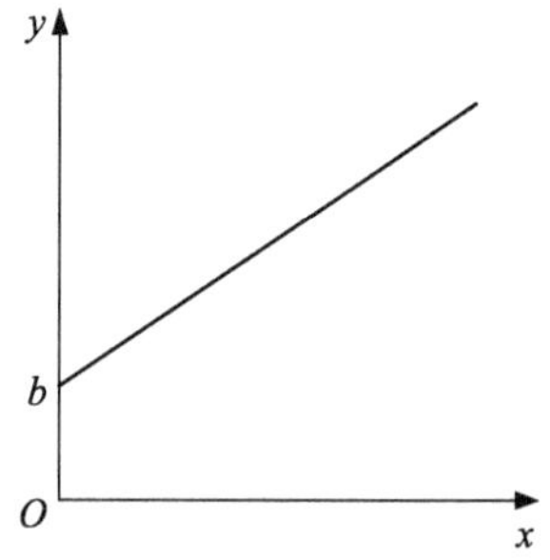

图 5-2　输入量与输出量的线性关系

人们总是希望传感器的静态特性呈线性特性,使整个测量范围具有与图 5-2 输入量和输出量相同的灵敏度。然而,传感过程本质上是利用某种物理化学变化实现的,这些变化的发生需要时间,进而造成感传过程的迟滞、蠕变、摩擦、间隙等问题。此外,外界条件如温度、湿度、压力、电场、磁场等均会对物理化学变化的过程产生影响,使输出量和输入量之间总是具有不同程度的非线性,如图 5-3 所示。

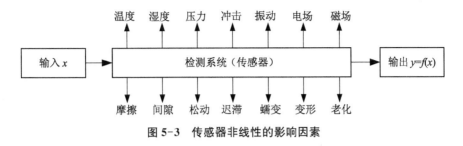

图 5-3 传感器非线性的影响因素

因此,需要定义一些指标来描述传感器的静态特性,用于衡量一个传感器在稳定状态下测量的好坏。静态特性的主要指标包括线性度、迟滞、分辨力、灵敏度、重复性、稳定性等,下面分别进行介绍。

(1) 线性度

传感器的线性度指传感器输出量与输入量之间数量关系的线性程度,也称非线性误差。在高等数学中我们知道,一个任意的复杂函数都可以用多项式来近似表示。因此,在不考虑迟滞、蠕变等因素的情况下,传感器的静态特性用如下多项式方程进行描述:

$$y = a_0 + a_1 x + a_2 x^2 + \cdots + a_n x^n \tag{5-2}$$

式中:y ——输出量;

x ——输入量;

a_0 ——零点输出;

a_1 ——理论灵敏度;

a_2,a_3,$\cdots$,a_n ——非线性项系数。

式(5-2)的图像称为静态特性曲线。在实际应用中,可在量程范围内不同被测量位置处对传感器进行测试获得。如果传感器非线性的次数不高,输入量的范围较小,那么一般可采用直线拟合方式,来表述上述获得的测试点之间的关系。有时为了得到线性关系,也会引入各种非线性补偿,如在测量结果基础上再主动添加一些高阶方程式计算的值。无论如何,传感器的实际特性曲线与拟合的曲线之间仍然存在偏差。这里,我们将实际特性曲线与拟合曲线之间的偏差称为传感器的线性度,通常用相对误差 γ_L 来表示,即:

$$\gamma_L = \pm \frac{\Delta L_{\max}}{y_{FS}} \times 100\% \tag{5-3}$$

式中:$\Delta L_{\max}$ ——非线性最大偏差;

y_{FS} ——满量程输出。

由此可见,非线性误差的大小是以一定的拟合直线为基准而得出来的。若拟合直线不同,则非线性误差也不同。所以,选择拟合直线的主要出发点应是获得最小的非线性误差,另外还应考虑使用、计算方便等。

（2）迟滞

传感器在正（输入量增大）反（输入量减小）行程中输出-输入特性曲线不重合程度称为迟滞，也称回程误差或者空程误差。存在迟滞的特性曲线如图5-4所示。迟滞通常由传感器机械部分的缺陷造成，如轴承间摩擦、间隙、紧固件松动、材料内摩擦和积尘等。迟滞误差大小一般由试验确定，用最大输出差值 ΔH_{max} 与满量程输出 y_{FS} 的百分比 δ_H 来表示，即：

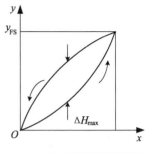

图5-4 传感器的迟滞特性

$$\delta_H = \pm \frac{1}{2} \frac{\Delta H_{max}}{y_{FS}} \times 100\% \qquad (5\text{-}4)$$

（3）分辨力和阈值

分辨力是指传感器能够检测出被测量的最小变化量，用于表征测量系统的分辨能力。需要注意的是，"最小变化量"并没有要求被测量在哪个具体数值下进行变化。事实上，通常传感器在满量程范围内各被测量点的分辨力并不相同，故常将满量程中能使输出量产生阶跃变化的输入量中的最大变化值作为衡量分辨力的指标。上述指标若用满量程的百分比来表示，则称为分辨率，即分辨率＝最大分辨力/满量程。可见，传感器的分辨力不同于分辨率，分辨力采用绝对值来表示，是一个实数，是有单位的量，如10 g、0.1 ms等。而分辨率是一个百分比系数，如0.2%、0.01%等。

当一个传感器的输入从零开始缓慢地增加时，只有在达到某一最小值后才测得输出变化，这个最小值就称为传感器的阈值。可以发现，在传感器输入零点附近的分辨力就是传感器的阈值。

（4）灵敏度

传感器的灵敏度指到达稳定工作状态时，输出变化量 Δy 与引起此变化的输入变化量 Δx 的比值，表征为：

$$k = \frac{\Delta y}{\Delta x} \qquad (5\text{-}5)$$

从物理含义来看，灵敏度是广义上的增益。对于线性传感器，灵敏度 k 为常数，与输入量的大小无关。对于非线性传感器，灵敏度为变化量。

（5）重复性

重复性指传感器的输入在同一条件下，按照同一方向变化时，在全量程内连续进行重复测试得到的各特性曲线的差异程度，如图5-5所示。正行程的最大重复性偏差为 ΔR_{max1}，反行程的最大重复性偏差为 ΔR_{max2}。重复性误差取这两个偏差中的较大者为 ΔR_{max}，再求得占满量程的百分比，用 γ_R 来表示，即：

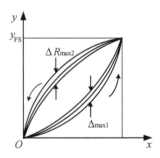

图5-5 传感器的重复性

$$\gamma_R = \pm \frac{\Delta R_{max}}{y_{FS}} \times 100\% \qquad (5\text{-}6)$$

重复性误差只能用试验方法确定,其值常用绝对误差来表示。

2. 动态特性

在实际测量中,许多被测量是随时间变化的。有的传感器尽管其静态特性很好,但输出量不能很好地随输入量变化,引起较大的误差。传感器的动态特性是指输出量对随时间变化的输入量的响应特性。一个动态特性好的传感器其输出量将再现输入量的变化规律,具有短的暂态响应时间和宽的频率响应特性。研究动态特性可以从时域和频域两个方面进行。一般采用输入信号为单位阶跃输入量和正弦输入量进行分析和动态标定。对于单位阶跃输入信号,其响应为阶跃响应或瞬态响应;对于正弦输入信号,其响应为频率响应或稳态响应。

(1) 传感器动态特性的数学描述

虽然传感器的种类和形式有很多,但它们一般可以简化为一阶或者二阶系统。在分析线性系统的动态特性时,通常用微分方程进行描述:

$$a_n \frac{\mathrm{d}^n y}{\mathrm{d}t^n} + a_{n-1}\frac{\mathrm{d}^{n-1}y}{\mathrm{d}t^{n-1}} + \cdots + a_1\frac{\mathrm{d}y}{\mathrm{d}x} + a_0 y = b_m\frac{\mathrm{d}^m x}{\mathrm{d}t^m} + b_{m-1}\frac{\mathrm{d}^{m-1}x}{\mathrm{d}t^{m-1}} + \cdots + b_1\frac{\mathrm{d}x}{\mathrm{d}t} + b_0 x$$

(5-7)

式中: x ——输入量;

y ——输出量;

a_i, $b_i (i=0,1,\cdots)$ ——系统结构特性参数,是常数;

$\frac{\mathrm{d}^n y}{\mathrm{d}t^n}$ ——输出量对时间 t 的 n 阶导数;

$\frac{\mathrm{d}^m x}{\mathrm{d}t^m}$ ——输入量对时间 t 的 m 阶导数。

(2) 传递函数

动态特性的传递函数在线性定常系统中是指初始条件为零时,系统的输出量的拉普拉斯变换与输入量的拉普拉斯变换的比值。根据式(5-7),当其初始值为零时,进行拉普拉斯变换,可得系统的传递函数 $G(s)$ 的一般式为:

$$G(s) = \frac{y(s)}{x(s)} = \frac{b_m s^m + b_{m-1}s^{m-1} + \cdots + b_1 s_1 + b_0}{a_n s^n + a_{n-1}s^{n-1} + \cdots + a_1 s_1 + a_0}$$

(5-8)

式中: $y(s)$ ——传感器输出量的拉普拉斯变换;

$x(s)$ ——传感器输入量的拉普拉斯变换。

式(5-8)中的分母是特征多项式,决定系统的阶数。对于定常系统,当系统微分方程已知,只要把方程式中各阶导数用相应的 s 变量替换,即可求得传感器的传递函数。

对于正弦输入,传感器的动态特性(即频率特性)可由式(5-8)导出,即:

$$G(\mathrm{j}\omega) = \frac{b_m(\mathrm{j}\omega)^m + b_{m-1}(\mathrm{j}\omega)^{m-1} + \cdots + b_1(\mathrm{j}\omega) + b_0}{a_n(\mathrm{j}\omega)^n + a_{n-1}(\mathrm{j}\omega)^{n-1} + \cdots + a_1(\mathrm{j}\omega) + a_0}$$

(5-9)

一个复杂的高阶传递函数可以看作是若干简单的低阶(一阶、二阶)传递函数的乘积。这时可以把复杂的网络看成若干低阶的简单网络的级联。但这时应注意网络间相连接时,并未考虑后级对前级的影响。以电路网络为例,网络间无负载效应,即前级网络输出阻抗为零或后级输入阻抗为无限大。

在分析一个复杂的测试系统时,总是先分析每个单元环节的传递函数、响应特性,然后再分析总的传递函数、总的响应特性。当总的响应特性不能满足要求时,应从总的响应特性要求出发,提出对每个环节的要求,或增减一些环节以期得到设计要求的响应特性。

(3) 传感器的动态特性指标

① 与阶跃响应有关的指标。由于传感器是一个系统,因此其动态特性描述类似于自动控制系统中动态特性的描述。给定一个阶跃信号:

$$u(t) = \begin{cases} 0 & (t < 0) \\ 1 & (t \geq 0) \end{cases} \tag{5-10}$$

若输出为阶跃响应,则如图 5-6 所示,它是类似于二阶系统的阶跃响应曲线,与之相关的动态特性指标包括:

(a) 上升时间 T_r。 传感器输出从稳态值 y_c 的 10% 上升到 90% 所需时间;

(b) 响应时间 T_s。 输出值达到允许范围 $\pm\delta\%$ 所需时间;

(c) 超调量 a_1。 响应曲线第一次超过稳态值 y_c 的峰高:$y_{\max} - y_c$;

(d) 稳态误差 e_{ss}。 无限长时间后,传感器稳态值与目标值偏差。

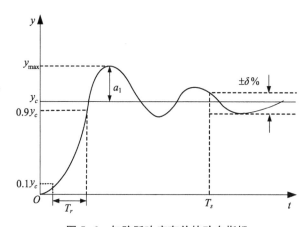

图 5-6　与阶跃响应有关的动态指标

② 与频率响应有关的指标。传感器的瞬态响应是时间响应,在研究传感器的动态特性时,需要从时域中对传感器的响应进行分析,该方法称为时域分析法。对于正弦输入信号,其响应特性称为频率响应特性。

将一阶传感器传递函数中的 s 用 $j\omega$ 代替,可以得到频率响应特性表达式,即:

$$H(j\omega) = \frac{1}{\tau(j\omega) + 1} \tag{5-11}$$

频率响应特性指标包括：

（a）频带或通频带。传感器增益保持在一定值内的频率范围，对应有上下截止频率。

（b）时间常数 τ。表征一阶传感器的动态特性，τ 越小，频带越宽。

（c）固有频率 ω_n。二阶传感器的固有频率，ω_n 表征了其动态特性。

5.2　典型传感器及其工作原理

传感器是自动化制造系统的"眼睛"和"耳朵"，能够精准感知制造过程中的各类变化。现代化制造过程广泛使用各类传感器对复杂的生产过程进行检测、监测或实时闭环调控。传感器的种类各式各样，结构千差万别，充分了解传感器的工作原理有助于我们快速掌握其使用方式与应用场景。本节简要介绍位移传感器、压力传感器、温度传感器、视觉传感器以及霍尔传感器等几种典型传感器的工作原理及其在先进制造中的重要作用。

5.2.1　位移传感器

位移是制造过程中重要的物理量，通过检测位移，能够获得被加工对象相对于工具在横向和高度方向上的偏移量。通过位移传感器，可实现制造过程的闭环控制。根据位移类型的不同，位移检测可分为线位移检测和角位移检测；根据检测的精度范围不同，位移检测可分为检测微小位移（0～10 mm）、检测小位移（10～100 mm）以及检测大位移（100 mm 以上）；根据检测原理的不同，位移检测可分为基于电量的位移检测（包括电感式、电位器式、电容式）、基于应力应变的应变片式检测、基于光学原理的位移检测（包括光栅式、光学式）以及超声式检测等检测方法。下面介绍常用的几种位移传感器的工作原理。

1. 电感式位移传感器

电感式传感器也称为自感式或可变磁阻式传感器，其基本原理建立在电磁感应定律基础上，将位移转换为电感，从而将位移信号转换为电信号。在其他领域的应用中，也可以用来测量压力、流量、振动等。图 5-7 是自感式传感器的工作原理图。自感式传感器由铁芯、线圈和衔铁组成，其中线圈套在铁芯上，铁芯与衔铁之间有一个空气隙，其厚度为 δ，传感器的运动部分与衔铁相连，运动部分产生位移时，空气隙厚度 δ 发生变化，从而改变电感值。

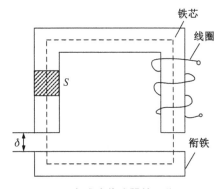

图 5-7　自感式传感器的工作原理

根据电工学的知识可知，线圈电感为：

$$L = \frac{N^2}{R_m} \tag{5-12}$$

式中：N ——线圈的匝数；

R_m ——磁路的总磁阻，H^{-1}。

若不考虑铁损,且空气隙较窄时,其总磁阻由铁芯与衔铁的总磁阻 R_c 和空气隙的磁阻 R_δ 组成,即:

$$R_m = R_c + R_\delta = \frac{l}{\mu S} + \frac{2\delta}{\mu_0 S_0} \tag{5-13}$$

式中：l ——铁芯和衔铁的磁路总长度,m；

μ ——铁芯和衔铁的磁导率,H/m；

S ——铁芯和衔铁的横截面积,m^2；

S_0 ——空气隙的导磁横截面积,m^2；

δ ——空气隙厚度,m；

μ_0 ——空气隙的磁导率,H/m。

铁芯和衔铁一般是纯铁、镍铁合金或者硅铁合金等高导磁材料,在非饱和状态下工作,其磁导率远大于空气隙的磁导率,即 $\mu \gg \mu_0$,所以 R_c 可以忽略,因此：

$$R_m = R_\delta = \frac{2\delta}{\mu_0 S_0} \tag{5-14}$$

将上式代入式(5-12)中可得

$$L = \frac{N^2}{R_m} = \frac{N^2 \mu_0 S_0}{2\delta} \tag{5-15}$$

可知,当铁芯材料和线圈匝数确定后,电感 L 与导磁横截面 S_0 成正比,与空气隙厚度 δ 成反比,因此,通过改变 S_0 和 δ 即可以实现位移及电感之间的转换。

2. 电容式位移传感器

电容式传感器是将被测的位移量转换为电容变化量的传感器,其结构简单、体积小、分辨力高,可实现非接触测量,并能够在高温辐射、强烈振动等恶劣环境下应用,不但能够用来进行位移测量,而且可以应用于压力、液位、振动、加速度等的检测。根据物理学的内容可知,两平行金属板组成的电容公式为：

$$C = \frac{\varepsilon S}{d} \tag{5-16}$$

式中：ε ——两个极板之间的介电常数；

S ——两个极板相对有效面积,m^2；

d ——两个极板之间的距离,m。

改变电容 C 的方法有三种：改变介质的介电常数 ε；改变形成电容的有效面积 S；改变两个极板之间的距离 d。因此电容式传感器有三种类型：变极距型、变面积型、变介电常数型,其形状又分为平板形、圆柱形和球面形三种。

一般情况下,除了变极距型电容传感器外,其他电容式传感器的输入和输出之间都为线性关系。变面积型和变介电常数型电容式传感器具有较好的线性特性,但都是忽略边缘效应而得到的。实际上边缘效应会导致极板间电场分布不均匀,因此存在非线性问题,且灵敏度下降。采用变极距型电容式传感器,测量的范围不应该过大,在较大的范围内使用此传感器,会导致灵敏度下降。

与电感式传感器相比,电容式传感器有如下优点:① 温度稳定性好;② 结构简单,适应性强;③ 动态响应好;④ 实现非接触测量,具有平均效应。同时,由于其电极板间的静电引力很小,所需输入力和输入能量极小,因此可以测量极低的压力、位移和加速度等。电容式传感器灵敏度和分辨率都很高,能测量 $0.01~\mu\mathrm{m}$ 甚至更小的位移。

3. 电位器式位移传感器

电位器是工业中经常用到的电子元件,它作为传感器可以把机械位移转换为有一定函数关系的电阻值的变化,从而引起输出电压的变化,是一个机电传感元件。电位器式位移传感器的可动电刷与被测物体相连,物体的位移引起电位器移动端的电阻变化,阻值的变化量反映了位移的数值,阻值的增大或减小则表明位移的方向。通常在电位器上施加电压,以把电阻变化转换为电压输出。电位器式位移传感器具有精度高、量程范围大、移动平滑、分辨率高、寿命长的特点。在机械设备的行程控制及位置检测中占有很重要的地位,尤其在较大位移测量中得到了广泛的应用,如注塑机、成形机、压铸机、印刷机械、机床等。电位器式位移传感器根据结构不同,可分为线性位移传感器和角位移传感器,工作原理示意如图 5-8 所示。

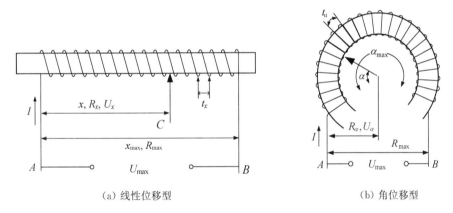

(a) 线性位移型　　　　　　　　　　(b) 角位移型

图 5-8　电位器式位移传感器工作原理示意图

线性位移传感器由匀质材料的导线按等节距绕制,骨架截面积处处相等。电位器单位长度上的电阻值处处相等,$x_{\max}$ 为总长度,总电阻为 $R_{\max}$。当电源电压 $U_{\max}$ 确定以后,电刷沿电阻器移动 x,输出电压 U_x 产生相应的变化。由于 $U_x=f(x)$,因此,电位器就将输入的位移量 x 转换成相应的电压 U_x 输出。

当电刷行程(电位器 A、C 间距离)为 x 时,对应于电刷移动量 x 的电阻值为:

$$R_x = \frac{x}{x_{\max}} R_{\max} \tag{5-17}$$

若 $U_{\max}$ 为加在电位器 A、B 之间的电压,则输出电压为:

$$U_x = \frac{R_x}{R_{max}} \times U_{max} \qquad (5-18)$$

同样,对于角位移型传感器,电阻值与角度的对应关系为:

$$R_\alpha = \frac{\alpha}{\alpha_{max}} \times R_{max} \qquad (5-19)$$

触点输出电压为:

$$U_\alpha = \frac{\alpha}{\alpha_{max}} \times U_{max} \qquad (5-20)$$

其中,α 表示当前角度,α_{max} 表示最大可调角度。

在上述结构中,若线性位移传感器和角位移传感器的绕线节距分别为 t_x 和 t_α,绕线电位器中导线的总匝数为 n,则有:

$$x_{max} = n t_x$$
$$\alpha_{max} = n t_\alpha \qquad (5-21)$$

导线的总电阻为:

$$R_{max} = \frac{\rho}{S} L n \qquad (5-22)$$

式中:ρ ——导线电阻率,$\Omega \cdot m$;

$\quad S$ ——导线的横截面积,m^2;

$\quad L$ ——骨架的周长,m。

因此,线性位移传感器和角位移传感器的电阻灵敏度为:

$$K_R = \frac{R_{max}}{x_{max}} = \frac{\rho L}{S t_x} \qquad (5-23)$$

$$K'_R = \frac{R_{max}}{\alpha_{max}} = \frac{\rho L}{S t_\alpha} \qquad (5-24)$$

当有线性位移或角位移发生时,电位器的电阻值就会改变,外接测量电路可测出电阻变化,进而可以求得位移量。由式(5-23)和式(5-24)可知,电阻灵敏度不仅与电阻率有关,还与导线横截面积、骨架的周长、绕线节距等参数有关,与导线的总匝数无关。

5.2.2 温度传感器

温度是表征物体冷热程度的物理量。制造通常分为冷加工与热加工。热加工过程中需要检测工件、刀具、热源等对象的温度,进行加工过程分析和质量控制。检测温度的传感器和热敏感元件有很多,主要有热电阻、热电偶、光纤测温以及红外测温等。温度检测方法一般分为两大类:接触测量法和非接触测量法。接触测量法是测温敏感元件直接与被测介质接触,使被测介质与测温敏感元件进行充分热交换,从而完成温度的测量。非接触测量法是通过辐射或对流实现热交换。

常用的温度传感及检测方法分类如表 5-2 所示。

表 5-2　常用测温方法、类型及特点

测温方法	温度计或传感器类型		测量范围/℃	精度/%	特点
接触式	热膨胀式	水银	−50~650	0.1~1	简单方便,易损坏(水银污染)
		双金属	0~300	0.1~1	结构紧凑,牢固可靠
		压力　液体	−30~600	1	耐震,坚固,价格低廉
		气体	−20~650		
	热电偶	铂锗-铂 其他	0~1 600 −200~1 100	0.2~0.5 0.4~1.0	种类多,适应性强,结构简单,经济方便,应用广泛。需要注意寄生热电势及动圈式仪表热电阻对测量结果的影响
	热电阻	铂 镍 铜	−260~600 −500~300 0~180	0.1~0.3 0.2~0.5 0.1~0.3	精度及灵敏度均较好,需注意环境温度的影响
		热敏电阻	−50~350	0.3~0.5	体积小,响应快,灵敏度高,线性差,需注意环境温度的影响
非接触式	辐射温度计 光学高温计		800~3 500 700~3 000	1 1	非接触测温,不干扰被测温度场,辐射率影响小,应用简便
	热探测器 热敏电阻探测器 光子探测器		200~2 000 −50~3 200 0~3 500	1 1 1	非接触式测温,不干扰被测量温度场,响应快,测温范围大,适于测量温度分布,易受外界干扰,标定困难
其他	示温涂料	碘化银,二碘化汞 氯化铁,液晶等	−35~2 000	<1	测温范围大,经济方便,特别适于大面积连续运转零件上的测温,精度低,人为误差大

1. 热电偶温度传感器

热电偶温度传感器具有量程大、响应速度快的特点。普通热电偶的量程一般是−200~1 300 ℃,特殊工艺制作的热电偶传感器最低测量温度可达−270 ℃,最高测量温度达 2 800 ℃。除此之外,热电偶温度传感器具有机械强度高、制作简单、价格便宜、装配简单、耐久性好、抗震性好等特点,被广泛地应用于工业现场的温度测量。

1821 年,德国科学家赛贝克发现了电流热效应的逆效应:即当给一段金属丝的两端施加不同的温度时,金属丝的两端会产生电势,闭合回路后金属丝中会有电流流过。这种现象被称为热电效应,也称为塞贝克效应。热电偶就是利用这种原理进行温度测量的,两种不同导体或半导体的组合称为热电偶。其中,直接用作测量介质温度的一端叫做工作端,另一端叫做冷端。冷端与显示仪表或配套仪表连接,显示仪表会指出热电偶所产生的热电势,如图 5-9 所示。然后再根据热电动势与温度的函数关系求得温度。

当两种金属接触在一起时,由于不同导体的自由电子密度不同,在结点处就会发生电子迁移扩散。失去自由电子的金属呈正电位,得到自由电子的金属呈负电位。当扩散达到平衡时,在两种金属的接触处形成电势,称为接触电势。其大小除与两种金属的性质有关外,还与结点温度有关,可表示为:

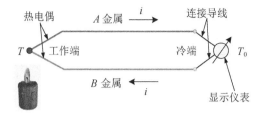

图 5-9　热电偶温度传感器的测量原理

$$E_{AB}(T) = \frac{kT}{e} \ln \frac{N_A}{N_B} \tag{5-25}$$

式中:$E_{AB}(T)$——两种金属在温度 T 时的接触电势,V;

k——玻尔兹曼常量,$k = 1.38 \times 10^{-23}$ J/K;

e——电子电荷,$e = 1.6 \times 10^{-19}$ C;

N_A、N_B——金属 A、B 的自由电子密度,m^{-3}。

对于单一金属,如果两端的温度不同,那么温度高端的自由电子向低端迁移,使单一金属两端产生不同的电位,形成电势,称为温差电势。其大小与金属材料的性质和两端的温差有关,可表示为:

$$E_A(T, T_0) = \int_{T_0}^{T} \sigma_A dT \tag{5-26}$$

式中:$E_A(T, T_0)$——金属 A 两端温度分别为 T 与 T_0 时的温差电势,V;

σ_A——温差系数;

T、T_0——高低温端的绝对温度,K。

对于图 5-9 所示 A、B 两种金属构成的闭合回路,总的温差电势为:

$$E_A(T, T_0) - E_B(T, T_0) = \int_{T_0}^{T} (\sigma_A - \sigma_B) dT \tag{5-27}$$

于是,回路的总热电势为:

$$E_{AB}(T, T_0) = E_{AB}(T) - E_{AB}(T_0) + \int_{T_0}^{T} (\sigma_A - \sigma_B) dT \tag{5-28}$$

由此可以得出如下结论:

① 如果热电偶两电极的材料相同,即 $N_A = N_B$,$\sigma_A = \sigma_B$,虽然两端温度不同,但闭合回路的总热电势仍为零。因此,热电偶必须用两种不同材料做热电极。

② 如果热电偶两电极的材料不同,而热电偶两端的温度相同,即 $T = T_0$,闭合回路中也不产生热电势。

2. 热敏电阻传感器

热敏电阻是敏感元件的一类,此类元件的电阻值会随着温度的变化而改变,与一般器件的固定电阻不同,属于可变电阻器件。在热敏电阻传感器中使用的材料通常是陶瓷或聚合物,例如镀在玻璃中的镍、锰或钴的氧化物,这使得它们很容易损坏。根据电阻随温度变化的不同,热敏电阻包括两种类型:负温度系数(Negative Temperature Coefficient,NTC)热敏电阻,即电阻随着温度的升高而减小;正温度系数(Positive Temperature Coefficient,PTC)热敏电阻,即电阻随着温度的升高而增加。工业中应用的热敏电阻大多数具有负温度系数,如图 5-10 所示。

图 5-10　负温度系数热敏电阻

负温度系数热敏电阻是一种氧化物的复合烧结体,通常用它测量-100~300℃范围内的温度,其特点是:① 电阻温度系数大,灵敏度高,约为热电阻的 10 倍;② 结构简单,体积小,可以测量点温度;③ 电阻率高,热惯性小,适宜动态测量;④ 易于维护和进行远距离控制;⑤ 制造简单,使用寿命长。不足之处为互换性差,非线性严重。

3. 红外测温传感器

在某些特殊条件下(如高温、强腐蚀、强电磁场条件下或较远距离下)感知被测物体的温度,需要使用非接触式温度传感器。典型代表为非接触红外测温传感器,其测量原理通常也称为辐射测温。测量过程一般使用热电型或光电探测器作为检测元件。主要特点是:① 测量范围广,既可测量大面积的温度,又可以测量某一点的温度;② 成本低,此类传感器制造工艺简单,体积小,使用方便,寿命长;③ 响应速度快,测量过程时间短,温度分辨率高;④ 易受影响,由于采用红外辐射测量温度,属于间接测量,测量过程易受到物体发射率、测温距离、烟尘和水蒸气等外界因素的影响,产生测量误差。

红外测温传感器的测温原理是黑体辐射定律,也称作普朗克黑体辐射定律,是所有红外辐射理论的基础。众所周知,自然界中一切温度高于绝对零度的物体都在不停向外辐射能量,物体的向外辐射能量的大小及其按波长的分布与它的表面温度有着十分密切的联系,物体的温度越高,所发出的红外辐射能力越强。黑体辐射定律描述了在任意温度下,从一个黑体中发射出的电磁辐射的辐射度 M_λ 与波长 λ 之间的关系,即:

$$M_\lambda = \frac{c_1}{\lambda^5} \frac{1}{e^{\frac{c_2}{\lambda T}}-1} \qquad (5-29)$$

式中:c_1——第一辐射常数,$c_1 = 3.741\,38 \times 10^{-16}$ W·m²;

　　　c_2——第二辐射常数,$c_2 = 1.438\,769 \times 10^{-2}$ m·K;

　　　λ——光谱辐射的波长,μm;

　　　T——黑体的绝对温度,K。

为了实现温度的测量,斯特潘-玻尔兹曼定律指出黑体的辐射度与它温度的四次方成正比,即:

$$M = \int_0^{+\infty} M_\lambda \mathrm{d}\lambda = \sigma T^4 \qquad (5-30)$$

式中：σ——斯特潘-玻尔兹曼常数，$\sigma = 5.670\,373 \times 10^{-8}$ W·m^{-2}·K^{-4}。

由式(5-30)可知，物体辐射的能量与物体的温度成正比，这就是红外测温的依据。红外测温传感器的测温原理如图 5-11 所示。由连接红外探测器和光学系统的光机扫描设备对被测目标进行红外热像扫描，将辐射能在探测器上进行聚集，红外探测器的光敏元件接收被测物体的辐射能量，并由探测器转换成电信号，再经过放大器放大，形成标准的视频信号，显示器上就可以显示物体的红外热像图了。

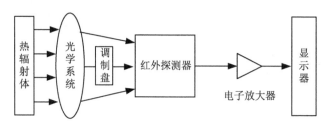

图 5-11　红外测温传感器测温原理图

5.2.3　视觉传感器

人们获取外界信息的 80% 来自视觉，人眼-大脑中的视觉中枢组成了视觉系统，人眼最大限度地获取环境信息，并传入大脑，大脑根据知识或经验，对信息进行加工、推理，实现对目标的识别、理解，包括环境组成，物体类别，物体的形状、大小、颜色、纹理等。视觉传感器就是将被测量转换成光学量，再通过光电元件将光学量转换成电信号的装置，视觉传感的检测一般通过光电效应实现。视觉传感器属于无损伤、非接触测量器件，具有体积小、质量轻、响应快、灵敏度高、功耗低、便于集成、可靠性高、适于批量生产等优点，广泛用于自动控制、机器人、航空航天、家电、工农业生产等领域。视觉传感器以及视觉检测成为当今科学技术研究领域的一个重要发展方向。表 5-3 给出了几种主要几何特征的视觉传感方式。

表 5-3　主要几何特征的视觉传感方式

几何特征	照射光源	传感器件	传感原理
点	卤钨灯、红外发光二极管、激光管、可见光等	光电管、光电倍增管、光敏电阻、光电池等	三角测距
线	卤钨灯、红外发光二极管、激光管、可见光等	光电管阵列、线阵 CCD、线阵 PSD 等	三角测距
面	可见光、红外线、紫外线、X 光等	面阵 CCD、X 光成像设备、线阵传感装置等	边缘检测、图像分隔
体	可见光、光脉冲	双(多)面阵 CCD 摄像机、深度相机	双目视觉、飞行时间

1. CCD 图像传感器

在众多视觉传感器中，CCD 图像传感器在工业中的应用最为广泛，由于篇幅限制，现仅对 CCD 的工作原理进行简要介绍，其他视觉传感器请参阅相关传感器书籍。CCD(Charge

Coupled Device)是电荷耦合器件的简称,又称 CCD 图像传感器。CCD 是 1969 年美国贝尔实验室发明的,是在 MOS 集成电路技术基础上发展起来的新型半导体传感器,它能够将光学影像转化为数字信号输出,广泛应用于航天、遥感、天文通信等各个领域。CCD 有以下特点:① 集成度高、体积小、质量轻、功耗低(工作电压 DC 7～12 V)、可靠性高、寿命长;② 空间分辨率高;③ 可任选模拟、数字等不同输出形式。

CCD 按结构可分为线阵器件和面阵器件两大类,工作原理基本相同,但结构有很大差别。图 5-12 为工件尺寸测量系统,由光学系统、图像传感器和微处理机等组成。被测工件成像在 CCD 图像传感器的光敏阵列上,产生工件轮廓。时钟和扫描脉冲电路对每个光敏单元顺次询问,视频输出电路将 CCD 阵列的脉冲送到脉冲计数器进行记录,记录结束后,启动阵列扫描的扫描脉冲把计数器复位到零。复位之后,计数器计算和显示由视频脉冲选定的总时钟脉冲数。显示数 N 就是工件成像覆盖的光敏单元数目,根据该数目来计算工件尺寸。

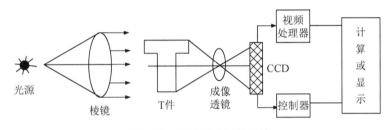

图 5-12 工件尺寸测量系统

例如,在光学系统放大率为 1：M 的装置中,便有:

$$L = (Nd \pm 2d)M \tag{5-31}$$

式中:L ——工件尺寸,m;

N ——覆盖的光敏单元数;

d ——相邻光敏单元的中心距离,m。

所以,$\pm 2d$ 为图像末端两个光敏单元之间的最大误差。

2. 三维视觉传感器

三维视觉传感技术经过数十年的发展,已经取得巨大的成功。基于视觉的三维重建在计算机领域是一个重要的研究内容,主要通过使用相关仪器来获取物体的二维图像数据信息,然后再对获取的数据信息进行分析处理。最后,利用三维重建的相关理论重建出真实环境中物体表面的轮廓信息。基于视觉的三维重建具有速度快、实时性好等优点,能够广泛应用于人工智能、机器人、无人驾驶、即时定位与地图构建(Simultaneous Localization and Mapping,SLAM)、虚拟现实和 3D 打印等领域。三维视觉传感技术的方法如图 5-13 所示。

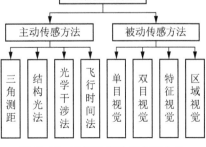

图 5-13 三维视觉传感主要方法

三维视觉传感器的三维重构功能是通过获取目标的三维信息实现的,而目标的位姿测量问题本质上是各坐标系之间的相互转换问题。基本模型如图 5-14 所示,主要涉及世界坐标系 $O_w\text{-}X_wY_wZ_w$、相机坐标系 $O_C\text{-}X_CY_CZ_C$ 以及图像坐标系 $O\text{-}xy$。 在世界坐标系中,以 O_w 为原点,X_w 与 Y_w 相互垂直,Z_w 垂直于 X_wY_w 所在平面。在相机坐标系中,以 O_C 为原点,X_C 与 Y_C 相互垂直,Z_C 垂直于 X_CY_C 所在平面。图像坐标系是一个二维坐标系,包括相互垂直的 x 轴、y 轴和原点 O。 图像传感器与图像坐标系在同一平面,相机光轴穿过图像坐标系相交于 O 点,也被称为主点,其在传感器上的像素坐标为 (u_0, v_0)。

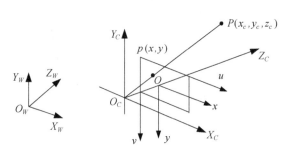

图 5-14 视觉传感器的坐标关系

由于图像传感器与图像坐标系处于同一平面内,对于传感器上一像素 $p(u, v)$,其与图像坐标系的坐标 $p(x, y)$ 之间的转换关系为:

$$\begin{cases} x = k_u(u - u_0) \\ y = k_v(v - v_0) \end{cases} \tag{5-32}$$

式中:k_u 和 k_v 为传感器的物理尺度,单位为 mm/pixel,将公式(5-32)齐次化可得:

$$\begin{bmatrix} x \\ y \\ 1 \end{bmatrix} = \begin{bmatrix} k_u & 0 & -k_u u_0 \\ 0 & k_v & -k_v v_0 \\ 0 & 0 & 1 \end{bmatrix} \begin{bmatrix} u \\ v \\ 1 \end{bmatrix} \tag{5-33}$$

根据小孔成像原理,相机坐标系内一点 $P(x_c, y_c, z_c)$ 在图像坐标系内可表示为 $p(x, y)$。 根据相似三角形原理,图像坐标系中的一点 $p(x, y)$ 与相机坐标系中点 $P(x_c, y_c, z_c)$ 的转换关系为:

$$\begin{cases} x_c = \dfrac{xz_c}{f} \\ y_c = \dfrac{yz_c}{f} \end{cases} \tag{5-34}$$

式中:f 为相机的焦距。将上式齐次化可得:

$$\begin{bmatrix} x_c \\ y_c \\ z_c \\ 1 \end{bmatrix} = \begin{bmatrix} \dfrac{z_c}{f} & 0 & 0 \\ 0 & \dfrac{z_c}{f} & 0 \\ 0 & 0 & z_c \\ 0 & 0 & 1 \end{bmatrix} \begin{bmatrix} x \\ y \\ 1 \end{bmatrix} \tag{5-35}$$

相机坐标系内点 $P(x_c, y_c, z_c)$ 与世界坐标系内点 $P(x_w, y_w, z_w)$ 可通过旋转矩阵 $\boldsymbol{R}$ 与平移矩阵 $\boldsymbol{T}$ 进行相互转换,其表达式为:

$$\begin{bmatrix} x_c \\ y_c \\ z_c \end{bmatrix} = \boldsymbol{R} \begin{bmatrix} x_w \\ y_w \\ z_w \end{bmatrix} + \boldsymbol{T} \tag{5-36}$$

将上式齐次化可得:

$$\begin{bmatrix} x_c \\ y_c \\ z_c \\ 1 \end{bmatrix} = \begin{bmatrix} \boldsymbol{R} & \boldsymbol{T} \\ \boldsymbol{0}^{\mathrm{T}} & 1 \end{bmatrix} \begin{bmatrix} x_w \\ y_w \\ z_w \\ 1 \end{bmatrix} \tag{5-37}$$

将式(5-33)和式(5-35)代入式(5-37)并化简可得:

$$z_c \begin{bmatrix} \dfrac{k_u}{f} & 0 & -\dfrac{k_u u_0}{f} \\ 0 & \dfrac{k_v}{f} & -\dfrac{k_v v_0}{f} \\ 0 & 0 & 1 \\ 0 & 0 & \dfrac{1}{z_c} \end{bmatrix} \begin{bmatrix} u \\ v \\ 1 \end{bmatrix} = \begin{bmatrix} \boldsymbol{R} & \boldsymbol{T} \\ \boldsymbol{0}^{\mathrm{T}} & 1 \end{bmatrix} \begin{bmatrix} x_w \\ y_w \\ z_w \\ 1 \end{bmatrix} \tag{5-38}$$

最终获得了图像传感器上像素 $p(u, v)$ 与世界坐标系内点 $P(x_w, y_w, z_w)$ 的转换关系,式中 k_u、k_v、$\boldsymbol{R}$、$\boldsymbol{T}$ 均已知,但 z_c 未知。视觉方法就是通过不同途径确定 z_c,下面以双目视觉为例进行讲解。

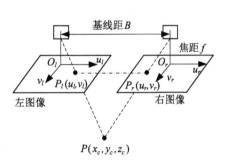

图 5-15 双目立体视觉模型

双目立体视觉模型如图 5-15 所示,在该模型中包括左右两个参数相同的相机。两相机成像面在同一平面内,两相机光轴互相平行,一般将这种系统称为平行式双目系统。对于相机坐标系内一点 $P(x_c, y_c, z_c)$,其在左右相机的图像坐标系内分别为 $P_l(u_l, v_l)$ 和 $P_r(u_r, v_r)$。

在理想双目视觉系统中,两相机在 v 轴的像素是严格对齐的,于是有:

$$v_l = v_r \tag{5-39}$$

根据小孔成像和相似三角形原理,左右相机的两成像点 $P_l(u_l, v_l)$、$P_r(u_r, v_r)$ 与相机坐标系内点 $P(x_c, y_c, z_c)$ 之间的转换关系为:

$$\begin{cases} u_l = f\dfrac{x_c}{z_c} \\[2ex] u_r = f\dfrac{x_c - B}{z_c} \\[2ex] v = v_l = v_r = f\dfrac{y_c}{z_c} \end{cases} \tag{5-40}$$

在双目立体视觉中,左右两相机生成的视差 $d = u_l - u_r$,于是根据上式有:

$$\begin{cases} x_c = \dfrac{Bu_l}{d} \\[2ex] y_c = \dfrac{Bv}{d} \\[2ex] z_c = \dfrac{Bf}{d} \end{cases} \tag{5-41}$$

5.2.4　霍尔传感器

霍尔传感器是利用霍尔效应原理将被测物理量转换为电势的传感器。霍尔效应是1879年霍尔在金属材料中发现的,随着半导体制造工艺的发展,人们利用半导体材料制成霍尔传感器,广泛用于电流、磁场、位移、压力等物理量的测量。

将半导体薄片置于磁场中,当它的电流方向与磁场方向不一致时,半导体薄片上平行于电流和磁场方向的两个面之间产生电动势,这种现象被称为霍尔效应。该电动势称为霍尔电势,半导体薄片称为霍尔传感器。霍尔传感器的结构很简单,如图 5-16 所示。从矩形薄片半导体基片上的两个相互垂直方向侧面上,引出一对电极,其中 1-1′ 电极用于加控制电流,称为控制电极;2-2′ 电极用于引出霍尔电势,称为霍尔电势输出极。在基片外面用金属或陶瓷、环氧树脂等封装作为外壳。

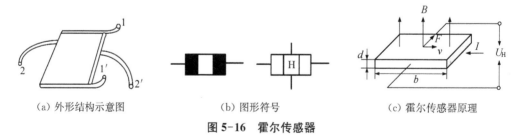

(a) 外形结构示意图　　　　　(b) 图形符号　　　　　(c) 霍尔传感器原理

图 5-16　霍尔传感器

在垂直于外磁场 B 的方向上放置半导体薄片,当半导体薄片通以电流 I(称为控制电流)时,在半导体薄片前后两个端面之间产生霍尔电势 U_H。霍尔效应是半导体中的载流子(电流的运动方向)在磁场中受洛伦兹力作用发生横向漂移的结果。半导体导电板中载流子(电子)在电场作用下做定向运动形成电流,若在导电板的厚度方向上(垂直电流方向)再作用一个磁感应强度为 B 的均匀磁场,则每个载流子受洛伦兹力 F 的作用为:

$$F_{洛} = evB \tag{5-42}$$

式中：e——电子电量的绝对值，C；

　　　v——电子定向运动的平均速度，m/s；

　　　B——磁场的磁感应强度，T。

根据左手定则，$F_{洛}$ 的方向指向后方，这时的电子除了沿电流反方向宏观定向移动外，还向后漂移，结果使导电板的后表面相对前表面积累了多余的电子，前面因缺少电子而积累了多余的正电荷。这两种积累电荷在导电板内部宽度 b 的方向上建立了附加电场，称为霍尔电场。该电场对电子产生的作用力大小为：

$$F_{电} = qE = e \cdot \frac{U_{H}}{b} \tag{5-43}$$

这时电子不再漂移，两面上积累的电荷数达到平衡状态，$F_{洛} = F_{电}$。设导电板单位体积内自由电子数为 n，电子定向运动的平均速度为 v，霍尔片厚度为 d，则激励电流 $I = nbdve$，可得：

$$U_{H} = \frac{1}{ne} \cdot \frac{IB}{d} \tag{5-44}$$

$\frac{1}{ne}$ 称为霍尔系数。

霍尔传感器在测量领域可用于磁场、电流、位移、压力、振动、转速等物理量的测量，以电流测量为例，当流过霍尔传感器的激励电流一定时，其输出的霍尔电势 E_{H} 与磁感应强度 B 成正比。有电流流过的导体周围会产生磁场，霍尔传感器可根据霍尔电势检测出由电流产生的磁感应强度的大小，从而以无接触的方式，检测出导体内电流大小。

在自动化技术领域，霍尔传感器可用于无刷直流电机、速度/位置传感、自动计数、接近开关等方面，以其在无刷直流电机中的应用为例，霍尔传感器可辅助无刷直流电机自动换向，有刷直流电机通过机械电刷和换向器对绕组中的电流进行换向，而无刷直流电机通过电信号控制对绕组电流进行换向。无刷直流电机一般将永磁体安装在转子上，将霍尔传感器安装在定子上，当旋转的永磁体经过霍尔传感器时，霍尔传感器检测到磁场的变化，通知电机控制器进行换向，使得无刷直流电机能够在正确的时间，按照正确的顺序为电机绕组提供电流。

5.2.5　压力传感器

压力传感器是一类能够将压力信号转换成可用电信号的传感元件，主要应用于接触式压力测量的场景。压力传感器同样由敏感元件、变换元件、测量元件组成。压力传感器按照敏感元件的工作原理可以分为压电式、压阻式、电容式、应变式。

1. 压电式传感器

压电式传感器的敏感元件受压后会产生电荷，即压电效应。敏感元件通常由压电材料（如石英晶体或陶瓷材料）制成，当晶体受到某固定方向外力作用时，内部会产生电极化现象，同时在两个表面上产生符号相反的电荷。由于晶体所产生的电荷的多少与压力的大小成正比,因此压电式传感器非常灵敏且响应速度极快。压电效应就是在石英上发现的。压电式传感器可用来测量加速度,将压电原件与被测物体刚性固连在一起,当压电式加速度计受振时,质量块加在压电元件上的力会随之变化,当被测振动频率远低于加速度计的固有频率时,力的变化与被测加速度成正比。

2. 压阻式传感器

压阻式传感器的敏感元件受压后不会产生电荷,而会产生非常微小的电阻变化,进而通过电阻变化与压力之间的模型关系来测量压力。大多数金属材料与半导体材料都被发现具有压阻效应,其中半导体材料中的压阻效应远大于金属材料。硅是现今集成电路的主要材料,用硅制作而成的压阻性元件应用非常广泛。例如,压阻式传感器可利用单晶硅的压阻效应和集成电路技术制成,在单晶硅膜片的表面方向上部署一组等值电阻,并将电阻接成电桥;当压力变化时,硅片上的电阻产生与压力成正比的变化,电桥再将相应的电压输出。压阻式传感器具有灵敏度高、精度高、相应频率快等优点,缺点是受温度影响较大,需要进行温度补偿。压阻式传感器的应用主要包括测量飞机机翼的气流压力分布、测试发动机进气口的动态畸变等。

3. 电容式传感器

电容式传感器是一种利用电容作为敏感元件,将被测压力转换成电容值的压力传感器。这种压力传感器一般采用圆形金属薄膜或镀金属薄膜作为电容器的一个电极,当薄膜感受压力而变形时,薄膜与固定电极之间形成的电容量发生变化,通过测量电路即可输出与电压成一定关系的电信号。电容式传感器属于极距变化型电容式传感器,可分为单电容式压力传感器和差动电容式压力传感器。单电容式压力传感器由圆形薄膜与固定电极构成。薄膜在压力的作用下变形,从而改变电容器的容量,其灵敏度大致与薄膜的面积和压力成正比而与薄膜的张力和薄膜到固定电极的距离成反比。单电容式压力传感器适于测量动态高压和对飞行器进行遥测。差动电容式压力传感器的受压膜片电极位于两个固定电极之间,构成两个电容器。在压力的作用下一个电容器的容量增大而另一个则相应减小,测量结果由差动式电路输出。差动电容式压力传感器比单电容式的灵敏度高、线性度好,但加工较困难,而且不能实现对被测气体或液体的隔离,因此不宜于工作在有腐蚀性或杂质的流体中。

5.3 先进制造过程中的物理传感技术

5.3.1 物理传感过程

物理传感器是检测物理量的传感器。它是利用某种特定物理效应,把被测量的物理量转化为便于处理的能量形式的信号的装置。主要的物理传感器有接触式、光电、磁感应光纤、红外等。

下面简单介绍几种常见的物理传感器。

（1）接触式传感器。当两个物体接触时产生特定的信号，接触式传感器可采集这个信号并传递到计算机，然后发送信号至控制器执行后续的响应动作，主要用于感应两个物体的关系。这类传感器需要与被感测对象或介质直接物理接触。它们可以在很大的温度范围内监控固体、液体和气体的温度。

（2）光电传感器。其基本原理是以光电效应为基础，把被测量的变化转换成光信号的变化，然后借助光电元件进一步将非电信号转换成电信号。光电传感器通过两个简单的电路来完成，一个电路有发光二极管或 LED 等发光元件，另一个电路则接一个感光元件来感知发光体。当装有传感器的两物体具有对应的关系时，感光元件就会接收到信号，并将这个信号传给计算机，来完成后续动作。

（3）磁感应传感器。通过磁性感应物体，当两运动部件运动到一定的区域内时，可以通过磁感感受物体的存在及位置。在一些电子产品中，磁感传感器可以说是无处不在。主要用来感知是否到达预定的位置，或者用来确定两物体的相对位置关系。

（4）光纤传感器。光纤传感器技术是随着光导纤维实用化和光通信技术的发展而形成的一门崭新的技术。光纤传感器与传统的各类传感器相比有许多优点，如灵敏度高、抗电磁干扰能力强、耐腐蚀、绝缘性好、结构简单、体积小、耗电少、光路有可挠曲性，以及便于实现遥测等。光纤传感器一般分为两大类，一类是利用光纤本身的某种敏感特性或功能制成的传感器，称为功能型传感器；另一类是光纤仅仅起传输光波的作用，必须在光纤端面或中间加装其他敏感元件才能构成传感器，称为传光型传感器。无论是哪种传感器，其工作原理都是利用被测量的变化调制传输光光波的某一参数，使其随之变化，然后对已调制的光信号进行检测，从而得到被测量。光纤传感器可以测量多种物理量，目前已经使用的光纤传感器可测量的物理量达 70 多种，因此光纤传感器具有广阔的发展前景。

（5）红外传感器。红外传感器是将辐射能转换为电能的一种传感器，又称为红外探测器。常见的红外探测器有两大类：热探测器和光子探测器。热探测器利用入射红外辐射引起探测器敏感元件的温度变化，进而使有关物理参数发生相应的变化，通过测量有关物理参数的变化来确定红外探测器吸收的红外辐射。热探测器的主要优点是响应波段宽，可以在室温下工作，使用方便。然而，热探测器响应时间长、灵敏度较低，一般用于红外辐射变化缓慢的场合。光子红外探测器利用某些半导体材料在红外辐射的照射下，产生光子效应，使材料的电学性质发生变化，通过测量电学性质的变化来确定红外辐射的强弱。光子探测器的主要优点是灵敏度高、响应速度快、响应频率高。一般需在低温下工作，探测波段较窄，一般用于测温仪、航空扫描仪、热像仪等。红外传感器广泛用于测温、成像、成分分析、无损检测等方面，特别是在军事上的应用更为广泛，如红外侦察、红外雷达、红外通信、红外对抗等。

光电传感器由于反应速度快，能实现非接触测量，而且精度高、分辨率高、可靠性好，加之光电传感器具有体积小、质量轻、功耗低、便于集成等优点，是目前产量最多、应用最广的传感器之一，广泛应用于军事、航空、通信、智能家居、智能交通、安防、LED 照明、玩具、检测与工业自动化控制等多领域。

5.3.2　典型物理传感器的应用

1. 光电传感器的烟尘浊度监测

防止工业烟尘污染是环保的重要任务之一。为了减少工业烟尘污染,首先要知道烟尘排放量,因此必须对烟尘源进行监测、自动显示和超标报警。烟道里的烟尘浊度是通过光在烟道里传输过程中的变化大小来检测的。如果烟道浊度增加,那么光源发出的光被烟尘颗粒的吸收和折射增加,到达光检测器的光减少,因而光检测器输出信号的强弱便可反映烟道浊度的变化。

2. 烟雾报警器报警

烟雾传感器采用光电传感器作为核心部件,可以用来测量烟的浓度,它由红外发光二极管及光电三极管组成,但两者不在同一平面上(有一定角度)。在无烟状态时,光电三极管接收不到红外线;当烟雾进入感应室后,烟雾粒子会将部分光束散射到光电三极管上,当烟雾的浓度逐渐增大时,就会有更多的光束被散射到感应器上,当到达传感器的光束达到一定的程度,蜂鸣器就会发出报警信号。

3. 条形码扫描笔中的光电传感器

当扫描笔头在条形码上移动时,若遇到黑色线条,发光二极管的光线将被黑线吸收,光敏三极管接收不到反射光,呈高阻抗,处于截止状态。当遇到白色间隔时,发光二极管所发出的光线,被反射到光敏三极管的基极,光敏三极管产生光电流而导通。整个条形码被扫描过之后,光敏三极管将条形码变形为一个个电脉冲信号,该信号经放大、整形后便形成脉冲列,再经计算机处理,完成对条形码信息的识别。

4. 光电传感器在点钞机中的计数作用

点钞机中必不可少的组成之一就是光电传感器。点钞机的计数器采用非接触式红外光电检测技术,具有结构简单、精度高和响应速度快等优点。点钞机的计数器采用两组红外光电传感器。每一个传感器由一个红外发光二极管和一个接收红外光的光敏三极管组成,两者之间留有适当距离。当无钞票通过时,接收管受光照而导通,输出为0;当有钞票通过瞬间,红外光被挡住,接收管光通量不足,输出为1。钞票通过后,接收管又接收到红外光导通。这样就在该部分电路输出端产生一个脉冲信号,这些信号经后续电路整形放大后输入单片机,单片机驱动执行电机,并相应完成计数和显示。点钞机之所以采用两组光电传感器,是为了检测纸币的完整性,避免残币被计入。通过光电传感器来检测钞票的计数情况进而实现钞票数目的累计,最后用液晶及外部显示部分直观地将钞票数显示给用户,并且在出现异常时可自动向用户报警。

5. 光电传感器应用于自动抄表系统

随着微电子技术、传感器技术、计算机技术及现代通信技术的发展,可以利用光电传感器来研制自动抄表系统。电能表的铝盘在电涡流和磁场产生的转矩的作用下旋转。采用光电传感器则可将铝盘的转数转换成脉冲数。如:在旋转的光亮的铝盘上局部涂黑,再配以反射式光电发射接收对管,则当铝盘旋转时,在局部涂黑处便产生脉冲,并可将铝盘的转数采样转换为相应的脉冲数,并经光电耦合隔离电路,送至 CPU 进行计数处理。采用光电耦合隔离电路可有效地防止信号干扰,再结合数据传输模块便可以形成自动抄表系统。

5.3.3　案例:基于光电传感控制的自动装载硅片系统

1. 背景及意义

能源危机引发人们对地球环境的关注,各国开始重视并开发清洁能源替代传统化石能源。太阳能作为一种清洁、环保、长久的能源,有取代传统能源的先天优势。1839 年法国物理学家贝克勒尔发现光生伏特效应,1883 年首块太阳能电池制备成功。从 20 世纪 60 年代开始,美国发射的人造卫星开始使用太阳能电池作为能量的来源。中国光伏行业在 21 世纪发展迅速,尤其是自 2014 年以来,国内光伏装机量快速增长,带动整个产业实现从起步到井喷的快速升级,直至实现全球绝对领先的市场地位。如今,双碳目标的提出将光伏行业推到新的历史节点。中国能源结构中清洁能源的占比将迎来快速提升,光伏发电有望成为主力能源之一,发展前景非常广阔。

标准的光伏发电所用晶硅太阳能电池制造工艺包括四个环节。第一步由硅砂矿通过还原法生产出冶金硅,第二步通过"西门子改良法"等工艺将冶金硅提纯生产出太阳能级硅材料,第三步将太阳能级硅材料通过拉晶、铸锭、切片等工序制作成硅片,第四步将硅片制备成太阳能电池。完整制造过程如图 5-17 所示。其中,第四步的目的是将硅片制造成为具备良好的太阳光吸收、光电转化,电能导出能力强的太阳能电池,是整个太阳能电池制造的关键所在。

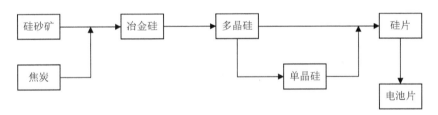

图 5-17　硅基太阳能电池组件的制造过程示意图

为了保证电池的良好品质和实现较高的转换效率,对制造过程洁净度有极高要求,避免对硅片和电池产生污染。众多污染物中,对电池产生较大影响的钠离子一旦进入电池就会在电池内部产生"缺陷",会中和"光生伏特效应"产生电子-空穴对,从而降低电池的转换效率。由于人手上携带大量的金属钠离子,因此电池的制造过程中应尽可能减少手直接接触电池片。多晶制绒机是多晶硅电池生产过程中用于表面制绒的设备,东南大学机械工程学院的田梦倩副教授设计了一套自动转载硅片的设备,可替代手工将硅片放入多晶电池制绒机中。

2. 自动装载硅片系统方案

本系统的设计目的是实现多晶制绒设备的上料,整体结构如图 5-18 所示。运行过程需要将 1 组 400 片硅片放入制绒设备的上料口。为实现上述目标,共设计四个组件:夹具传动组件、硅片取出组件、硅片传动组件以及硅片放置组件。整个设备的运行流程如图5-19所示。根据设备运行流程,对设备进行模块化设计,不同模块具有相对独立的功能,组合起来实现最终的功能。各模块的功能如下:

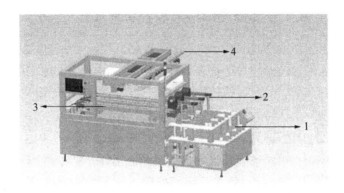

1—夹具传动组件;2—硅片取出组件;3—硅片传动组件;4—硅片放入主设备组件。

图 5-18　多晶制绒自动上料设备三维结构

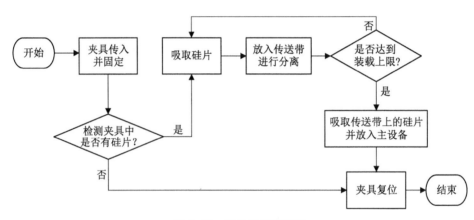

图 5-19　设备运行流程图

(1)夹具传动组件。为将目标硅片放入特定的设备中,该组件需具有将装满硅片的夹具移动至硅片取出组件,及将空置的夹具传出两个功能。

(2)硅片取出组件。为承接传递夹具,该组件需具有将满载硅片的夹具传入,并将空硅片夹具传出的功能,在夹具运动过程中通过光电传感器来检测夹具位置,并控制电机的启动和停止。然后,通过控制伺服电机驱动机械机构将硅片顶起到抓手吸取位置,并通过传感器检测硅片被顶起的位置,控制电机启动和停止。

(3)硅片传动组件。硅片传动组件包括步进电机带动的齿形带,需具有将8片硅片水平传动的功能,硅片间距对应多晶制绒设备的上料滚轮间距。

(4)硅片放置组件。该组件将伺服电机带动的高速电滑台作为主要的传动装置,其上装有8个伯努利吸盘,将硅片吸取并移动至多晶制绒设备上料位置。该组件装有光电检测传感器,若硅片没有被吸取或硅片掉落,需报警提醒操作人员。

3. 自动装载硅片系统实现

为实现多晶制绒机自动装载硅片,需要根据设备使用的环境和要求,对自动上料控制系统进行设计与开发。在使用简单、维护方便、运行成本低的前提下保证设备能够长期安全、稳定、可靠的稳定运行。系统的控制部分涉及的硬件设备较多,主要包括:用于人机交互的触摸屏、主控单元 PLC、实现执行机构的伺服控制系统、步进电机控制系统、用于反馈硅片位置、夹具位置、气缸位置的光电传感系统以及数字式大气压力传感系统等。系统的结构如图 5-20 所示。

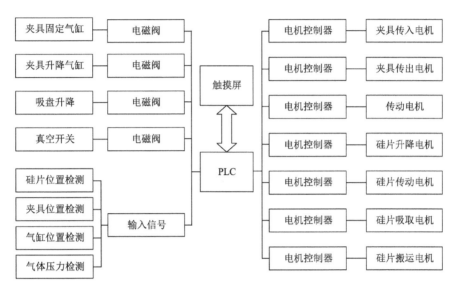

图 5-20　自动装载硅片系统结构

自动装载硅片系统的控制执行机构包括:伺服电机、步进电机、电磁阀、气缸等,需要使用各种传感器来检测设备的运行是否正常。在程序设计过程中对程序进行了模块划分,以便于程序各个模块的同时开发,缩短开发周期,增加模块的通用性。PLC 控制系统包括四个模块:触摸屏通信及手动操作模块、设备复位运行模块、设备自动运行模块以及设备报警模块。根据实际生产的多晶制绒机自动装载硅片系统整体运行流程,所开发的设备控制主程序流程如图 5-21 所示。在程序启动后,系统执行人机界面程序,然后依次执行夹具传动控制、硅片取出控制、硅片传动控制以及硅片放入控制程序,完成当前上料任务。

在自动装载硅片系统中,光电传感器的目的是检测硅片以及装载硅片的夹具是否到达目标设定位置。选用基恩士公司生产的 LV-N10 系列数字激光传感器获取夹具位置信息,该款传感器具有响应频率高、检测精度高的特点。以夹具传动部分为例,对其中的基于光电传感的夹具传动控制过程进行简要介绍。控制程序流程如图 5-22 所示。首先,需依次判断夹具是否在上料位及方向是否正确。在满足上述条件前提下,运行夹具传送电机,并同时检测夹具位置。如果硅片位置符合要求,即硅片吸取位置有夹具,则停止夹具传送电机,结束当前程序模块。后续运行图 5-21 主程序流程中硅片取出部分控制程序,继而实现设备的整体控制目标。

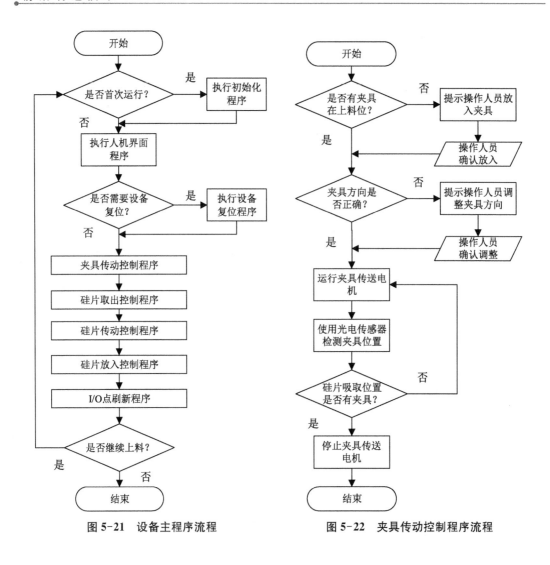

图 5-21　设备主程序流程　　　　图 5-22　夹具传动控制程序流程

5.4　先进制造过程中的化学传感技术

5.4.1　化学传感过程

在环保、医疗、工农业生产、食品、生物、军事、科学实验等领域化学量的检测与控制技术越来越重要。能将各种物质的化学特性(如成分、浓度等)定性或定量地转变成电信号输出的装置称为化学传感器。它是获取化学量信息的重要手段,具有成本低、响应快、使用方便等特点,应用范围不断扩大,尤其是随着第三产业的高度技术化和产品化,化学传感器将成为推动社会进步的有力工具。

物质的化学特性是通过化学反应表现出来的。化学反应的本质是原子电荷的得失,其结果是物质的性质发生改变。化学传感器的敏感结构参与了这种反应,并将化学反应中伴随发生的各种变化信息(如电效应、光效应、热效应、质量变化等)转换为易于分析、处理和控制的电信息。化学传感器通常由接收器和换能器两部分组成,接收器是具有分子或离子识别功能的化学敏感层,它的作用可以概括为吸附(如 SnO_2 可以附气体分子,陶瓷可以吸附水汽)、离子交换(如离子敏感电极可以与待测溶液交换离子)、选择(如钯栅、玻璃膜对氢气分子具有选择性)接收器的物理形态主要是各种工艺制作的膜结构。膜的性能与制膜工艺有关,一般有以下几类:

(1)涂敷膜。将敏感材料制成浆料直接用毛刷涂敷在传感器的基底材料上,这是最简单的制膜工艺,生产成本很低,但膜的质量和性能难以提高。

(2)厚膜。一般是指采用丝网印刷工艺制成的膜,厚度在 $0.01\sim0.30$ mm 之间。这种膜厚度均匀,性能可靠,成品率高,便于大批量生产。

(3)薄膜。指采用金属蒸镀、离子溅射、光刻、腐蚀等工艺制成的膜,这类膜的厚度只有几微米甚至到埃级,不仅性能稳定可靠,而且由于膜的厚度极薄,传感器的响应速度和迟滞等性能均有较大的改善,有时还表现出与厚膜不同的选择性。

在检测过程中,化学传感器的敏感材料也发生化学变化,会造成敏感物质的损耗,影响传感器的使用寿命和性能。因此,要求化学传感器的这种化学变化是可逆的,即随着被测量的变化自动地发生氧化还原反应。此外,由于化学反应的复杂性,一种敏感材料可能与多种物质发生反应,这不仅表现出多选择性,而且还使传感器受到污染,导致传感器失效。因此,保持敏感膜的清洁也是化学传感器的一个重要特点。

换能器的作用是将敏感膜的化学或物理变化转换成电信号或光信号。换能器的形式多种多样,主要有:各种化学电池、电极、场效应管(MOSFET)、PN 结、声表面波器件、光纤等。换能器的形式决定了化学传感器的外在形态和测量电路。也有些化学传感器并不明显地分为上述两部分,如基于双温法或双压法原理制成的湿度传感器、采用接触燃烧法制成的可燃性气体分析仪,它们都没有敏感膜。

化学物质数量巨大,种类繁多,性质和形态各异,而且同一物质的同一化学量可用多种不同类型的传感器测量,有的传感器又可测量多种化学量。因此化学传感器的种类繁多,原理也不尽相同而且相对复杂。为研究方便,通常按接收器和换能器的功能来分类。

(1)按接收器的识别功能可分为离子敏传感器、气敏传感器、湿敏传感器、光敏传感器等。

(2)按换能器的工作原理可分为电化学传感器、光化学传感器、质量传感器、热量传感器、场效应管传感器等。本章介绍应用较多同时也是发展较为成熟的两种化学传感器:气体传感器和湿度传感器。

5.4.2　气体传感器及其应用

1. 气体传感器的种类

我们生活在一个充满气体的世界里,空气的质量与人类的健康、生活息息相关。在工业、医药、电子产品生产过程中,某种气体的含量常常关系到产品的质量;日常生活中,有毒有害或易爆气体的含量关系到我们的安全。因此,气体的检测方法越来越多地受到关注。

气体传感器是以气敏器件为核心组成的能把气体成分转换成电信号的装置。它具有响应快、定量分析方便、成本低廉、适用性广等优点,因此应用越来越广。

气体种类繁多,性质各异。因此,气体传感器种类也很多,按待检气体性质可分为用于检测易燃易爆气体的传感器,如氢气、一氧化碳、瓦斯、汽油挥发气等;用于检测有毒气体的传感器,如氯气、硫化氢、砷烷等;用于检测工业过程气体的传感器,如炼钢炉中的氧气、热处理炉中的二氧化碳;用于检测大气污染的传感器,如形成酸雨的氮化物、硫化物,引起温室效应的二氧化碳、甲烷、臭氧。按气体传感器的结构可分为干式和湿式两类;按传感器的输出可分为电阻式和非电阻式两类;按检测原理可分为电化学法、电气法、光学法、化学法几类。不同种类气体传感器具体原理及优缺点如表 5-4 所示。选用气体传感器时,考虑的主要参数包括:

- 灵敏度:对被测气体(种类)的敏感程度;
- 响应时间:对被测气体浓度的响应速度;
- 选择性:指在多种气体共存的条件下,气敏元件区分气体种类的能力;
- 稳定性:当被测气体浓度不变时,若其他条件发生改变,在规定的时间内气敏元件输出特性保持不变的能力;
- 温度特性:气敏元件灵敏度随温度变化而变化的特性;
- 湿度特性:气敏元件灵敏度随环境湿度变化而变化的特性;
- 电源电压特性:气敏元件灵敏度随电源电压变化而变化的特性;
- 时效性:反映元件气敏特性稳定程度的时间,就是时效性;
- 互换性:同一型号元件之间气敏特性的一致性,反映了其互换性。

表 5-4　气体传感器的分类

类型	原理	检测对象	特点
半导体式	若气体接触到加热的金属氧化物（SnO_2、Fe_2O_3、ZnO_2 等）,电阻值会增大或减小	还原性气体、城市排放气体、丙烷气体等	灵敏度高,构造与电路简单,但输出与气体浓度不成比例
接触燃烧式	可燃性气体接触到氧气就会燃烧,使得作为气敏材料的铂丝温度升高,电阻值相应增大	燃烧气体	输出与气体浓度成比例,但灵敏度较低
化学反应式	利用化学溶剂与气体反应产生的电流、颜色、电导率的改变等	CO、H_2、CH_4、C_2H_5OH、SO_2 等	气体选择性好,但不能重复使用
光干涉式	利用与空气的折射率不同而产生的干涉现象	与空气折射率不同的气体,如 CO_2 等	寿命长,但选择性差
热传导式	根据热传导率差而放热的发热元件的温度降低进行检测	与空气热传导率不同的气体,如 H_2 等	构造简单,但灵敏度低,选择性差
红外线吸收散射式	不同浓度或种类的气体对红外线的吸收量不同	CO、CO_2 等	能定性测量,但装置大,价格高

2. 气体传感器的应用

目前,气敏材料的发展使得气体传感器具有灵敏度高、性能稳定、结构简单、体积小、价格便宜等优点,并提高了传感器的选择性和灵敏度。气体传感器通常应用于防灾报警,可制成液化石油气、天然气、煤气、煤矿瓦斯以及有毒气体等方面的报警器,也可用于对大气污染进行监测以及在医疗上用于对 O_2、CO 等气体的测量。

近年来,液化气、天然气等清洁能源在制造业中得到广泛应用。但随之而来的燃气泄漏引发的中毒、火灾、爆炸事故时有发生,如何更好地减少或避免这些灾害事故的发生显得尤为重要。将气体传感器安装在易燃、易爆、有毒有害气体的生产、储运、使用等场所中,及时检测气体含量,及早发现泄漏事故。并将气体传感器与保护系统联动,使保护系统在气体到达爆炸极限前工作,将事故损失控制在最低。

气体传感器常用于制造生产过程中。例如,在车间里检测天然气、液化石油气和煤气等燃气的泄漏;通过检测储罐内化学反应产生的气体,从而有效控制制造过程的进行;在车间、工作台、仓储场所用硫化氢传感器、二氧化碳传感器、烟雾传感器、臭氧传感器等,可有效检测物料储运过程中释放的有害气体;在汽车和窑炉工业中,需要检测废气中氧气;在半导体和微电子制造业中,需要检测有机溶剂和磷烷等剧毒气体,防止对操作人员安全造成危害;在电力工业方面,需要检测电力变压器油变质过程中产生的氢气含量。

由于在制造业中气体传感器应用广泛,因此还可以将多个具有不同敏感特性的气敏元件组成阵列,再与计算机技术相结合,组成智能气体探测系统,以实现对混合气体的气体识别和浓度监测的目的。其中重要应用就是寻找泄漏事故的泄漏点。在有些情况下,由于车间内管线较长、容器较多、泄漏点较隐蔽等原因,尤其是泄漏较轻时,泄漏点的寻找比较困难。由于气体的扩散性,气体从容器或管线中泄漏出来以后,离泄漏点越近,气体的浓度越高。根据这一特点,使用智能气体探测系统可解决上述问题。与检测气体种类的智能传感系统不同的是,智能气体探测系统的气敏阵列选用若干敏感性部分重叠的气敏元件组成,使传感系统对某一种气体的敏感性增强,利用计算机处理气敏元件的信号变化,可以很快检测出气体的浓度变化,然后根据气体浓度变化找到泄漏点。

催化裂化是石油炼制过程中的重要一步。在冶炼厂中用于进行催化裂化的反应塔通常都很高大,而位于塔内的催化剂又需每隔一段时间清理出来,以便添加新的催化原料。该工作常常由人工完成。但即便是旧的催化剂移除后,塔内仍然会产生硫化氢和一氧化碳等易燃和危险性气体,所以必须使用气体传感器进行测量。在裂化塔内采用氮气"净化"后,理论上可以消除绝大多数氧气。为了保证安全性,必须利用氧气传感器对其中氧浓度含量加以监测和报警,一般氧浓度报警范围为 $2\%\sim4\%$。

5.4.3　湿度传感器及其应用

1. 湿度传感器工作原理

人类的生存和社会活动与湿度密切相关。随着现代化的发展,很难找出一个与湿度无关的领域。应用领域不同,对湿度传感器的技术要求也不同。从制造角度来看,不同的制造过程对湿度的需求各异。所谓湿度,是指大气中水蒸气的含量。它通常有如下几种表示方法:绝对湿度、相对湿度、露点。绝对湿度是指单位体积空气内所含水蒸气的质量,其数学表达式为:

$$H_a = \frac{m_V}{V} \tag{5-45}$$

式中:m_V ——给定体积空气内含水蒸气的质量;

V ——空气体积。

绝对湿度给出了水分在空气中的具体含量。但是,与人们的生产、生活处处相关的表示方法是相对湿度。相对湿度 H_T 是指待测空气中实际所含的水蒸气压 P_h 与相同温度下饱和水蒸气压 P_s 比值的百分数,其数学表达式为:

$$H_T = \frac{P_h}{P_s} \times 100\% \tag{5-46}$$

相对湿度给出了大气的潮湿程度,是实际工业中常用的一种手段。

在一定大气压下,将含有水蒸气的空气冷却,当温度下降到某一特定值时,空气中的水蒸气达到饱和状态,开始从气态变成液态而凝结成露珠,这种现象称为结露,这一特定温度就称为露点温度。在一定大气压下,湿度越大,露点越低,反之亦然。

湿度传感器就是一种能将被测环境湿度转换成电信号的装置。它的基本结构主要包括湿敏元件和转换电路。除此之外还包括一些辅助元件,如辅助电源、温度补偿、输出显示设备等。通常情况下,我们希望湿度传感器具有下述特征:① 使用寿命长、稳定性好;② 灵敏度高、线性度好、温度系数小;③ 使用范围宽、测量精度高、响应迅速;④ 湿滞回差小、重现性好;⑤ 能在恶劣环境中使用,抗腐蚀、耐低温和高温等特性好;⑥ 器件的一致性和互换性好,易于批量生产,成本低;⑦ 器件感湿特征量应在易测范围内。因此,评价湿度传感器的主要参数包括:

- 感湿特性:感湿特性为湿度传感器特征量(如电阻值、电容值等)随湿度变化的特性。

- 湿度量程:湿度传感器的感湿范围。

- 灵敏度:湿度传感器的感湿特征量(如电阻值、电容值等)随环境湿度变化的程度,即湿度传感器感湿特性曲线的斜率。

- 湿滞特性:同一湿度传感器吸湿过程(相对湿度增大)和脱湿过程(相对湿度减小)感湿特性曲线不重合的现象。

- 响应时间:指在一定环境温度下,当被测相对湿度发生跃变时,湿度传感器的感湿特征量达到稳定变化量的规定比例所需的时间。一般以相应的起始湿度到终止湿度这一变化区间的 90% 的相对湿度变化所需的时间来进行计算。

- 感湿温度系数:当被测环境湿度恒定不变时,温度每变化 1℃,所引起的湿度传感器感湿特征量的变化量。

- 老化特性:指湿度传感器在一定温度、湿度环境下存放一定时间后,其感湿特性将会发生改变的特性。

需要注意的是,水蒸气容易发生三态变化。水气在材料表面吸附或结露变成液态时,水会使一些高分子材料、电解质材料溶解。也有一部分水电离成氢根和氢氧根离子,与溶入水中的许多空气中的杂质结合成酸或碱,使湿敏器件受到腐蚀、老化,逐渐丧失原有的性能。当水气在敏感器件表面结冰时,敏感器件的检测性能也会变差。另外,湿敏信息的传递不同于温度、磁力、压力等信息的传递,它必须靠信息的载体——水与湿敏元件直接接触才能完成。因此,湿敏元件不能密封、隔离,必须直接暴露于待测的空气中。因此,制成长期性能稳定、可靠的湿敏器件是比较困难的。

湿度传感器主要由两部分组成,即湿敏元件和转换电路。其中湿敏元件取决于湿敏材料,其吸附的水分子会影响湿敏材料的电性能;转换电路用于处理湿敏元件的电信号,使得传感器输出信号有效,从而把环境湿度转换为有效电信号输出。近年来,湿度传感器发展迅速,种类繁多。基于不同应用领域的工作条件不同,基于不同材料,基于不同工作原理,湿度传感器有不同的分类。在日常生活大多数湿度测量应用中,相对湿度传感器应用更广泛。相对湿度传感器根据不同的传感原理,分为电阻型、电容型及其他种类。这里简要介绍电阻型和电容型湿度传感器。

电阻型湿度传感器的湿敏元件种类较多,如金属氧化物湿敏电阻、氯化锂湿敏电阻、陶瓷湿敏电阻、高分子湿敏电阻等。常见的湿度传感器以湿敏材料的电阻或者阻抗变化为依据,湿敏材料的电阻或阻抗受相对湿度影响较大,随相对湿度的增大而减小。当水蒸气吸附于湿敏材料时,受水分子电离的影响,材料中的离子载体或可移动离子增加,自由电荷变化,材料的电导率增加,阻抗值下降,从而通过电阻值或阻抗的变化测量湿度的大小。电阻型湿度传感器一般由两部分组成,即敏感导电层和接触电极,其中敏感导电层沉积在绝缘衬底上,电极通常是采用厚膜印刷技术或薄膜沉积技术在玻璃、陶瓷或硅衬底上沉积贵金属制成的,基片上覆盖一层湿敏薄膜材料(对湿度变化敏感),该材料沉积在电极之间。其结构如图 5-23 所示。

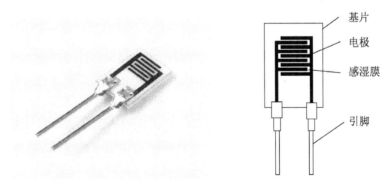

图 5-23　电阻型湿度传感器

电容型湿度传感器湿敏元件的电容量(储存电荷的多少)随相对湿度的变化而变化,也就是周围环境湿度变化时,该类传感器湿敏元件(湿敏电容)两极板之间介质的介电常数发生变化,进而使得电容量发生变化。湿敏电容极板间介质主要为陶瓷材料或有机高分子材料。其结构主要由两个电极、高分子薄膜和基板组成。在玻璃基板上覆盖高分子薄膜后,薄膜上的电极是很薄的金属微孔蒸发膜,水分子可通过两端的电极被高分子薄膜吸附或释放,在此过程中高分子薄膜的介电系数将发生变化,因此电容值将发生变化,测得的相对湿度也会发生变化。电容型湿度传感器制作简单、灵敏度高、输出信号质量高,在工业、科研研究领域占有率较高。

2. 湿度传感器的应用

由于湿度传感器的种类众多,因此应用过程中选型非常重要。对于湿度传感器的选择,首先,我们需知道测量的对象是什么,测量环境是怎样的,需要明确测量范围,除科研、气象部门外,一般不需要全湿程(测量范围为 0～100% RH)测量。大多数情况下,选择通用型湿度仪即可。其次,需要明确对测量精度的要求是多少,因为不同的精度,传感器的制造成本相差很大,比如 1 个廉价的湿度传感器只有几美元,而 1 个供标定用的全湿程湿度传感器要几百美元,相差近百倍。适用于使用目的的传感器才是最好的。对湿度传感器而言,生产商一般是分段给出传感器精度的,如中、低湿段(0～80% RH)为 ±2% RH,而高湿段(80%～100% RH)为 ±4% RH。此外,在不同湿度环境条件下使用传感器还需考虑温度漂移的影响。环境温度的变化会影响环境的相对湿度,相对湿度的变化会影响湿度传感器的检测结果,所以控湿先要控好温。此外,在选择湿度传感器时还需明确测量时准备采用的供电电压是多少,输出的信号是什么形式的以及准备采用何种方式进行校准和安装,几乎所有的传感器都存在时漂和温漂,一般情况下,生产商会标明标定和安装方案。

在制造业中,湿度传感器的应用主要包括工业生产、货物仓储、仪器维护、安全预警等几个方面。半导体器件的制造过程中,洁净室内保持良好的温湿度环境是提升器件性能的首要条件。每个仓库(或半导体行业洁净室)需配备多个温湿度监测设备,以用于温湿度的自动监测和数据采集。其他领域如纺织、精密机器、陶瓷工业等,空气湿度会直接影响产品的质量和产量,必须有效地进行监测调控。在货物仓储方面,各种物品对环境均有一定的适应性,湿度过高过低均会使物品丧失原有性能。如在高湿度地区,电子产品在仓库的损坏严重,非金属零件会发霉变质,金属零件会腐蚀生锈。

现代智能工厂中,使用了大量的设备,如传感器和控制器。许多精密仪器、设备对工作环境要求较高,环境湿度必须控制在一定范围内,以保证它们的正常工作,提高工作效率及可靠性。湿度过高会影响绝缘性能,过低又易产生静电,影响正常工作。安全预警方面,湿度传感器主要用于高压输配电过程。例如,高压开关柜柜内湿气太重将带来安全隐患,水汽进入高压开关柜,会在电缆及铜排连接处的尖端放电,电解产生的氧离子与空气中的氧气结合生成臭氧,长此以往,臭氧将对相关绝缘材料造成破坏,导致绝缘材料的绝缘能力降低。如果空气中的粉尘溶解在结晶水中,还将在绝缘表层形成电弧,从而进一步破坏其绝缘性能,导致柜中电气设备发生短路等情况。通过加装湿度控制装置、水汽采集及处理装置,能有效降低开关柜内湿度太大引发的安全事故发生率。

5.4.4 案例：先进化学传感在氢能源生产过程监测中的应用

随着经济发展，全球能源需求不断增长，煤、石油等化石燃料因不可再生，终有枯竭的一天。同时，使用化石燃料产生的二氧化碳等温室气体造成全球变暖、冰雪融化、海平面上升等环境问题，也越来越被社会所重视。氢能具有能量密度大、转化效率高、储量丰富、适用范围广和环保无污染等特点，从开发到利用全过程可实现零排放、零污染，是最具发展潜力的新能源。2016 年，国家发展改革委、国家能源局等联合印发的《能源技术革命创新行动计划（2016—2030 年）》，提出了能源技术革命重点创新行动路线图，将"氢能与燃料电池技术创新"列为 15 项重点任务之一，标志着氢能产业被我国纳入了国家能源战略。

然而，氢气是最容易泄漏（最小分子），也是爆炸范围最广的气体（4% 到 75.6%）。液氢挥发性强，无色无味，一般人的感官无法检测到。因此，研制高性能的氢气检测传感器，对人类安全和环境保护至关重要。目前，研究人员已经研发了基于固体电解质、半导体、金属氧化物、纳米材料、碳纳米管、石墨烯等的氢气传感器。在这些气敏材料中，石墨烯具有机械柔性的二维结构，具有较高的比表面积（理论比表面积高达 2 630 m^2/g）和室温下的高电子迁移率。

在动物的感觉器官中，具有大比表面积的多孔微结构可有效提高感知性能。例如，在狗的鼻子中，鼻甲是最重要的嗅觉感知结构。鼻甲的主要功能是增加狗鼻子内部的表面积，其次是推动呼吸的空气并使得更多的气味分子到达鼻道的嗅觉神经受体。图 5-24 上部分显示了一只普通的狗，它拥有强大的生物嗅觉系统。在吸气过程中，空气流入狗的鼻孔并迅速到达延长的鼻甲骨。上图的右侧描绘了位于狗鼻鼻腔侧面的鼻甲结构的计算机断层扫描图像。可见，其中有很多蜂窝结构，用来增加嗅觉系统的表面积，使更多的气味分子流向鼻道的嗅觉神经感受器。

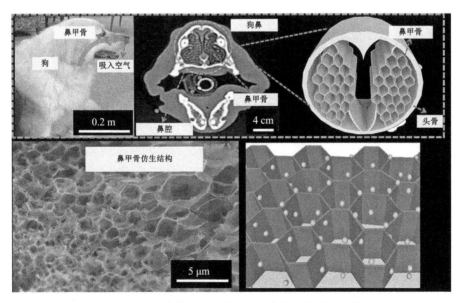

图 5-24　狗鼻鼻甲结构与仿生氢气传感器表面结构

受狗鼻生物嗅觉鼻甲结构的启发,东南大学机械工程学院的朱建雄博士利用激光诱导石墨烯方法制作了用于实时检测氢气的仿生氢气传感器。与现有的石墨烯的气体传感器相比,该传感器可将传感性能提高1倍,并且制造方法更为简单。制作的传感器表面结构如图5-24下图所示,可见通过激光局部照射作用,薄膜上发生了显著的热膨胀。

为了展示该款传感器的实际应用,我们将气体传感模块与氢敏器件集成在一起。图5-25为该款传感器的基本结构,主要包括:激光诱导石墨烯氢敏器件(LIG传感器)、电源(锂电池)及气体采集信号处理模块(气体模组)。该气体采集信号处理模块集成了模拟/数字信号处理功能,可直接将采集的信号导出至显示器、电脑或者云服务器。试验时,在容器内充入给定初始浓度氢气,通过反复开关传感器测试传感器的灵敏度、响应时间和稳定性。试验结果如图5-25所示,可见,制作的传感器具有良好的灵敏度,响应时间短且检测过程稳定可靠。

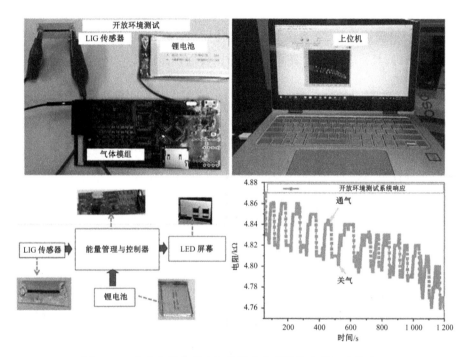

图 5-25　先进化学传感在氢能源生产泄露状态监测中的应用

5.5　先进制造过程中的视觉传感技术

5.5.1　视觉传感过程

机器视觉使用机器代替人眼进行测量和判断,通过CCD摄像机将目标转换成图像信号,并将其传输到专门的图像处理系统,获取拍摄目标的形态特征信息,根据像素分布、亮度、颜色等信息将其转换成数字信号；图像系统对这些信号进行各种操作，提取目标特征，然后根据识别结果控制现场设备的动作。

典型的机器视觉传感系统如图 5-26 所示。其中，光源影响图像的清晰度、细节分辨率和图像对比度，光源的正确设计是视觉传感的关键。采用光源照明时，可以分为漫反射照明、投射照明、结构光照明、定向照明四种方式。结构光是指几何特征已知的光束，例如一束平行光通过光栅或者网格形成条纹光或者网格光，然后投射到物体上，由于光束的结构已知，因此可以通过投影模式的变化检测物体的二维或者三维几何特征。滤光系统一般用于降低光强或只让某一波长范围内的光透过。镜头相当于人的晶状体，起到成像、聚焦、变焦功能，其主要的指标参数是焦距、光圈。CCD 是典型的摄像器件，相当于人的视网膜，其主要作用是将镜头所成的像转变为数字或者模拟信号输出。摄像器件即可以采集单幅图像，也可以采集连续的现场图像。就一幅图像而言，它实际上是三维场景在二维图像平面上的投影，图像中某一点的彩色（亮度和色度）是场景中对应点彩色的反映。

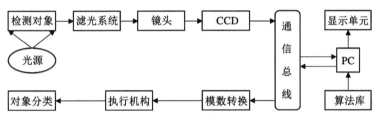

图 5-26　典型机器视觉传感系统流程

如果相机输出的是模拟信号，那么需要将模拟图像信号数字化后送给计算机处理。现在大部分相机都可直接输出数字图像信号，可以免除模数转换这一步骤。不仅如此，现在相机的数字输出接口也是标准化的，如 USB、VGA、1394、HDMI、Blue Tooth 接口等，可以直接送入计算机进行处理，以免除在图像输出和计算机之间加接一块图像采集卡的麻烦。后续的图像处理工作往往由计算机或嵌入式系统以软件的方式进行。

视觉传感系统与 PC、执行机构一般通过通信总线连接，PC 是图像处理单元，主要功能是接收摄像机的图像信号。处理分为预处理与精细处理。采集到的数字化的现场图像，由于受到设备和环境因素的影响，往往会受到不同程度的干扰，如噪声、几何形变、彩色失调等，这些都会妨碍接下来的处理环节。为此，必须对采集图像进行预处理。常见的预处理包括噪声消除、几何校正、直方图均衡等。通常采用时域或频域滤波的方法来去除图像中的噪声；采用几何变换的办法来校正图像的几何失真；采用直方图均衡、同态滤波等方法来减轻图像的彩色偏离。总之，通过这一系列的图像预处理技术，对采集图像进行"加工"，为机器视觉应用提供"更好""更有用"的图像。

图像精细处理是为了获取目标信息，一般在电脑的 CPU 或 GPU 中实现，如图像分割、特征识别、图像变换、模式匹配、图像测量、目标跟踪等。此类算法较为复杂，通常时间复杂度和空间复杂度都较高。其中，图像分割就是根据具体需求，把图像分成各具特征的区域，从中提取出感兴趣目标。例如，对汽车装配流水线图像进行分割，分成背景区域和工件区域,提供给后续处理单元对工件安装部分的处理。制造领域中的视觉传感,离不开对输入图像的目标进行识别和分类处理,以便在此基础上完成后续的判断和操作。在智能制造中,最常见的工作就是对目标工件进行装配,但是在装配前往往需要先对目标进行定位,安装后还需对目标进行测量。安装和测量都需要保持较高的精度和速度,如毫米级精度(甚至更小)、毫秒级速度。这种高精度、高速度的定位和测量,依靠通常的机械或人工的方法是难以办到的。通过视觉传感技术,对现场采集到的图像进行处理,按照目标和图像之间的复杂映射关系进行处理,从而快速精准地完成定位和测量任务。

机器视觉系统的特点是提高生产的灵活性和自动化程度。在一些不适合人工操作或人工视觉难以满足要求的危险工作环境中,机器视觉常被用来代替人工视觉。同时,在大规模工业生产过程中,利用人工视觉检测产品质量效率低、精度低,采用机器视觉检测方法可以大大提高生产效率和生产自动化程度。此外,机器视觉易于实现信息集成,是实现计算机集成制造的基础技术。

5.5.2　常用视觉传感技术

一般来说,根据视觉传感器获得信息的照明光源不同,可将视觉传感技术分为主动和被动两种技术类型。主动视觉指使用具有特定结构特征的激光光源与摄像器件组成的视觉传感系统,根据光源的不同分为激光扫描法、结构光法(根据条纹不同分为单条纹、多条纹、环形光等)。被动视觉指使用背景光源(自然光或电弧光)与摄像器件组成的视觉传感系统,一般采用单摄像机检测二维信息,或者采用双摄像机或者多摄像机检测三维信息。下面将分别进行介绍。

1. 主动视觉传感技术

主动传感的原理是首先向待测物体发出一定模态的检测信号,然后判断待测物体中检测信号的变化以实现检测。以焊接过程为例,主动视觉传感一般通过结构光传感或激光扫描传感来实现,这两类传感技术统称为激光视觉传感。其原理是采用小功率的激光光源作为主动光,投影到工件表面的焊缝上,通过 CCD 获取焊缝轮廓的信息,实现特征点的识别,并与执行设备构成外部的闭环系统,实现焊缝中心的识别和跟踪。主动视觉传感焊缝跟踪过程包括如下步骤:① 利用视觉传感器检测焊缝轮廓信息;② 信息的图像处理;③ 接头类型识别和焊缝特征点提取;④ 实时跟踪的实现。

在第一步中,基于三角测量原理利用视觉传感器获得焊缝的轮廓信息。第二步的信息图像处理是对坡口轮廓的图形进行处理,得到精度较高的轮廓图像。在第三步中,进行接头类型的识别,判断各种焊缝接头形式,并根据各种不同的形式进行特征点的处理和提取。第四步将获得的特征点信息反馈给执行机构控制器,引导焊枪沿焊缝的中心线移动,完成焊缝跟踪。

光学三角测量原理提供了一种确定漫反射表面位置的非接触测量方法。小功率的激光器条纹通过镜头投射在漫反射表面上,漫反射激光的一部分通过透镜在光学位置敏感器 CCD 上成像,如果漫反射表面在与激光平行的方向有一定的位移,那么偏移的光点在敏感器上所成的像也产生一定的偏移,据此偏移量通过数字信号处理,可以确定出漫反射表面条纹到传感器的距离,其原理如图 5-27 所示。

　　基于上述原理,技术人员发明了线型结构光视觉传感器,检测原理如图 5-28 所示。传感器中激光发射器可发射线型条纹,由另一侧放置的 CCD 获取条纹在工件上反射的图像,进而获取目标几何信息。可见,结构光传感器本质上是一种使用单幅二维图像来获取三维信息的传感器,主要应用在焊接坡口识别、焊缝跟踪、熔敷道尺寸测量等场景。主动视觉传感技术因为在光源设定以及图像获取上具有主动性,所以所获取信息相对可控,也更容易为计算机系统所处理及应用。目前,市面上已有比较多的技术成熟的面向焊接过程的主动视觉传感器。

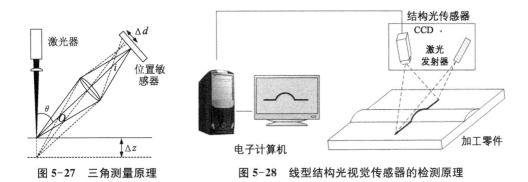

图 5-27　三角测量原理　　　　图 5-28　线型结构光视觉传感器的检测原理

2. 被动视觉传感技术

　　被动视觉传感区别于主动视觉传感,采用自然光或者电弧光作为背景光源,CCD 直接采集焊接熔池区或者焊缝区的图像,通过图像处理检测熔池中心位置或者焊缝中心位置,并将焊接熔池的中心位置和焊枪位置偏差值传给控制器。被动视觉传感可以检测到电弧下方,检测对象(焊缝中线)与被控对象(焊枪)在同一个位置,不存在检测对象与被控对象的前后位置偏差,没有因热变形等因素引起的超前检测误差,能够获得接头和熔池的大量信息,更容易实现精确的跟踪控制。但是强弧光对所提取的图像有很大影响,存在随机干扰大、图像信噪比低等问题,因此如何在强弧光下获取熔池区的清晰图像,成为实现跟踪的关键。

　　图像处理一般先经过图像变换、增强或恢复等处理过滤噪声、校正灰度和畸变,然后借助一些数学工具,如快速傅里叶变换、小波变换、概率统计等进行图像的分析理解、特征提取和模式识别,最后将图像处理结果转换为相应控制变量,为提高焊缝成形质量、实现焊缝实时跟踪创造条件。

　　被动视觉传感一般用于焊接电弧没建立之前的焊缝识别和焊接初始点定位。在实际的应用中,被动视觉传感包括如下几种:① 单目视觉的焊缝中线识别;② 视觉伺服的焊缝初始点定位;③ 双目立体视觉的焊缝识别;④ 多基线立体视觉的焊缝识别。下面以双目立体视觉的焊缝识别为例,对被动视觉传感技术进行简要介绍。

　　双目立体视觉是计算机视觉的一个重要分支,即由不同位置的两台或者一台摄像机

(CCD)移动或旋转拍摄同一幅场景,计算空间点在两幅图像中的视差,从而获得该点的三维坐标值。马尔(Marr)的视觉理论奠定了双目立体视觉发展的理论基础。相比其他方法,如透镜三维成像、投影三维显示、全息照相术等,双目立体视觉直接模拟人眼双眼处理景物的方式,可靠简便,在许多领域均极具应用价值。其实现可分为图像获取、摄像机标定、特征提取、立体匹配、三维重建等步骤。图像获取是指获取同一副场景的多位置图像。摄像机标定是指图像坐标与空间物体表面相应点之间的几何位置关系,这种对应关系是由摄像机的成像模型决定的。成像模型的各个参数要通过摄像机标定来确定,包括摄像机内参数的标定、机器人和CCD之间手眼关系标定。特征提取指从图像中提取边缘、角特征等基本特征。立体匹配主要是指两个图像对应特征点的匹配,通过计算特征点之间的距离、相似度等参数实现。常用算法包括:灰度匹配、特征匹配和相位匹配。三维重建是指根据多视图的图像重建三维信息的过程。

在具体实现上,采用双摄像头对同一个物体从不同位置获得其成像,或者通过移动、旋转一个摄像头获得同一个物体的不同位置成像,根据两幅图像中空间点的视差,从而获得目标物体的空间三维坐标。图 5-29 左图所示为双目立体视觉原理示意图。图中 C_1 和 C_2 为焦距、机内参数均相等的左右摄像头,两摄像头的光轴相互平行,由于光轴与图像平面相互垂直,因此两个摄像头的图像坐标系 x 轴重合,y 轴平行。根据 P_1 与 P_2 的图像坐标可以求得空间点 P 的三维坐标(x_1,y_1,z_1)。双目视觉扫描大厚板焊缝坡口形貌如图 5-29 右图所示,机器识别出焊缝后即可通过编写程序,控制机器人完成自动化焊接制造。

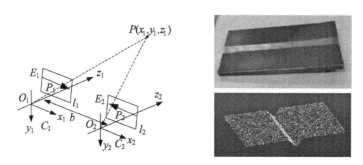

图 5-29　双目立体视觉的三角测量原理及焊缝坡口形貌

5.5.3　案例:基于机器视觉的弧焊过程传感与控制技术

随着世界生产力水平的不断提高,基于信息物理系统的智能工厂、智能制造正在引领变革。全世界范围内开始提升制造业的智能化水平,加强制造业优势。国际上,德国提出了工业 4.0 的远景,中国提出了"中国制造 2025"的规划,它们都致力于提升制造业的自动化和智能化水平。在这样的时代背景下,研发和使用弧焊过程视觉传感,对提升焊接领域的自动化和智能化水平意义重大。气体绝缘金属封闭输电线路(GIL)具有安全可靠、输电容量大、环境友好等特点,在大容量、长距离输电领域应用前景广阔。GIL 所用铝合金壳体材料目前为 5 系铝合金,多为 5083－H112 和 5754－H112 铝合金材料。GIL 所用铝合金壳体的成形有三类工艺生产的产品:挤压管、纵缝管、螺旋管。其中,GIL 铝合金螺旋管是特高压输电管线中的关键部件,其制造工艺直接决定了 GIL 的安全可靠性。

东南大学机械工程学院的王晓宇博士提出了双面双弧焊接 GIL 铝合金螺旋管的工艺方法,通过实时双面检测立焊熔池视觉图像,获得了双面双弧立焊根部熔透过程的信息。通过建立根部熔透的控制模型,并自动调整焊接电流、弧压等工艺参数,控制焊缝根部全部熔透,保证双面双弧焊接质量。该工艺方法特别适用于铝合金、高强钢、不锈钢、钛合金螺旋管等双面双弧焊接过程的在线熔透控制,适用于船舶、石油储罐、核电容器等现场对接立焊过程的在线熔透控制。图 5-30 反映了特高压输电管线关键部件 GIL 铝合金螺旋管、双面双弧焊接形成的焊接样件,输电管线以及相应的焊缝微观组织。

（a）输电管线 GIL 铝合金螺旋管

（b）铝合金螺旋管焊接样件

（c）特高压输电管线

（d）焊缝微观组织

图 5-30　特高压输电管线关键部件 GIL 铝合金螺旋管及其焊缝样件

1. 熔池视觉传感系统

GIL 铝合金螺旋管焊接熔池图像采集系统的基本结构如图 5-31 所示。将 CCD 摄像机放置于焊枪的正后方,并与工作台成 45°夹角。CCD 摄像机与镜头的前面装夹滤光系统,可有效滤除焊接过程强烈弧光的干扰。滤光系统由保护玻璃片、透过率为 10% 的镀膜减光片、850 nm 透红外滤光片等组成。CCD 摄像机经图像采集卡与计算机连接,将采集的熔池图像信号传输给计算机存储以及后续处理等操作。计算机基于熔池图像信号,将像素、亮度和颜色等信息转变为数字化信号。运用多种图像处理算法从采集的信号中提取熔池的特征,如熔池长度、宽度、面积、后拖角等,再根据预设的阈值或特定条件,实现熔池特征的自动识别功能。

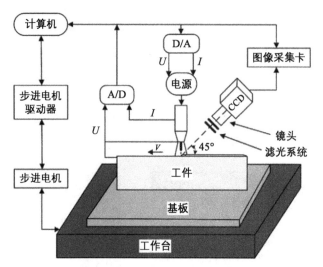

图 5-31　GIL 铝合金螺旋管焊接熔池图像采集系统示意图

2. 熔池图像特征提取

GIL 铝合金螺旋管的典型焊接熔池图像如图 5-32 所示。在图像采集系统中,图像采集卡将熔池视觉图像传输给计算机。通过图像处理算法,对熔池图像的分区域轮廓曲线和特征参数进行提取。经加窗、中值滤波、图像区域分割等预处理步骤后,获得熔池视觉图像外轮廓和熔池中心区域小孔的熔透轮廓完整图像。然后,对熔池熔透区中心小孔面积、熔透区各点切线、熔透区圆度、熔透小孔直径等参数进行计算,获得熔池中心区域小孔轮廓特征的几何参数。对熔池像素面积、熔池尾部各点切线、后拖角等特征进行识别和测量,获得熔池外轮廓特征的几何参数。熔池几何参数具体包括熔池宽度 B、熔池长度 L、熔透小孔直径 d、熔池面积 S、后拖角 β、熔透小孔圆度 Δ、熔透小孔面积的平均值 S_v、最大直径 d_m、与 d_m 同侧最大熔池宽度 B_m、最小直径 d_i、与 d_i 同侧熔池宽度 B_i,图像处理算法流程如图 5-33 所示。

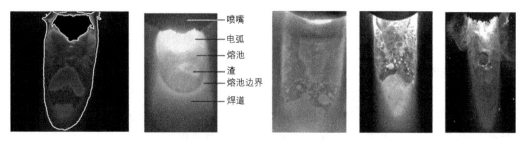

图 5-32　GIL 铝合金螺旋管典型熔池图像

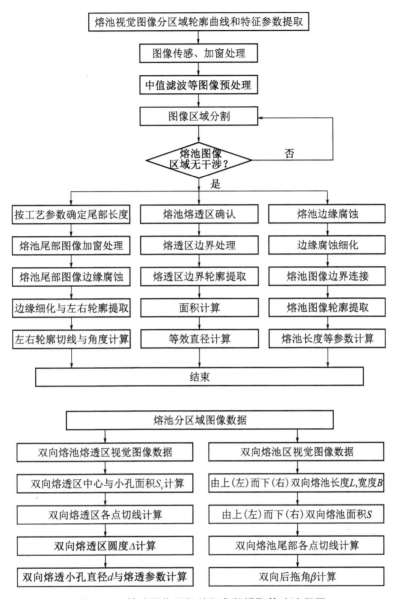

图5-33　熔池图像几何特征参数提取算法流程图

3. 熔透控制过程

在 GIL 铝合金螺旋管焊接过程中,焊接电流过大或焊枪停留时间过长会导致工件被焊穿;反之,焊接电流过小或焊枪停留时间过短,会导致焊接部位未焊透。为了解决双面双弧焊接过程中存在的焊穿及未焊透问题,本案例借助熔透控制模型,通过调节焊接电流、焊接速度、焊枪摆动幅度来控制双面双弧焊接始终处于焊透但不焊穿的状态。本案例分别建立了双面双弧焊穿模型和熔透模型以判断熔透状态。其中,双面双弧焊穿判断模型考虑:双侧熔透小孔最小直径 d_i 大于 5 mm、同侧熔池宽度 B_m 大于 $1.1h$(h 为板厚)、同侧熔池宽度 B_m 与熔池长度 L 之比大于 0.9。双面双弧熔透判断模型考虑:双侧熔透小孔最大直径 d_m

大于 3 mm、同侧熔池宽度 B_m 大于 $0.75h$ 并且小于 $1.2h$,同侧熔池宽度 B_m 与熔池长度 L 之比大于 0.6。

若焊穿,则提高弧压和送丝速度,焊穿样本如图 5-34(d)所示。若未焊穿,则通过熔透模型判断是否焊透。若焊透,则依据模糊神经网络控制方法计算焊接电流、焊枪摆动宽度的最佳值,据此调整双弧焊接电流和焊枪摆动宽度,焊透未焊穿样本如图 5-34(c)所示。若未焊透,但至少一面出现熔透小孔,即 $d>0$,且至少一面熔池面积大于临界值 S_k,则依据模糊神经网络控制方法计算焊接电流、焊接速度的最佳值,并据此调整双弧焊接电流和焊速。若未出现熔透小孔,即 d 为 0 或熔池面积 S 小于临界值 S_k,则减小焊接速度,未焊透样本如图 5-34(b)所示。

(a) 熔池视觉传感器　　(b) 未焊透样本　　(c) 焊透未焊穿样本　　(d) 焊穿样本

图 5-34　熔池视觉传感器及熔透控制模型典型样本

基于上述控制逻辑,本案例设计了基于模糊神经网络的熔透控制方法,控制模型如图 5-35 所示。以熔池宽度 B、熔池长度 L、熔透小孔直径 d、熔池面积 S、后拖角 β、熔透小孔圆度 Δ 和小孔面积的平均值 S_v 作为模糊神经网络的输入变量,建立五层模糊神经网络,网络的一到三层实现模糊控制的模糊推理,分别是输入层、模糊化层和规则层,四层实现去模糊化,五层是输出层。其中,在模糊化层中采用三角函数对输入变量进行模糊化并将其变换到各自的论域范围,获得各输入变量的模糊变量及模糊变量隶属度;在规则层中将模糊化得到的隶属度两两相乘,建立完善的模糊推理规则。在去模糊化层

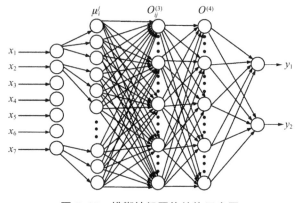

图 5-35　模糊神经网络结构示意图

中,采用权值平均去模糊化方法,将推论结论变量由模糊状态转化为确定状态。在输出层利用公式:

$$y_i = \sum_{i=1}^{2} \omega_i^{(5)} O^{(4)} \tag{5-47}$$

计算并输出确定状态的焊接电流、焊枪摆动宽度、焊接速度的最佳值。其中 $\omega_i^{(5)}$ 为第五层网络的权值，$O^{(4)}$ 为第四层网络的输出，y_i 为第五层网络的输出，i 为第五层神经元的个数。

思考与练习

1. 为什么制造过程中需要获取信息？
2. 制造过程中通常采集的物理量有哪些？
3. 请简述光电传感的基本原理与典型应用。
4. 电感式、电容式、电位器式位移传感器分别适用于哪些制造场景？
5. 哪些制造场景无法直接应用被动视觉传感？

参考文献

[1] 张广军,李海超,许志武.焊接过程传感与控制[M].哈尔滨:哈尔滨工业大学出版社,2013.

[2] 文晓艳.光纤光栅传感器原理与技术研究:飞机制造领域复合材料的光纤光栅结构健康监测[M].武汉:武汉理工大学出版社,2016.

[3] 刘庭煜,翁陈熠,蒋群艳,等.基于计算机视觉的车间生产行为智能管控及其应用[J].人工智能,2023(1):36-44.

[4] 弗雷登.现代传感器手册:原理、设计及应用[M].宋萍,隋丽,潘志强,译.北京:机械工业出版社,2019.

[5] 秦洪浪,郭俊杰.传感器与智能检测技术:微课视频版[M].北京:机械工业出版社,2020.

[6] 屯肖夫,稻崎.制造业传感器[M].杨树人,刘瑞平,李泽,译.北京:化学工业出版社,2005.

[7] 王晓飞,梁福平.传感器原理及检测技术[M].3版.武汉:华中科技大学出版社,2020.

[8] 陈雯柏,李邓化,何斌,等.智能传感器技术[M].北京:清华大学出版社,2022.

第六章

前沿制造模式

6.1 概述

制造模式是指企业体制、经营、治理、生产组织和技术系统的形态和运作模式。先进制造模式是指在生产制造过程中,依据不同的制造环境,通过有效地组织各种制造要素形成的,可以在特定环境中达到良好制造效果的先进生产方法。这种方法已经形成规范的概念、原理和结构,可以供其他企业依据不同的环境条件,针对不同的制造目标采用,如追求效率的敏捷制造模式、追求人机共存的人机共融制造模式以及追求节能减排的绿色制造模式等。可见,制造模式是一个整体的概念,并不强调某种特定的技术,但在对制造目标极致追求的过程中,需要一定的技术支撑。同时,又会萌生新的技术需求,促进制造模式的发展。

6.1.1 制造模式的内涵

制造需要以市场需求为牵引。制造模式是制造业为了提高产品质量、市场竞争力、生产速度,扩大生产规模,以完成特定的生产任务而采取的一种有效的生产方式和一定的生产组织形式。在不同发展阶段,市场的竞争要素的演变如图 6-1 所示。现代制造过程虽然比较复杂,但它必须按照一定的规律运行。从广义的角度来看,制造模式就是一种有关制造过程和制造系统建立和运行的逻辑。制造过程的运行、制造系统的体系结构以及制造系统的优化管理与控制等方面,均受到制造模式的制约,必须遵循制造模式确定的规律。因此,对制造模式进行深入研究,能够为制造系统的整体革新提供依据,具有重要意义。

制造模式总是与生产发展水平及市场需求相联系。在手工业生产时代,是手工作坊制造模式,其特点

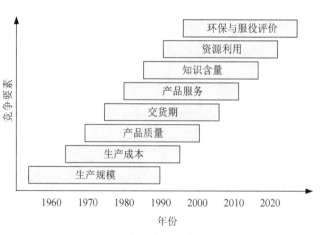

图 6-1　市场竞争要素的变迁

是产品的设计、加工、装配和检验基本上都由个人完成,这种制造模式灵活性好,但效率低,难以完成大批量产品的生产。从19世纪中叶到20世纪中叶,大批量生产模式在制造业中占主导地位近百年,这种模式通过劳动分工实现作业专业化,在机械化和电气化技术支持下,大大提高了劳动生产率,降低了产品成本,有力地推动了制造业的发展和社会进步。这一时期制造模式的主要特点是技术人员短缺,制造流程制定成本极高,制定后一般不做修改。20世纪后半叶特别是后30年,生产需求朝多样化方向发展且竞争加剧,迫使产品生产朝多品种、变批量、短生产周期方向演变,传统的大批量生产正在被更先进的生产模式所代替。这些先进制造模式的主要特点是:需求牵引、依靠科技进步和企业合作、柔性程度需求高、生产组织精干、企业管理体制先进以及注重环保。近十几年来,由于制造工程技术与科学的迅速发展和社会经济的变革,为了使企业更具有竞争力,制造模式的研究应用日益重要。国外先后提出的智能制造、精益制造和敏捷制造等就是先进制造模式的典型代表。

制造模式的诞生一定是与技术发展以及空间尺度相适应的。制造模式的整体发展如图6-2所示。

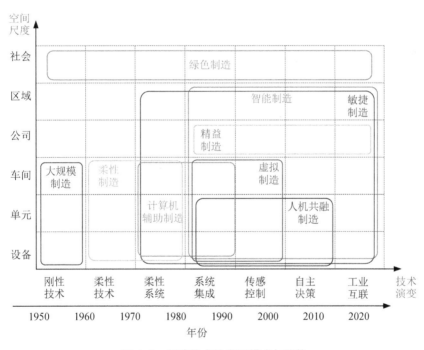

图6-2　制造技术的发展模式与趋势

制造模式具有如下两个特点:

特点1:制造模式与制造技术是协同发展的。众多的经验表明,以提高制造业产品市场竞争力为目标的技术进步与企业改造工程的成功实施,不仅仅是技术问题,先进的制造技术必须在与之相匹配的制造模式里运作才能发挥作用。举例来说,一个企业要使用机器人流水线代替人工流水线并获得实效,需要对现有的生产组织和运作方式进行调整,如调整物料信息、物流、用工、产线维护、投资回报等。如果机器人流水线遇到问题后不能及时解决,那么可能会耽误生产进度,反而效率不如传统人工流水线。因此,就涉及物料管理系统、优化排程、产线调度、产能预测等多方面技术的革新。

特点2:制造模式具有鲜明的时代性。先进制造模式是从传统的制造模式中发展、深化和逐步创新而来的。如工业化时代的大批量生产模式以提供廉价的产品为主要目的;信息化时代的柔性制造模式、精益制造模式、敏捷制造模式等以快速满足顾客的多样化需求为主要目的;未来发展趋势是绿色制造生产模式,它以产品的整个生命周期中有利于环境保护、减少能源消耗为主要目的。制造模式的突破,需具有时代前瞻性,如能正确预测社会的发展方向,则可以占得先机和商机。

6.1.2　典型制造模式

据国际生产工程学会的统计,近年所涌现的先进制造模式多达33种。发达国家制造业企业,特别是跨国公司和创新型中小企业已广泛采用了一些制造模式,如柔性制造模式、精益制造模式、绿色制造模式、虚拟制造模式、人机共融制造模式等。

1. 柔性制造模式(Flexible Manufacturing)

当工业产能足以满足社会基本需求时,消费结构发生升级,买方市场和消费者逐渐显露出个性化、定制化、时效性的需求。实现"多样化、小规模、周期可控"的柔性生产、柔性制造,成为企业生存和制胜的关键。1965年,英国莫林斯(Molins)公司首次提出了柔性制造模式,并得到了推广应用。该模式在发展初期主要依靠有高度柔性的以计算机数控机床为主的制造设备实现多品种小批量的生产,可增强制造业的灵活性和应变能力,缩短产品生产周期,提高设备使用效率和员工劳动生产率。随着人工智能技术的出现和进步,现代柔性制造模式主要以大规模定制化生产为代表(详见第7.2节)。

2. 精益制造模式(Lean Manufacturing)

当产品复杂程度较高时,如汽车、飞机等,大批量生产单一产品具有效率和成本优势。在产品供不应求的阶段,大批量生产同质化产品能够更好地占据市场;一旦产品产能过剩,或者市面上同质化产品过多时,消费者自然青睐能提供定制化服务的产品。此时,大批量生产方式存在的库存量大(原料/半制品/成品)、生产周期长、生产浪费、营运成本高、难以紧跟市场变化等缺点也逐渐暴露出来。为此,1990年美国麻省理工学院在总结以丰田汽车为代表的日本制造工业的经验时提出了精益生产的概念(丰田自称"丰田生产方式")。精益制造模式以改革企业生产管理为特点,实施"精简和消肿"的对策,以及"精益求精"的管理思想。该模式从员工管理的角度出发,采用灵活的小组工作方式和强调合作的并行工作方式,在生产技术上采用自动化技术,使制造企业的资源能够得到合理的配置、充分的利用。

3. 虚拟制造模式(Virtual Manufacturing)

虚拟制造指的是运用计算机模拟和仿真来实现产品的设计和研制,即在计算机中实现的制造技术,从根本上改变了"设计—试制—修改设计—规模生产"的传统制造模式。在目标产品设计完成后,首先在虚拟制造环境中完成软产品原型,以代替传统的硬样品,然后通过合理的服役仿真环境,对产品的性能进行预测和评估,从而大大缩短产品设计与制造周期、降低产品开发成本,提高其快速响应市场变化的能力,以便更可靠地决策产品研制。根据制造过程中焦点不同,还可细分为三种模式:① 以设计为中心的虚拟制造(design-centered VM),强调以统一制造模型信息为依据,对数字化产品模型进行仿真、分析与优化,并进行产品的结构性能、运动学、动力学、热力学等方面的分析和可装配性分析,以获得对产品的设计评估和性能预测;② 以生产为核心的虚拟制造(production-centered VM),在企业资源的约束条件下,对企业的生产过程进行仿真,对不同的加工过程及其组合进行优化,对产品可生产性进行分析与评估,对制造资源和环境进行优化组合,对生产方案和调度进行合理化决策;③ 以控制为中心的虚拟制造(control-centered VM)提供模拟实际制造过程的虚拟环境,使企业在考虑车间控制行为的基础上,对制造过程进行优化。

4. 绿色制造模式(Green Manufacturing)

废弃物是制造业对环境污染的主要根源。由于制造业量大面广,因而对环境的总体影响巨大。1996 年,美国制造工程师协会首次提出以可持续性发展为目标的新型制造模式,即绿色制造。其本质是围绕环境保护和能源节约,综合考虑企业效益、环境保护和人群需求,是一种人性化的新型的可持续发展的制造模式。绿色制造模式的提出兼顾了制造业可持续发展与人类生存环境保护。因此,绿色制造是一种综合考虑资源效率和环境影响的现代化制造模式。在保证产品功能、质量、成本的前提下,其目标是使得产品从设计、制造、包装、运输、使用到报废处理的整个产品生命周期中,对环境的负面影响最小,资源效率最高,并使企业经济效益和社会效益协调优化。因此,绿色制造不仅受经济和市场驱动,同时也受到政策和社会驱动。

5. 人机共融制造模式 Human-machine Integrated Manufacturing)

人机共融制造指的是"人工智能＋制造"的"智能化"过程,与过去制造业追求"自动化"的过程有本质上的区别。"自动化"追求的是机器自动生产,本质是机器替代人,强调大规模的机器生产;而"智能化"追求的是机器的柔性生产,本质是"人机协同",强调机器能够自主配合人的工作,自主适应环境变化。人机共融制造追求的不是简单粗暴的机器换人,而是将工业革命以来极度细化的工人流水线工作,拉回到"以人为本"的组织模式,让机器和人分别从事自己更擅长的事,机器承担更多重复、枯燥和危险的工作,人类承担更多创造性的工作。但人机共融模式受限于目前人工智能水平。

6. 敏捷制造(Agile Manufacturing)

敏捷制造概念的提出可以追溯到 20 世纪 80 年代。针对当时美国制造业的衰退,美国国会提出了重振美国制造业雄风的目标。1991 年 11 月,美国理海大学(Lehigh University)艾柯卡研究所(Iacocca Institute)的教授们联合美国 13 家大公司的高级技术总裁和咨询顾问公司专家,完成了著名的《21 世纪制造业战略发展报告》,其中阐述了两个重要的结论:1)企业生存、发展面临的共性问题是,目前竞争环境的变换太快而企业自我调整、适应的速度跟不上;2)依靠对现有大规模生产模式和系统的逐步改进和完善,不可能实现重振美国制造业雄风的目标。在这样的背景下,报告建议通过综合运用近年来得到迅猛发展的产品制造、信息处理和通信技术的集成,来构造一个全新的竞争系统。在这个系统中,最基本的目标是把制造所需的所有资源、信息、人、知识、资金和设备通过计算机网络集中管理,实现优化利用,使企业拥有驾驭市场变化的能力。

本章后续内容重点介绍目前关注度较高的三种制造模式:敏捷制造、人机共融制造以及绿色制造。在介绍不同制造模式基本概念的同时,以典型的前沿制造技术为例,梳理先进制造模式与关键技术的关系。

6.2　敏捷制造

敏捷制造是现代制造型企业的一种新兴模式,它改变了以往制造行业的生产方式,在生产流程中依托先进通信与智能手段,快速配置各种资源(包括技术、管理和人等),进而以有效和协调的方式响应用户需求,实现制造的敏捷性。可见,敏捷制造主要强调"响应速度快",通过在制造过程中使用大量的通信和智能设备来实现,这一点与智能制造相同。在理念上,敏捷制造与智能制造有根本区别,智能制造强调的是机器替代人,敏捷制造强调的是快速响应。例如,少量复杂产品的制造往往人工能更快速地满足需求,而智能设备如机械臂还需要调试运行等步骤延长了制造周期。敏捷制造并不排斥使用人工,人与机器共存是敏捷制造的常态。

制造的核心目标是满足市场需求,实现企业的盈利。而市场的需求是不断变化的,新需求在刚提出时,因市面上暂无与之相匹配的产品,通常情况下首批制造商品的利润空间最大,用户对于产品的功能和质量期望较低。由于产品设计和制造周期的存在,制造企业需要尽快地生产出首批产品,在用户中形成品牌效应。而对市场需求响应速度较慢的企业,就只能遵循成熟的制造流程,依靠价格和成本控制实现产品竞争。可见,敏捷制造模式需要将先进的柔性制造技术,掌握娴熟生产工艺的劳动者,以及企业内部组织机构和企业之间的灵活统筹管理三者合为一体。面对转瞬即逝的消费者需求和市场机遇,敏捷制造系统能够迅速做出反应。

为实现上述目标,敏捷制造在不同的空间尺度具有不同的内涵。在区域层面,敏捷制造通过虚拟企业,实现跨公司的柔性资源整合;在公司层面,敏捷制造强调优化企业内部管理架构,整合公司各部门的资金、人员、场地等资源;在车间层面,敏捷制造聚焦生产线的快速重构;在单元层面,敏捷制造考虑小批次零件的柔性制造;在设备层面,敏捷制造考虑柔性程度高、自适应能力强的设备。下面,以飞机系统件制造为例对敏捷制造在单元层面的实施进行说明。由于飞机制造的特殊性,其对系统件的制造需求具有小批量、多批次的特点。在传统的制造模式下,生产计划先由生产管理部门下发至车间,再由车间调度组分配至工段,工段再细分至数控工位,信息传递及资源配置和协调需要大量人工参与,对生产需求变更的响应能力较弱,组织效率较低。此外,数控加工过程对人工的依赖程度也较高,装夹、定位、上下料、测量等环节均离不开人工操作,使生产效率、人力成本与质量控制等方面存在瓶颈,通过局部的调整与优化难以有所突破。为此,航空工业成都飞机工业(集团)有限责任公司搭建了飞机系统件柔性敏捷制造单元(图 6-3 所示)。该单元集成了管控技术、自动补偿加工技术、工业机器人技术以及图像识别技术等,可实现零件仓储、上下料、数控加工、在线测量以及补偿加工的全自动化作业。

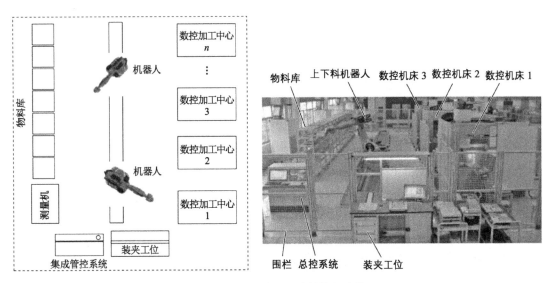

图 6-3　飞机系统件柔性敏捷制造单元

产业是驱动制造业持续发展的动力源泉。2022 年 10 月美国白宫发布了《国家先进制造业战略》,明确把敏捷性看成是美国制造业发展的关键。一些美国企业依靠成熟的服务业和信息技术,已经成功推广敏捷制造和虚拟企业的思想,取得了引人注目的成就。得益于资源和劳动成本优势、人口红利及开放政策,我国书写了近 40 年的制造业传奇。尤其是进入 2000 年后,国内市场需求的上升和对外贸易的扩张为中国制造业的发展提供了坚实的基础,大量内部以及外商投资进入工业制造环节,使得中国迅速成为"世界工厂"。然而,随着红利效应的衰减、国内外发展环境的改变以及经济新常态的到来,中国制造业正遭受前所未有的冲击。曾经规则明晰、相对稳定的经营环境正与大时代一样变得更加动荡、无常、复杂以及边界模糊,客户和消费者日益成熟,需求趋于多样化,加之同业竞争白热化等多方面的不确定因素和挑战,近 10 年来,中国制造业的生产效率难以大幅提升,客户需求愈加分散,创新亦难以短期产生成果。在当前制造产业上下游分工的局面下,我国企业主要扮演代工厂的角色,如许多服装加工厂是一些国际服装品牌的合作伙伴。营造品牌快速获取市场需求,进而整合研发、设计、制造、物流、销售等产业链上下游资源,同样值得我国企业高度重视。

6.2.1　敏捷制造的内涵

1. 敏捷制造的内涵

敏捷制造模式以向顾客及时提供所需求的产品为主要目的,在创新精神的管理结构、先进信息技术为主导的制造技术、现代管理人员三类资源支撑下实施的。敏捷制造将柔性生产技术、有技术技能的劳动力以及企业内部和企业间合作的灵活管理集中在一起，通过所建立的共同基础结构，对瞬息万变的市场需求做出快速响应。与其他制造模式相比，敏捷制造更加注重灵敏快捷的反应能力。因此，其主要实施方式是通过对企业经营有关的人、技术和其他各方面因素的统筹考虑，以"虚拟经营"的方式捕捉市场机遇、增强抗风险能力，从而高效地利用企业内外部资源，获取竞争优势。

（1）基本理念。传统生产通常建立在规模经济基础上，依靠扩大生产规模、增加生产批量、完善产品的标准化生产来夺得竞争优势。传统生产的制造工艺是由技术人员根据标准确定的，而在使用过程中往往由生产工人维护，这就使得生产流水线相对固定，生产工人无法轻易改变流水线，也无法轻易改变产品的功能和性能。敏捷制造要求产品功能和性能可依据客户的需求进行快速改变。因此，敏捷制造的实现需要依托不断更新的制造技术和高柔性的工艺设备，将产品的研发和生产深度融合，极大缩短产品设计制造的周期。这就要求工艺设备的可重构程度较高，并且生产工人的技术水平较高，上述两个因素都会提高企业的运营成本。另外，敏捷制造企业各部门、供货商、物流公司、销售公司以及客户需要由信息平台有机整合，从而加速生产工艺的迭代，积累丰富经验，将产品推陈出新。丰富的信息资源和软件技术能帮助企业快速获取需求、灵活设计产品、快速开发原型样机、进行产品性能和工艺流程的模拟验证，进而极大限度地提高制造方案的可靠性和产品质量，节约设计与开发成本。

（2）产品质量。企业的产品质量应能够保证其在寿命周期内按照指标需求服役。从产品质量角度出发，传统制造企业追求产品的可靠性。虽然可靠性是产品的一种客观属性，但它无法保证新产品在市场竞争中具有足够优势。敏捷制造企业则主要关注"用户满意"，而不是极致地追求产品质量。满意是用户对占有和使用产品的一种主观反映，它是根据用户对产品功能预期以及使用习惯和方式等因素共同决定的。出现上述特征的原因在于敏捷制造具有时效特征，并且用户的需求也不是一成不变的。满足用户当下的需求，是敏捷制造的关键属性。

（3）组织管理。传统规模化制造企业生产技术及作业流水较固定，企业在盈利的情况下总是尽可能长期地维持现状，对改革和变化存在惰性。越是大型企业，上述特征越明显。敏捷制造企业站在策略高度层面开展经营，它的生产工艺技术和组织管理有较高的柔性。简化企业经营与人员管理审批流程，提倡以"个人"为中心，改善原有的集中控制管理、纵向层级式调动机制，形成分散决策和灵活人性的协商机制；以分散的权力发挥各个单位的优势作用，以多功能的动态架构代替固化职能部门的静态组织；能够更加迅速地响应客户需求，与合作伙伴建立信任，为共同的长远利益而团结协作，提高经营效益。上述管理架构可以保证企业在飞速发展的竞争市场中，迅速抓住机遇并获取高额利润。

（4）存在风险。传统规模化制造企业进行产品生产，其竞争优势在于生产规模的庞大。由于生产线上的设备、人工在一定期间内是固定的，大量生产单一产品可以减少每件产品的单位设备折旧费、人力资源消耗等，从而降低单件产品的生产成本。敏捷制造在进行灵活柔性的生产过程中,更加关注物资设备的重新组合以用于生产不同产品。然而,柔性生产势必存在产线改动过程中存在时间、人力、物力等成本的浪费。同时,敏捷制造系统由结构可变的模块化生产单元组成,制造流程的闭合监控由传感器、分析系统和高能制造软件组合而成,产品的设计开发通过模拟计算等方法实现。上述设备与模拟软件均增加了企业的一次性投入成本。最后,敏捷制造采用的生产技术往往大部分已存在,但小部分关键技术在短时期内开发的难度也值得考量,这就要求企业雇佣具有丰富研发经验的人员,对需求以及关键技术方案进行快速确定,研发人员的工资又进一步增加了企业成本。由于市场需求存在不确定性,因此企业又无法可靠捕捉新出现的市场需求,导致敏捷制造对企业运营来说,存在较大风险。

敏捷制造对企业来说风险较大,实施过程中同样需要兼顾利润与风险。目前,较为成功的案例主要通过虚拟企业来实现。

2. 虚拟企业

随着互联网的发展,用户的新需求不断升级,高质量、低价格、定制化的产品快速迭代,企业之间围绕产品和服务的竞争形势越发严峻。传统制造过程缺少灵活性,难以适应市场环境的快速变化。为此,1993年美国《彭博商业周刊》提出了"虚拟企业"的全新概念,即用技术把人、资金和构思网罗在一个临时的组织内,一旦任务完成即解散组织。《湿营销:最具颠覆性的营销革命》的作者迈克尔·马隆(Michael S. Malone)指出虚拟公司像一个公司一样,临时把各方面联合在一个"变形的企业内",在共同信任的基础上,建立一个长久的联盟,其成员包括制造商、供应商、分销商和顾客。国内学者认为,虚拟企业是指两个或多个拥有核心能力的企业或项目组,依托信息网络资源,以业务包干形式独立完成策略联盟的某一子任务块,通过共享彼此的核心能力,使共同利益目标得以实现的统一体。可见,虚拟企业是一种依靠信息技术打破时空阻碍的新型组织机构系统,它区别于传统意义的有固定生产经营场所的实体企业,其为完成某项特定工作任务,通过信息技术手段快速建立灵活合作的协作单位。

虚拟企业利用每一合作企业的优势项目组合进行产品的开发和制造。这种取长补短的形式使得虚拟企业的各个环节保持"最优",它所完成的工作成果能够达到一流的领先水平,这使传统的独立实体企业望尘莫及。当市场出现新机遇时,具有不同资源与优势的企业为了共同开拓市场,共同对付其他的竞争者而组织的,建立在信息网络基础之上的共享技术与信息、分担费用、联合开发的、互利的企业联盟体。这种组建随着市场的消逝而解散。

虚拟企业无空间限制,通过制造业网络建立信息流通的高速公路,随时搭建整合不同空间范围的企业,通过集合工业数据资源与服务开展制造。在虚拟企业运行过程中,需要注意多企业合作的法律规定,在法律规章制度允许范围内开展生产经营。虚拟企业在发展、利用高新技术等敏捷制造的技术支撑中可发挥如下作用:首先,减少研究和开发费用。虚拟企业可优势互补,协同开发,共享信息资源及硬件环境,从而可在不增加固定资产、设备、人员的情况下进行新技术、新产品的研究开发,大大节约相关费用。其次,克服技术上的障碍。敏捷制造的优势在于其不断创新,利用前沿技术手段,与时俱进是单独的企业难以做到的。虚拟企业的构成单位之间的利益共享,可为机遇和挑战开展联合协助,最后,加快创新速度并减少风险。由于联合企业各方拿出自己的优势技术,柔性集合,快速响应,因此会加快产品的创新步伐。利益依据各企业的贡献进行分配,利润共享,风险共担,大大降低了企业系统危机。

6.2.2 敏捷制造的基本要素

在敏捷制造系统中主要包括三个要素:生产技术、组织方式和管理手段。

1. 敏捷制造的生产技术

敏捷制造需要具有集成化、智能化、柔性化特征的先进生产技术的支撑,包括:智能生产设备、快速开发设计系统、柔性生产系统以及充分、及时、可靠的信息交换。具有高度柔性的智能生产设备是敏捷制造企业必要的硬件条件,可保证定制化产品的质量。快速开发设计系统是敏捷制造的灵魂,可快速确定产品的结构、功能、质量、成本、交货时间,产品的可制造性、可维修性、报废处理以及人、机、环境关系等要素。在产品开发过程中,采用柔性生产系统,既可实现产品、服务和信息的任意组合,又能丰富品种,缩短生产准备、加工制造和进入市场的时间,从而保证对消费者的需求做出快速敏捷的反应。最后,通过高效的信息交换将上述技术串联起来,按市场需求任意批量且快速灵活地制造产品。

2. 敏捷制造的组织方式

敏捷制造理论认为,新产品投放市场的速度是市场竞争的关键优势。推出新产品最快的方式是整合现有不同企业的资源(如生产技术、技术人员、资金、设备、生产规范等),这就需要企业间组织形成虚拟企业。虚拟企业是一种理想的动态联盟形式,只要能把分布在不同地方的企业资源集中起来,敏捷制造企业就能随时构成虚拟企业。在美国,虚拟企业运用国家的工业网络,把综合性工业数据库与服务结合起来,以便能够使企业集团创建并运作控股虚拟企业。根据产品不同,采取内部团队、外部团队(供应商、用户均可参与)与其他企业合作等不同形式,来保证企业内部信息达到瞬时沟通,又能保证迅速抓住企业外部的市场,进一步做出灵敏反应。

3. 敏捷制造的管理手段

敏捷制造在人力资源上的基本思想是:在动态竞争环境中制胜。由于敏捷制造面向新需求,产品创新是核心,故人员是最关键的要素。敏捷制造需要以灵活的管理方式达到组织、人员与技术的有效集成,尤其是强调人的作用。在管理理念上,要求企业有创新和合作的意识,不断追求创新。除了内部资源的充分利用,还要利用外部资源和管理理念。在管理方法上,要求运用先进的科学的管理方法和计算机管理技术,重视全过程的管理。为进一步促进敏捷制造企业人员的创新性,需要提供必要的物质资源和组织资源支持,充分发挥各级人员主观能动性。

6.2.3 敏捷制造的使能技术

各国制造业的发展战略以效率为主导,核心内容就是通过高度发达的自动化和数字化流程、电子和 IT 技术进行制造和服务。从生产和服务管理的角度来看,敏捷制造范式专注于建立智能和通信系统,如机器到机器和人机交互,处理来自智能和分布式系统交互的数据流,提升制造的自主互操作性、灵活性、敏捷性和生产效率。敏捷制造关键使能技术一般涉及工业物联网、云计算、大数据、计算机仿真、虚拟/增强现实几个方面。

1. 工业物联网

为保持对生产物资的高效管理,工业物联网是敏捷制造的重要使能工具。Internet 是全球系统,使用 TCP/IP 为全球用户提供计算机互联网络,Things 是任何人和物。物联网(Internet of Things,IoT)作为两词的组合,即"万物相连的互联网",是指借助互联网技术,实现在任何时间、任何地点,物与物、物与人的互联互通,当前已广泛应用于物流仓储、医疗保健以及公用事业中。物联网可以通过射频识别技术、无线传感器网络、中间件、云计算、物联网应用软件和软件定义网络等关键技术来实现。根据《工业物联网白皮书(2017 版)》的定义,工业物联网(Industrial Internet of Things,IIoT)是通过工业资源的网络互联、数据互通和系统互操作,实现制造原料的灵活配置、制造过程的按需执行、制造工艺的合理优化和制造环境的快速适应,达到资源的高效利用,从而构建服务驱动型的新工业生态体系。具体而言,工业制造环境下,工业物联网需要确保实时数据可用性和高可靠性,并通过大数据分析及优化,调整生产模式,提高生产效率。根据物联网的自然演化趋势,工业物联网最终将迈向服务互联网(Internet of Service,IoS),即围绕创造价值服务的所有人和物的互联互通,形成智能工厂(Smart Factory,SF)的重要基础。

2. 云计算

为降低运营成本,敏捷制造常常借助虚拟企业实现,云制造是通信、存储、交互制造信息的中继站,主要借助云计算实现。云计算是一种按使用量付费的模式,这种模式提供可用的、便捷的、按需的网络访问。一般而言,云计算包括公共云、私有云、混合云和社区云四种访问类型,包括基础设施即服务(IaaS)、平台即服务(PssS)、软件即服务(SaaS)、一切皆服务(XaaS)四类服务模型。在制造环境中,云制造主要指利用云计算技术,改进当前制造系统,使用户能够从产品生命周期的所有阶段(包括设计、制造、管理等)获取服务,将制造方法从生产导向转向服务导向。云制造模型一般包括提供者、运营商和客户三类利益相关者,它综合利用云计算、大数据、物联网、信息物理系统、网络化制造、面向服务制造、虚拟制造和虚拟企业等理论,实现和支持合作,共享和管理制造资源(如企业的制造能力、设备、应用程序、软件工具、技术诀窍等),并可以提供可扩展、灵活且经济高效的解决方案。总之,云制造是一种基于知识的制造范式,模型、标准、协议、规则和算法等知识,在整个产品生命周期中作为服务生成、管理和应用,是虚拟企业最主要的实现手段。

3. 大数据

敏捷制造是一种需求牵引的制造模式,通过资源整合来实现,获取用户的需求与跨企业资源信息是重中之重,这一过程主要通过大数据技术来实现。大数据主要包括不同类型的巨量的结构化、半结构化和非结构化数据。这些巨量数据只有通过先进的技术实现信息获取、存储、分配、管理和分析，才能为万物互联时代的工业发展带来价值机会。与传统的数据处理不同，大数据表现出 Volume（大量性）、Velocity（高速性）、Variety（多样性）的 3V 特征，另外一些学者还总结了其他维度的特征，如 Veracity（真实性）、Vision（视野性）、Volatility（易变性）、Verification（验证性）、Validation（确认性）、Variability（可变性）和 Value（价值性）等特征。在制造领域，大数据可以为整个产品生命周期内的相关生产活动提供系统指导，实现流程的低成本和无故障运行，并帮助敏捷制造企业管理人员做出决策。借助云计算技术，并通过如机器学习、预测模型等高级分析工具，分析和挖掘离线和实时数据，从巨大的数据中提取知识，使敏捷制造企业能够了解产品生命周期的各个阶段，帮助企业采取更加理性、信息充分和反应迅速的决策方式。在敏捷制造企业层级构建框架中，由机器设备和操作者生成的物联网数据是大数据分析的源头信息，云计算提供了大数据分析的信息技术基础设施。

4. 计算机仿真

为了成功实施虚拟生产，提升制造过程的敏捷性，计算机仿真是不可或缺的强大技术工具。仿真建模通过开发复杂的多功能产品，深入了解复杂系统，并可以在实际实施之前测试新理论或系统、完善资源配置和确立新操作，从而可以在不干扰实际运行系统的情况下收集产品信息和知识。仿真建模通过模拟实验验证产品、过程或系统设计和配置，有助于制造业企业降低成本、缩短开发周期并提高产品质量，能够有效支持运营和决策。在敏捷制造系统中，仿真一直在设计评估、操作过程性能评估中发挥着重要作用。前者的应用主要包括设施布局、系统容量配置、材料处理系统、柔性制造系统等；后者的应用主要包括制造运营计划和调度、实时控制、运行策略和维护操作等。

5. 虚拟/增强现实

敏捷制造主要借助虚拟生产缩短产品设计与制造周期。近年来，虚拟现实（Virtual Reality，VR）技术在仿真中的应用，使得制造工厂的高保真模拟成为现实。虚拟现实技术结合数字孪生技术可将仿真扩展到产品全生命周期阶段，实现在不同制造系统模式、流程和产品上的实验和验证。因此，虚拟企业可借助虚拟现实与数字孪生技术，实时掌握其他企业的生产过程，并对该过程进行创新与指导。增强现实（Augmented Reality，AR）技术可将虚拟信息与实际生产过程融合展现，并实现人和虚拟信息的实时互动。该技术可根据生产过程监控的实时动态信息，模拟、辅助和指导制造过程。如在产品诊断维护过程中，生产工人可以通过手持显示器进行产品缺陷检查和 3D 映射，并反馈至平板电脑等移动设备端。

6.2.4 案例：欧盟工业 4.0 代表性项目——Factory in a day

本节以欧盟工业 4.0 代表性项目——一日工厂（Factory in a day）为例，对敏捷制造的概念在实际中的应用进行讲解，对其基本特征与要素进行实例化阐述，对该项目中涉及的使能技术进行深入剖析。

1. 项目介绍

欧盟第七框架计划(7th Framework Programme,简称FP7)是欧盟投资最多的全球性科技开发计划。欧盟委员会于2007年1月1日启动第七个科技框架计划(2007—2013),总预算为505.21亿欧元。欧盟第七框架计划是欧盟最大的官方重大科技合作计划,其研究以国际前沿和竞争性科技难点为主要内容,具有研究水平高、涉及领域广、投资力度大、参与国家多等特点。在FP7框架下,2013年启动了工业4.0重大项目:Factory in a day。项目执行周期:2013年10月至2017年9月;项目金额:约1 100万欧元(约9 000万元人民币);项目负责单位:荷兰代尔夫特理工大学;主要参与单位:德国慕尼黑工业大学、德国弗劳恩霍夫协会应用研究所、比利时鲁汶大学、飞利浦、法国国家科学研究中心、西门子等高校和企业科研机构。本项目旨在消除应用机器人实现工业自动化制造的主要技术障碍、提升安装效率、降低安装成本,从而提高欧洲制造业中小型企业的核心竞争力。目前工厂中,高昂的成本导致回报期长的问题,使得机器人自动化投资在经济上缺乏吸引力,本项目拟将机器人自动化生产线的安装时间从几个月缩短到一天,进而提升制造企业的敏捷性。项目详细信息可查询项目官方网站。

为实现上述目标,该项目需突破的关键技术包括:① 研发新型标准机械臂、移动平台以及安装在机械臂前端的柔性灵巧手。其中,机械臂与移动平台具有柔性部署的特点,通过3D打印技术快速定制灵巧手前端夹具,使其满足生产线夹取物品的需求。② 将新机器人部署在新生产地点后,通过研发自校准程序和软件框架,使机器人组件和现有机械设备轻松互联与协作。③ 针对特定的应用领域(如模具精加工和组装),通过读取数据库内的规则库进行学习,提高生产线的工作能力。④ 开发机械臂环境感知和在线运动路径重规划算法,使得机械臂具备动态避障功能,且能够在无围栏工作空间中与操作人员安全协作。⑤ 通过增强现实技术将机器人预期的运动轨迹告知操作人员,降低柔性生产过程中人员的安全风险。

2. 项目方案

为了在一天内完成生产线的部署,本项目的实施方案如图6-4所示。根据时间节点规划的主要步骤如下:① 分析工作流程。根据生产线需求,系统集成商快速分析哪些任务可以通过手工完成,哪些小批量生产工作任务可以实现自动化。② 设计定制化组件。通过设计新型模组(夹具、夹爪等),为客户定制新生产线所需部件。③ 3D打印定制化组件。使用增材制造技术打印新设计的部件,并快速安装在具有高度自适应能力的机器人抓手模组上。④ 运送物料至工厂。将固定式及可移动的机器人运送到生产工厂内,与工人组成"人-机"协作生产系统。⑤ 组装与标定系统。将摄像头等辅助设备安装到机器人上,使得机器人在新生产条件下实现全自动校准,通过通信系统连接辅助设备实现组件的控制。⑥ 编程与调试。通过指令集设定机器人的工作目标,从预先开发的任务列表中选择一项具体任务并设置相关参数,实现流水线产品的抓取。⑦ 人工补充完善生产过程。最后,工人通过短暂的训练熟悉如何与机器人合作,在不设置安全围栏的条件下完成剩余少部分工作,实现人机协作。

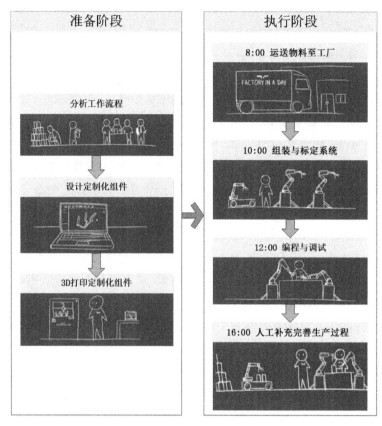

图 6-4　Factory in a day 项目实施方案

3. 关键技术

（1）虚拟制造企业经营新模式

因为该项目为中小型制造企业服务，所以需要统一实际部署机器人生产线所需的模型、标准和认证流程。实际上，未来工厂的机器人由临时工厂和系统集成商共同提供，在商业模式上需要全新探索。项目制定了适用于"一日工厂"的全新商业模式，即虚拟企业获取生产需求、系统集成商部署生产设备和计划、临时工厂配备高技术人员的协作商业模式。该商业模式由虚拟企业发起，通过市场调研与大数据分析等技术手段，快速捕捉用户对新产品的需求并获取资金。虚拟企业制定生产目标后，寻找空闲系统集成商，根据柔性设备完成产线的设计和部署。最后，虚拟企业寻找可提供场地和人员的临时工厂，保证生产顺利实施。在该过程中，虚拟企业、临时工厂、系统集成商是独立的个体。市场中存在大量的虚拟企业，因此可以保证临时工厂和系统集成商有充分的工作可以开展。同时，该项目提供了经营企业的建议和实际实施过程中所需的安全标准和认证流程。

（2）产品与人员特性分析

该项目以装配生产线为例，详细地分析了目前制造市场的需求，确定了哪些手动任务适合工业机器人自动化生产，哪些任务必须通过人员手动完成。产线上产品可以柔性自动化生产的前提是能够被机械臂抓取与搬运，因此项目将不同种类的部件及其所处的状态进

行了分类,包括蔬菜、水果、日用品、箱盒、
金属零件等,并分析了它们是否可被机械
臂夹取。由于项目强调人与机器的协同生
产,因此机械臂及系统需要具备自主预测
人员行为意图的功能,进而适应人员的活
动。为此,项目梳理了人机协作制造过程
中操作人员的行为及其与意图的关联特
征。通过明晰操作者身体姿态与操作者意
图的关系,构建人员意图预测模型,通过摄
像头准确预测操作者的操作意图(图 6-5)。

图 6-5　通过检测操作者身体的位置预测操作者意图

（3）使能装备研发

项目组针对需求研发了生产线快速重构所需的软硬件设备成套系统组件,并确立了其
工作流程。新机器人系统在临时工厂部署过程中,设计与安装调试通常最耗时,需要 1～2
个月。为缩短这一过程,科研人员与系统集成商共同开发了工作流模拟工具 Visual
Components,用于工业自动化场景的可视化快速建模与部署,如图 6-6 所示。该工具包含
模块化的工位与系统组件,可根据工艺流程生成机器人装配生产线。而系统集成商则仅需
准备每一标准组件的设备实体,以及设备间的标准通信与工艺接口,以保证生产线可通过
整合组件的方式快速实现。Visual Components 可通过便携式平板电脑运行,满足虚拟企
业、临时工厂与系统集成商随时商讨并确立生产工艺流程的需求。

图 6-6　在虚拟环境下快速部署机器人生产线

柔性装配生产线的主要目的是移动物体。因产品的形貌和物性各异,传统刚性的夹具
不仅容易破坏生鲜类物品,而且不同夹具使用时还需额外进行标定,以提升夹取精度。本
项目提出了可柔性抓取不同物体的通用灵巧手方案,设计了一款可面向食品、消费品、金属
零件等商品装配的机械臂。该机械臂通过活动铰链控制末端灵巧手,并根据商品不同尺度
的抓取要求,采取 3D 打印的方案直接定制用于新产线抓取任务的手指(图 6-7)。具体技术
方面,项目考虑采用材料使用范围广、增材效率高的激光烧结 3D 打印工艺,所用材料包括
聚十二内酰胺(PA12)和热塑性聚氨酯橡胶(TPU)等。其中,PA12 属于食品安全级别材
料,通过表面再涂覆硅胶,可满足食品生产线对安全的需求;而 TPU 虽然无法用于制造夹
取食品的灵巧手指,但因其具有柔性易成形等优异的性能,可用于制作软体机械臂。

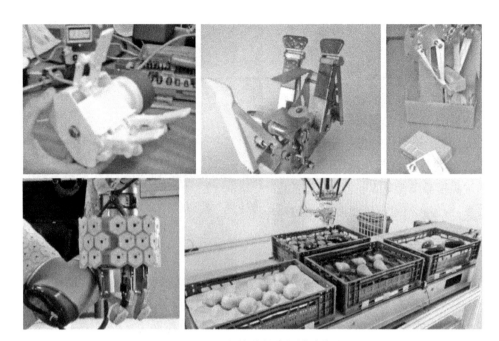

图 6-7　采用 3D 打印快速制造机械臂前端灵巧手

（4）机械臂动态运动避障

因临时组建的柔性生产线无法全面满足制造需求，临时工厂中还需存在人机协作场景。在人机协作生产过程中，机械臂需要具备感知环境中（动态）障碍物的能力，并通过绕过障碍物来完成后续工作。这不仅需要机器人通过自身的传感系统完成，还需要使用外置传感器的信息，如生产线轴位置传感器。将多种传感器的信息与数据进行融合，共同感知当前的工作环境，从而保证人员和机械臂能够安全运行，如图 6-8 所示。当检测到障碍物在机械臂后续运动轨迹上时，机械臂不会立即停止运动，而是通过在线重规划运动轨迹的方式完成后续工作。而操作者则通过人机交互接口来获取机械臂当前和修正后的运动轨迹，从而可以预知并避开运动状态的机械臂。该项目基于增强现实技术实现了多种交互模式制造环境下的操作者和机械臂的交流和决策。通过传统的 2D 显示器和头戴式增强现实头盔使操作者获取系统预测的环境信息，如图 6-9 所示。

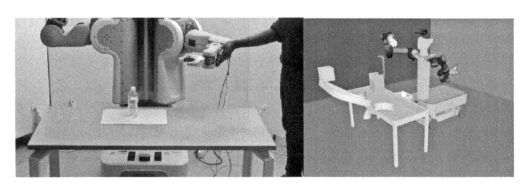

图 6-8　机器人运动轨迹在线重规划技术

图6-9　通过头戴式增强现实头盔使操作者获取机械臂的运动意图

6.3　人机共融制造

随着人工智能、5G、大数据、云计算、物联网等技术的进一步发展,以及在新基建推动数字化转型的背景下,下一代智能制造正在思考如何将机器人与人的关系由命令转向共融。现阶段,机器人只能根据程序按照既定的步骤运行,而操作者预知机器人的行为后,被动地配合机器人完成任务。这一过程虽然也称为"人机协作",但并不是真正意义上的协同作业,而是具有更高智慧的人全面配合机器人完成任务。

"人机共融"指的是具有较高智能化水平的机器人与操作者进行深度协作,操作者不需要预知机器人的程序化行为,机器人需要与操作者进行商讨以了解定制化的工作目的与任务;同时,机器人需根据操作者的状态和目前的态势,发挥其计算速度快、知识存储精确的优势,主动地去承担部分工作任务,进而全面提升任务完成的质量,实现真正意义上的人机协同作业。

6.3.1　人机共融的概念

随着人工智能的发展,人机共同完成特定的任务,不再只是单纯的命令式主从关系。1996年,美国西北大学的爱德华·柯盖德(J. Edward Colgate)和迈克尔·普希金(Michael Peshkin)两位教授首次提出了协作机器人的概念,即机器人通过建立虚拟曲面来约束和指导人的操作,与人协作。2009年,优傲机器人(Universal Robots)公司推出了首款协作机器人,促使人机协作在工业上得到了应用并飞速发展。协作机器人在与人协作过程中会有一定的精度速度和协调性,但不会拥有人的学习、思维和推理能力。人工智能的发展,使机器人拥有了较强的感知能力、数据处理能力和自我学习能力,于是人与机器人产生了一种新的关系——共融关系。

华中科技大学的李培根院士对人机共融的定义如下:在同一自然空间内,充分利用人和机器人的差异性与互补性,通过人机个体间的融合、人机群体间的融合、人机融合后的共同演进,实现人机共融共生、人机紧密协调,自主完成感知与计算。实现人机共融后,机器人与人的感知过程、思维方式和决策方法将会紧密耦合。

所谓人机共融是人与机器人关系的一种抽象概念,它有以下四个方面的内涵:① 人机智能融合,人与机器人在感知、思考、决策上有着不同层面的互补;② 人机协调,人与机器人能够顺畅交流,协调动作;③ 人机合作,人与机器人可以分工明确,高效地完成同一任务;④ 人机共进,人与机器人相处后,彼此间的认知更加深刻。未来,人与机器人的关系也会朝着这四个方面发展。

人机共融的发展还处于起步阶段。虽然在人机共融中应用较好的外骨骼机器人可以协助残疾人行走、帮助患者康复、助力工人搬运,但大多数工业机器人受材料、加工、驱动、控制、能源、计算速度的限制,在柔韧性、力度与精度、灵敏度上未达到理想要求。例如,近些年人工智能算法和计算机硬件性能都有所提高,但在某些特定的制造场景下,为使机器人配合人工作,需要机器人预测人的意图并进行相应的动作。一些动作计算时间较长,影响机器人的灵敏度。因此,目前大多数机器人不能与人进行全方位、多层次的协作,距离实现真正的人机共融还有一段距离。

6.3.2　人机共融制造的特点

人机共融制造具有三个特点:人机个体间的融合、人机群体间的融合、人机融合后的共同演进。

1. 人机个体间的融合

机器人具有数据储存、搜索、计算、排序等技术思维的优点,人具有联想、推理、规划、总结等发散性思维的优点。在复杂的工况条件下,将人的不断自我规划能力与机器人的计算能力相结合,进行人机协作,充分利用两者的优势,实现更强的感知与计算。在工业界,人提供应用场景、设计需求、评价指标,机器人进行产品设计,最后共同完成产品制造;在服务行业,机器人提供研究、文娱和新闻资料,人对信息进行提炼、处理和反馈;在特殊环境中,机器人做到相对自主,与人协作,进行装配工作。

2. 人机群体间的融合

机器人与机器人之间需要了解,人对机器人群体需要了解,机器人对人群体需要了解,人机共融也要体现群体智能,群体之间应相互感知、共同认识和进行博弈,以实现群体间的互联互通互融。机器人与机器人进行通信和感知,各自分工明确,形成集群机器人,从而提高工作效率;人与机器人群体交互,时刻掌握其发展动态,从而更好地协作。机器人通过大数据分析了解团队成员的思维方式和行为习惯,促进机器人与成员间的配合。

3. 人机融合后的共同演进

随着人工智能的不断发展,我们不希望机器人的智能超过人类,否则无法保证人类的安全。人机共融的目标是:人与机器人可以相互理解、相互感知、相互帮助,实现人机共同演进。机器人可以将人的知识不断输入,自主学习,变得更加智能与高效;机器人也可以与机器人之间信息共享、相互博弈、不断进化。人应主动了解机器人,通过机器人的反馈,提升人的认知能力。

6.3.3　人机共融制造的使能技术

人机共融的三大关键技术是:传感器技术、人工智能技术和人机交互技术。

1. 传感器技术

传感器是支撑机器人获取信息的重要手段,不同类型的传感器在机器人上应用得越广泛,机器人获取的信息也就越丰富。这些信息可能是嵌入的、绝对的、相对的、静态的或动态的。降低传感器的生产成本、提高传感器的测量精度和减小传感器的体积是市场的发展趋势,传感器在机器人本体的应用也会更加全面。传感器技术是智能制造的重要组成部分,能推动人机共融的发展。

以双足机器人为例,机器人的部分关节用电机作为驱动元件,通过谐波减速器减速输出,精准的位置控制需要角度位移传感器测量电机和谐波减速器的转动角度;动力学分析是机器人稳定、快速行走必不可少的环节,通过力矩传感器测量脚踝处的力和力矩来推算脚底压力中心点的位置,从而判断机器人是否稳定并对其进行步态控制;激光雷达是机器人的眼睛,具有测量精度高、测量距离远、稳定且对周围环境适应性强的特点,用其感知外界环境可为机器人的路径规划提供依据;碰撞检测传感器可以让机器人与外界进行交互时理解环境,判断是否继续运动,保证机器人与人的安全。

人机共融的实现通常需要智能穿戴式传感器获取人体信息,例如,六轴惯性传感器通过测量设备的加速度和方向来判断人的运动状态,达到记录步数的目的,从而计算出运动消耗的卡路里,为人的运动提供数据;智能手环中的光学心率传感器,可依据血液的吸光率来测算人的心率;智能手表中的环境光传感器可以感知周围光线情况,并告知处理芯片自动调节显示器背光亮度,降低产品的功耗,提高其续航能力;智能手表中的 MEMS 麦克风可以消除外界噪声,识别人的语音,有助于人与智能手表间的通信。

2. 人工智能技术

人工智能技术主要包括以下三种。① 深度学习。利用多层神经网络,对大数据进行分析处理,模仿人脑机制对数据进行解释。② 强化学习。在未知的情况下,以"试错"的方式进行自主学习。③ 对抗神经网络。两个人工智能系统以对抗的形式创造逼真的数据集,使得机器拥有创造力和想象力,进而减少对数据的依赖。

人工智能是机器人的大脑,也是人机共融的核心。目前,人工智能中的深度学习与强化学习得到了很好的应用。在人脸识别中,光线、姿态、表情和年龄等因素引起的类内变化和个体的不同引起的类间变化是非线性的,且十分复杂,用传统的建模方法难以获得精确模型。通过深度学习可以尽可能保留类间变化,去除类内变化。在语音识别中,由于深度学习能够从大量的数据中自动提取所需要的特征,因此不像高斯混合模型那样需要人工提取特征,这样就大大降低了语音识别的错误率。在无人驾驶应用中,采用深度学习进行物体识别,可以有效提高物体识别的准确率,在进行场景理解时,能够精准检测可行驶区域的边界;在进行路径规划时,能解决没有车辆线和车辆线模糊的问题。强化学习在机器人中的应用也较为广泛。谷歌深度思考(DeepMind)人工智能团队成功掌握了高难度游戏雅达利(Atari),激发了人们对强化学习的热情。阿尔法狗(AlphaGo)击败了世界围棋冠军,为强化学习的研究树立了一座里程碑。深度堆栈(DeepStack)是世界上第一个在一对一无限注德州扑克上击败职业扑克玩家的 AI 模型,冷扑大师(Libratus)则在双人无限注德扑中击败了人类顶级选手,其背后的强化学习技术同样具有里程碑意义。

3. 人机交互技术

人机交互技术主要体现在以下四个方面:① 面向自然动作的感知技术,如对人的手势和手指触摸的二维感知,以及深度摄像头对人体动作的三维感知;② 基于语音识别的对话交互,通过智能软件助手与机器进行语音沟通;③ 面向穿戴的新型终端,通过智能穿戴测量人的心跳、记录人的运动情况,根据人体信息做出交互动作;④ 脑机接口技术,它可以直接从人的大脑提取特定的人脑神经信号,控制计算机或者机器人等外部设备,该技术才刚刚起步。

人机交互的发展是实现人机共融的必经之路。例如,Kinect 传感器目前包含即时动态捕捉、影像辨识、麦克风输入、语音辨识、社群互动等功能,它的发布正式将人机交互的方式从二维图形交互延伸到三维手势交互,让游戏摆脱了键盘、鼠标和手柄的约束,玩家可以用动作和语音在游戏中开车、与其他玩家互动、通过互联网与其他玩家分享图片和信息。AI 平台可识别的常见手势如图 6-10 所示。某款软件可以执行读短信、介绍餐厅、询问天气、语音设置闹钟等命令,主观回答"生命的意义是什么""能给我的生活提点建议吗"等问题。某款汽车搭载了包含触控、动作、视觉、语音、手势的"五维人机交互"系统,可以预设 7 种手势控制电话接听、音量增减、视角切换等,其智能化程度高,用户体验效果好。除上述成熟案例之外,目前智能穿戴设备、手机指纹解锁、虚拟现实等一系列的人机交互方式也都已经成功应用于生活中。

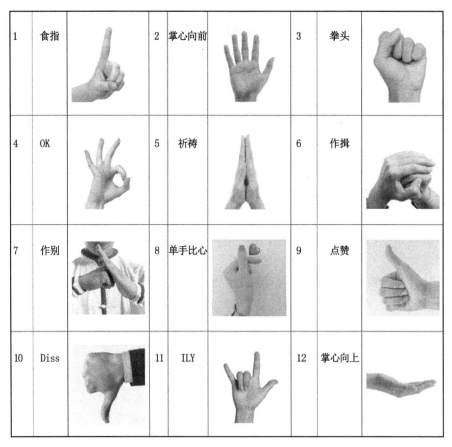

图 6-10 AI 平台可识别的常见手势

6.3.4 人机共融技术在制造领域的应用

ABB公司开发的YuMi机器人(图6-11)具有单臂7轴冗余设计、双臂14轴、机身小巧、质量轻、灵活等特征,适用于小配件装配,比如对手机和平板等电子产品进行组装,甚至是穿针引线。该产品具有力控功能,可以通过关节力矩估算环境接触力,并分析该信号进而触发后续动作,例如在碰到人或者其他物体的时候能够快速停下来。上述特征使得该产品能够与操作者协同作业,降低安全风险,图6-12为捷克共和国亚布洛内茨境内的低压产品工厂中YuMi机器人和操作者协作组装插座盖。然而,为了提高机械臂的运动速度,该机器人的负载很低(单臂500 g),使其只能完成轻量级的工作,同时也限制了复杂抓手和夹具的应用。

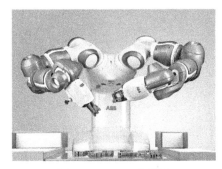 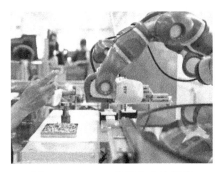

图6-11 YuMi机器人　　　　图6-12 YuMi机器人生产插座

FANUC CRX-10iA机器人,控制轴数为6个,最大负载为10 kg,可达工作半径为1 418 mm,具有高安全性、高可靠性、便捷实用的特点,可实现对小型部件的搬运、装配等应用,机器人协作模式下最高运动速度达到1 000 mm/s,非协作模式最高速度达到2 000 mm/s。目前,东风李尔汽车座椅有限公司位于湖北武汉的生产车间已部署了FANUC CRX-10iA协作机器人生产线,用于汽车座椅螺丝锁付、表面熨烫及安全卡扣电路检测等工序。图6-13所示为机器人与操作工人协同作业的场景。

图6-13 FANUC CRX-10iA机器人及其应用

KUKA公司研发的LBR iiwa(intelligent industrial work assistant)机器人拥有7个自

由度,最大负载可达 14 kg。该产品具有轻量级高性能控制的特点,伺服控制器可以通过力传感与控制的方式快速感知碰撞,输出力矩的控制精度优于±2%。因此,LBR iiwa 协作机器人可以实现拖动示教,即操作者拖动机器人按照预想的轨迹进行运动。由于 LBR iiwa 机器人脱离了手控盒的操作,可以实现复杂空间轨迹的示教,因此有着很强的工业应用空间潜力。凭借上述特点,该机器人适用于涂抹、喷漆、黏接、安装、包装、搬运等人机协同作业场景。图 6-14 为西门子公司使用该机器人与工人协同装配零件。

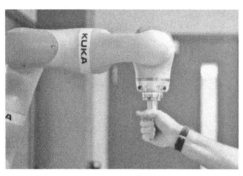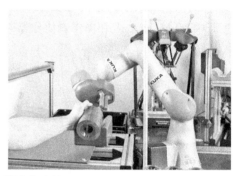

图 6-14　LBR iiwa 机器人与人协同作业

目前,我国协作式机器人品牌也具备一定的规模,产品竞争力与国际品牌处于并跑状态。如沈阳新松机器人自动化股份有限公司陆续研发了 DSCR 系列双臂机器人与 GCR 系列协作机器人。其中,GCR 系列协作机器人最大负载为 25 kg,重复定位精度为±0.02 mm,工作半径为 2 000 mm,末端最大运动速度为 2 000 mm/s。目前产品已出口东南亚、北美、欧洲等数十个国家与地区。图 6-15 右图所示为新松 GCR5 协作机器人自动拧紧螺钉场景,机器人末端搭载拧紧模组,电动数控螺丝刀可将螺钉在指定位置拧紧,并通过深度传感器检测及扭矩监测反馈确认螺钉拧紧,实现了替代工人拧紧螺钉的目的。

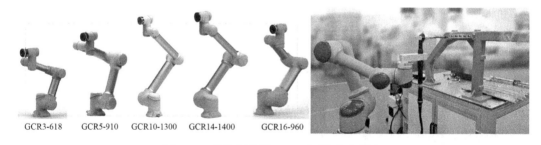

GCR3-618　　GCR5-910　　GCR10-1300　　GCR14-1400　　GCR16-960

图 6-15　沈阳新松的 GCR 系列协作机器人

由上述案例可见,目前工业机器人智能化水平有限,为其编程并开发完全自动化的生产线仍需较高资金成本和时间成本。同时,工业机器人无法全面主动地配合人进行作业。故人机共融仅面向较为复杂的制造场景,具有多批次、小批量、多工序、柔性程度高等特征。通过高效的人机交互技术,简化对机器人下命令的操作流程,以及通过高等级的安全防护算法,让机器人和人工作在同一空间,并让机器人完成重复性较强的工作。总的来说,人机共融能够激发中小企业的创造力与活力,生产出个性化和智能化的产品;能够提升大型企业的生产效率,保证产品的产量和质量;能够积极推动智能制造,加快我国实现制造强国的步伐。

当前,人机共融面临三大挑战。① 智能感知。机器人需要通过自带的传感器获取外部信息,并对数据进行存储、分析、推理、判断,任何一个环节出问题,机器人都无法做出正确的决策。② 安全交互。由于出现机器人故障、人操作失误和其他设备故障在所难免,并且人和机器人在同一个自然空间内频繁接触,因此为了保护人的安全,对机器人设计、控制和传感等技术提出了较高的要求。③ 数据处理。大多数人机共融数据都可放到互联网上共享,但由于应用场景、机器人本体、人机交互方式存在差异,如何处理好这些数据将是一个难题。

未来,人机共融会朝着以下三个方向发展:

(1) 人机共融日常化。首先,穿戴式设备会更加集成化、便携化以及智能化,人人都可以随身携带小机器人,与其进行语音、动作以及视觉上的互动;其次,随着科技的发展,各种传感器和相关硬件生产成本会降低,从而降低智能机器人的生产成本,智能机器人则会更容易走进日常生活;最后,社会对智能机器人的市场需求会促进生产、教育、医疗和娱乐的发展。

(2) 人机共融自然化。首先,人会淡化与机器人交互的目的感,与其交互是一种本能反应,类似于和朋友聊天、与好伙伴搭档工作;其次,人不需要使用编程语言、遥控、手柄和触摸屏幕等方式与机器人交互,也不需要看机器人手册,直接用肢体动作和语音即可将信息输入给机器人;最后,机器人对人的感知不断更新迭代,对人的认知也会不断加深,与人交互更自然。

(3) 人机共融无障碍化。目前谈到的人机共融都包含机器人对人先学习后了解的过程,未来,脑机接口技术成熟后,机器可以不用学习,直接获取人的大脑信号,达到高度人机融合,实现真正意义的无障碍化。

6.3.5　案例：多模态传感器融合的人机协同焊接

1. 研究背景与意义

在智能控制领域,研究工作者一直倡导机器万能的概念,即把有人参与的控制系统认为是水平低下的智能系统。然而,随着科学技术的进步,人们也意识到全智能、自主的机器控制是很难实现的,并且人在制造过程中的决策和引领作用不可替代。因此,人和机器协同完成任务是当前智能控制理论的发展方向之一,继而开创了"人在环中"的系统模型。新一代控制理论的基础是人和机器在发挥各自长处的基础上完成特定的任务,这就需要机器具有一定的智能,可以完成相对简单的任务,从而降低对操作者的要求。

在第三章中已经介绍了电弧焊技术。智能化焊接是该技术发展方向之一,在危险有害与极端条件下开展熔焊作业是最具代表性的应用场景,例如核电设施维修的辐射环境、水下油气管道修复的极端环境等。现阶段,工业流水线上应用的机器人智能化焊接已经突破了工件与坡口智能识别、激光焊缝跟踪以及视觉引导轨迹规划等关键技术。然而,基于实时采集的熔池视觉图像,现有系统仍无法有效提取反映焊接缺陷的图像特征,不具备在线判断焊接缺陷是否形成的功能,难以实现在线调控从而避免密集气孔、条形夹渣、未熔合、裂纹等严重缺陷的产生。同时,在复杂空间曲线焊缝、焊接接头装配误差过大、焊缝坡口存在点固焊道等复杂场景下,存在熔池视觉特征难提取、"熔池图像-焊接质量"匹配样本难获取、关系模型难建立等制约智能化熔焊(增材)的瓶颈难题。

实际上,在焊接工人手工作业的过程中也经常出现各类焊缝缺陷,但一批大国工匠、技术能手、技能大师在操作中,以"眼"传感、"脑"判断、"手"调控,通过眼、脑、手协同一般均能获得优质焊缝(Ⅰ级片),这表明这批技术能手能够快速准确提取质量特征,掌握了难以言传的"熔池图像-质量模型"。据行业学会统计,该类优质技能人才约占焊工人数的1%。焊接技能大师在施焊时,通过眼睛不断地观察感知熔池及正在凝固的焊道区域,特别是"熔池中心、小孔、半凝固、浮渣、熔池边缘、尾部低温区、电弧、焊枪"等各区域,利用脑中的相关关系模型,判断工件的受热、融合、成形等情况,并在脑中快速推演熔池冷却后是否会产生未熔合、密集气孔等潜在质量问题,形成手部动作调控,从而避免焊缝缺陷的形成。

受当前人工智能、电子技术、控制理论、材料加工等相关技术的制约,机器的智能化水平还存在很大局限性,无法完全自主地完成特殊场景下的智能化焊接任务。因此,将焊接技能大师作为一个因素引入系统架构设计,构成人机协作焊接系统。人的优势在于人对知识、经验的利用以及人的判断和决策能力,而机器的优势在于对其信息处理的速度、精度和稳定性。人与机器之间的合理分工合作是实现更高层次智能化加工的关键。

东南大学机械工程学院的王晓宇博士提出了一种基于多模态融合传感的"人在环中"弧焊机器人控制系统。该系统让焊接技能大师观察实时采集的焊接熔池图像,并通过眼动仪和脑电波传感器在线获取焊接技能大师的眼动与脑电信号,智能识别焊接技能大师脑中的隐式意图,让智能系统(机器)借助焊接技能大师的决策判断,并通过机器人协同控制系统,将人的意图"瞬间"转化为实时机器动作(焊枪轨迹或工艺参数),驱动机器人,实现"人脑意图操控"机器人的智能化作业,实现快速、精准、有效的"人在环中"协同控制,解决危险有害和极端环境下的焊接作业质量难以保证的瓶颈难题,实现人工智能技术与熔焊工艺的深度融合。

2. 系统方案及实现

人脑动作意图传感系统组成如图 6-16 所示,该系统中的穿戴式眼动仪传感器外形类似眼镜,传感器使用红外线照射眼睛,通过固定在眼动仪上的微小型红外摄像头采集从角膜和瞳孔上反射的红外光,形成眼睛图像,并通过机器视觉算法标出瞳孔和角膜中心在图像中的位置,最终将瞳孔与角膜的相互位置关系映射为视线方向。脑电波传感器是一个内侧固定有数十个至上百个电极片的电极帽,传感器通过与头皮直接接触的电极片获得头皮表面微弱的电信号(低至几微伏),随后通过放大器放大信号,并通过滤波算法剔除伪迹与噪声,最后通过解码算法提取出人的隐式意图。

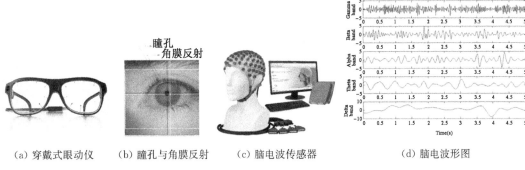

（a）穿戴式眼动仪　　（b）瞳孔与角膜反射　　（c）脑电波传感器　　　　（d）脑电波形图

图 6-16　人脑动作意图传感系统组成

基于融合传感理念,焊接机器人人机协同控制原理如图 6-17 所示。首先,通过带有减光片和滤光片的熔池视觉传感器实时采集焊接过程的熔池图像,并同步传输给焊接技能大师。焊接技能大师"判断—决策—调控"思维过程所关联的眼动和脑电信号,可通过穿戴式的眼动仪与脑电波传感器进行实时采集,再通过信号预处理与特征提取等步骤获取。针对眼动信息,系统需对焊接技能大师视线进行三维重构,以获取三维视线向量,求取视线向量与熔池图像的交点。通过机器视觉软件将熔池图像划分为头部区域、尾部区域、中部液态平面区域、小孔区域、半凝固区域、浮渣区域、熔池边缘区域等子区域,并进一步提取视线区域（视线凝视的熔池区域）、视线区域序列（视线凝视的熔池子区域的变化序列）、视线区域

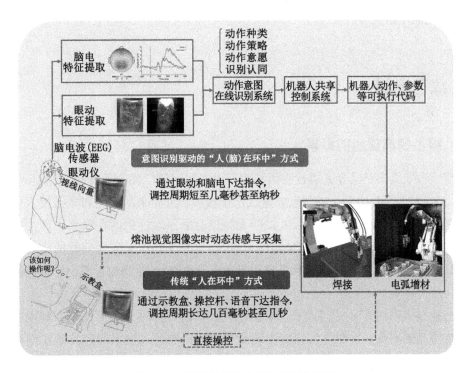

图 6-17　焊接机器人人机协同控制原理

距离(视线焦点与区域中心的距离)、视线区域距离的变化速率等多种视区交互眼动特征。针对脑电波信号,系统首先进行基线校准、插值坏导与数据降维,采用陷波滤波器与独立成分分析方法,去除特定频率的信号噪声以及由肌肉运动或眨眼导致的伪迹。随后采用共空间模式法进行空域滤波,利用矩阵对角化,从脑电波的慢皮层电位及 P300 电位中提取出最具区分度的脑电特征。系统将提取出的眼动与脑电特征传送至"动作意图在线识别"模型。

该模型可以识别焊接技能大师观察熔池图像过程时在脑中形成的关于调整焊接电流、焊速、焊枪摆动的动作意图。该模型将动作意图定义为动作种类(技能大师想做什么调整)、动作策略(调整多少)、动作意愿(技能大师是否想要调整)、识别认同(机器人实时调整是否正确)四个层面,将提取出的一定时间长度内的眼动与脑电特征作为输入特征,利用长短期记忆循环神经网络(LSTM-RNN)进行焊接技能大师的动作意图识别,LSTM-RNN 具有适合处理时间序列的优势,且解决了传统 RNN 中存在的梯度弥散和梯度爆炸的问题。该人机协同焊接机器人控制系统将识别出的"动作意图"进行量化处理,形成机器人末端焊枪动作、焊接电流等调整的控制信号,并将其转化为机器能够理解并执行的控制指令,并将控制指令推送给机器人控制器和焊接电源,进行焊接过程的实时调控。该控制方式的反应速度属于电信号传输速度,调控周期为百纳秒至毫秒周期水平,真正实现了在线实时操作。而人通过电机按钮、操控杆、触控屏或者语音指令方式对焊枪进行在线操作,进行"人在环中"半自动作业的调控周期长达几百毫秒甚至几秒,难以满足 $30\sim150$ cm/min 的焊接速度和调控可靠性的要求。

6.4　绿色制造

6.4.1　绿色制造提出的背景

环境、资源、人口是当今人类社会面临的三大主要问题。关于环境问题,其恶化程度与日俱增,正在对人类社会的生存与发展造成严重威胁。近年来的研究和实践使人们认识到环境问题绝非孤立存在,它和资源、人口两大问题有着根本性的内在联系。而关于资源问题,它不仅涉及人类世界有限的资源如何利用,而且它又是产生环境问题的主要根源。因此,可以认为:最有效地利用资源和最低限度地产生废弃物,是当前世界上环境问题的治本之道。

制造业是将可用资源(包括能源)通过制造过程,转化为可供人们使用和利用的工业品或生活消费品的产业。它在将制造资源转变为产品的制造过程中和产品的使用和处理过程中,同时产生废弃物(废弃物是制造资源中未被利用的部分,所以也称废弃资源),废弃物是制造业对环境污染的主要根源。由于制造业量大面广,因而对环境的总体影响很大。可以说,制造业一方面是创造人类财富的支柱产业,但同时又是当前环境污染的主要源头。

制造系统对环境的影响如图 6-18 所示。其中虚线表示个别特殊情况下,制造过程和产品使用过程对环境直接产生的污染,如噪声、散发的有害物质等,而不是废弃物污染。

20 世纪飞速发展的工业技术使人类现在面临环境污染、生态破坏和资源短缺的危机。美国能源部报告预测:全球能源消耗未来 20 年将增加 60%,全球环境污染排放物的 70% 以上来自制造业,它们每年产生约 55 亿 t 无害废物和 7 亿 t 有害废物,报废产品的数量则更是惊人。从我国绿色制造发展的情况来看,有以下几个特点:

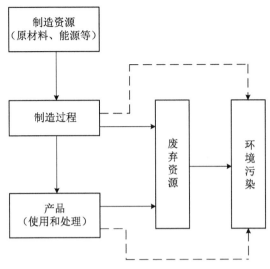

图 6-18 制造系统对环境的影响

(1) 制造业能源的消耗量一直居高不下。2020 年,全年能源消费总量为 49.8 亿 t 标准煤,其中煤炭消费量占能源消费总量的 56.8%。2000 年以来,我国资源消耗量占居民的收入比例约为 8%,而一些发达国家的资源消耗量占居民的收入比例仅为 1% 左右。

(2) 制造业污染强度位列高位。《中国能源供需报告(2022 年)》显示,2018 年我国能源消费总量为 46.4 亿 t 标准煤,占全球一次能源消费总量的 23.6%,连续 10 年居全球第一位。我国工业增加值的能耗约为世界平均水平的 1.5 倍。目前,我国空气中的颗粒物含量约为世界平均水平的 1.4 倍。由此可见,推行绿色制造,降低能源消耗的强度,显得十分迫切和有意义。

(3) 制造业对于节能环保的贡献力有待提高。我国工业技术装备能力和管理水平参差不齐,其中高消耗、高污染的低端技术依然占有一定的比例,可以看出我国资源利用效率与发达国家相比依然有较大的差距。由此可见,通过绿色制造节能减排、提高资源的利用率就显得尤为重要。

保护环境和节约能源迫在眉睫,"绿色制造"的概念应运而生。绿色制造是 1996 年美国制造工程师协会首次提出的以可持续性发展为目标的新型制造模式,其本质是围绕环境保护和能源节约,综合考虑企业效益、环境保护和人群需求,是一种人性化的新型的可持续发展的制造模式。也有学者认为绿色制造的模式与环境的联系非常紧密。这是一种现代化制造模式,在满足一些必要条件(如质量、功能、成本等)后,还需要再综合考虑环境和能源效益等方面的因素。从产品的生产到最终报废的全生命周期中,为了实现资源的最高利用和降低对环境的负面影响,也为了实现企业经济效益与社会整体效益的协调最优化,绿色制造起着重要作用,这也是它出现的目的和存在的意义。绿色制造是一种闭环式的模式,它的过程主要包括原料→产品→再生资源→产品,再制造产品时,可以把报废的产品当作原料重新投入使用,从而实现封闭式的循环。再利用优于填埋,一方面保护了环境,另一方面也节约了能源。在保证产品性能、成本等多种条件的前提下,对于保护环境而言,从源头开始把控,使资源在利用方面达到最高效率。

因此,绿色制造是一个基于全生命周期理念的综合考虑资源效率和环境影响的现代化制造模式。《中国制造2025》是中国政府实施制造强国战略的第一个十年行动纲领。"绿色制造"是中国制造2025的重要前提。以《生态文明体制改革总体方案》提出的"绿色发展、循环发展、低碳发展"为方向,以贯彻落实《中国制造2025》和《装备制造业标准化和质量提升规划》为目标,全面推行绿色制造战略任务,实施绿色制造标准化提升工程,以引导性、协调性、系统性、创新性、国际性为原则,结合工业和通信业节能与综合利用领域技术标准体系,构建绿色制造标准体系,加快绿色产品、绿色工厂、绿色企业、绿色园区、绿色供应链等重点领域标准修订,提升绿色制造标准国际影响力,促进我国制造业绿色转型升级。2016年,中华人民共和国工业和信息化部系统地明确了绿色制造模式的内涵,如图6-19所示。2020年9月,习近平在第七十五届联合国大会上郑重宣布:"中国二氧化碳排放力争于2030年前达到峰值,努力争取2060年前实现碳中和。"可见,绿色制造已经上升为国家战略。

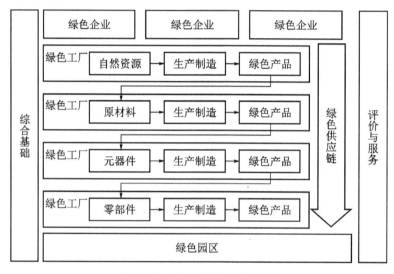

图6-19　绿色制造模式的内涵

6.4.2　绿色制造的定义及特点

1. 定义

绿色制造(Green Manufacturing,GM),又称为环境意识制造(Environmentally Conscious Manufacturing,ECM)和面向环境的制造(Manufacturing for Environment, MFE),是指在保证产品功能、质量、成本的前提下,综合考虑环境影响和资源效率的现代制造模式,其目标是使得产品从设计、制造、包装、运输、使用到报废处理的整个产品生命周期中,对环境的负面影响降到最低,资源效率达到最高,并使企业经济效益和社会整体效益实现协调优化。这里的环境包含了自然生态环境、社会系统和人类健康等因素。

2. 特点

产品的传统制造过程主要包括从原材料开采、原材料生产、产品加工与装配包装等一系列步骤,物流的终端是产品使用到报废为止,通常是一个开环系统。绿色制造过程的物质流则是一个闭环系统,制造过程中需结合材料的回收与重用,综合考虑生产成本,如图6-20所示。通过回收拆卸与用户回收的材料,可再次进入商品的制造流程。通过对比传统制造过程与绿色制造过程,绿色制造的特点可以总结如下。

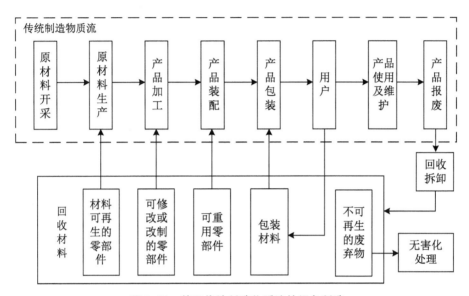

图 6-20 基于传统制造物质流的绿色制造

(1)系统性。绿色制造系统与传统的制造系统相比,其本质特征在于绿色制造系统除保证一般的制造系统功能外,还要保证对环境的污染为最小。

(2)预防性。绿色制造是对产品生产过程进行综合预防污染的战略,强调以预防为主,通过污染物源削减和保证环境安全的回收利用,使废弃物最小化或消失于生产过程中。

(3)适合性。绿色制造必须结合企业产品的特点和工艺要求,使绿色制造目标符合区域生产经营发展的需要,又不损害生态环境,保持自然资源的潜力。

(4)经济性。通过绿色制造,可节省原材料和能源的消耗,降低废弃物处理处置费用,降低生产成本,增强市场竞争力。在国际上绿色产品已获得越来越广泛的市场,生产绿色产品或环境标志产品必然使企业在国际市场具有更大的竞争力。

(5)动态性。绿色制造从"末端治理"转向对产品及生产过程的连续控制,使污染物最少化,综合利用再生资源和能源、物料的循环利用技术,有效地防止污染再产生。当回收技术发生变革时,制造过程也会动态调整。

6.4.3 绿色制造前沿技术概述

绿色制造的主要研究内容有绿色制造工艺、绿色包装技术、绿色制造系统等。下面进行简要介绍。

1. 绿色制造工艺

绿色制造工艺是实现绿色制造的重要环节。绿色制造工艺是指在产品加工过程中,采用既能提高经济效益,又能降低对环境的负面影响的工艺技术。它要求在提高生产效率的同时,必须减少或消除废弃物的产生和有毒有害材料的用量,改善劳动条件,保护操作者的健康,并能生产出安全、可靠、对环境无害的产品。绿色工艺涉及诸多内容,如零件加工的绿色工艺、表面处理的绿色工艺、干式加工等。

绿色工艺要从技术入手,尽量研究和采用物料和能源消耗少、废弃物少、对环境污染小的工艺方案和工艺路线。如零件的绿色制造工艺主要包括加工工艺顺序、加工参数优化,绿色切削液、绿色润滑剂的使用,热处理、金属成形(铸造、熔炼)、表面喷漆中的绿色工艺以及环境影响评估。绿色制造工艺的开发策略如图 6-21 所示。

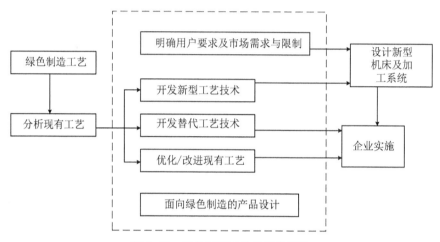

图 6-21 绿色制造工艺的开发策略

机械加工中的绿色制造工艺主要包括少屑或无屑加工、干式切削和干式磨削等。少屑或无屑加工是指利用精密铸造工艺,使工件一次成形,减少切削加工量;干式加工就是在加工过程中不用切削液的加工方法。近年来,在高速切削工艺发展的同时,工业发达国家的机械制造行业受到环境立法和降低制造成本的双重压力,正在利用现有刀具材料的优势探索干式切削加工工艺。下面简单介绍干式加工和绿色切削液。

(1) 干式加工。这种工艺方法在生产中有较长时间的应用,但仅局限于铸铁材料的加工。随着刀具材料、涂层技术等的发展,干式加工的研究和应用已成为加工领域的新热点。近年来,美国在制造业广泛采用了干式加工。在欧洲已有一半的企业采用了干切削加工技术,尤其在德国,应用更为广泛。

采用干式加工方法,逐步取消切削液,可以取得经济和环境两方面的效益。在经济方面,国外统计资料表明,使用切削液的费用约占制造总成本的 16%,而切削刀具消耗的费用仅占 3%～4%,采用干式加工方法,可节约费用 12% 左右;在环境方面,切削液,尤其是雾状切削液会对操作者的健康造成损害,同时还会产生废水,造成局部环境污染。

- 干式车削加工。干式车削加工的关键问题是选择适合干式车削的刀具(如涂层刀具、聚合金刚石等）、改进刀具几何形状和确定干式车削加工条件。在适宜的切削条件下，可延长刀具寿命，降低切削温度。如采用 GE 超硬磨料公司的聚晶立方氮化硼刀具进行旋风铣削加工丝杠螺纹，钢坯在精加工之前被淬硬，以硬旋风铣削取代软车削和精磨工序，明显提高了金属切除率，加工时间大大缩短。

● 干式滚切加工。采用干式滚切加工是实现滚齿加工绿色化的主要措施。实现干式滚切加工需解决的关键问题包括：提高滚切速度、提升排屑效率和研发高性能的高速滚刀等。如采用硬质合金或陶瓷刀具进行完全干式加工新型滚齿机，既可以缩短加工时间，又能够节约生产成本；滚削汽车变速箱中的普通齿轮，用硬质合金滚刀进行干滚削，与高速钢湿滚削相比，加工费用降低了 44％，加工时间缩短了 48％，且加工质量可与普通滚齿加工工艺相媲美，同时不影响随后进行的热处理和精加工。

● 干式磨削加工。磨削加工时，使用油基磨削液，在磨削过程中会产生油气烟雾，造成周围作业环境的恶化，同时磨削液后期处理既费时，成本又高。改善这种局面的方法就是采用干式磨削或新型磨削方式。采用 CBN 砂轮的强冷风磨削是一种不用磨削液的干式磨削工艺方法。其原理是通过热交换器，把压缩冷空气经喷嘴喷射到磨削点上，并使用空气干燥装置，保持磨削表面干燥。由于压缩空气温度很低，因此在磨削点上很少有火花出现，几乎没有热量产生，因而工件热变形极小，可得到很高的磨削精度。此外，通过设置在磨削点下方的真空泵吸入磨削产生的磨屑，所收集的磨屑纯度很高，几乎没有混入磨料和黏结剂颗粒，因此，磨屑熔化后的材料化学成分几乎没有变化，可直接回收使用。

（2）绿色切削液。切削液是金属切削和磨削加工中大量使用的辅助消耗原料，也是产生工业废水的主要来源之一。科学、合理、清洁地使用切削液，可以显著地提高切削效率，防止废水污染，减少切削液的使用成本，增加企业的经济效益和社会效益。在切削液的使用中，为了尽可能地延长切削液的使用寿命，降低废弃切削液的处理费用，应遵循以下基本原则：

● 做好切削液的使用过程记录。如刀具使用寿命，工件表面粗糙度情况，加工生产率，停机更换刀具、清理工件所耗时间，废弃切削液和回收切削液的数量等。

● 运用科学方法确定不同切削条件下的切削液配方，实现切削液配方标准化。

● 选择高质量的切削液或具有兼容特性的切削液，保证切削液固有的物理、化学特性。

● 在切削液的循环使用中，始终保持切削液浓度和 pH 的稳定。

● 采取有效防护措施，规范操作使用程序，防止切削液被工作环境或人为地污染。

● 建立切削液循环使用系统，及时清除切削液中的污染物和杂质。

● 避免过量使用切削液杀菌剂，以免缩短切削液的使用寿命，并可能产生二次污染。

● 无毒、无害化处理废弃切削液。

2. 绿色包装技术

产品包装是产品生产过程的最后环节。绿色包装是指采用对环境和人体无污染、可回收重用或可再生的包装材料及其制品进行包装。它是从环境保护的角度，优化产品包装方案，使得资源消耗和产生的废弃物最少。产品绿色包装的基本原则是"3R1D"原则，即：

● 减量化（reduce），减少包装材料消耗，包装应由"求新、求异"的消费理念转向简洁包装，这样既可以降低成本，减少废弃物的处置费用，又可以减少环境污染和减轻消费者负担。

● 重新使用（reuse），包装材料的再利用。应尽量选择可重新利用的包装材料，多次使用，减少资源消耗。

● 循环再生（recycle），包装材料的回收和循环使用。包装应尽可能选择可回收、无毒、无害的材料，如聚苯乙烯产品等。

● 可降解（degradable），应尽量选择易于降解的材料，如可回收材料等。

绿色包装技术研究的内容可以分为包装材料、包装结构和包装废弃物回收处理三个方面。

（1）包装材料。绿色包装材料的研制开发是绿色包装得以实现的关键。绿色包装材料主要包括以下几种：① 轻量化、薄型化、无氟化、高性能的包装材料。如采用新型的镁质材料可部分代替金属包装材料。② 重复再用和再生的材料。再生利用是解决固体废弃物的好办法，并且在部分国家已成为解决材料来源、缓解环境污染的有效途径，如瑞典等国家的聚酯 PET 饮料瓶和 PC 奶瓶的重复利用可达 20 次以上。③ 可食性包装材料。具有原料丰富齐全，可以食用，对人体无害甚至有利，并有一定强度等特点，在近几年获得了迅速的发展，广泛地应用于食品、药品的包装，其原料主要有淀粉、蛋白质、植物纤维和其他天然材料。④ 可降解包装材料。可降解材料是指在特定时间内造成性能损失的特定环境下，其化学结构发生变化的一种材料。发展可降解塑料包装材料，逐步淘汰不可降解包装材料，是目前世界范围内包装行业发展的必然趋势，是材料研究与开发的热点之一。可降解材料一般可分为生物降解材料、生物分裂材料、光降解材料和生物/光双降解材料。可降解材料可广泛用于食品、周转箱、杂货箱、工具及部分机电产品的外包装箱，它在寿命终结后，可通过土壤和水的微生物作用，或通过阳光中紫外线的作用，在自然环境中分裂降解和还原，最终以无毒的形式重新进入生态环境中，回归大自然。⑤ 利用自然资源开发的天然生物包装材料。如纸、木材、竹编材料、麻类制品、柳条、芦苇以及农作物茎秆、稻草、麦秸等，在自然环境中容易分解，不污染生态环境，而且可资源再生，成本较低。⑥ 大力发展纸包装。纸包装具有很多优点，如资源相对丰富，易回收，无污染。西方发达国家早就开始用纸包装来包装快餐、饮料等，并有取代塑料软包装之势。我国也在着手研制用纤维膜替代塑料膜作为农用薄膜，以避免对农田的污染。由于我国森林资源贫乏，因此发展纸包装要注意资源的替代利用，探索新的非木纸浆资源，用芦苇、竹子、甘蔗、棉秆、麦秸等代替木材造纸，并充分利用废弃材和加工剩余边材，以扩大原料来源。

（2）包装结构。在保证实现产品包装基本功能的基础上，从产品生命周期全过程考虑，应改革过度包装，发展适度包装，尽量减少使用包装材料，降低包装成本，节约包装材料资源，减少包装材料废弃物的产生量。

（3）包装废弃物回收。包装废弃物主要包括可直接重用的包装、可修复的包装、可再生的废弃物、可降解的废弃物、只能被填埋焚化处理的废弃物等。图 6-22 所示是包装废弃物回收处理的流程。

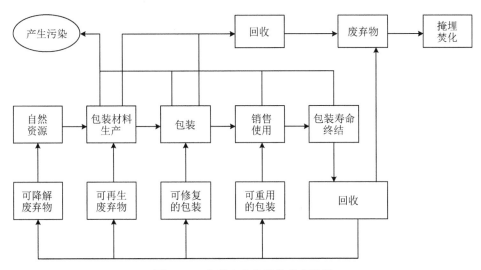

图 6-22　包装废弃物回收处理流程

3. 绿色制造系统

（1）绿色制造系统的体系结构。根据绿色制造的特点、可持续发展对制造业的要求以及有关文献，重庆大学等院校在国家自然科学基金资助项目中，提出了绿色制造系统的体系结构，如图 6-23 所示。可以看出：绿色制造系统的体系结构中包括两个层次的全过程控制、三项具体内容、两个实现目标和三条实现途径。

● 两个层次的全过程控制。两个层次的全过程控制，是指在具体的制造过程即物料转化过程和包括构思、设计、制造、装配、包装、运输、销售、服务、报废回收环节的产品生命周期全过程，充分考虑资源和环境问题，最大限度地优化利用资源和减少环境污染。

● 三项具体内容。绿色制造的内容包括三部分，即用绿色资源（绿色材料、绿色能源），经过绿色的生产过程（绿色设计、绿色生产技术、绿色生产设备、绿色包装、绿色管理等），生产出绿色产品。a. 绿色资源：绿色资源是指在产品生命周期全过程中尽量使用绿色原材料并且通过节约能源，使资源得到最大限度的利用。节约能源就是要求制造和使用较以前能显著地节省能量，能高效地利用能源，或者是以安全、可靠和取之不尽的能源为基础，如太阳能、风能、地热能、海洋能、氢能等。b. 绿色生产过程：绿色生产过程就是指将绿色产品的构思转化为最终产品的所有过程的综合。它以产品的物质转化过程为主线，同时融入保证物流畅通的管理手段，主要包括绿色设计、绿色生产技术、绿色生产设备、绿色包装、绿色营销、绿色管理等。c. 绿色产品：在生命周期全程中符合特定的环境保护要求，对人体无害，对环境无影响或影响极小；产品结构尽量简单而不影响功能，消耗原材料尽量少而不影响寿命；制造使用过程中消耗能源尽量少而不影响其效率；寿命终结时，零部件或能翻新、回收、重用，或能安全地处理掉。

● 两个实现目标。绿色制造的两个目标是资源优化和环境保护。即在产品设计和制造过程中，始终按照绿色制造的三项内容要求，设计产品及其制造系统和制造环境，对绿色制造的两个过程进行全过程最优控制，合理配置资源，最大限度地发挥制造系统的效用，利

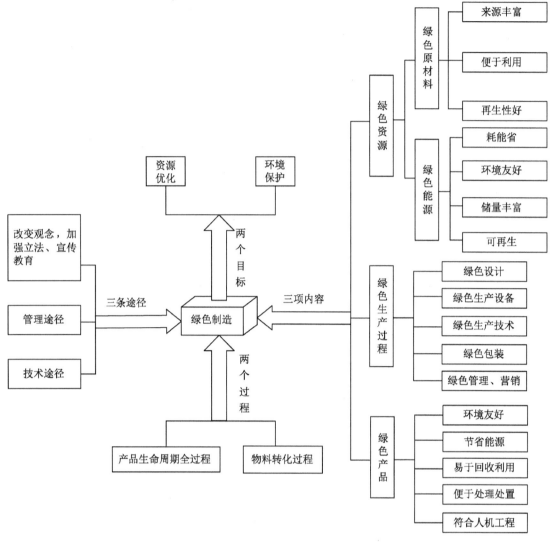

图 6-23 绿色制造系统的体系结构

用不同技术途径,最终实现资源优化和环境保护的绿色制造目标要求。

● 三条实现途径。实现绿色制造的途径有三条:一是改变观念,树立良好的环境保护意识,体现在具体行动上,可通过立法、宣传教育来实现;二是加强管理,利用市场机制和法律手段促进绿色技术、绿色产品的发展和延伸;三是针对具体产品,采取技术措施,即采用绿色设计和绿色制造工艺,建立产品绿色程度评价机制等,解决所出现的问题。

(2)绿色制造系统的评价系统。实施绿色制造是一个极其复杂的系统工程问题。制造系统中资源的消耗种类繁多,因而制造过程对环境的影响状况多样,程度不一,极其复杂。如何测算和评估这些状况,如何评估绿色制造实施的状况和程度,这是当前绿色制造研究和实施面临的急需解决的问题。也就是说,绿色制造需要一套评价体系。它应包括绿色制造系统的评价指标体系、绿色制造系统的评价标准及绿色制造系统的评价方法。图 6-24 为绿色制造系统的评价指标体系。

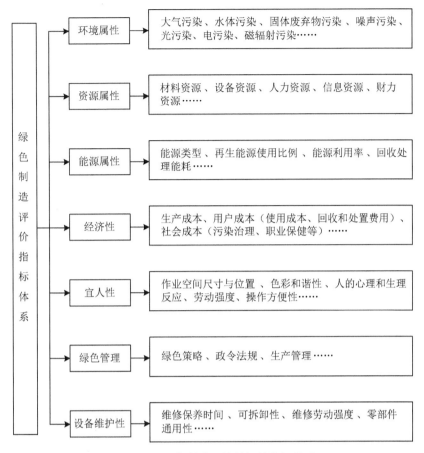

图6-24 绿色制造系统的评价指标体系

6.4.4 绿色制造的发展趋势

1. 全球化

全球化是指绿色制造的研究和应用将越来越体现全球化的特征和趋势,绿色制造的全球化特征体现在许多方面。① 制造业对环境的影响往往是全球化的,而绿色产品的市场竞争随着制造战略的升级也将是全球化的。② 国际环境管理标准——ISO14000 系列标准的陆续出台,为绿色制造的全球化研究和应用奠定了很好的基础,实施绿色制造已是大势所趋。③ 近年来,许多国家要求进口产品要进行绿色性认定,要有"绿色标志",特别是有些国家以保护本国环境为由,制定了极为苛刻的产品环境指标来限制外国产品进入本国市场,即设置"绿色贸易壁垒"。这就需要产品的绿色制造过程应具有全球化的特征。

2. 社会化

社会化是指绿色制造需要全社会的共同努力和参与。绿色制造涉及的社会支撑系统首先是立法和行政规定问题。当前,这方面的法律和行政规定对绿色制造行为还未能形成有力的支持,对相反行为的惩罚力度不够。立法问题现在已越来越受到各个国家的重视。

企业要真正有效地实施绿色制造,必须考虑产品寿命终结后的处理,这就可能导致企业、产品、用户三者之间的新型集成关系的形成。例如,有人就建议,需要回收处理的主要产品,如汽车、冰箱、空调、电视机等,用户只买了使用权,而企业拥有所有权,有责任进行产品报废后的回收处理。

无论是绿色制造涉及的立法和行政规定以及需要制定的经济政策,还是绿色制造所需要建立的企业、产品、用户三者之间新型的集成关系,均是十分复杂的问题,其中又包含大量的相关技术问题,均有待深入研究,以形成绿色制造所需要的社会支撑系统。这些也是绿色制造研究内容的重要组成部分。

3. 集成化

集成化是指绿色制造将更加注重系统技术和集成技术的研究。绿色制造涉及产品生命周期全过程,涉及企业生产经营活动的各个方面,因而是一个复杂的系统工程问题。因此要真正有效地实施绿色制造,必须从系统的角度和集成的角度考虑和研究绿色制造中的有关问题。当前,绿色制造的集成功能目标体系、产品和工艺设计与材料选择系统的集成、用户需求与产品使用的集成、绿色制造的问题领域集成、绿色制造系统中的信息集成、绿色制造的过程集成等集成技术的研究将成为绿色制造的重要研究内容。

绿色制造集成化的另一个方面是绿色制造的实施需要一个集成化的制造系统——绿色集成制造系统。该系统包括管理信息系统、绿色设计系统、绿色加工系统、质量保证系统、物料资源系统、环境影响评估系统等六个功能子系统,计算机通信网络系统和数据库/知识库系统等两个支撑子系统以及与外部的联系。绿色集成制造技术和绿色集成制造系统将可能成为今后绿色制造研究的热点。

4. 并行化

并行化是指绿色并行工程。绿色并行工程又称为绿色并行设计,它是一个系统方法,以集成的、并行的方式设计产品及其生命周期全过程,力求使产品开发人员在设计一开始就考虑到产品整个生命周期中从概念形成到产品报废处理的所有因素,包括质量、成本、进度计划、用户要求、环境影响、资源消耗状况等。绿色并行工程涉及一系列关键技术,包括绿色并行工程的协同组织模式、协同支撑平台、绿色设计的数据库和知识库、设计过程的评价技术和方法、绿色并行设计的决策支持系统等。

5. 智能化

智能化是指人工智能与智能制造技术将在绿色制造研究中发挥重要作用。绿色制造的决策目标体系是现有制造系统 TQCS(即产品上市时间 T、产品质量 Q、产品成本 C 和为用户提供的服务 S)目标体系与资源消耗 R(resource)和环境影响 E(environment)两大因素的集成。要解决这个多目标优化问题及以下几个方面的问题都需要人工智能知识与智能制造技术,如在制造过程中应用专家系统识别和量化产品设计、材料消耗和废弃物产生之间的关系;应用这些关系来比较产品的设计和制造对环境的影响等。

6. 产业化

产业化是指绿色制造的实施将导致一批新兴产业的形成。除了目前大家已注意到的废弃物回收处理的装备制造业和废弃物回收处理的服务产业外,另有两大类产业值得特别注意。① 绿色产品制造业。制造业不断研究、设计和开发各种绿色产品以取代传统的资源消耗和环境影响较大的产品,将使这方面的产业持续兴旺发展。② 实施绿色制造的软件产业。企业实施绿色制造,需要大量实施工具和软件产品,如绿色设计的支撑软件(计算机辅助绿色产品设计系统、绿色工艺规划系统、绿色制造的决策系统、产品生命周期评估系统、ISO14000 国际认证的支撑系统等),将会推动一类新兴软件产业的形成。

6.4.5　案例:面向绿色制造的金属干式切削技术

1. 背景及意义

金属切削加工过程中,工件材料被剪切去除,刀具与切屑、工件之间产生摩擦,工件材料的剪切变形以及刀具与切屑、工件之间的摩擦将会产生大量的切削热,造成很高的切削温度,引起刀具的磨损和失效,同时造成加工工件表面质量的恶化。解决这一问题的传统方法是使用切削液,切削液的作用主要有三点:第一是冷却作用,切削过程所消耗的功绝大部分转化成了切削热,切削液能够将热量从切削区迅速带走;第二是润滑作用,切削液能够渗透进入刀具与切屑、工件的摩擦界面的空隙内,并形成吸附性润滑膜,使刀具与切屑、工件的摩擦处于边界润滑状态;第三是清洗作用,切削液能够降低细小切屑及粉末的黏结作用,将切屑与粉末冲走。可见,切削液的合理使用可以改善金属切削过程的界面摩擦状况,降低切削力和切削温度,减少工件热变形,从而保证加工工件质量,提高刀具寿命和切削加工生产效率。

切削液在切削加工中起着重要作用,但同时也是制造业的一个主要污染源。切削液的排放和受热挥发会严重污染环境并影响加工操作者的身心健康,同时,切削液的处理和回收会使生产管理变得复杂,增加产品的制造成本。当今,在全球环保意识不断增强与环保立法日益严格的大趋势下,如何在利用资源生产出不断满足人们物质和文化需求的产品的同时,尽可能地减少对环境造成的污染已经成为制造业需要解决的重要问题。在这一形势下,低环境负荷、高资源效益的绿色制造已经成为制造业寻求发展的必然制造模式。干切削加工是绿色制造实施的具体体现,它消除了切削加工中因切削液大量使用而造成的负面影响,已经成为切削加工领域的一个研究热点。干切削加工并不是简单地停止使用切削液,而是在停止使用切削液的同时,保证高生产效率、高加工质量以及切削过程的可靠性,开发性能优良的干切削刀具以替代传统刀具切削中的切削液是实现干切削加工的关键。为此,众多研究学者在不断寻求开发新型刀具材料、研究刀具涂层技术以及研制自润滑刀具。

近年来,先进的表面润滑理论和新型的冷却技术在不断发展,这为新型干切削刀具的研发提供了重要的研究基础。将表面织构润滑技术和热管冷却技术同时引入刀具的设计,研发具备润滑和冷却复合功效的新型干切削刀具无疑是解决干切削加工问题的一个绝佳途径。这一具备润滑和冷却复合功效的干切削刀具能够弥补其他干切削刀具仅具备单一润滑或冷却功效的不足,能够从根本上满足干切削加工对刀具的要求。

东南大学机械工程学院的吴泽副教授针对目前干切削加工中刀具存在的问题,融合表面织构润滑技术、热管散热技术、干切削技术、摩擦磨损原理等多学科理论和技术,提出了具有微织构自润滑与振荡热管自冷却双重效用的干切削刀具的设计思路。该刀具既可改善干切削过程的摩擦状态,又可降低切削温度。为干切削刀具的设计提供了新的思路,为提高刀具性能开辟了新的途径,对丰富和发展干切削刀具的设计理论具有重要的学术价值,还将对节约能源、保护环境和实现绿色加工起到极大的推动作用,具有广阔的应用前景。

2. 微织构自润滑刀具的设计与制备

本案件提出了微织构自润滑刀具的设计概念,即:在刀具前刀面的刀-屑接触区加工微织构,并在微织构凹槽中填充固体润滑剂,在切削过程中微织构凹槽中的固体润滑剂受摩擦挤压作用拖覆在刀-屑接触界面形成固体润滑膜,实现刀具的自润滑。根据干切削加工的实际工况,提出了微织构自润滑刀具的设计原则和设计模型。

根据有限元的分析结果,确定了微织构自润滑刀具微织构的最佳结构参数:槽型为双椭圆结构,其外椭圆的长径为 0.8 mm、短径为 0.6 mm,微织构距切削刃的距离 L 为 150 μm,凹槽中心间距 H 为 150 μm,凹槽宽度 B 为 50 μm,槽深为 100 μm。通过分析刀具干切削时的摩擦特点和不同固体润滑剂的润滑特性,选择二硫化钼(MoS_2)作为微织构自润滑刀具填充的自润滑材料。最后,采用激光加工技术在硬质合金刀具前刀面加工微织构,制备了椭圆状织构、与切屑流动方向近似垂直的凹槽阵列织构、与切屑流动方向近似平行的凹槽阵列织构三种微织构自润滑刀具,如图 6-25 所示。

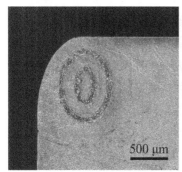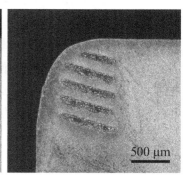

(a) 椭圆状　　　　　　　(b) 凹槽与切屑流向垂直平行　　　　(c) 凹槽与切屑流向平行

图 6-25　填充了固体润滑剂的刀具表面微织构形貌

3. 振荡热管自冷却刀具的设计与制备

为降低干式切削过程的热量,将振荡热管冷却技术应用到刀具散热上,提出了振荡热管自冷却刀具的设计概念,即:在刀具中嵌入振荡热管,切削过程中,振荡热管因具有优良的导热性能而能够加快切削区温度的导出,从而降低刀具的切削温度。

根据刀具切削的温度环境和刀片的结构尺寸,确定振荡热管自冷却刀具的振荡热管使用的工质为水,管壁材料为铜,管的外径和内径分别为 2 mm 和 1.2 mm,工质充液率为 60%。

根据设计结果,采用电火花加工技术制备了四弯道、六弯道和八弯道三种振荡热管自冷却刀具,如图6-26所示。

4. 双重效用的干切削刀具的切削性能

微织构润滑是实现刀具自润滑行之有效的方式,在刀具内嵌入振荡热管可以有效地强化刀具的散热,将微织构润滑技术和振荡热管自冷却技术结合应用在刀具上,可制备出具有自润滑与自冷却双重效用的干切削刀具。通过切削试验研究了具有微织构自润滑与振荡热管自冷却双重效用的干切削刀具的切削性能。

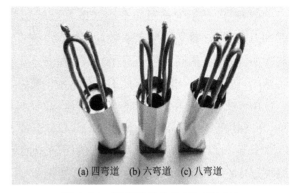

(a) 四弯道 (b) 六弯道 (c) 八弯道

图 6-26 振荡热管自冷却刀具形貌

车削试验在 CA6140 型普通车床上进行。试验使用的刀具共四种:传统硬质合金刀具、前刀面加工成椭圆状微织构并填充润滑剂的微织构自润滑刀具、嵌入八弯道振荡热管的振荡热管自冷却刀具、前刀面加工成椭圆状微织构并填充润滑剂同时嵌入八弯道振荡热管的具有微织构自润滑与振荡热管自冷却双重效用的干切削刀具,这四种刀具分别依次命名为 CT、SLT、SCT、SLCT。

试验的切削参数:进给量 $f = 0.3$ mm/r,切削深度 $a_p = 0.5$ mm,切削速度 $v = 60 \sim 180$ m/min。刀具切削几何角度:前角 $\gamma_o = -5°$,后角 $\alpha_o = 5°$,主偏角 $\kappa_r = 45°$,刃倾角 $\lambda_s = 0°$,刀尖圆弧半径 $r_\varepsilon = 0.5$ mm。工件材料:Ti6Al4V 棒料,硬度为 35 HRC,长度为 500 mm,直径为 80 mm。试验采用 Kistler 9265A 型测力仪进行三向切削力的测量,采用 TH5104 型红外热像仪测量切削温度,采用时代 TR200 型手持式粗糙度仪测量工件的已加工表面粗糙度。

图 6-27 所示为四种刀具切削 Ti6Al4V 过程中三向切削力随切削速度的变化曲线。切削过程中,SCT 刀具的三向切削力与 CT 刀具的三向切削力无明显差别;相同切削条件下,SLT 和 SLCT 刀具的三向切削力明显要低于 CT 刀具的三向切削力,SLT 和 SLCT 两种刀具相比 CT 刀具能够降低轴向力 F_x、径向力 F_y 和主切削力 F_z 分别达 $10\% \sim 20\%$、$15\% \sim 25\%$ 和 $10\% \sim 15\%$。

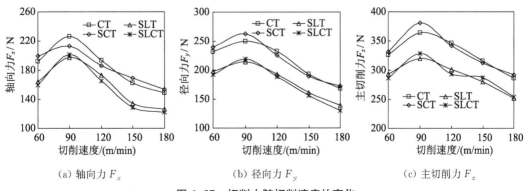

(a) 轴向力 F_x (b) 径向力 F_y (c) 主切削力 F_z

图 6-27 切削力随切削速度的变化

图 6-28 所示为前刀面平均摩擦系数随切削速度的变化情况。随着切削速度的增加，四种刀具的刀-屑平均摩擦系数均缓慢减小；SCT 刀具的刀-屑平均摩擦系数与 CT 刀具相比无明显差异；相同切削条件下，SLT 和 SLCT 刀具的刀-屑平均摩擦系数相比 CT 刀具显著减小，两种刀具均能够降低刀-屑平均摩擦系数达 5%～20%。

图 6-29 所示为使用四种刀具切削 Ti6Al4V 时切削温度随切削速度的变化趋势。可见，相同切削条件下，SLT、SCT 和 SLCT 三种刀具相比 CT 刀具均能够降低切削温度，且 CT、SLT、SCT 和 SLCT 四种刀具的切削温度依次降低，SLT 刀具相比 CT 刀具降低切削温度达 5%～10%，SCT 刀具降低切削温度达 10%～15%，SLCT 刀具降低切削温度达 15%～20%。

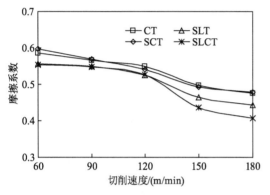

图 6-28　前刀面平均摩擦系数随切削速度的变化

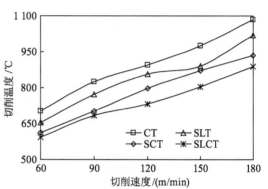

图 6-29　切削温度随切削速度的变化

图 6-30 所示为在 $v = 90$ m/min、$f = 0.3$ mm/r、$a_p = 0.5$ mm 的切削条件下 CT 和 SLCT 两种刀具切削钛合金时的后刀面最大磨损量随切削时间的变化曲线。可见，随着切削的进行，刀具的后刀面磨损量不断增加；在磨损初期，两种刀具的后刀面磨损量差异不大，当后刀面最大磨损量达到 0.4 mm 之后，可以很明显地观察到 SLCT 刀具的磨损相比 CT 刀具较缓慢的趋势。

由研究可知，SLT 刀具和 SLCT 刀具相比 CT 刀具能够有效降低三向切削力，减小

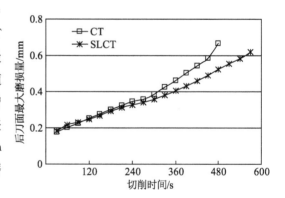

图 6-30　后刀面磨损量随切削时间的变化

刀-屑平均摩擦系数，增加切屑卷曲并减小切屑剪切变形；SLT、SCT 和 SLCT 三种刀具相比 CT 刀具均能够降低切削温度，相同切削条件下，SLCT 刀具的切削温度最低；SLT、SCT 和 SLCT 三种刀具相比 CT 刀具均能够减轻刀具的磨损，其中以 SLCT 刀具的磨损最为轻微。可见，结合表面微织构润滑技术与振荡热管冷却技术，制备的具有自润滑与自冷却双重效用的干切削刀具，有效地改善了干式切削刀具性能。

思考与练习

1. 简述敏捷制造、柔性制造与智能制造概念的异同。

2. 人机共融制造适用于哪些制造场景？

3. 人机协作场景中主要的交互手段有哪些？

4. 绿色制造理念中对制造回收材料是如何分类处理的？

5. 未来哪些制造模式将会消失？

参考文献

［1］潘登,曾德标,李国华,等.飞机系统件柔性敏捷制造单元构建方法［J］.航空制造技术,2020,63(21)：92-97.

［2］朱文海,张维刚,倪阳咏,等.从计算机集成制造到"工业4.0"［J］.现代制造工程,2018(1)：151-159.

［3］刘庭煜,翁陈滔,蒋群艳,等.基于计算机视觉的车间生产行为智能管控及其应用［J］.人工智能,2023(1)：36-44.

［4］李敏,王璟,颜健.绿色制造体系创建及评价指南［M］.北京：电子工业出版社,2018.

［5］曹华军,邱城,曾丹.绿色制造基础理论与共性技术［M］.北京：机械工业出版社,2022.

［6］刘敏,鄢锋.人机物共融制造模式与应用［M］.北京：化学工业出版社,2023.

［7］李培根,张洁.敏捷化智能制造系统的重构与控制［M］.北京：机械工业出版社,2003.

［8］陈雯柏,李邓化,何斌.敏捷制造的理论、技术与实践［M］.上海：上海交通大学出版社,2000.

第七章

智能制造发展前沿

7.1 概述

人类对工具的追求淋漓尽致地表现在对自动化的追求上。以纺织技术的演进为例,从纺坠、纺车、水力大纺车逐步进化到珍妮织机,而后的无锭纺纱、无梭织布、无纺织布等皆是对纺织自动化技术无止境的追求。人们总是希望其使用的工具尽可能少甚至没有人工干预,这样的工具就是自动化的机器或装置。长期以来,有形的自动化机器或装置的主要作用就是替代人的体力,如何开发一种系统来替代人的脑力,从而减少制造过程中人的脑力活动呢? 智能制造正是在这一需求下产生的。

国务院在 2017 年发布了《新一代人工智能发展规划》,其中指出:"人工智能成为经济发展的新引擎。人工智能作为新一轮产业变革的核心驱动力,将进一步释放历次科技革命和产业变革积蓄的巨大能量,并创造新的强大引擎,重构生产、分配、交换、消费等经济活动各环节,形成从宏观到微观各领域的智能化新需求,催生新技术、新产品、新产业、新业态、新模式,引发经济结构重大变革,深刻改变人类生产生活方式和思维模式,实现社会生产力的整体跃升。"人工智能的发展终将为制造业注入活力,智能化工厂将不只是人们的欲求和梦想。随着人工智能科技的发展,未来制造的模式还会发生根本性变革。

7.1.1 智能制造的内涵

1. 智能制造的概念

一般认为,最早提出智能制造概念的当数美国纽约大学的怀特教授(P. K. Wright)和卡内基梅隆大学的布恩教授(D. A. Bourne),他们在 1988 年出版了《制造智能》(*Manufacturing Intelligence*)一书。书中阐述了若干制造智能技术,如集成知识工程、制造软件系统、机器人视觉、机器控制,对技工的技能和专家知识进行建模,使智能机器人在没有人工干预的情况下进行小批量生产等。库夏克(Andrew Kusiak)于 1990 年出版了《智能制造系统》(*Intelligent Manufacturing System*)一书。主要内容包括: 柔性制造系统,基于知识的系统,机器学习,零件和机构设计,工艺设计,基于知识系统的设备选择、机床布局、生产调度等相关概念。库夏克还在 20 世纪 90 年代初期创刊《智能制造杂志》(*Journal of Intelligent Manufacturing*)。早期关于智能制造的著述多见于智能技术在制造中的局部问题的应用。如加拿大学者董佐民教授编辑出版的 *Artificial Intelligence in Optimal Design and Manufacturing* 一书,主要介绍人工智能技术在设计和制造中的应用。

我国在《智能制造发展规划(2016—2020 年)》中就给出了智能制造概念:智能制造(Intelligent Manufacturing,IM)是基于新一代信息通信技术与先进制造技术深度融合,贯穿于设计、生产、管理、服务等制造活动的各个环节,具有自感知、自学习、自决策、自执行、自适应等功能的新型生产方式。可见,智能制造系统的目标就是要将人工智能融进制造过程的各个环节,通过模拟专家的智能活动,取代或延伸制造环境中人的部分脑力劳动。在制造过程中,系统能自动监视其运行状态,在受到外界或内部激励时,能够自动调整参数,自组织达到最优状态。

智能制造是制造技术、自动化技术、系统工程与人工智能等学科互相渗透、互相交织而形成的综合概念。与 IM 相近的还有另外一个概念,Smart Manufacturing(SM)近些年也广受关注。美国成立了一个智能制造领袖联盟,该联盟将 SM 定义为:通过高级智能系统的深度应用,实现新产品快速制造,产品需求的动态响应,生产和供应链网络的实时优化。一些学者认为 SM 是较智能制造(IM)更高级的发展阶段。早期的 IM 中用到的智能技术主要基于符号逻辑,处理结构化的、中心化的问题,如基于知识的系统;而 SM 则是建立在大数据技术以及相关的智能技术基础上,能够处理非结构化的、分布式的问题。本书的中文术语不再对 IM 和 SM 进行区别,只是认为它们均属于智能制造的不同阶段或不同层次。

直到今天,关于智能制造的概念仍然在发展中,学者和企业的专家们都在不断探索。如 2019 年 5 月于北京举行的第七届智能制造国际会议上,中国机械工程学会荣誉理事长周济院士介绍了新一代智能制造,提出面向新一代智能制造的人-信息-物理系统(HCPS)的新概念,即:智能制造系统是为了实现特定的价值创造目标,由相关的人、信息系统以及物理系统有机组成的综合智能系统。中国机械工程学会理事长李培根院士对智能制造定义如下:把机器智能融合于制造的各种活动中,以实现企业相应的目标。可见,对智能制造基本内涵的探索从未停止,其具体功能和技术要素也随着人类对制造过程的需求不断发展。

2. 制造中的机器智能

机器智能包括计算、感知、识别、存储、记忆、呈现、仿真、学习、推理等,既包括传统智能技术(如传感、基于知识的系统等),又包括新一代人工智能技术(如基于大数据的深度学习)。一般来说,人工智能分为计算智能、感知智能和认知智能三个阶段。第一阶段为计算智能,即快速计算和记忆存储能力。第二阶段为感知智能,即视觉、听觉、触觉等感知能力。第三阶段为认知智能,即能理解、会思考。认知智能是目前机器与人差距最大的领域,让机器学会推理和决策异常艰难。

虽然机器智能是人开发的,但很多单元智能(如计算、记忆等)的强度远超人的能力。将机器智能融合于各种制造活动,实现智能制造,通常有如下好处:

(1)智能机器的计算智能强于人类,在一些有固定数学优化模型、需要大量计算但无须进行知识推理的地方,比如设计结果的工程分析、高级计划排产、模式识别等,与人根据经验来判断相比,机器能更快地给出更优的方案。因此,智能优化技术有助于提高设计与生产效率、降低成本,并提高能源利用率。

(2)智能机器对制造工况的主动感知和自动控制能力强于人类。以数控加工过程为例,"机床/工件具"系统的振动、温度变化对产品质量有重要影响,需要自适应调整工艺参数,但人类显然难以及时感知和分析这些变化。因此,应用智能传感与控制技术,实现"感知—分析—决策—执行"的闭环控制,能显著提高制造质量。同样,一个企业的制造过程中,存在很多动态的、变化的环境,制造系统中的某些要素(设备、检测机构、物料输送和存储系统等)必须能动态地、自动地响应系统变化,这也依赖于制造系统的自主智能决策。

(3)制造企业拥有的产品全生命周期数据可能是海量的,工业互联网和大数据分析等技术的发展为企业带来更快的响应速度、更高的效率和更深远的洞察力。这是传统凭借人的经验和直觉判断的方法所无可比拟的。

总之,机器智能是人类智慧的凝结、延伸和扩展,总体上并未超越人类的智慧,但某些单元智能强度远超人的能力。企业的制造活动包括研发、设计、加工、装配、设备运维、采购、销售、财务等,融合并非意味着完全颠覆以前的制造方式,而是通过融入机器智能,进一步提高制造的效能。定义中指出了智能制造的目的是实现企业相应的目标。虽未指明具体目标,但读者容易明白,提高效率、降低成本、绿色等均隐含其中。

3. 智能制造系统

所谓智能制造系统,就是把机器智能融入包括人和资源形成的系统中,使制造活动能动态地适应需求和制造环境的变化,从而实现系统的优化目标。

除了智能制造中的关键词外,这里的关键词还有系统、人、资源、需求、环境变化、动态适应、优化目标。资源包括原材料、能源、设备、工具、数据等。需求可以是外部的(不仅考虑客户的,而且还应考虑社会的),也可以是企业内部的;环境包括设备工作环境、车间环境、市场环境等。此定义中,系统是一个相对的概念,如图7-1所示。即系统可以是一个加工单元或生产线,一个车间,一个企业,一个由企业及其供应商和客户组成的企业生态系统;动态适应意味着对环境变化(如温度变化、刀具磨损、市场波动等)能够实时响应。优化目标涉及企业运营的目标,如效率、成本、节能降耗等。

特别需要注意的是,上述定义隐含:智能制造系统并非要求机器智能完全取代人,即使未来高度智能化的制造系统也需要人机共生。智能制造(SM)不能仅仅着眼于增效降本的经济性指标,还应该能够持久地为社会创造新的价值。缺乏对人和社会问题的考虑可能会引发一些问题。不能把智

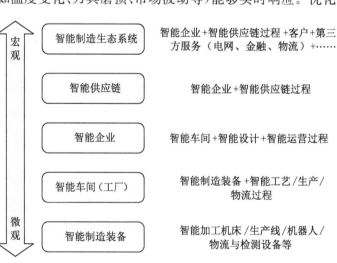

图7-1 智能制造系统的层次

能制造仅仅简单地视为信息技术(IT)中前沿技术的应用,它应该是面向人和社会可持续发展的、能够使经济持续增长的制造发动机。

综上所述,智能制造技术是指利用计算机模拟制造业人类专家的分析、判断、推理、构思和决策等智能活动,并将这些智能活动与智能机器有机地融合起来,将其贯穿应用于整个制造企业的各个子系统(经营决策、采购、产品设计、生产计划、制造装配、质量保证和市场销售等),以实现整个制造企业经营运作的高度柔性化和高度集成化,并形成一个社会信息物理生产系统(图 7-2),从而取代或延伸制造环境中人类专家的部分脑力劳动,对制造业人类专家的智能信息进行搜集、存储、完善、共享、继承与发展。智能制造系统基于智能制造技术,综合应用人工智能技术、信息技术、自动化技术、制造技术、并行工程、生命科学、现代管理技术和系统工程等理论与技术,在国际标准化和互换性的基础上,使得整个企业制造系统中的各个子系统分别智能化,并使制造系统成为网络集成的高度自动化的制造系统。

图 7-2　社会信息物理生产系统

7.1.2　智能制造针对的问题

制造技术的发展历经自动化到数字化、网络化进而到智能化。下面简单介绍一下从自动化制造技术到智能化制造技术不同阶段所面临的问题。

适合用自动化技术解决的问题基本是确定性的。所有的自动线、自动机器,其工艺流程因素是确定的,运动轨迹是确定的,控制对象的目标是确定的。当然,机器实际的运动可能存在误差,反映在制造物品的质量上也存在误差。也就是说,不确定性并非完全不存在。但就一个自动系统的设计考虑而言,系统的输入输出工作方式、路径、目标等都是确定的,只需要保证产生的误差在允许的范围内即可。

经典的自动化技术面对的基本是结构化的问题。能够用经典的控制理论描述的问题是结构化的,如自动调节问题、比例积分微分(PID)控制等。电子和计算机技术的发展加速了程序控制、逻辑控制在自动化系统中的应用,其针对的问题也是结构化的。在现代的控制系统中,某些场合人们使用的基于知识的系统,类似于 IF-THEN,本身就是一种结构,处理的问题还是结构化的。传统自动化技术处理的问题均有其固定的模式,像自动加工、流水生产、物料自动输送等。传统自动化技术针对的问题相对而言是局部的,很少有企业系统层面的问题,如供应链问题、客户关系、战略应对等。

让我们再观察和思考一下企业的现实问题。企业里存在大量的不确定性问题,譬如说,任何企业都必须关注的质量问题。对于一些预先就知道的、确定性的、可能引发质量缺陷的问题,可通过设置相应的工序及自动化手段去解决,这是传统自动化技术所能及的。有很多影响质量的随机因素,如温度、振动等,虽然预先知道这些因素将影响质量,但只是定性的概念,无法事前设定控制量。这就需要实时地监测制造过程中相关因素的变化,且根据变化施加相应的控制,如调节环境温度,或者自动补偿加工误差。这就是初步的智能控制。这类引发质量问题的随机因素虽然具有不确定性,但却是显性的,容易被人们所意识到。

更有一类不确定性因素是隐性的,是工程师和管理人员甚至难以意识到的。例如,一个先进的、复杂的发动机系统,影响其性能的关联及组合因素到底有多少?影响到何种程度?又如,某种新的工艺,可能存在的非显性影响工艺性能的参数有哪些?影响程度如何?对于工程师而言,这些可能是不确定的。其实,其中某些因素及其关联影响有确定性的一面,只是人们对其客观规律还缺乏认识,导致主观的不确定性。另外,还有一些原本确定的问题,因为未能数字化而导致人对其认识的不确定性。如企业中各种活动、过程的安排,本来就是确定性的,但因为涉及的人太多,且发生时间各异,若无特殊手段,于人的认识而言纷乱如麻。此亦即人的主观不确定性或认识不确定性。为何把主观不确定性也视为制造系统的不确定性?这是因为制造系统中本来就应该包括相关的人。

还有一类隐性的影响因素本身就是不确定的。例如,精密制造过程中原材料性能的细微不一致性、能源的不稳定性、突发环境因素(如突发的外部振动)等导致质量的不稳定,车间中人员岗位的临时改变而引发的质量问题,某一时期某些员工因特别的社会重大活动(如足球世界杯)致作息时间改变引发的质量问题。目前,人们对此类问题只有抽象、定性的认识,很难根据具体影响程度进行相对精细的应对。对诸如此类的问题,经典的自动控制技术自然被束之高阁,即使带有一定智能特征的现代控制技术也无能为力。

企业中有大量的问题是非结构化的。当人们想尽可能提升质量时,发现影响质量问题因素的构建就是困难的。重大公共卫生安全发生后,对企业的具体影响程度,很难有定量的分析,更何况应对。这些都是因为环境及问题本身就是非结构化的。企业中有大量的信息并非常规的数值数据或存储在数据库中的可用二维表结构进行逻辑表达的结构化数据,如图像、声音、超媒体等信息,此即非结构化数据。这些非结构化数据都是企业有用的信息,如研发人员的报告、收集的外部资料(文本、图像等),传统的自动化技术不能有效利用这些信息。

那么,如何利用非结构化的数据从而做出正确的判断和决策?这就是制造过程中需要智能化技术解决的问题。

例如在图7-3所示的制造过程中,很多问题具有非固定模式。如今很多企业为了更好地满足客户需求,实施个性化定制。不同类型的企业实施个性化定制的方式肯定不一样。即使对同一个企业而言,对不同的产品、不同类型的客户,可能也需要不同的模式。数据的收集、处理,数据驱动个性化设计和生产的方式都不尽相同。又如工厂或车间的节能,不同类型的企业节能的途径可能不一样。即使是生产同类产品的企业,其设备不一样,地区环境不一样,厂房结构不一样,都会导致节能模式的不同。从事传统自动控制的技术工作者自然不会问津这类非固定模式的问题。制造是一个大系统,其中有很多分系统、子系统,有各种各样的活动(如设计、加工、装配等)、资源(如原材料、工具、零部件、设备、人力等)、供应商、客户等。大系统中如此多的因素,相互关联和影响吗?凭想象和感觉,应该是相互影响的。对大系统的整体效能的具体影响程度如何?高级管理人员和工程师们却未必清楚。即使是一个设备系统,其部件、子系统、运行参数、环境等诸多要素之间的相互影响,同样人们只能定性地知道某些影响,难以全部清晰地认识其影响程度。

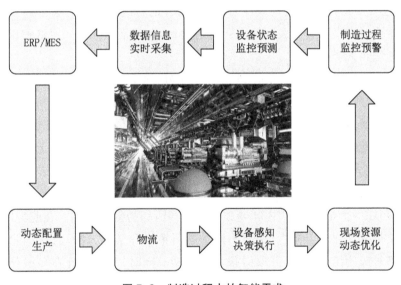

图7-3 制造过程中的智能需求

但是,人类从来不会停止寻找"超自然存在"工具的步伐。基于更清晰认识乃至更精细地控制和驾驭系统中的不确定性、非结构化、非固定模式等问题的欲求,人类终于创造出合适的工具,即物联网、大数据分析、新一代人工智能等。正是有了这些工具和手段,以上这些不确定性等问题就不会再继续困扰我们,制造领域也不例外。至此,我们可以更深刻地理解智能制造针对的问题。

因此,智能制造的本质和真谛是利用物联网、大数据、人工智能等先进技术认识制造系统的整体联系,并控制和驾驭系统中的不确定性、非结构化和非固定模式问题以实现更高的目标。

7.1.3 智能制造的支撑技术

支撑技术能保障制造系统高效稳定地运行。智能制造的主要支撑技术包括机器学习、工业互联网、5G 技术、数据库技术、信息安全技术等。

1. 机器学习

机器学习不是某种具体的算法,而是很多算法的统称。

机器学习实际上已经存在了几十年或者也可以认为存在了几个世纪。追溯到 17 世纪,贝叶斯、拉普拉斯关于最小二乘法的推导和马尔可夫链,这些构成了机器学习广泛使用的工具和基础。从 1950 年(图灵提出机器智能概念)到 21 世纪初(有深度学习的实际应用以及最近的进展,比如阿尔法狗在围棋比赛中战胜人类冠军),不同时期的研究途径和目标并不相同,可以划分为四个阶段。

第一阶段从 20 世纪 50 年代中叶到 60 年代中叶,这个时期主要研究"有无知识的学习"。这类方法主要研究系统的执行能力。这个时期主要通过对机器的环境及其相应性能参数的改变来检测系统所反馈的数据,就好比给系统一个程序,通过改变它们的自由空间作用,系统将会受到程序的影响而改变自身的组织,最后这个系统将会选择一个最优的环境生存。在这个时期最具有代表性的研究就是 Samuet 的下棋程序。但这种机器学习的方法还远远不能满足人类的需要。

第二阶段从 20 世纪 60 年代中叶到 70 年代中叶,这个时期主要研究将各个领域的知识植入系统里,在本阶段的目的是利用机器模拟人类学习的过程。同时还利用图结构及其逻辑结构方面的知识进行系统描述。在这一研究阶段,主要是用各种符号表示机器语言,研究人员在进行实验时意识到学习是一个长期的过程,从这种系统环境中无法学到更加深入的知识,因此研究人员将各专家学者的知识加入系统里,实践证明这种方法取得了一定的成效。在这一阶段具有代表性的工作为 Hayes-Roth 和 Winson 的结构学习系统方法。

第三阶段从 20 世纪 70 年代中叶到 80 年代中叶,称为复兴时期。在此期间,人们从学习单个概念扩展到学习多个概念,探索不同的学习策略和学习方法,且在本阶段已开始把学习系统与各种应用结合起来,并取得很大的成功。同时,专家系统在知识获取方面的需求也极大地刺激了机器学习的研究和发展。在出现第一个专家学习系统之后,示例归纳学习系统成为研究的主流,自动知识获取成为机器学习应用的研究目标。1980 年,卡内基梅隆大学召开的第一届机器学习国际研讨会,标志着机器学习研究已在全世界兴起。此后,机器学习开始得到了大量的应用。1984 年,西蒙等 20 多位人工智能专家共同撰文编写的 *Machine Learning* 文集第二卷出版,国际性杂志 *Machine Learning* 创刊,更加显示出机器学习突飞猛进的发展趋势。

第四阶段从 20 世纪 80 年代中叶至今,是机器学习的快速发展阶段。这个时期的机器学习具有如下特点:① 机器学习已成为新的学科,它综合应用了心理学、生物学、神经生理学、数学、自动化和计算机科学等形成了机器学习理论基础;② 融合了各种学习方法,且形式多样的集成学习系统研究正在兴起;③ 机器学习与人工智能各种基础问题的统一性观点正在形成;④ 各种学习方法的应用范围不断扩大,部分应用研究成果已转化为产品;⑤ 与机器学习有关的学术活动空前活跃。这一阶段机器学习的基本方式是使用算法解析数据并从中学习,然后对真实世界中的事件做出决策和预测。与传统的为解决特定任务、硬编码的软件程序不同,机器学习用大量的数据来"训练",通过各种算法从数据中学习如何完成任务。

如今,随着大数据、云计算、互联网、物联网等信息技术的发展,泛在感知数据和图形处理器等计算平台推动以深度神经网络为代表的人工智能技术飞速发展,大幅跨越了科学与应用之间的"技术鸿沟",诸如图像分类、语音识别、知识问答、人机对弈、无人驾驶等人工智能技术实现了从"不能用、不好用"到"可以用"的技术突破,迎来爆发式增长的新高潮。

机器学习根据训练方法的不同可分为三类:

(1) 监督式机器学习。监督式学习也称为监督式机器学习,使用标签化数据集训练算法,以准确分类数据或预测结果。输入数据进入模型后,该方法会调整权重,直到模型拟合。这是交叉验证过程的一部分,可确保模型避免过度拟合或不拟合。监督式学习有助于组织大规模解决各种现实问题,例如将垃圾邮件归类到收件箱中的单独文件夹中。监督式学习中使用的方法包括神经网络、朴素贝叶斯、线性回归、逻辑回归、随机森林、支持向量机等。

(2) 无监督机器学习。无监督学习也称为无监督机器学习,使用机器学习算法分析未标签化数据集并形成聚类,无须人工干预即可发现隐藏的模式或数据分组。此外,这种方法还能够发现信息的相似性和差异,是探索性数据分析、交叉销售策略、客户细分、图像和模式识别的理想解决方案。无监督学习的聚类算法包括 k-平均值聚类、概率聚类等,降维算法包括主要成分分析和奇异值分解等。

(3) 强化学习。强化学习的基本思想是智能体在与环境交互的过程中根据环境反馈得到的奖励不断调整自身的策略以实现最佳决策,主要用来解决决策优化类的问题。强化学习的各类算法根据不同的特征具有多种分类方式,如根据模型是否已知可以分为模型已知和模型未知两类;根据算法更新的方式可以分为单步更新和回合更新两类;根据动作选择方式可以分为以值为基础的强化学习方式和以策略为基础的强化学习方式;根据参数化方式的不同可以分为基于值函数的强化学习方法和基于直接策略搜索的强化学习方法等。

2. 工业互联网

工业互联网是链接工业全系统、全产业链、全价值链,支撑工业智能化发展的关键信息基础设施,是新一代信息技术与制造业深度融合所形成的新兴业态和应用模式,是互联网从消费领域向生产领域、从虚拟经济向实体经济延伸拓展的核心载体,是智能制造的重要支撑技术和系统。

工业互联网最早由美国通用电气公司于 2012 年提出,随后美国五家行业龙头企业(AT&T、思科、通用电气、IBM 和英特尔)联手组建了工业互联网联盟,对其进行推广和应用。工业互联网的核心是通过工业互联网平台把原料、设备、生产线、工厂、工程师、供应商、产品和客户等工业全要素紧密地连接和融合起来,实现跨设备、跨系统、跨企业、跨区域、跨行业的互联互通,从而提高整体效率。它可以帮助制造业拉长产业链,推动整个制造过程和服务体系的智能化;还有利于推动制造业融通发展,实现制造业和服务业之间的紧密交互和跨越发展,使工业经济各种要素和资源实现高效共享。

作为工业智能化发展的重要基础设施,工业互联网的本质就是使得工业能形成基于全面互联的数据驱动智能,在这个过程中,工业互联网能构建出面向工业智能化发展的三大优化闭环:

(1)面向机器设备/产线运行优化的闭环,核心是通过对设备/产线运行数据、生产环节数据的实时感知和边缘计算,实现机器设备/产线的动态优化调整,构建智能机器和柔性产线。

(2)面向生产运营优化的闭环,核心是通过对信息系统数据、制造执行系统数据、控制系统数据的集成融合处理和大数据建模分析,实现生产运营的动态优化调整,形成各种场景下的智能生产模式。

(3)面向企业协同、用户交互与产品服务优化的闭环,核心是通过对供应链数据、用户需求数据、产品服务数据的综合集成与分析,实现企业资源组织和商业活动的创新,形成网络化协同、个性化定制、服务化延伸等新模式。工业互联网对现代工业的生产系统和商业系统均产生了重大变革性影响。基于工业视角:工业互联网实现了工业体系的模式变革和各个层级的运行优化,如实时监测、精准控制、数据集成、运营优化、供应链协同、个性定制、需求匹配、服务增值等;基于互联网视角:工业互联网实现了营销、服务、设计环节的互联网新模式新业态带动生产组织和制造模式的智能化变革,如精准营销、个性化定制、智能服务、众包众创、协同设计、协同制造、柔性制造等。

3. 5G 技术

智能制造具有自我感知、自我预测、智能匹配和自主决策等功能。为实现这些功能,制造过程中的数据通信面临严峻挑战,包括设备高连接密度、低功耗,通信质量的高可靠性、超低延迟、高传输速率等。5G 作为一种先进通信技术,具有更低的延迟、更高的传输速率以及无处不在的连接等特点,可有效应对上述挑战。

5G 技术使得无线技术应用于现场设备实时控制、远程维护及操控,工业高清图像处理等工业应用新领域成为可能,同时也为未来柔性产线、柔性车间奠定了基础。由于具有媲美光纤的传输速率、万物互联的泛在连接特性和接近工业总线的实时控制能力,5G 技术正逐步向智能制造渗透,开启工业领域无线发展的未来。伴随智能制造的发展,5G 技术将广泛深入地应用于智能制造的各个领域。5G+智能制造的总体架构主要包括 4 个层面:数据层、网络层、平台层和应用层,如图 7-4 所示。

(1)数据层。数据层依托传感器、视频系统、嵌入式系统等组成的数据采集网络,对产品制造过程的各种数据信息进行实时采集,包括生产使用的设备状态、人员信息、车间工况、工艺信息、质量信息等,并利用 5G 通信技术将数据实时上传到云端平台,从而形成一套

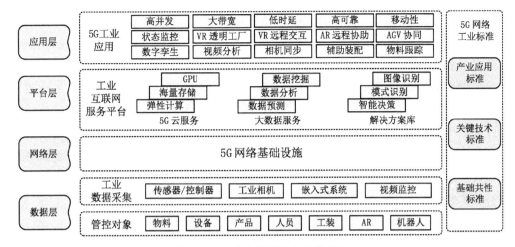

图 7-4 5G＋智能制造的总体架构

高效的数据实时采集系统。通过云计算、边缘计算等技术,对数据进行实时高效处理,从而获取数据分析结果,并通过数据层进行实时反馈。数据层实现了制造全流程数据的完备采集,为制造资源的优化提供了海量多源异构的数据,是实时分析、科学决策的起点,也是建设智能制造工业互联网平台的基础。

(2)网络层。网络层的作用是给平台层和应用层提供更好的通信服务。作为企业的网络资源,大规模连接、低时延通信的 5G 网络可以将工厂内海量的生产信息进行互联,提升生产数据采集的及时性,为生产优化、能耗管理、订单跟踪等提供网络支撑。网络层采用的 5G 技术可以在极短的时间内完成信息上报,确保信息的及时性,从而确保生产管理者能够形成信息反馈,对生产环境进行精准调控,有效提高生产效率。网络层还可以实现远程生产设备全生命周期工作状态的实时监控,使生产设备的维护突破工厂边界,实现跨工厂、跨区域的远程故障诊断和维护。

(3)平台层。基于 5G 技术的平台层,为生产过程中的分析和决策提供智能化支持,是实现智能制造的重要核心之一。在平台层中主要包括以图形处理器(GPU)为代表的高性能计算设备,以边缘计算、云计算为代表的新一代计算技术,以及以云存储为代表的高性能存储平台。平台层通过关联分析、深度学习、智能决策、知识推理等人工智能方法,实现制造数据的挖掘、分析和预测,从而为智能制造的决策和调控提供依据。

(4)应用层。应用层主要承担 5G 背景下智能制造技术的转化和应用工作,包括各类典型产品、生产与行业的解决方案等。基于 5G 网络的大规模连接、大带宽、低时延、高可靠等优势,研发系列生产与行业应用,从而满足企业数字化和智能化的需求。应用场景包括状态监控、数字孪生、虚拟工厂、人机交互、人机协同、信息跟踪与追溯等。与此同时,随着 5G 技术的进一步深入发展,依托数据与用户需求,应用层还可以为用户提供精准化、个性化的定制应用,从而使得整个生产等更加贴合用户的实际需求。

4. 数据库技术

数据库是按照数据结构来组织、存储和管理数据的仓库,是一个长期存储在计算机内有组织、可共享、统一管理大量数据的集合。数据库将数据以一定方式存储在一起，用户可以通过接口对数据库中的数据进行新增、查询、更新、删除、共享等操作。在智能制造中，数据库技术是数据分析、处理的重要保障，也是智能制造的重要支撑系统之一。

在数据库的发展历史上，数据库先后经历了层次数据库、网状数据库和关系型数据库等各个阶段的发展。数据库技术在各个方面快速发展，特别是关系型数据库已经成为目前数据库产品中最重要的一员。自20世纪80年代以来，几乎所有的数据库厂商新出的数据库产品都支持关系型数据库，即使是一些非关系型数据库产品也几乎都有支持关系型数据库的接口。这主要是因为关系型数据库可以比较好地解决管理和存储关系型数据的问题。随着云计算的发展和大数据时代的到来，关系型数据库越来越无法满足制造业的需要，这主要是由于越来越多的半关系型和非关系型数据需要用数据库进行存储管理。与此同时，分布式技术等新技术的出现也对数据库技术提出了新的要求，于是越来越多的非关系型数据库受到制造业的关注。这类数据库与传统的关系型数据库在设计和数据结构上有很大的不同，它们更强调数据库数据的高并发读写和存储大数据，这类数据库一般被称为NoSQL(Not only SQL)数据库

关系型数据库是指采用关系模型来组织数据的数据库，以行和列的形式存储数据，以便于用户理解。关系型数据库这一系列的行和列被称为表，一组表组成了数据库。关系模型可以简单理解为二维表格模型，而一个关系型数据库就是由二维表及其之间的关系组成的一个数据组织。关系型数据库具有易理解、易操作、易维护的特点。在制造业中，它是构建管理信息系统、存储及处理关系数据不可缺少的核心技术，如企业资源计划(ERP)、管理信息系统(MIS)、企业资产管理系统(EAM)等均采用关系型数据库进行数据处理。

NoSQL数据库泛指非关系型数据库。随着大数据时代的到来，数据形式呈现出多样化特点，传统的关系型数据库出现了很多难以解决的问题，而NoSQL数据库的产生就是为了解决大规模数据集合和多重数据种类带来的挑战，尤其是大数据应用难题。与传统的关系型数据库相比，NoSQL数据库具有易扩展、高性能、高可用、高灵活的特点，适合追求速度和可扩展性、业务多变的应用场景，更适合处理生产过程中所产生的非结构化数据，如图片、文本等。

5. 信息安全技术

信息安全是目前包括制造业在内的各个行业所面临的重大挑战之一。新兴技术，尤其是大数据技术，在给制造业带来巨大效益的同时，也让企业面临着巨大的信息安全风险。一方面，工业控制系统的协议多采用明文形式，工业环境多采用通用操作系统且更新不及时，从业人员的网络安全意识不强，再加上工业数据的来源多样，具有不同的格式和标准，使工业控制系统存在诸多可以被利用的漏洞。另一方面，在工业应用环境中，对数据安全有着更高的要求，任何信息安全事件的发生都有可能威胁企业信息安全、工业生产运行安全甚至国家安全等。因此，良好的信息安全技术是企业长期安全稳定发展的重要基础和前提。

信息安全是跨多领域与学科的综合性问题，需要结合法律法规、行业特点、工业技术等

多维度进行研究。目前常用的信息安全技术体系可以分为信息接入安全、信息平台安全、信息应用安全等三个层次。其中,信息接入安全为工业现场数据的采集、传输、转换流程提供安全保障机制;信息平台安全为工业数据存储、计算提供安全保障基础;信息应用安全为上层应用的接入、数据访问等提供强力的安全管控。

（1）信息接入安全。信息接入安全必须保障工业边缘设备实时数据采集、远程状态监控、系统数据抽取等从外部系统获取工业数据过程的安全性。常常需要对数据进行匿名化、清洗、转换、传输以进入工业大数据平台。数据采集端支持采集模块的注册及安全认证机制,保障数据采集应用的合规性以及采集数据的准确性;边缘计算模块支持统一模块管理下发及签名校验机制,保障数据预处理应用的合法性和可靠性;数据传输通路支持通道加密,保障传输过程中的机密性和完整性。

（2）信息平台安全。信息平台安全是对工业数据资源的存储、访问、运算等功能的安全保障,包括平台存储安全、计算安全、平台管理安全以及平台软硬件基础设施安全。平台存储安全支持数据多备份设置与恢复机制,并采用数据访问控制机制防止数据的越权访问;计算安全支持计算发起方的身份认证和访问控制机制,确保只有合法的用户或应用程序才能发起数据处理请求;平台管理安全包括平台组件的安全配置、资源安全调度、补丁管理、安全审计等,确保整个平台组件及运行状态的安全可控,同时还应强化平台的数据隔离和访问控制机制,实现数据"可用不可见";平台软硬件基础设施安全包括基础网络安全、虚拟化安全等,从而保障整个数据平台的安全运行。

（3）信息应用安全。信息应用会对存储于工业大数据平台的海量数据进行查询分析、计算、导出等操作,因此在信息平台提供数据服务的同时,其安全风险也随之被暴露,攻击者可利用各类已知或未知漏洞发起攻击,达到破坏系统或者获取数据信息的目的,因此需要对数据应用安全进行严格管控。信息应用安全主要覆盖了以下几个方面:首先,支持应用访问签名机制,确保只有授权的应用才能提交数据访问请求,支持应用数据按需访问,避免数据访问范围的扩大化。其次,支持对应用和访问者行为的实时监控,实时拦截应用中包含的攻击行为,包括数据访问范围和频率、数据库语句合法性等。最后,建立完整的应用流程管理机制,包括应用的提交、执行、状态监控、结果审计等,确保每个应用的审批、控制与追责有效结合,避免高权限人员的恶意操纵或误操作行为。

7.2　大规模定制化智能制造

以客户为中心的定制化制造,是智能制造的一个显著性特征,已成为广大制造企业的核心理念。

7.2.1　以客户为中心的制造

商家都知道顾客的重要性,都会以自己的方式去争取顾客或客户,但通常并非顾客主义理念所致。在工业时代相对稳定的环境中,人们判断行业的结构和利润率(外部)、评估企业自身的资源和能力(内部),再将内外部因素进行结合,得出战略选择的空间。但这有两个重要的前提:行业的边界相对清晰,资源能力相对可靠。在今天的数字化环境下,这些前提都不成立了:物联网、云服务、大数据、移动设备等打破了许多行业的藩篱。例如,外卖公司做打车的业务,出租车公司做起外卖,两家公司为了争夺本地生活人口而相互渗透核心业务。同时,企业自身的资源和能力也变得越来越不"可靠"。一方面,资源和能力在不同企业之间的流动变得越来越频繁,依靠资源和能力在企业间的不可流动或难以复制来获得竞争优势的传统理论受到了极大挑战。例如,开源模式和共享经济的出现,代表了资源和能力从所有观到使用观的转变,又如 2014 年特斯拉免费开放了所有的知识产权,以推动清洁能源汽车的发展。另一方面,曾经的核心竞争力可能逐步成为路径依赖,阻碍企业的创新和发展,导致今天的优势被明天的趋势所取代。

技术的发展赋予了企业更先进的理解和服务顾客的手段。过去,企业必须通过昂贵的用户调研等方式去了解客户的需求,且由于种种偏差,结果未必令人满意。今天,企业和顾客之间的触点越来越丰富:用户论坛、社交网络、网页浏览记录、智能硬件交互等。这些触点留下了顾客的蛛丝马迹,帮助企业更好地把握客户的需求,提高产品的定制化水平。企业间的合作又可以进一步提升数据的可用性。例如,某出租车公司获得的行车记录不仅可以用于优化派单算法,还可以提供给保险公司,基于个人的驾驶习惯进行个性化的车险定制。最终,企业对顾客的洞察会越来越精准。

顾客主义的逻辑还不仅仅是了解和满足顾客已有的需求,能否创造和引领顾客潜在的需求?能给顾客带来想象吗?这个问题考察的是企业对顾客潜在需求的预见和影响能力。乔布斯似乎从来不在乎已知的消费者需求,他考虑的是消费者将来想要什么。《乔布斯传》最后一章中引用亨利·福特的话:"如果我最初问消费者他们想要什么,他们应该会告诉我,要一匹更快的马!"人们不知道想要什么,直到你把它摆在他们面前。当年,乔布斯决定做智能手机,有人提出是否要进行市场调查。乔布斯说不用,因为人们根本不知道有此需求。这说明洞察消费者需求的方式不止有一种,还可以依靠直觉和预判,也就是给顾客带来超乎想象、令人尖叫的产品和体验。这要求企业具有非同一般的远见、与顾客群体的深度共鸣以及对顾客巨大的影响力。这就是顾客主义的至高境界。

商业长期主义,顾名思义,是以公司的长期发展为其终极目标,绝不肯做出一些为短期的利益而牺牲长期发展机会的商业行为。长期主义也是一种价值观的表现。有人认为,亚马逊的成功密码是长期主义的胜利。应该讲,长期主义也是和以顾客为中心联系在一起的。亚马逊创始人贝索斯曾说:"以顾客为中心并不能保证你不受竞争影响。但如果从客户需求出发进行创新,你将能保持领先。"

值得注意的是:无论是顾客主义还是商业长期主义,数字化、网络化、智能化技术是奉行其理念的最好手段。基于这些技术,开发者可以想象顾客的潜在需求,最终创造需求,从而给顾客或客户带来惊喜。恰恰是这类技术的快速发展,客户自己往往很难意识到潜在的需求。一旦企业创造出需求,会迅速吸引大批客户。另外,要抓住客户,即使产品本身并不一定体现多少新技术(如某些形式上创新的产品,如服装),但新产品的开发过程需要新技术的支撑。如何收集、分析某些群体的相关信息(往往是非结构化的),做出正确的决策,需要数字化、网络化、智能化手段。总之,商业长期主义表现在产品上,无论是产品的内在功能还是形式,数字化、智能化等前沿技术的应用不可或缺。

以客户为中心的理念,既是企业赢得市场的需要,同时也是企业面向人和社会的表现。首先,应反映在产品开发上。现代产品开发的理念强调设计－制造－使用一体化考虑。在设计的早期阶段就要充分考虑制造和产品运行过程中的问题。不能说传统的产品开发方式中设计者完全没考虑,但其考虑建立在自己的以传统方式(书本、经验、调查研究等)获取的认知基础之上。传统的产品开发模式是串行的,即概念设计、设计(包括初步设计和详细设计)、生产、销售、产品运行和报废;现代产品开发模式是并行的,即设计者在其设计过程中可以及时充分地获取产品生命周期其他环节的现场数据和专家(人或智能工具)知识,其中最重要的是使用现场的数据和使用者(客户)的经验、需求和想法。要做到及时全面地获取相关信息,传统方式完全无能为力。因为获得现场数据需要传感、物联网;获得的数据需要大数据分析手段;专家给出的知识或信息可能是非结构化的数据,需要相应的智能分析手段;为了更好地呈现某些初步设计或想法,需要利用虚拟现实、增强现实和混合现实技术,同时也便于不同环节的专家之间的交流协同。

7.2.2　大规模个性化定制

早期的制造业是手工作坊式的。这种模式中,产品的设计者和制造者可能是同一人,即使是不同的人,因为工作场所在一起,所以可以随时交流。若需要其产品满足客户的某些特定要求,并非难事,因为手工作坊式具有足够的柔性。18世纪60年代,瓦特改进蒸汽机,手工工场开始向工厂发展。19世纪20年代,电力、电机和内燃机等技术相继出现,人们突然发现可以更大规模地生产更多的产品。20世纪初,亨利·福特和斯隆创立大批量生产方式。大批量生产方式的出现是一次真正的革命,这种方式分工更细,效率更高,成本自然更低。它创造需求,迅速地让全社会(包括很多普通人)受惠于工业的进步。当然,大批量生产方式因为柔性的欠缺而牺牲了个性化的需求。第二次世界大战后,高新技术,特别是电子技术的飞速发展,使大批量生产方式发展到极致。新技术的发展永远不会扼杀人类的欲望,因为人类是欲望的产物而不是需求的产物。随着先进制造、计算机、网络、人工智能等技术的发展,客户需求多样化和个性化的欲望催生了新的制造模式——大规模定制。早在1970年,美国未来学家阿尔文·托夫勒(Alvin Toffler)在 *Future Shock* 一书中提出了一种全新的生产方式的设想:以类似于标准化和大规模生产的成本和时间,提供客户特定需求的产品和服务。1987年,斯坦·戴维斯(Start Davis)在 *Future Perfect* 一书中首次将这种生产方式称为 Mass Customization,即大规模定制。1993年,B. 约瑟夫·派恩(B. Joseph Pine II)在《大规模定制:企业竞争的新前沿》一书中写道,大规模定制的核心是产品品种的多样化和定制化急剧增加,而不相应增加成本。

实际上,人们对产品功能的需求尽管有差别,但也有共性,大规模定制并非100%定制。

随着大数据、互联网平台等技术的发展,企业更容易与用户深度交互、广泛征集需求。在生产端,柔性自动化、智能调度排产、传感互联、大数据等技术的成熟应用,使企业在保持规模生产的同时针对客户个性化需求而进行敏捷柔性的生产。图 7-5 展示了大规模生产模式和个性化定制模式的区别。

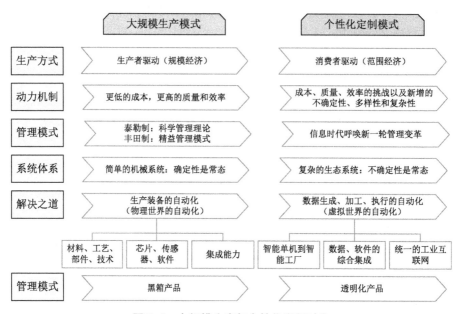

图 7-5　大规模生产与个性化定制对比

未来,个性化定制将成为常态,尤其是在消费类产品行业。当前,服装、家居、家电等领域已开启个性化定制。在时尚行业,早在《2015 中国时尚消费人群调查报告》显示,80 后、90 后人群中 90.3% 的人对定制消费感兴趣。在家具行业,定制家具制造业增长明显快于传统成品家具制造业。近 3 年,5 家成品家具上市公司的营收增速分别为 9%、8%、25%,而同期 8 家定制家具企业营收增速分别为 27%、26%、32%。未来随着互联网技术和制造技术的发展成熟,柔性大规模个性化生产线将逐步普及,按需生产、大规模个性化定制将成为常态。

某汽车公司已经实行汽车的定制化规模生产。客户可以根据自己的需求,从外观到内饰,从驾驶动态到舒适功能,通过网络选择自己喜欢的配置。工厂则根据客户的个人订单进行生产。毛衣和西服的定制化生产中,毛衣数控编织机与毛衣设计 CAD/CAM 系统集成之后,通过电子商务直接承接来自客户的定制要求并进行生产。这种模式可实现零库存,因而能大大降低运营成本、提高盈利水平。另外,某服装公司建立的个性化西服数据系统能满足超过百万亿种设计组合,个性化设计需求覆盖率达到了 99.9%,定制化车间内景如图 7-6 所示。客户自主决定工艺、价格、服务方式。用工业化的流程生产个性化产品,7 天便可交货。成本只比批量制造高 10%,但回报至少是 2 倍以上。目前,平均每分钟定制服装几十单,仅纽约市场每天定制产品已达 400 多套件。

要实施定制生产,需要整个企业大系统的协同,没有数字化、网络化技术的支撑也不可

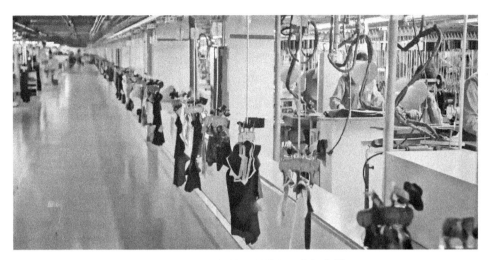

图 7-6　智能个性化服装定制车间内景

能做到。定制化制造系统主要由企业资源计划、供应链管理、先进规划排程系统、制造执行系统等系统及智能设备系统组成。每位员工都从互联网云端获取数据,按客户要求操作,确保来自全球订单的数据零时差、零失误率准确传递,通过数据和互联网技术实现客户个性化需求与规模化生产制造的无缝对接。可见,以客户为中心的大批量定制生产模式,为传统制造企业开辟了极为广阔的新的发展空间。

7.2.3　案例：大规模定制化生产低值耐用品

1. 背景与意义

随着"德国工业 4.0"和"中国制造 2025"的逐步推广实施,国际市场竞争越发激烈,传统制造行业正面临着巨大的机遇和挑战,迫切需要进行转型升级。然而劳动力成本的上升、产品附加值的偏低、个性化消费需求的增长,这三方面问题正制约着我国制造业的转型升级。大规模定制充分利用企业现有的各种资源,借助现代设计方法、成组技术、信息技术和先进制造技术等,根据客户的个性化需求,以大批量生产的规模,提供定制化的产品和服务。

在现代化机械制造中已经初步实现了大规模定制化服务,如汽车制造业,客户可以根据喜好设定汽车的颜色,轮毂的外形以及内饰的材质和颜色等。因汽车的价格较高,使用过程中具备彰显个性的条件。然而,在低值日常耐用品领域,如玩具、小家电等,因受商品价格、使用寿命、购买方式的制约,进行大规模定制还有一定难度。

得益于科技水平的日益提升,机器人智能化技术越来越完善,在经济社会的各领域及各产业中能看到机器人智能化技术的广泛应用。在这一背景下,一个新兴行业正在快速发展,即基于无人化生产线大规模定制低值耐用品。下面以南京英尼格玛工业自动化技术有限公司的大规模定制化跳舞机器人生产线为例,对这一模式下的智能制造生产过程进行详细介绍。

2. 产品与制造模式

跳舞机器人是一款桌面级 DIY 机器人玩具产品,属于低值耐用品,使用寿命为 $1\sim2$ 年。用户通过编程手段控制机器人运动,使其能够完成用户定制的一系列动作,实现跳舞的功能。该产品面向的用户群体主要是儿童,用户只需熟悉基础编程规则,就可以通过程序开发软件界面对机器人动作的组合和搭配进行编写,在游玩的过程中学习编程逻辑,从而激发程序控制的兴趣。跳舞机器人零部件及实际产品如图 7-7 所示。

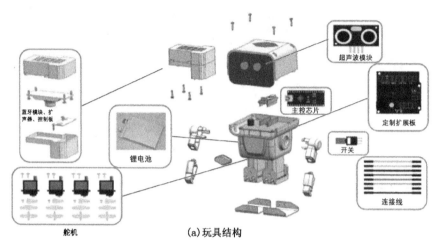

(a)玩具结构

(b)实际产品

图 7-7　跳舞机器人零部件介绍与实际产品

为进一步实现上述目标,迎合用户个性化需求,南京英尼格玛工业自动化技术有限公司设计并搭建了一套可无人化生产跳舞机器人的小型生产作业流水线。用户可通过定制化自助系统,根据喜好定制跳舞机器人的外观和功能。并且,还可以全程观看生产线上各环节制作细节,跟随商品的生产步骤,一览机器人从无到有的自动化制造过程,通过参观来学习自动化生产线高效、有序的生产知识。该自动作业流水线在无人玻璃房内进行,无须工人参与,完全由机械臂和传送带自动进行。该小型生产线可整体放置于城市商场或居民广场等场所,满足用户"所建即所见"的定制化需求。

3. 生产线工作流程

跳舞机器人自动化组装展示线包含钻孔、折弯、超声波焊接、自动锁钉、激光雕刻、传送、搬运、组装及包装等环节,同时配有来料料仓、无人搬运车(AGV)自动物流、交付料仓等基本模块,如图 7-8 所示,系统的实际现场工作如图 7-9 所示。详细介绍如下:

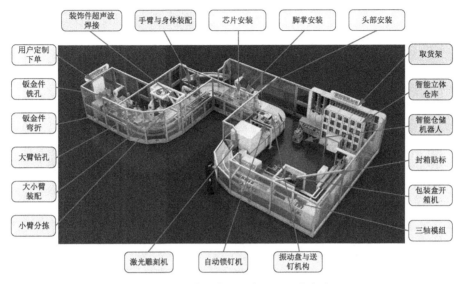

图 7-8　生产线布局及各工位工艺内容

（1）钣金件钻孔。采用六轴机械臂和微型钻孔机完成对钣金件的钻孔。微型钻孔机使用的定制化钻头,配有钻孔夹具、设备废料收集装置和防护装置,采用吹气的形式完成清理。机器人通过六轴上的抓手从托盘上抓取物料并放置在钻孔工装上,微型钻孔机通过传感器自动打孔,并清除打孔毛刺,保证孔周围无金属毛刺。微型钻孔机设备回到原位,通过PLC 系统将指令反馈至机器人,机器人接收到反馈指令后,按照轨迹抓取打孔完成零件,放置在运输线上转至下一工序。

（2）钣金件折弯加工。采用六轴机械臂和微型折弯机完成对钣金件的折弯加工。其中微型折弯机配有定制的折弯模具。机器人自动抓取运输线上的零件,放置在折弯模具上,微型折弯机下压,压制模具成形后,机床恢复至原位;机器人接收到西门子 PLC 反馈指令后自动抓取折弯后的产品,放置在运输线转至下一工序。

（3）机器人手臂装配。机械臂从储料托盘中取出未加工的大臂部分,并将其放至钻孔机加工平台上,钻孔机对大臂进行钻孔加工。采用防护装置用于防止废屑四处飞溅,加工的废料由特定收集装置进行收集。机械臂将大臂从钻孔机加工平台上取下,放入装配位置。蜘蛛手机器人通过视觉系统,从储料托盘中将乱序的玩具小臂按照规则重新摆放在储料托盘上。机械臂再将玩具小臂装配至加工好的大臂上,组装成手臂。

（4）装饰件焊接。采用六轴机械臂和超声波焊机在定制的焊接夹具上完成装饰件和玩具躯干的焊接。机械臂负责工件的抓取,机械臂和超声波焊机配合,将装饰件固定到玩具身体上。其中,装饰件的颜色和形状由用户定制选择。然后,机械臂将玩具身体从焊接夹具上取下,并放入流水线托盘中转至下一工序。

图 7-9　实际生产现场

（5）总装。机械臂将玩具放入组装夹具上固定，将手臂装配到身体上。系统控制抓手将用户定制的脚掌从储料托盘中取出并放入装配平台，机械臂将玩具身体部分与脚掌部分进行装配。最后，机械臂将用户定制的玩具头部（包括样式、颜色、蓝牙音箱等）与身体部分进行装配。

（6）螺钉固定。通过直线模组将流水线托盘内的玩具取下，并放置于锁螺钉机的工作平台上。自动完成锁螺钉机工作，将玩具头部的螺丝锁紧。其中，自动锁钉机的振动盘负责输送螺钉，锁钉机在专机的帮助下完成锁钉。工件的抓取依靠定制的钻机完成。直线模组再将已完成的产品放置在流水托盘上转至下一工序。

（7）激光雕刻。该工位由激光雕刻机和防护装置组成，激光雕刻机根据用户个性化定制的文字进行雕刻，将其展示在商品上。

（8）包装。该工位完成开箱、玩具放入、封箱和贴标的工作。开箱模块包含自动开箱机和直线模组，自动开箱机负责完成包装盒的开箱，直线模组负责将加工完成的玩具放入包装盒内，最后再进行自动封箱和贴标。

（9）物流。物流系统由总控系统和 AGV 小车组成。玩具零件按照颜色和部位的区别，分别放置于立体仓库的托盘上。当生产线物料不足时，总控系统指挥 AGV 小车取出缺少的物料送至相应的工位。最后玩具制作完成后,AGV 小车将玩具放入取货架上。

可见,本案例的流水线在跳舞机器人制造过程中融入个性化的制作元素,在不影响制造过程正常进行的情况下(不影响效率、工序、成本等),满足用户对于部分产品功能和外观的定制需求。同时,由于该生产线全部采用机械臂自动化进行,不需要人工参与,用户的个性化需求也自动记录在流水线中,由 PLC 控制各机械臂自动完成。最后,由于跳舞机器人是在用户观看的条件下生产出来的,因此提升了用户购买的乐趣。

综上,大规模定制化制造只是制造的一个模式。该模式与其他追求高精尖的制造技术不同,它是从市场的角度出发,针对用户对于个性化产品的需求而创造出来的,为的是更好地销售产品。实际上,绝大多数制造过程都是由市场驱动的。

7.3 虚实融合智能制造

7.3.1 CPS 与虚实融合

工业 4.0 的核心理念就是 CPS,即数字空间(也称为博空间、虚拟空间)与物理空间的深度融合。

2006 年,美国国家科学基金会举办了第一届 CPS 研讨会,会上第一次对 CPS 的内涵进行了阐述:CPS 是赛博空间(cyberspace)中的通信(communication)、计算(computation)和控制(control)与实体系统在所有尺度内的深度融合。CPS 的狭义内涵:实体系统里面的物理规律以信息的方式来表达;广义内涵:对实体系统内变化性、相关性和参考性规律的建模、预测、优化和管理。CPS 在可见的世界中包括物联网、普适计算和执行机构,它们定义了实体系统的功能性,是感知和决策的基础。不可见世界中的资源(resource)、关系(relationship)和参考(reference)构成了实体系统运行的基础,是 CPS 在赛博空间中的管理目标。CPS 中的通信、计算和控制是管理可见世界的技术手段,而建立面向实体空间内的比较性(comparison)、关系性(correlation)和目的关联性(consequence)的对称性管理是核心的分析手段。CPS 的最终目标是在赛博空间中实现对实体空间中 3V 的精确管理,即可视性(visualizability)、差异性(variation)和价值性(value)。

一般而言,可见空间中的实体包括两个世界:一是可见的实体,二是不可见的、体现实体内涵关系和规律的虚拟世界。如人作为一个实体是可见的,但又有不可见的一面,如他在微信空间中建立的关系世界以及他的内涵、特质等。产品也有实体和虚体两个世界,实体是可见的,但内含的某些关系、特质、物理规律往往是不可见的。因此,只有虚实融合,才能真实地反映一个实体。实体空间是构成真实世界的各类要素和活动个体,包括环境、设备、系统、集群、社区、人员活动等。而赛博空间是上述要素和个体的精确同步和建模,是实现 CPS 的镜像基础。赛博空间不只是对实体的几何描述而形成的几何空间,还包括反映实体的特质、内涵的物理规律以及实体的动态状况等所有信息的集合。

一个产品的设计数据、运行的动态数据、分析和优化后的衍生数据以及人为构建的数字孪生体等,均在赛博空间之中。需要特别注意的是:只有在数字空间(赛博空间)才能真正反映实体的内涵、特质、动态等。这也就是为什么 CPS 被认为是工业 4.0 以及智能制造的核心理念。那么数字空间(赛博空间、虚拟空间)的主要形式是什么?一切由数字系统形成的空间都可被认为是数字空间或虚拟空间,如大数据、物联网等形成的数字空间。

这里特别阐述与制造过程紧密相关的数字孪生、仿真和虚拟现实技术。

1. 数字孪生

当前,以物联网、大数据、人工智能等新技术为代表的数字浪潮席卷全球,物理世界和与之对应的数字世界正形成两大体系平行发展、相互作用。数字世界为了服务物理世界而存在,物理世界因为数字世界而变得高效有序。在这种背景下,数字孪生(又称为数字双胞胎、数字化双胞胎等)技术应运而生。数字孪生以数字化方式创建物理实体的虚拟模型,借助数据模拟物理实体在现实环境中的行为,通过虚实交互反馈、数据融合分析、决策迭代优化等手段,为物理实体增加或扩展新的能力。作为一种集成多学科的技术,数字孪生面向产品全生命周期过程,发挥连接物理世界和数字世界的桥梁和纽带作用,提供更加实时、高效、智能的服务。全球最具权威的 IT 研究与顾问咨询公司 Gartner 在 2019 年十大战略科技发展趋势中将数字孪生作为重要技术之一,其对数字孪生的描述为:数字孪生是现实世界实体或系统的数字化体现。

数字孪生的发展沿革如图 7-10 所示。最早的概念模型由迈克尔·格里夫斯(Michael Grieves)博士(现任美国佛罗里达理工学院先进制造首席科学家)2002 年 10 月在美国制造工程师协会管理论坛上提出。数字孪生最早出现在美国空军研究实验室(AFRL)2009 年提出的"机身数字孪生(airframe digital twin)"概念中。2010 年,美国国家航空航天局(NASA)在《建模、仿真、信息技术和处理》和《材料、结构、机械系统和制造》两份技术路线图中直接使用了"数字孪生"这一名称。2011 年,迈克尔·格里夫斯博士在其新书 *Virtually perfect: Driving Innovative and Lean Products through Product Lifecycle Management* 中引用了 NASA 先进材料和制造领域首席技术专家约翰·维克斯(John Vickers)所建议的数字孪生这一名词,作为其信息镜像模型的别名。2013 年,美国空军将数字孪生和数字线程作为"游戏规则改变者"列入其《全球科技愿景》。

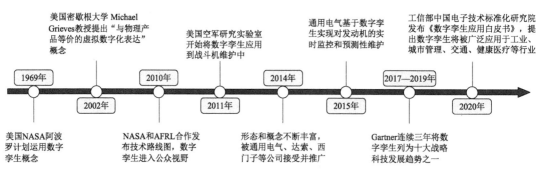

图 7-10　数字孪生技术发展沿革

关于数字孪生的定义有很多。北京航空航天大学的陶飞教授在 *Nature* 杂志的评述中认为,数字孪生作为实现虚实之间双向映射、动态交互、实时连接的关键途径,可将物理实体和系统的属性、结构、状态、性能、功能和行为映射到虚拟世界,形成高保真的动态多维、多尺度、多物理量模型,为观察物理世界、认识物理世界、理解物理世界、控制物理世界、改造物理世界提供了一种有效手段。CIMdata 推荐的定义是:"数字孪生(即数字克隆)是基于物理实体的系统描述,可以实现对跨越整个系统生命周期可信来源的数据、模型和信息进行创建、管理和应用。"此定义简单,但若没有真正理解其中的关键词(系统描述、生命周期、可信来源、模型),则可能产生误解。

近年来,数字孪生技术已经引起越来越多的学者和企业的关注,其基本的应用主要围绕产品。生产系统的数字孪生体于设备制造商而言也可认为是围绕产品的。数字孪生技术在产品的全生命周期都能发挥作用,其展现的虚拟空间与生产设备等形成的物理空间的融合正是智能制造的关键所在,技术架构如图 7-11 所示,相关技术一直在高速发展。

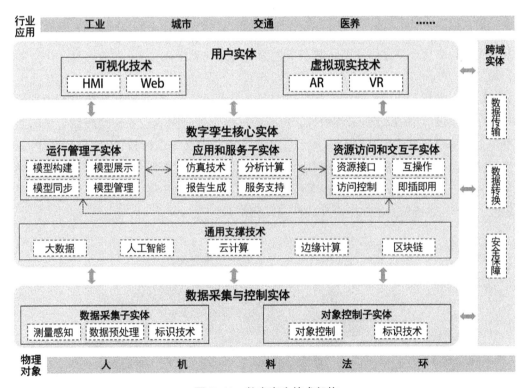

图 7-11 数字孪生技术架构

(1) 仿真。数字孪生技术相关工具的能力和成熟度都在不断提高。现在,人们可以设计复杂的假设仿真情景,从探测到的真实情况回溯,执行数百万次的仿真流程也不会使系统过载。而且,随着供应商数量的增加,选择范围也在持续扩大。同时,机器学习功能正在增强洞察的深度和使用性。

(2) 新的数据源。实时监控技术如激光探测及测距(LIDAR)系统与菲利尔(FLIR)前视红外热像仪产生的数据,现在已经可以整合到数字孪生体内。同样地,嵌入机器内部的或部署在整个供应链的物联网传感器,可以将运营数据直接输入仿真系统中,实现不间断的实时监控。

(3)互操作性。过去10年里,将数字技术与现实世界相结合的能力已经得到显著提高。这一改善主要得益于物联网传感器、操作技术之间工业通信标准的加强,以及供应商为集成多种平台所做的努力。

(4)可视化。创建数字孪生体所需的庞大数据量可能会使分析变得复杂,如何精准提取数据背后隐含的意义变得更具挑战性。先进的数据可视化可以通过实时过滤和提取信息来应对该挑战。最新的数据可视化工具除拥有将数据转化为图表、图形和可视化展示的基础看板功能之外,还包括交互式3D可视化、基于VR和AR的可视化、AI可视化等功能。

(5)仪器。无论是嵌入式的还是外置的物联网传感器都变得越来越小,并且精确度更高、成本更低、性能更强大。随着网络技术的发展和网络安全意识的提高,可以利用传统控制系统获得关于真实世界更细粒度、更及时、更准确的信息,以便与虚拟模型集成。

(6)平台。功能强大且价格低廉的计算能力、网络和存储的可用性都是数字孪生技术的关键促成要素。一些软件公司基于云平台在物联网和分析技术领域进行了巨额投资,其中部分投资正在用于简化行业特定数字孪生应用的开发工作。

2. 仿真

所谓仿真就是利用模型复现实际系统中发生的本质过程,并通过对系统模型的试验来研究存在的或设计中的系统,又称模拟。传统的过程仿真是制造企业校验产品质量的重要手段。企业的很多工作都可以在仿真工具的虚拟空间中预先进行模拟,如产品设计、工艺过程、装配等。例如,很多汽车企业利用ANSYS系统进行整车气动性能分析,从空气动力学角度分析汽车动力性、经济性和操纵稳定性,致力于降低空气阻力、改善气流升力和车身稳定性。图7-12所示为搭扣配合非线性有限元仿真。

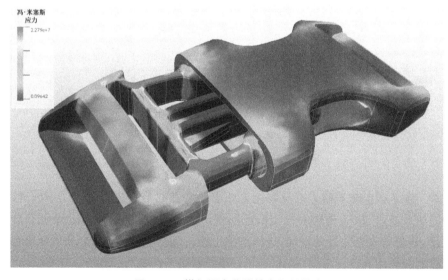

冯·米塞斯
应力
2.279e+7

0.09642

扫码看彩图

图 7-12 搭扣配合非线性有限元仿真

随着与云计算、大数据、物联网、人工智能等新技术新理念的融合,仿真进入了一个新的发展阶段,向着数字化、网络化、服务化、智能化方向发展,体系逐渐完备。从对象、架构及粒度等不同维度,仿真技术发展出很多种类和分支。如今,按被仿真对象的不同仿真技术可以分为:① 工程系统仿真,将实际工程的状态在模型中进行模拟,通过仿真技术确认工程系统的内在变量对被控对象的影响,如制造过程的仿真,目前仿真技术已被用于产品制造的整个生命周期。② 自然系统仿真,对自然场景进行真实模拟,由于部分自然场景具有不规则性、动态性和随机性,如气候变化仿真、自然灾害仿真,因此对自然场景的实时仿真具有重大的意义。③ 社会系统仿真,是对复杂社会系统的描述与研究方法,有助于决策层对系统运行状态的快速掌握以及对各种状况的及时处理,如人工社会、经济行为的仿真。④ 生命系统仿真,是以生命系统为研究对象,以生命的某种功能为划分系统的原则,以定量研究为特点的一种新兴学科,如数字人体。数字人体是指用信息化与数字化的方法研究和构建人体,即人体活动的信息被全部数字化之后,由计算机网络来管理的技术系统,用以了解整个人体系统所涉及的信息过程,并特别注重人体系统之间信息的联系与相互作用的规律。⑤ 军事系统仿真,包括战争模拟、作战演练、装备使用和维修培训等应用场景,能节约经费、提高效率、保护环境、减少伤亡。如通过仿真进行军事演习,可以极大地降低演习的消耗,并避免人员的伤亡。

按仿真粒度可以分为:① 单元级仿真,即面向单个部分或领域的仿真,如机械结构仿真、控制仿真、流体仿真、电磁仿真;② 系统级仿真,面向单一系统整体行为的仿真,如汽车、飞机等产品的全系统仿真;③ 体系级仿真,面向由多个独立系统组成的体系系统的仿真,关注体系中各部分之间的关系和体系的涌现行为,如城市交通仿真、体系对抗仿真。

按系统架构可以分为:① 集中式仿真,即运行于单台计算机或单个平台上的仿真系统,适合中小型的仿真系统,便于设计和管理;② 分布式仿真,即运行于多台计算机或多个平台上的仿真系统,常用于大规模体系级仿真。

数字孪生仿真是一种在线数字仿真技术,但仿真不一定是数字孪生。和仿真技术相比,数字孪生更强调物理系统和信息系统之间的虚实共融和实时交互,是贯穿全生命周期的高频次并不断循环迭代的仿真过程。因此仿真技术不再仅仅用于降低测试成本,通过打造数字孪生,仿真技术的应用将扩展到各个运营领域,甚至涵盖健康管理、远程诊断、智能维护、共享服务等应用。基于数字孪生可对物理对象通过模型进行分析、预测、诊断、训练等(即仿真),并将仿真结果反馈给物理对象,从而帮助对物理对象进行优化和决策。因此仿真技术是创建和运行数字孪生体、保证数字孪生体与对应物理实体实现有效闭环的核心技术。

3. 虚拟现实

虚拟现实(VR)乃至泛现实(XR)是典型的虚拟空间。虚拟现实就是通过各种技术在计算机中创建一个虚拟世界,用户可以沉浸其中。增强现实(AR)技术是指通过对摄影机影像的位置及角度精算,加以图像分析技术,让屏幕上的虚拟世界能够与现实世界场景进行结合、互动的技术。而混合现实技术,能结合真实和虚拟世界,创造新的环境,能让物理实体和数字对象共存,实时相互作用,从而将现实、增强现实、增强虚拟和虚拟现实混合在一起。

现在已有一些虚拟现实的开发工具。Gravity Sketch 平台开发了一款特定的智能面板来绘制 3D 模型,用户可以在触摸屏和 Wacom 手写板上绘制设计 3D 模型,然后通过 VR 虚拟现实设备,使用 VR 手柄在立体空间中进行模型设计。Gravity Sketch 甚至能将 VR 技术与 3D 打印结合,为用户带来一次全新的神奇体验。这个设计工具的直观性使设计师走进自己的创作世界。设计师们甚至可以进一步合作,实现想法的无缝沟通,进入共同创作的虚拟环境中。通过 Gravity Sketch 进行模型设计,可以带来极致的沉浸感。用户可以在 VR 的虚拟立体空间中尽兴地展现现象力。Gravity Sketch 整合了 3D 输出端口,用户可以将自己的设计成果通过 3D 打印机直接制作,从设计理念到制作成品,Gravity Sketch 让 3D 打印变得非常便捷。图 7-13 所示为设计者使用 Gravity Sketch 进行汽车外壳设计。

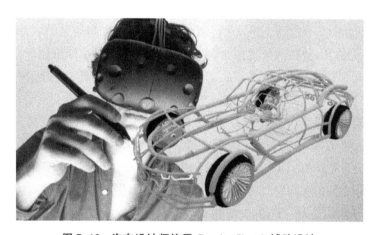

图 7-13　汽车设计师使用 Gravity Sketch 辅助设计

广义的虚实融合建立在 CPS 概念上,狭义的虚实融合建立在虚拟现实、增强现实、混合现实之上。当然,虚实融合也是 CPS 理念的具体表象之一。

7.3.2　虚实融合制造关键环节

几乎在产品的全生命周期都有相应的工作需要在数字空间(或虚拟空间)中完成或展示。本节仅从三个方面举例说明虚拟空间中产品的设计开发(三维建模、VR、仿真等),虚拟空间中对产品运行状态的检视,虚拟空间中产品运行系统场景。

1. 虚拟空间中产品的设计开发

在产品设计开发阶段所形成的数字模型,就是产品最初的数字孪生模型。数字孪生技术逐渐成为优化整个制造价值链和创新产品的重要工具。数字孪生功能最初是工程师工具箱里的一种选择工具,它可以简化设计流程,删除原型测试中的许多内容。通过使用 3D 仿真和人机界面,如 AR 和 VR,工程师可以确定产品的规格、制造方式和使用材料,以及如何根据相关政策、标准和法规进行设计评估。数字孪生可以帮助工程师在确定设计终稿之前,识别潜在的可制造性、质量和耐用性等问题。因此,传统的原型设计速度得以提升,可以更低成本、更有效地投入生产。

　　设计者想象的产品形态特别适宜在虚拟空间中展示。例如,VR 家装设计分别帮助家装设计师和家装公司解决其关心的家装设计作品呈现、客户引流和签单等问题。家装设计师需要让客户认可自己的设计才华;家装公司更看重 VR＋家装软件能否吸引更多业主前来咨询,以有效提升签单率。VR 家装设计除高效便捷展现真实的场景式整体家居效果外,还能对企业用户提供诸如人员管理、供应链管理以及沉浸式效果体验等方面的服务。VR 家装设计软件是类似 CAD、3ds Max 的室内设计软件,但不同的是,它不仅能做室内设计效果图,还能实现 VR 交互,实时渲染,让业主身临其境地体验室内装修的效果,如果不喜欢还可自主定制或一键更换。VR 家装设计直接让顾客看到虚拟空间中的场景,同时还可通过录视频、拍照等方式,将体验的"真实"场景带回家中与家人一起参考,实现社会化营销。因此,VR 家装设计可大大缩短销售周期,顾客感知装修效果后,可以加快顾客购买决策,让成交变得更简单。VR＋家装可以吸引有家装需求的业主,通过多产品、不同套系、不同主题的一键切换,业主可随时查看到"真实"的装修效果。

　　在产品的设计过程中,自然需要尽可能考虑产品运行中的某些特别状态,如汽车行驶中可能发生的碰撞。良好的设计也应该基于对特别状态尽可能准确地认识,为此需要在仿真的虚拟空间中模拟特别状态。在汽车被动安全性研究中,其安全评价的主要目的是确保乘员的生存空间、缓和冲击、防止火灾等。汽车碰撞是瞬态大变形非线性问题,碰撞过程极为复杂。图 7-14 所示为在 LS-DYNA 软件内进行的汽车碰撞仿真。它具备模拟汽车碰撞时结构破损和乘员安全性分析的全部功能,其内置安全带、传感器等单元,以及气囊和假人模型,可高效仿真汽车在发生碰撞或紧急制动时安全带系统和安全气囊系统对成员的保护情况,从而优化保险装置的设计,提高汽车的安全性能。

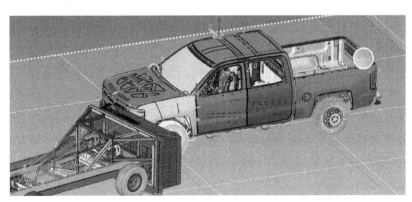

图 7-14　汽车碰撞仿真

　　在自动化或智能化生产单元的设计开发过程中,也需要建立其数字孪生体的虚拟空间,尤其是融合 VR 技术的数字孪生体。在虚拟空间中,设计者更容易获得直观体验,且便于交流。此外,还能进行某种仿真验证,图 7-15 是结合 VR 的数字孪生技术用于新型可自我重组的工作单元。

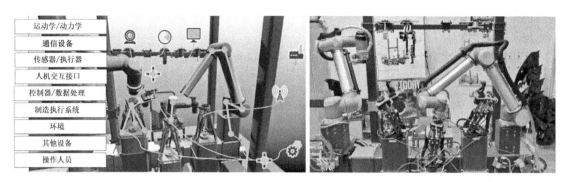

运动学/动力学
通信设备
传感器/执行器
人机交互接口
控制器/数据处理
制造执行系统
环境
其他设备
操作人员

图7-15　数字孪生技术用于新型可自我重组的工作单元

2. 虚拟空间中对产品运行状态的检视

很多情况下,产品在运行过程中的某些状态是不易为人所察觉的,尤其是在某种初始萌芽状态。数字空间的分析使人们有可能捕捉到萌芽中的异常状态。下面是一个轴承健康管理的案例。

轴承是一种很普通的产品,但在装备中的作用尤其重要。轴承的运行状态直接影响装备的性能,轴承的故障往往也是装备故障的主要原因之一。轴承运行状态的监控是轴承制造商、装备制造商乃至用户都非常关注的问题。此问题在可见的实体空间无能为力,必须通过虚实融合才能解决。美国辛辛那提大学智能维护系统(IMS)中心在十几年的研究和应用经验的基础上,开发了针对轴承健康管理的"Virtual Bearing"分析平台,并将其部署在AWS(Amazon Web Services)云计算平台上。此平台整合了面向轴承振动监测的信号处理与特征提取算法包,并根据IMS中心的研究经验配置了针对不同故障模式的特征选择经验库。在健康评估、故障模式识别和剩余寿命预测方面,IMS中心将常用的数十种机器学习算法模型进行模块化封装后在平台上进行了部署,支持可视化编程调用、快速验证及部署。他们所用的数据驱动的预测与健康管理(Prognostics and Health Management,PHM)方法正是通过对高维大数据的融合分析来建立健康状态模型。这些特征之间存在着一定的相关性,其变化情况也有若干种不同的组合,将这些组合背后所代表的意义用先进的机器学习和人工智能方法破解出来,即是进行数字建模和预测的过程。因此,利用数据驱动的PHM建模方法能够对温度、振动、声学、轨道动力学等不同监测手段所产生的信息进行融合分析,以提高故障预测和诊断的准确率。从分析的实施流程来说,数据驱动的智能分析系统采用的分析流程框架包括七个主要步骤:数据采集、特征提取、性能评估、性能预测、性能诊断、结果同步和可视化。

IMS中心还与施乐帕洛阿尔托研究中心(PARC)实验室合作,将深度学习神经网络运用在了轴承的故障特征选择及剩余寿命预测方面,与传统的机器学习和时间序列预测相比,可使精确度得到大幅提升。在应用方面,IMS中心的轴承健康预测技术已经被成功运用在风电、电机、机床、直升机等多个场景。

3. 虚拟空间中产品运行系统场景

有些产品的运行与产品所处的系统及其环境有关,如风电的风场。为了更好地优化其运行,需要对系统运行场景有更清楚的了解。此情此景,仅在实体空间中是无法实现的。下面是一个智慧风场的例子。

过去的 10 年中,中国的风电行业飞速发展。在计算风电的经济效益时,业界常用的两个指标是平均化能源成本(LCOE)和能效因数(energy factor),前者衡量的是每一度电的成本,后者则是通过实际发电量与最大发电量之间的百分比来衡量能源效率。因此,在对风机进行智能管理和使用时,都需要将改善这两个指标作为最终目的。降低成本有两个主要的途径:一是降低制造成本,二是降低运维成本。在过去十几年的竞争中,风电企业原始设备制造商在降低生产成本方面做了大量的努力,继续降低成本的空间已经不大了。

但是风机在使用阶段的运维管理模式依然是比较粗犷的模式,对风机的健康管理容易忽视,对运维策略和计划缺少精细的管理,现场值守和维保服务的操作也比较混乱,这些都为通过数字智能技术来降低运维成本提供了很大的机会空间。而能效因数的提升也与智能技术使用有直接的关系,一方面可以通过减少风机的停机来降低所造成的发电损失,另一方面可以通过优化风机的控制和调度策略来提高风机对风功率的捕获效率。

风场的数据是非常典型的多源异构数据,主要的数据源包括监控数据采集(Supervisory Control and Data Acquisition, SCADA)以及状态监控系统(Condition Monitoring System, CMS)。其中,SCADA 为每台风机的默认监测系统,CMS 则根据客户需求安装。SCADA 所采集的数据包括风机的工况信息、控制参数、环境参数和状态参数等,数据维度非常广,但是采样频率较低;而 CMS 从风机关键零部件(如齿轮箱、轴承等)上采集振动数据,采样频率在数千赫兹。除此以外,风场的数据源还包括电网的调度、工单系统人员管理、维护资源状态等信息。在对风机进行精确的状态评估,以及对风场的运维和使用进行智能化管理时,需要综合分析和应用上述信息。除风机单机的状态评估外,风机集群的状态评估也是风场运行需要考虑的问题。

风场的维护是一项非常复杂的工作,尤其是建设在海上的风场,维护需要调用船舶、直升机、海洋工程船等特殊设备,成本更加高昂,且维修周期更长。由于风机运行环境较恶劣、风资源的随机性以及风场多地处偏远地区等客观因素,进行人工的状态监控和维护排程难以实现风能利用的最大效率。风场的运维策略和排程的优化需要综合考虑许多因素,包括风机的当前健康状态、对未来几天内风资源的预测、维护资源的可用性、维护人员的数量和技能、船舶的路径和成本、海上天气状况等多个维度的因素。风场维护排程优化的基础是对风资源的精确预测,在此基础上结合维护需求信息,尽可能选择在风力较弱的时刻进行维护,而在风力较强的时刻尽可能运转发电。针对每个维修任务,可以由多个维修团队选择乘坐多个可用的维修船只进行维修,这增加了系统维修排程安排的灵活性,有利于降低成本,但扩大了可行维护方案的搜索和推演范围,使问题变得更加复杂。

在对排程策略进行优化过程中,最复杂的地方在于当关键信息(健康状态、风资源预测、维护时间、海上天气等)不确定性时,需要动态制定任务分配和排程策略,使这些不确定性对整个风场的发电损失和安全运行的影响降至最低。影响因素的多样性也是一个重要的挑战,比如一个风场可能有 2～3 个工作船舶,有十几个拥有不同技能的工程师,工单系统中有数十项待办任务,而这些任务执行的顺序和时间、人员与船舶的任务分配、船舶在不同时间应该去接送哪些人员等问题,其决策的复杂度已经超过了传统运维学模型的能力范畴。

为了解决上述难题,IMS 中心与上海电气集团股份有限公司中央研究院合作开发了面向海上风场中短期运维计划排程的解决方案,该项目对传统优化模型的框架进行了非常大的变动,采用了多层次化的决策体系,取得了较好的效果。此例中,无论是风机单机或集群的状态评估,还是风场的维护决策,都需要在数字空间(赛博空间)中进行。正是多源的数据以及相应的模型反映和描述了实体的风机以及实境的风场,从而能对风机和风场的维护做出正确的决策。

7.3.3 案例:基于虚实融合技术的车间生产行为智能管控

1. 背景与意义

随着信息技术和制造技术的革命性发展,智能制造已成为制造模式转型与升级的必然趋势。工业机器人、生产设备等生产要素通常在安装完毕后便具有相对独立的活动空间与工作区域,但现场工人的活动范围却并不仅仅局限于其所在工位,往往遍布整个生产区域。鉴于此,人员作为生产管理重要元素,具有极强的不可替代性和不确定性,是生产过程的重点监管对象之一,其行为管理是智能制造领域长期的研究难点之一。

制造车间的生产行为智能管控技术,是在传感器及企业信息系统中的车间实时运行数据基础上,基于数据挖掘、机器学习等手段,让计算机对车间生产行为进行实时或准实时的行为分析与管理,以支撑智能制造生产过程的闭环控制。车间生产行为按照观察尺度可分为宏观和微观两个层面。在宏观层面,可以把人员看作运动的质点,忽略其肢体等细节,重点关注个体在车间内的定位、分布和活动轨迹等信息;在微观层面则重点关注人员的肢体动作等信息,主要针对人员在生产工位等相对固定位置的姿态及生产行为特征进行识别与分析。

在航天装备等某些高危生产作业车间,在宏观层面,全局或局部区域过高的人员密度可能造成安全隐患,故对车间中不同区域的人员分布有严格的要求。当前有效的人员管理手段是用摄像机记录人员行为,并指定专人目视监控。航天等装配生产车间通常面积大、工位多,需要同步布设大量的摄像机对全车间进行全局监控,对海量监控图像进行实时监管让监控人员疲于应付,难以实现全局全时高效管控,仅可用于事后追责。因此,研究基于计算机视觉,实现人员数量、分布等宏观行为的智能识别与管理,具有重要的实际意义。在微观层面,产品关键生产工位较多,同时对大量的监控图像进行实时观察让监控人员应接不暇,难以实现全局全时高效管控。以某航天制造企业为例,为控制某火工品装配过程中发生暴力敲打或使用通信设备等违规行为,防控安全事故,在多个大型装配车间共部署了一百多个高清防爆摄像头用于实时监控,但是专职监控人员精力有限,无法同时处理上百台摄像机实时产生的海量视频数据。因此,该系统虽可用于事后追责,但难以实现全面实时监控。

鉴于此,东南大学机械工程学院的刘庭煜副教授研究宏微观跨尺度获取并检测生产人员行为的数字孪生模型,实现生产人员行为的多维度虚实映射,并进一步基于机器学习等人工智能算法对人员行为的频繁度、行为趋势等数据开展时空域的深度分析与挖掘,以弥补当前智能车间人员行为管理维度的短板,推动人、机、物、环四大车间要素的信息物理全面融合。

2. 基于视觉传感的车间人员行为研究

使用科学有效的统计分析方法对生产行为进行理解和研究,一直是生产管理的重要研究领域,最早可以追溯到第二次工业革命时期。"科学管理之父"泰勒使用相机记录工人的行为,基于数理统计和分析方法,对工人的劳动行为进行分析并对其劳动时间加以研究,并制定了标准操作方法和时间定额管理方法,开创生产制造领域的行为动作分析的先河。此后,吉尔布雷思夫妇改进了泰勒的工作研究,基于动素对动作进行分解并定量研究,计算分析每一个作业需要的时间,实现对作业耗时的定量管理。随着计算机视觉的不断发展,借助计算机强大的数据处理能力以及数字图像处理技术,可以将传统的被动的监控转换成如今主动的智能管控,实现生产车间中的人员行为实时感知,通过决策极大限度地保证生产安全有序地进行,如图 7-16 所示。

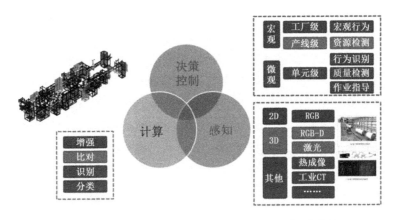

图 7-16　基于计算机视觉的车间行为感知-计算-决策控制

车间内对于人员的宏观管控通常可分为三个步骤——人员检测、位置定位、轨迹追踪。人员检测是指从大量的视频图像数据中识别出可能存在的人员的过程。传统的方法通常着眼于视频图像的帧间差异,分析同一坐标的像素在时间域上的变化规律,这类方法在面对持续移动的目标时有不错的效果,一旦停驻则会快速丢失目标。深度学习的方法则是依赖于网络模型强大的学习能力深入分析人员的多维度特征,在经历足够轮次的迭代优化后,得到的模型参数能够使得人员检测模型在面对复杂的车间场景也能够保证鲁棒性。人员位置定位是将图像中检测到的人员二维坐标映射到三维物理空间中的过程。一般而言,角度恒定的摄像机所采集到的图像中的每个像素点在三维物理空间中都有唯一的对应,两者间通过多次线性变换进行转化,过程中涉及的大量参数则是基于摄像机的内外参拟定。人员的轨迹追踪可以看作是多次人员检测结果的集合,但当图像中的人员为复数时,需要额外考虑如何将相邻帧中多个人员的检测结果一一对应。目前,主流的方法仍旧是基于深度学习网络模型,融合人员服饰、体态、空间信息等多模态数据实现人员的重识别,再将连续的人员定位数据组合起来形成人员轨迹。

在微观层面,车间生产行为智能管控系统会对识别到的人员危险行为、不符合标准的制造装配行为进行警报,对部分操作烦琐、规范严格的工作岗位进行指导,确保车间生产作业过程安全、有序、高效。目前,主流的人体行为识别方法是基于三维人体关节点设计的。传统的基于关节点的方法采用手工特征表示人体行为,再用随机森林、自适应增强(AdaBoost)、支持向量机等机器学习方法进行识别。然而,手工特征的设计过程中通常存在主观偏向且容易局限于某个特定的应用场景,难以在泛用性和准确性上达成双赢的局面。近年来,深度学习技术不断发展,其在各领域已经超越了传统方法。根据深度网络模型的种类区分,可分为循环神经网络(RNN)、卷积神经网络(CNN)和图卷积网络(GCN)三类。其中,CNN 具有出色的信息提取和学习能力,RNN 特殊的结构使其在处理连续数据时具有一定的优势,GCN 则是一种能够直接作用于图,并且利用其结构信息的特殊卷积神经网络,在处理骨架数据时存在天然的优势。

3. 基于图卷积网络的数字孪生车间生产行为识别

为了对生产车间中的人员进行直观、透明和实时的智能行为识别,助力数字孪生车间生产过程人员管控与人机交互,并减少甚至杜绝安全事故发生,刘庭煜团队设计了一套能够对车间生产人员进行数字化表述和行为智能识别的方案。该方案采用深度视觉传感器远距离采集物理世界人员孪生出的骨架关节点数据,通过构建注意力网络提取人员数字孪生体数据深层次的特征信息,对人员行为进行智能判别,帮助数字孪生车间更安全、高效地生产。该研究总体实现方案流程主要包括人员数字孪生体构建及数据预处理、注意力图卷积网络生产行为识别模型构建、算法实例验证与分析三部分,如图 7-17 所示。

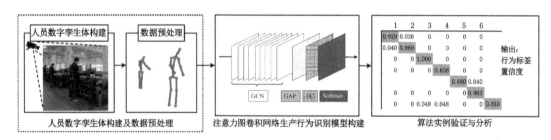

图 7-17 人员行为识别的整体流程

数字孪生车间中人员的孪生体构建目前仍然是难点,该任务需要对生产人员进行数字化表达。如果直接在车间关键工位部署 RGB 摄像头,采集彩色图像和视频数据,那么数据量太大,不方便储存和处理,而且车间背景环境复杂多变,大幅增加了行为识别的难度。因此,采用人体骨架节点数据对车间人员进行数字化表达,以降低行为识别难度,并对人员孪生体数据进行预处理,以提高识别模型的泛化能力,采用的人体关节点与邻近节点提取示意图如图 7-18 所示。为更好地对数字孪生车间人员的行为进行识别,针对人员数字孪生体数据进行以下数据预处理:将骨架在绝对坐标系上的表示转换为在相对坐标系上的表示,然后再将骨架数据进行标准化处理,从而消除面朝方向对识别的干扰。

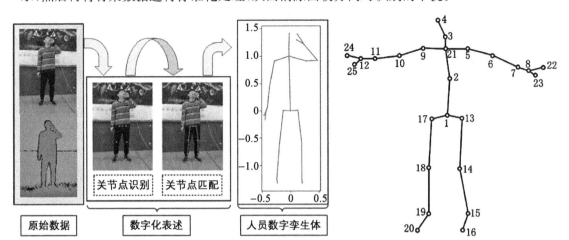

图 7-18　人体关节点提取示意图与邻近节点对照表

　　在获取骨架关节点表示的人员数字孪生体后识别了车间人员行为,提出了一种融合注意力机制的图卷积网络(GCN)分类算法。该算法的核心思想是将行为骨架数据视作拓扑图结构,构建图神经网络并嵌入注意力机制,给出车间人员数字孪生体中不同节点的注意力。该方法的本质在于对骨架序列的特征进行提取并分类。基于拓扑图论,将车间生产人员骨架节点信息视为一种图结构,即可把基于骨架序列的人员行为识别问题转化为基于GCN 的分类问题。参考图卷积思想,设计如图 7-19 所示的图卷积模块,在卷积层后添加ReLU 激活函数层,并在网络模型中添加残差结构,以防止因网络维度过高而出现梯度消失或梯度爆炸问题。

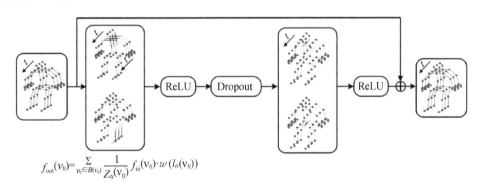

$$f_{out}(v_{ti}) = \sum_{v_{tj} \in B(v_{ti})} \frac{1}{Z_{ti}(v_{tj})} f_{in}(v_{tj}) \cdot w(l_{ti}(v_{tj}))$$

图 7-19　基于 GCN 的人员行为识别

　　车间人员的生产行为可以用人体骨架关节点坐标的一系列变化来描述。对于人体而言,不同行为使用的关节不同,例如:拧螺丝时的手部关节信息比其他部位信息更加重要,而在车间行走时,腿部节点信息更加重要。因此,在生产车间行为识别中合理运用注意力机制必然能够增强识别模型的可靠性。所以,使用嵌入注意力机制的 GCN 模块学习各节点之间的关联信息,能够弥补预先定义的关节点邻接矩阵的不足,学习到的关联信息对不同层次和样

本更具独特性。同时注意力机制在网络学习训
练中能够自适应地针对不同行为类别关注不同
的关节点,提高模型对不同行为类别的适应性。
综上所述,行为识别网络总体结构如图 7-20 所
示,图中网络前部包含九个注意力图卷积模块,
每个模块的输出通道数分别为 64、64、64、128、
128、128、256、256、256。然后采用全局平均池
化层(Global Average Pooling,GAP),将不同样

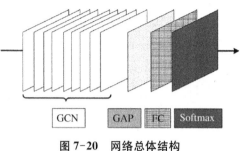

图 7-20　网络总体结构

本的特征映射池化到相同大小。最后,经过全连接层(Full Connection,FC)输出到 Softmax
分类器进行预测。

　　对设计的模型和算法进行开发,开发环境为 Python 3.5。为验证算法的稳定性和准确性,
针对车间环境自采集的 NJUST - 3D 数据集,在 NVIDIA GTX 1080 Ti 和 NVIDIA CUDA
Toolkit GPU 加速环境下开展实验验证。实验结果如图 7-21 所示。

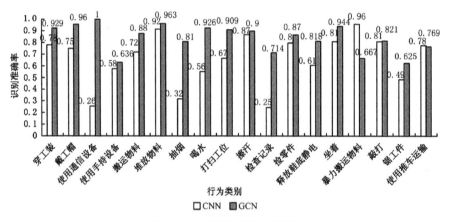

图 7-21　识别准确率对比图

　　可见,本案例识别模型的准确率相对于卷积神经网络(Convolutional Neural Networks,
CNN)有较大提升。相比 CNN 71.36% 的识别准确率,融合注意力机制的 GCN 的识别准
确率为 84.17%,并在使用通信设备、抽烟、检查记录这三个行为上的准确率有大幅提升。
通过分析可知,这三个行为的动作类似,均为手部提起放近头部,骨架节点坐标位置相近,
而本案例提出的融合注意力机制的 GCN 可以更好地捕捉到手部与头部的共现特征,提高
此类行为识别的准确率。

7.4　数据驱动智能制造

　　世纪之交的时候,比尔·盖茨写的一本书《未来时速:数字神经系统与商务新思维》引
起过广泛关注。他认为,20 世纪 80 年代是注重质量的年代,90 年代是注重再设计的年代,

而 21 世纪前 10 年则是注重速度的年代。他的核心思想是企业的工作(或者说商务)需要一个数字神经系统,只有数字神经系统方能体现 21 世纪的时代速度。盖茨的话至今没有过时。今天,很多企业正在进行的数字化转型中就包含了"数字神经系统"。只不过未必以其名冠之。当然更重要的是,技术发展到今天,数字神经系统的概念难以概全企业的智能制造,神经系统并非智能的全部。

数字神经系统的基本要素是万维网和数据,今天亦然。

7.4.1　数据流动与数据驱动

1. 数据流动

盖茨还提到当时的麻省理工学院计算机科学实验室主任德尔图左斯的看法:企业中大部分工作是信息工作。在 20 世纪末,恐怕有很多人不信此言。在一个企业,尤其是在车间之中,设备、在制品以及人们从事的工作都是看得见摸得着的,何以言多数是信息的工作?殊不知,那些看得见的工作都是基于信息的,如加工对象、加工尺寸、精度要求等都由信息规定。而产生那些信息的工作量可能远大于我们看得着或听得见的工人的操作和机器的轰鸣。工人操作之前已经产生的大量工作量表现在产品开发设计、工艺设计和生产计划排程的环节,其间伴随着大量的信息流动。所以,企业的绝大部分工作是信息工作,这是言之有理的。而信息工作最基本的特点是其流动性。

例如,加工一个机械零件的工艺设计和产品设计之间存在数据流动,工艺设计需要将零件的制造特征设计数据作为输入源,主要包含特征类型、材料、尺寸规格、精度等级、粗糙度和加工阶段等,如图 7-22 所示。在确定加工特征的设计数据后,对该特征的工艺规划数据进行定义。加工特征的工艺规划数据包括该特征的加工方法、机床(机床代码、机床名称)、刀具(刀具号、刀具名称、刀具直径和刀具材料)、工艺装备(夹具和量具)和切削参数(主轴转速、切削速度、进给量和切削深度)等相关数据。其中,特征的加工方法根据特征的类型、加工精度和表面粗糙度综合判断来选择;确定了特征的加工方法后,再根据特征类型、加工方法等数据获得所需要的机床、刀具、工艺装备和切削参数等数据。这些数据都是确定的,而且是静态的。

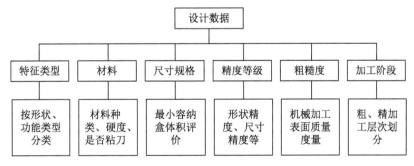

图 7-22　设计数据与工艺设计

一个零件真正要投入生产,一定要根据生产计划。假如在一个车间里,决定加工某一个零件。进行生产准备时一定需要一些信息或数据,如生产计划信息(生产数量、完成时间、物料需求等),计算机辅助工艺过程设计(Computer Aided Process Planning,CAPP)软件里传来的工序信息(各工序对应的尺寸、公差、机床、刀夹具、量仪等),数控程序信息等。有些信息还有进一步细分的数据,如刀具的编号、名称、类型、规格、厂家、磨损状态等,机床的换刀时间、等待时间、零件装夹时间、托板交换时间、运行时间、平均无故障时间等。当类似的信息或数据具备时,就可以安排生产。同样,这些信息也都是确定的而且是静态的数据,数据的流动是单向的,它们各自按部就班地流向需要它们的地方。基于这种按部就班的数据流动而安排的生产计划工作似乎应该非常有序,这种有序是一种设计有序。早期推行信息化工作的企业也基本满足于此种状况,即信息化水平多停留在设计有序的层次。

然而,现实情况远没有这么简单。就车间生产而言,物流有可能突然出现异常,工艺装备有可能出现异常,刀具可能磨损或崩刃,设备可能出现故障,加工中可能出现质检信息异常,工人可能发生误操作,工人出勤状况临时变动等。所有这些,只要有一个因素发生就足以导致实际生产偏离设计的计划。在一个多品种小批量的车间里,发生上述某一两个因素应该是大概率事件。如果消极地等待异常情况排除后再按原计划执行,势必贻误生产,因此必须根据实际情况重新调整计划。

那么如何调整呢?计划人员当然可以拍脑袋,但肯定不是最佳方案。如希望人工制定最佳方案,绝非易事。假设某设备发生故障,首先必须了解以下信息或数据:什么设备?什么异常情况?什么时间发生的?异常严重程度如何?有哪些可能的处理方式?如果此台设备问题不能迅速恢复,那么需要考查 CAPP 软件内的工序信息,考虑有无替代工序和替代设备。如果选择可能的替代设备,替代设备当前的工作状况是什么?对其他工作有哪些影响?在替代设备上加工对夹具、刀具的要求有什么变化?新的夹具和刀具的实际供给状况如何?当涉及的因素太多时,计划人员就会感觉犹如一团乱麻,不如拍脑袋了事。假如异常情况不止一个(在大的工厂或车间并不罕见),则复杂度呈指数级增长。

很容易看到:仅仅依据确定的、静态的数据及其单向的流动而产生的"设计有序"不能带来"运行有序"。

2. 数据驱动

数字智能技术的发展当然不会止步于设计有序,因为企业生产的目标是希望运行有序。既然静态的数据不足以反映实际情况,那么为什么不考虑动态数据?既然单向的数据流动不足以反映出现异常后的事物关联,那么为何不通过数据的融合解决此问题?数字智能技术即通过动态的、融合的数据去驱动生产计划调度,从早期的确定性调度进化到随机调度,从静态调度进化到动态调度。确定性调度是指与生产调度相关的参数在进行调度前都已预知的调度。随机调度针对的情况是诸如加工时间、交货期等生产调度参数中至少有一个是概率分布已知的随机变量。静态调度是指所有待安排加工的工件在开始调度时刻均处于待加工状态,即假定调度环境是确定已知的,因而进行一次调度后,各作业的加工即被确定,在调度执行过程中不再改变。动态调度是指作业依次进入待加工状态,各种作业不断进入系统接受加工,同时完成加工的作业又不断离开。与此同时,还要考虑作业环境中不断出现的动态扰动(设备损坏、作业加工超时、交货期提前和紧急订单插入等),需要在调度执行过程中跟踪车间的实际状况对调度方案进行修改和更新。

图 7-23 是大数据驱动的车间生产智能调度方法架构。简言之,欲使生产真正运行有序,就必须考虑实际的、动态的变化,必须考虑那些不确定的因素。而这种考虑是基于动态多元数据的融合与关联分析。不妨把这种通过不确定的、动态的数据融合与关联分析的方法视为数据驱动的方法。智能制造与早期的制造信息化最基本的区别就在于数据驱动和数据流动。

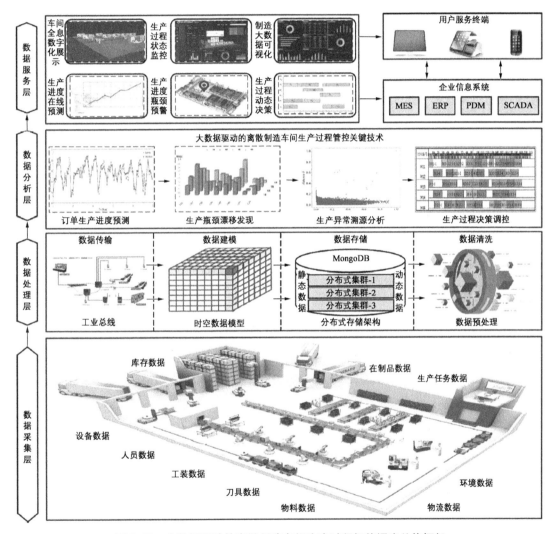

图 7-23　大数据驱动的离散制造车间生产过程智能调度总体框架

数据驱动与数据流动的区别有时候在于是否能利用不完整信息。缺乏数据融合和关联分析的数据流动模式面对不完整信息可能束手无策。而具有数据融合和关联分析功能的智能方法却有可能通过不完整数据驱动某一活动或进程。早在 20 世纪末期,麻省理工学院的德尔图佐斯领导的计算机科学实验室约有 30 名研究人员参加了一个与麻省理工学院人工智能实验室合作进行的、耗资数百万美元、历时 5 年的研究项目。他们希望项目能研究出一种全新的称为"氧"的硬件和软件系统,这一系统将根据人们的需求和应用要求定做,希望它将像空气一样无所不在。以一个简单的情形说明"氧"系统具有的一种小功能:你只需简单地对系统说一句"把一个月前到的那个红色大文件夹给我",而不必详细说明作为参考信息的文件编号和其他线索。"氧"系统还会检查你的朋友和同事存储的信息(如果他们愿意与你共享这些信息,这就像是你在不知道某个问题的答案的情况下就会请教朋友或同事一样)。最后,"氧"系统将搜索万维网上存储的浩如烟海的信息并将它发现的信息与你和同事存储的数据库连接起来,从而形成一个"三角"关系。显然,"把一个月前到的那个红色大文件夹给我"是一个不完整信息。

这个例子告诉我们,不完整信息是有用的,大数据和智能方法使我们有可能利用不完整数据去驱动某些活动或进程。我们通常掌握的社会中或工程中的很多信息其实是不完整的,大量的不完整信息实际上都未得到充分利用。在没有数字智能技术手段的时代,如果得到一条不完整信息,因为难以进一步去了解更多的相关信息,于是这条不完整信息很可能就被忽略了。但是数字智能技术手段能够帮助人们进一步搜寻信息以使不完整信息趋于完整,此外通过对相关信息的进一步分析可以使人们得出难以凭感觉获得的认知或决策建议。

数据流动与数据驱动的区别见表 7-1。智能制造的关键之一就是要重视数据的驱动作用,而不能停留在数据流动的水平。

表 7-1　数据流动与数据驱动的区别

数据流动	数据驱动
静态	动态
确定性	不确定性
数据完整性	不要求完整性
非融合	融合
单向流动	复合流动
输入数据有序	输入数据有序＋无序
设计有序	运行(结果)有序
满足既有活动需要	可能驱动新的活动
常规数据	也含非常规数据

7.4.2　数据驱动制造创新

1. 产品数据驱动制造设计

下一代智能制造系统中一个很重要的概念是产品服务系统(Product Service System, PSS)。此概念在 20 世纪 90 年代后期问世,创新的策略不仅聚焦于物理产品的使用功能,而且还包括在产品整个生命周期内的服务。PSS由物理实体(产品本体)和服务单元组成,物理实体即是承载系统基本功能的功能实体,而服务单元旨在保证系统有效运行。通常,产品中嵌入的传感器收集数据,产品的数字孪生体要通过传感器收集的数据而呈现,对产品进行分析后,产品运行的孪生数据驱动仿真可以判断是否需要运维服务等。

从新产品开发的角度,产品创新一定要收集与产品的运行和服务相关的历史数据,在此基础上判断是否需要提升产品的基本功能,改善产品的服务环境。即使对于原来已经有的 PSS,在其系统孪生数据及其仿真的基础上通过分析也可以发现某些需要进一步改进或提升的地方,如是否需要收集新的数据,是否需要提升云支持环境中的某些软件(包括App)的功能等。产品创新的关注点不仅在于物理本体,而且还包括基于云的支持环境,所有这些创新内容都需要数据驱动。

特斯拉对每一辆售出的车都建立数字孪生体,使汽车收集的数据得到分析,问题能够被辨识,针对问题可以改善软件功能。互联网提供的软件更新,让用户在无须请求服务的情况下继续使用他们的车,不断改善他们的驾驶体验。未来,特斯拉和其他汽车公司还会继续发展自动驾驶汽车。不难想象,驾驶条件的数据(白天/黑夜、天气等)、道路性质(弯道、上下坡等)、驾驶者行为以及事故发生情况等数据都将被聚合起来进行分析,从而驱动某一型号汽车性能的提升与改善。来自单辆汽车的数据被分析后可用来微调车辆行为。对于常规的非自动驾驶模式,除车的数字孪生模型外,还需建立驾驶者数字孪生模型,以便在困难情况下基于特定的驾驶者行为反应,使驾车行为得到进一步微调。在汽车的新产品开发中,公司可通过其正在运行的汽车数据去模拟汽车性能和驾驶者反应,以评估设计改变的效果。更一般地,收集产品使用数据和用户行为及反应数据可建立仿真模型,辅助设计决策,判断不同设计方案的优劣,且预测市场接受的程度。总之,通过对各种情况下的车辆数据和驾驶者数据的聚集融合,并进行仿真,能够驱动汽车的新产品开发或创新设计。

顺便指出,从特斯拉的例子可以看出数字孪生的重要性,即数字孪生不仅作用于产品的设计和运行中,而且作用于产品的创新和改进中。虽然本书前面已在多处提到过数字孪生,这里又可以发现数据的驱动作用很大程度上是通过数字孪生而表现出来的。

通常数字孪生可能包括以下数据(以汽车为例):① 从数字孪生外部接收到的外部数据,如道路状况、运行路线;② 从物理部件接收到的观测数据,如视觉传感器数据、来自发动机的传感器数据、仪表数据;③ 从其他来源收集到的数据,如交通状况、停车场数据;④ 衍生数据,如由数字孪生内的逻辑计算得到的数据;⑤ 链接数据的指针数据,如有关事物环境(如环境温度、当地天气条件)或与事物间接相关的对象(如驾驶者在车上使用过的 App、处理过的事务)的数据。链接的数据不具有事物本身的属性,因此不属于数字孪生。但是孪生中的逻辑,或者使用孪生的应用程序可能需要访问这些数据。对大量汽车的孪生数据进行智能分析,可为新车的创新设计提供依据。

2. 产品数据关联驱动制造设计

福特公司内部每一个职能部门都会配备专门的数据分析小组,同时它还在硅谷设立了一个专门依据数据进行科技创新的实验室。这个实验室收集了大约400万辆装有车载传感设备的汽车数据,通过对数据进行分析,工程师可以了解司机在驾驶汽车时的感受、外部的环境变化以及汽车内环境相应变化,从而增强车辆的操作性、提高能源的利用率和车辆的排气质量。同时,还针对车内噪声问题改变了扬声器的位置,从而最大限度地减少了车内噪声。在2014年举行的北美国际车展中,福特重新设计了F-150皮卡车,使用轻量铝代替了原来的钢材,有效减少了燃料消耗。轻量铝就是团队进行数据分析和综合评估之后的选择。

福特研究和创新中心一直希望能够通过使用先进的数学模型帮助福特汽车降低对环境的影响,从而提高公司的影响力。针对燃油经济性问题,这个由科学家、数学家和建模专家组成的研究团队开发出了基于统计数据的研发模型,对未来50年内全球汽车所产生的二氧化碳排放量进行预测,进而帮助福特制定较高的燃油经济性目标并提醒公司高层保持对环境的重视。针对汽车能源动力选择问题,福特数据团队利用数学建模方法,证明某一种替代能源动力要取代其他所有动力的可能性很小,由此帮助福特开发出包括 EcoBoost 发动机、混合动力、插电式混合动力、灵活燃料、纯电动、生物燃油、天然气和液化天然气在内的一系列动力技术。同时,福特团队还开发了具有特殊功用的分析工具,如福特车辆采购计划工具,该分析工具能根据大宗客户的需求帮助他们进行采购分析,同时帮助他们降低成本,保护环境。福特公司认为分析模型与大数据将是提高自身创新能力、竞争能力和工作效率的下一个突破点。在越来越多新的技术方法不断涌现的今天,分析模型与大数据将为消费者和企业自身创造更多的价值。

对产品本身的某些数据进行关联,可能导致新的产品功能出现。尽管单个传感器捕捉到的信息也有价值,但企业若能在长时间内收集不同产品上成百上千个传感器的信息,那么它们将从中找出一定的运行规律,从而获得极为重要的产品使用经验。例如,汽车上可布置多种传感器来获得大量信息,包括引擎温度、节气门的位置、燃油消耗等,将这些信息综合到一起,企业就能发现引擎的运转信息如何影响整车性能。此外,将这些信息与故障关联到一起也极具价值。有时即便公司无法判断故障的根源,也可以根据长期积累的运行规律进行修理。再如,通过测量温度和振动的传感器,公司就能提前几天甚至几周发现即将损坏的轴承。

把产品数据与外部某些数据关联以产生某种新功能。例如,Nest 公司开发的可自主学习的温控器,搭载的应用界面可以与其他产品进行信息交换,其中包括 Kevo 智能门锁。当房屋的主人回到家时,Kevo 门锁会向 Nest 温控器发送信息,后者会根据主人的偏好开始调节房间的温度。百宝力生产网球拍和相关装备的历史长达140年,公司推出了Babolat Play Pure Drive 系统,将传感器和互联装置安装到球拍手柄中。通过分析击球速度、旋转和击球点的变化,并将数据传送到用户的智能手机中,可以提高选手在比赛中的表现能力。大数据分析作为企业新的技术工具,帮助企业掌握产品使用数据。然而,企业面临的挑战是,智能互联产品本身产生的数据以及相关的内外部数据往往都是非结构化的,这些数据的格式五花八门,包括传感器数据、地理位置、温度、交易以及保修记录等。传统的数据汇总和分析工具,如电子表格和数据库工具都无力管理格式如此繁杂的数据。一种名为"数据湖"(data lake)的解决方案正日趋流行,它可以将各种不同的数据流以原始的格式存储起来。在数据湖中,人们可以用一系列新型数据分析工具对这些数据进行挖掘。这些工具主要分为四种类型:描述型、诊断型、预测型和对症型。数据湖解决方案驱动产品创新流程见图7-24。

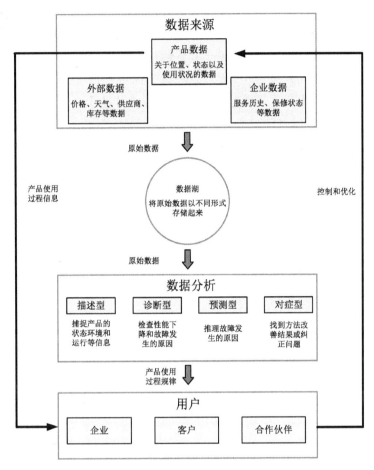

图7-24 数据湖解决方案驱动产品创新

7.4.3 数据驱动制造关键环节

1. 定制数据驱动制造

红领集团(现酷特集团)是一家生产经营中高档服装的传统品牌企业,是中国服装十大影响力品牌之一,专注于服装规模化定制全程解决方案。酷特经过10多年的定制订单大数据的累积,目前可定制参数包括:款式包含驳头、前门扣、挂面形式、下口袋等,一共有540个可定制的分类,11 360个可设计的选项;尺寸可定制参数有19个量体部位,90个成衣部位,113个体型特征;面料有1万多种可选择,支持客户自己提供面料全定制。在客户定制数据的驱动下,通过服装版型数据库、服装工艺数据库、服装款式数据库、服装管理数据库与自动匹配规则库等,实现个性化产品智能开发,同时自动生成产品的裁剪裁片、产品工艺指导书等。订单信息全程由数据驱动,在信息化处理过程中没有人员参与,无须人工转换与纸质传递,数据完全可以实时共享传输。所有员工在各自的岗位上接受指令,依照指令进行定制生产,员工真正实现了"在线"工作而非"在岗"工作。每位员工都从互联网云端获取数据,按客户要求操作,确保了来自全球订单的数据零时差、零失误率准确传递,互联网技术实现了客户个性化需求与规模化生产制造的无缝对接。

在位于德国西南部的凯泽斯劳滕市,化工巨头巴斯夫的智能化生产车间生产高度"定制化"的洗发水和液体肥皂。厂房的生产线上有十几台设备,一个个塑料瓶依次在传送带上灌装、封盖、包装。不同之处在于,每一个产品的标签上都有芯片,记录了不同的数据。智能生产的"大脑"可以指令生产线灌装何种颜色和成分的肥皂液,也能指令调配比例,还有包装的方式,在中央控制系统中可以全程把控。生产系统的各个执行动作实际上源于动态的定制数据驱动。

2. 数据驱动工艺过程

从 2012 年起,英特尔公司开始意识到历史数据的重要性,并着手将企业过去没有处理的数据收集起来加以利用。英特尔制造出的每一个芯片都要经过大量的、复杂的测试过程,而在新产品推出之前,更需要这些测试来发现更多的问题并加以修正。现在,英特尔首先收集前面批次产品的制造工艺,并对制造过程中收集到的历史数据进行分析,然后仅针对特殊芯片进行集中测试,而不是对每一个芯片进行 19 000 次测试试验。通过这种方式,英特尔可以大大减少试验进行的次数和时间。

这一测试分析方法的运用同时为英特尔带来了相当可观的经济效益。仅酷睿处理器单条生产线,2012 年就为英特尔节省 300 万美元的制造成本。大数据分析过程也有助于英特尔及时发现生产线故障。由于芯片制造生产线具有高度自动化的特点,因此每小时产生的数据量多达 5 TB。通过捕获和分析这些信息,英特尔可以确定在生产线运行过程中从何时、哪个特定步骤开始加工结果偏离正常公差。

3. 过程数据驱动制造

某个实体的数字孪生数据并非都是其最初的设计数据,孪生数据的很大部分本身就是在过程中产生的。过程中产生的孪生数据又会进一步驱动后续流程。

武田制药公司一直在寻求技术上的突破,希望可以为全球患者提供变革性的治疗方法。他们期望通过数字孪生实现端到端的生产自动化。武田技术研发部门主任皮什捷克(Pištěk)带领团队将前沿研究思路转化为医疗产品,开发了一套指导制造商生产的流程。医药行业的质量把控和监管十分严格,任何创新都必须在实验室进行全面的合规性测试之后才可投入正式生产。一种新药的问世可能需要长达 15 年的时间。因此,他们一直都在寻找能加速实验进程和业务流程的方法。即使在数字时代,医药制造流程仍包含人工操作。例如,生产生物制品、疫苗和其他从活体中提取的医药产品都涉及生化反应,这些反应多变且难以测量,因此实现自动化无疑是一大挑战。迄今为止,还没有实现这些生产步骤的自动化。他们认为,真正的端到端的生产自动化就是这个行业的最高目标,其中数字孪生技术彰显了重要的作用。孪生技术可以帮助团队加速实验进程,开发新的生产方法,并生成数据以便做出更明智的决策和预判,从而实现复杂化学和生化过程的自动化。

为此,武田的开发团队在实验室中构建了制造过程的复杂虚拟展示。团队为每一步都建立了数字孪生体,通过整体数字孪生将所有部分连接起来,实现了各步骤之间流程的自动化控制,从而完成制造过程端到端模拟。化学过程的建模虽然复杂,但生化反应的建模比之更甚,且无规律可循。很多情况下,实时传感器无法监测到期望的输出,并且输出结果的质量数小时甚至数天后仍然未知。因此,开发团队使用软测量或代理测量尝试预测完成生化反应所需的时间,并将该时间反馈至一个集成了 AI 和机器学习的数字孪生体中。"有一点很重要,就是数字孪生的架构体系让系统能够自行发展,"皮什捷克说,"每次我们都要额外测试一遍,比较软测量结果和从质量控制实验室发回的实际测量的结果,这样我们就能做出更加精准的预测。"

一些制药公司认为,实现自动化的关键在于更好的设备、传感器或技术。但皮什捷克却不这么认为:"制药行业真正的驱动因素是围绕整个流程建立的控制架构,并且其基础是在发展过程中逐渐成熟的复杂的数字孪生体。"制药行业的最终目标是建立一个无须人工干预即可控制并引导自动化流程的数字孪生体。在武田制药的实验室里,这种数字孪生系统已经建成并运用于生物制剂上,涉及该企业发展最快的类别以及最复杂的制造流程之一。数字孪生体开始运作,架构已搭建,方法已就位——基础工作就完成了。现在,团队正在优化流程,以使其更稳健。皮什捷克期望这一自动化方法后期可推广至实验室的所有流程,并且在 2～3 年后,可以在生产车间中实现复杂的自动化。数字孪生中,对生物和化学反应的建模并不容易,并且难以复制。

4. 数据驱动制造服务

服务制造过程也可以是数据驱动的。在西门子成都工厂,服务的主要目标在于使机器和车间的停工时间缩到最短,整个价值链的效率和生产力达到最大化。西门子正在拓展服务领域的产品线,尤其是远程维护解决方案和基于云技术的服务,以应对持续增加的围绕数据分析的服务需求。例如,西门子工业领域提供与产品、系统及应用有关的全面定制化服务组合,可在产品的整个生命周期内为客户提供服务,确保西门子机器设备正常运转。西门子的"驱动链状态监测"服务包括对个别部件的运行分析和对整个驱动链的在线连续监测。西门子"数据驱动的服务"可以即时连续采集并分析过程数据和生产数据,对数据进行"能源分析",保护机器设备的可用性,令客户得以提前做好预防性维护。

图 7-25 是美国参数技术公司(Parametric Technology Corporation,PTC)的智能服务示意图。基于设备上的传感器收集到的数据,通过 PTC 的物联网系统 Thing Worx,分析设备状况,判断是否需要服务。一旦触发服务,通过服务知识库进一步确定设备具体状况及需要的服务行动,如图中 4～7。服务的触发需要设备上各种传感器所收集的动态数据,数据的传输要依赖物联网。基于物联网的服务系统中还包括一些工具,如知识库、优化软件等。这些工具又会产生新的指导服务行动的相关数据。

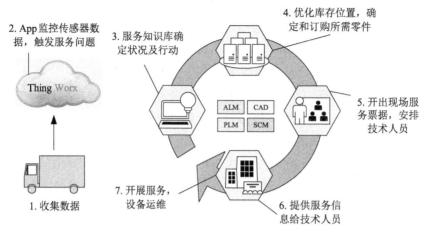

图 7-25　PTC 的智能服务

7.4.4　案例：数据驱动的大数据中心无人化运维

1. 背景与意义

随着云时代和大数据时代的到来，IT 基础设施相比初期阶段得到了爆发式增长。原来由几台或几十台服务器构成的小型数据中心逐渐转变为包含成千上万台服务器的大型数据中心。数据中心的复杂化和大型化对数据中心运维人员的技术水平提出了更高要求。在虚拟经济蓬勃发展的今天，数据同样是商品，制造的概念已经从单纯的物理实体产品，拓展到了虚拟商品以及虚实耦合商品（同时包含物理价值与虚拟价值）的制造。这一特征对数据中心的安全性及可靠性提出了极高的要求，稍有问题将对市场经济活动产生深远影响。

例如，2022 年 7 月，因遭遇极端高温天气，甲骨文和谷歌在伦敦的数据中心因冷却系统出现问题而发生运行故障，导致部分网站瘫痪。2022 年 6 月，因华为云部分区域网络出问题，"同花顺 App 崩了"等新闻登上热搜，部分时段出现无法交易和行情界面出现卡顿现象。2022 年 12 月，由于阿里云机房冷却系统失效，包间温度逐渐升高，导致某一机房包间温度达到临界值触发消防系统喷淋，电源柜和多列机柜进水，部分机器硬件损坏，整个处置过程超过 10 h。可见，对数据中心的运维已经成为数字时代的重中之重。

目前，底层物理资源的运维工作难以实现完全自动化，仍需运维人员实地线下巡检。运维人员仍然时常要充当"救火队员"的角色，在收到系统发出的警告后，立即出发维修机器。此外，数量需求的增长，需要运维人员的数目增多，导致大型数据中心的日常运维成本增加。除此之外，大型数据中心为了提高空间利用率会将服务器机柜多层放置，2 层机柜的高度在 6 m 左右，3 层机柜则高 9 m 多。高层服务器的运维工作还需要运维人员进行高空作业，给日常运维带来极大的难度与挑战。由于大型数据中心运维的问题日益凸显，且伴随新兴科学技术的成熟发展，从传统运维走向智能运维是数据中心运维的必由之路，也是提高数据中心安全性的有效手段。传统智能制造内涵中所强调的对产线的运维思想和技术手段，也可同样扩展到大型数据中心。新型智能运维机器人与运维系统的研发迫在眉睫。

　　和传统人工运维相比,智能运维机器人的优势明显。智能运维机器人运维效率高、运维成本低。同时,机器人还能够在特殊环境中代替或协助人工作业,不仅能提升运维效率,同时还能保障作业安全。目前,中国已经将智能运维机器人的研发、制造作为国家科技创新的重点创投支持对象,无人化智能运维也成为工业、能源行业的发展趋势。本案例的项目为国内某数据中心无人化运维系统。该智能运维系统可以实现数据中心服务器在机柜的自动上下架,服务器运输及服务器内部内存条、硬盘、CPU 等重要部件的自动改配。同时,该系统还可通过分析当前机房传感器数据、网络流量数据、硬件设备使用数据等预测可能出现问题的机组,实现潜在安全隐患的预警。

2. 项目方案

　　数据中心智能运维系统主要由设备管理系统、服务器插拔机器人、服务器运输 AGV、服务器改配维修站四部分组成,如图 7-26 所示。设备管理系统负责与数据中心运维系统进行对接,接收运维系统的运维指令,进行任务指令拆解并将任务指令发送给各机器人,对各机器人进行全局调度。服务器插拔机器人负责接收设备管理系统指令,可以根据指令移动至指定目标机柜前,并对指定槽位服务器进行相应的插入和拔出操作。服务器插拔机器人(图 7-27)使用激光 SLAM 进行导航定位,通过 AGV 底盘移动至指定位置。机器人中的三级门架可以将服务器插拔机构最高移动至 6 m 高度,服务器插拔机构定位系统可以协助服务器插拔机构进行 6 自由度的微调以保证插拔机构与服务器准确对齐,插拔机构中的解锁装置可以将服务器与机柜解锁脱离,进而将服务器拔出或插入。服务器插拔机器人配备 2D 彩色智能相机,可以实现对机柜号、服务器号、服务器指示灯的准确识别,多次确认机制可以提高任务操作的准确性。

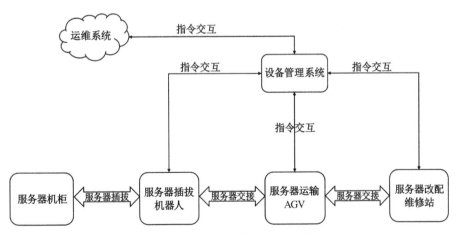

图 7-26　数据中心智能运维系统工作流程

　　服务器运输 AGV(图 7-28)负责接收设备管理系统指令,与服务器插拔机器人进行服务器交接,并将服务器运输交接给指定服务器改配机器人。服务器运输 AGV 带有顶升夹持装置以保证在服务器运输过程中的稳定性、安全性。

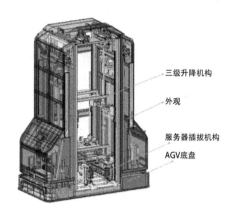

三级升降机构

外观

服务器插拔机构

AGV底盘

图 7-27　服务器插拔机器人

图 7-28　服务器运输 AGV

服务器改配维修站(图 7-29)负责接收设备管理系统指令,对服务器运输 AGV 运输来的服务器进行内部元器件改配,其功能包括拆装服务器上盖、拆装内存条、拆装硬盘、拆装 CPU 等。服务器改配维修站包含:拆料机器人、装料机器人、快换中心以及立体料仓四大部分。其中,拆料机器人负责对服务器元器件进行拆除;装料机器人负责对服务器元器件

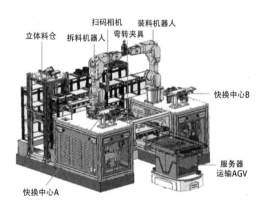

立体料仓　拆料机器人　弯转夹具　扫码相机　装料机器人

快换中心B

服务器
运输AGV

快换中心A

图 7-29　服务器改配维修站

进行安装;快换中心提供各种元器件的拆装料抓手,使得拆装料机器人可以根据指令通过快换装置更换相应的拆装料抓手;立体料仓可以存放新料与废料,内部配备穿梭机可以对立体料仓内的物料进行调度。服务器改配维修站配备扫码相机,可以对所有改配零部件进行确认并计入设备管理系统数据库。

3. 关键技术

为实现数据中心智能运维的目标,该系统解决了以下两项关键技术:

(1)高精度装配定位与导航。该智能运维系统中多处涉及较高精度定位装配技术,其中内存条改配、硬盘改配、CPU 改配、服务器插拔场景中对操作精度均要求较高。针对服务器改配维修站中内存条改配、硬盘改配、CPU 改配场景,解决方案为使用高精度工业相机、智能相机并配备相应的相机光源保证特征的稳定性,通过编写相应的特征识别算法保证各场景下定位的可靠性、稳定性。拆装料机器人末端通过配备多轴力传感器来识别元器件拆装料过程中的插入拔出到位、装配出现偏差等情况。针对服务器插拔 AGV 插拔服务器的复杂场景,解决方案为使用多个高精度点激光对服务器机柜、服务器把手进行扫描识别定位,其中指定特征识别算法保证定位的可靠性、稳定性,提高了系统的兼容性。服务器插拔机器人 AGV 与服务器运输 AGV 均配备 2 个激光雷达,使用激光 SLAM 导航技术实现其在数据中心的精确移动,并配备智能调度系统实现任务分配合理化、资源利用最大化。

(2)数据驱动的硬件设备故障预警。该数据平台运维的对象主要为以下硬件设备:
a. 网络环境设备,包括数据中心的交换机、路由器等设备,以及由这些设备组成的网络;
b. 服务器存储设备,包括数据中心的小型机、服务器、存储等设备。传统服务器运维的思路是被动式的,即通过服务器数据质量检测和机房传感器反馈的方式获取故障,再控制自动更换设备采取相应的维护措施。数据驱动的机房故障预警系统架构如图 7-30 所示。系统通过综合监控系统进行 7×24 h 平台设备监控,监控的内容包括:机房温度与湿度、CPU 利用率、内存使用情况、交换区使用情况、磁盘 I/O 情况、关键文件系统的状态、重要进程的运行情况(例程数量、消耗 CPU、占用内存)、操作系统的各类日志文件、端口信息等。然后,通过数据预处理、数据融合、特征提取、状态分析等手段获取设备状态,并通过时间序列分析、

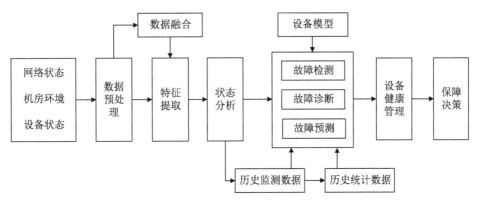

图 7-30　数据驱动的机房故障预警系统

灰色模型预测、隐马尔可夫模型预测、神经网络预测和支持向量机预测等方法预测设备故障。最后,通过设备健康管理系统,决策设备保障措施,如自动更换等。可见,该系统中的关键环节是获取实时数据,采用数据驱动的方式预测故障设备,并采取自动更换的方法保障数据中心高效运行。

思考与练习

1. 5G 技术给智能制造带来哪些变革?

2. 大规模定制化智能制造具有哪些特征?

3. 信息物理系统(CPS)与数字孪生系统的概念有什么异同?

4. 虚实融合制造与传统制造方式有哪些不同之处?

5. 数据驱动如何提升制造质量?

参考文献

[1] 李培根,高亮.智能制造概论[M].北京:清华大学出版社,2021.

[2] 赵亚波.智能制造[J].工业控制计算机,2002,15(3):1-4.

[3] 张洁,秦威,鲍劲松,等.制造业大数据[M].上海:上海科学技术出版社,2016.

[4] 张洁,汪俊亮,吕佑龙,等.大数据驱动的智能制造[J].中国机械工程,2019,30(2):127-133,158.

[5] Ireland R, Liu A. Application of data analytics for product design: Sentiment analysis of online product reviews[J]. CIRP Journal of Manufacturing Science and Technology, 2018, 23: 128-144.

[6] Geiger C, Sarakakis G. Data driven design for reliability[C]//2016 Annual Reliability and Maintainability Symposium (RAMS). Tucson, AZ, USA. IEEE, 2016: 1-6.

[7] Lu C, Gao L, Li X Y, et al. A hybrid multi-objective grey wolf optimizer for dynamic scheduling in a real-world welding industry[J]. Engineering Applications of Artificial Intelligence, 2017, 57: 61-79.

[8] Wang J L, Zhang J, Wang X X. Bilateral LSTM: A two-dimensional long short-term memory model with multiply memory units for short-term cycle time forecasting in re-entrant manufacturing systems[J]. IEEE Transactions on Industrial Informatics, 2018, 14(2): 748-758.

[9] Yao J M, Deng Z L. Scheduling optimization in the mass customization of global producer services[J]. IEEE Transactions on Engineering Management, 2015, 62(4): 591-603.

[10] 王小巧,刘明周,葛茂根,等.基于混合粒子群算法的复杂机械产品装配质量控制阈优化方法[J].机械工程学报,2016,52(1):130-138.

[11] Nespeca M G, Hatanaka R R, Flumignan D L, et al. Rapid and simultaneous prediction of eight diesel quality parameters through ATR-FTIR analysis[J]. Journal of Analytical Methods in Chemistry, 2018, 2018: 1795624.

[12] 雷亚国,贾峰,周昕,等.基于深度学习理论的机械装备大数据健康监测方法[J].机械工程学报,2015,51(21):49-56.

[13] Schlechtingen M, Santos I F. Wind turbine condition monitoring based on SCADA data using normal behavior models. Part 2: Application examples[J]. Applied Soft Computing, 2014, 14: 447-460.

［14］Schneider S，Peuster M，Behnke D，et al. Putting 5G into production：Realizing a smart manufacturing vertical scenario［C］//2019 European Conference on Networks and Communications (EuCNC). Valencia，Spain. IEEE，2019：305-309.

［15］史彦军，韩俏梅，沈卫明，等.智能制造场景的5G应用展望［J］.中国机械工程，2020，31(2)：227-236.

［16］Chu Y P，Pan L，Leng K J，et al. Retraction Note：Research on key technologies of service quality optimization for industrial IoT 5G network for intelligent manufacturing［J］. The International Journal of Advanced Manufacturing Technology，2022，123(7)：29-59.

［17］Cardarelli E，Digani V，Sabattini L，et al. Cooperative cloud robotics architecture for the coordination of multi-AGV systems in industrial warehouses［J］. Mechatronics，2017，45：1-13.

［18］周佳军，姚锡凡.先进制造技术与新工业革命［J］.计算机集成制造系统，2015，21(8)：1963-1978.

［19］Yao X F，Zhou J J，Lin Y Z，et al. Smart manufacturing based on cyber-physical systems and beyond ［J］. Journal of Intelligent Manufacturing，2019，30(8)：2805-2817.

［20］姚锡凡，景轩，张剑铭，等.走向新工业革命的智能制造［J］.计算机集成制造系统，2020，26(9)：2299-2320.

［21］Tao F，Qi Q L. New IT driven service-oriented smart manufacturing：Framework and characteristics ［J］. IEEE Transactions on Systems，Man，and Cybernetics：Systems，2019，49(1)：81-91.

［22］张海洋.论新时期工业工程学科发展［J］.科技展望，2017，27(9)：294.

［23］Wang P，Liu H Y，Wang L H，et al. Deep learning-based human motion recognition for predictive context-aware human-robot collaboration［J］. CIRP Annals，2018，67(1)：17-20.

［24］Rude D J，Adams S，Beling P A. Task recognition from joint tracking data in an operational manufacturing cell［J］. Journal of Intelligent Manufacturing，2018，29(6)：1203-1217.

［24］Rude D J，Adams S，Beling P A. Task recognition from joint tracking data in an operational manufacturing cell［J］. Journal of Intelligent Manufacturing，2018，29(6)：1203-1217.

［25］李瑞峰，王亮亮，王珂.人体动作行为识别研究综述［J］.模式识别与人工智能，2014，27(1)：35-48.

［26］Tseng H C，Shyu J J，Chang J Y，et al. Exploiting automatic image segmentation to human detection and depth estimation［C］//2011 IEEE Symposium on Computational Intelligence For Multimedia，Signal and Vision Processing. Paris，France. IEEE，2011：19-25.

［27］Cheng J Y，Liu Y H. Human body image segmentation based on wavelet analysis and active contour models［C］//2007 International Conference on Wavelet Analysis and Pattern Recognition. Beijing，China. IEEE，2007：265-269.

［28］Ando H，Fujiyoshi H. Human-area segmentation by selecting similar silhouette images based on weak-classifier response［C］//2010 20th International Conference on Pattern Recognition. Istanbul，Turkey. IEEE，2010：3444-3447.

［29］Guan L，Franco J S，Pollefeys M. 3D occlusion inference from silhouette cues［C］//2007 IEEE Conference on Computer Vision and Pattern Recognition. Minneapolis，MN. IEEE，2007：1-8.

［30］Horn B K P，Schunck B G. Determining optical flow［J］. Artificial Intelligence，1981，17(1/2/3)：185-203.